"十二五"职业教育国家规划教材
经全国职业教育教材审定委员会审定

Office 2010 办公软件应用立体化教程

赖利君 谭营军 ◎ 主编
刘清太 崔琳 吕太之 ◎ 副主编

人民邮电出版社
北京

图书在版编目（CIP）数据

Office 2010办公软件应用立体化教程 / 赖利君，谭营军主编. -- 北京 : 人民邮电出版社，2015.2（2024.1重印）
职业院校立体化精品系列规划教材
ISBN 978-7-115-37392-2

Ⅰ. ①O… Ⅱ. ①赖… ②谭… Ⅲ. ①办公自动化－应用软件－高等职业教育－教材 Ⅳ. ①TP317.1

中国版本图书馆CIP数据核字(2015)第004931号

内 容 提 要

本书主要讲解 Word 2010 的基本操作，设置与美化文档，制作表格和打印文档，制作长文档，使用 Word 邮件合并，Excel 2010 的基本操作，设置与美化 Excel 表格，计算、分析管理 Excel 表格数据，PowerPoint 2010 的基本操作，美化 PowerPoint 演示文稿，设计母版和模板，放映与输出演示文稿，最后安排一个综合实训内容。

本书采用项目式并分任务讲解，每个任务由任务目标、相关知识、任务实施 3 个部分组成，然后再进行强化实训。每章最后还总结了常见疑难解析，并安排了相应的练习和实践。本书着重于对学生实际应用能力的培养，将职业场景引入课堂教学，因此可以让学生提前进入工作的角色。

本书适合作为职业院校计算机办公自动化专业以及计算机应用等相关专业的教材，也可作为各类社会培训学校相关专业的教材，同时还可供计算机初学者、办公人员自学使用。

◆ 主　　编　赖利君　谭营军
副 主 编　刘清太　崔　琳　吕太之
责任编辑　王　平
责任印制　杨林杰

◆ 人民邮电出版社出版发行　　北京市丰台区成寿寺路 11 号
邮编　100164　　电子邮件　315@ptpress.com.cn
网址　https://www.ptpress.com.cn
涿州市般润文化传播有限公司印刷

◆ 开本：787×1092　1/16
印张：15　　　　　　　　2015 年 2 月第 1 版
字数：334 千字　　　　　2024 年 1 月河北第 16 次印刷

定价：42.00 元（附光盘）

读者服务热线：(010)81055256　印装质量热线：(010)81055316
反盗版热线：(010)81055315
广告经营许可证：京东市监广登字 20170147 号

前 言 PREFACE

随着近年来职业教育课程改革的不断发展，也随着计算机软硬件的日新月异升级，以及教学方式的不断发展，市场上很多教材讲解的软件版本、硬件型号，及其教学结构等很多方面都已不再适应目前的教授和学习。

本书根据《中等职业学校专业教学标准》要求编写，邀请行业、企业专家和一线课程负责人一起，从人才培养目标、专业方案等方面做好顶层设计，明确专业课程标准，强化专业技能培养，安排教材内容；根据岗位技能要求，引入了企业真实案例，重点建设了课程配套资源库，建设了课程教学网站，通过“微课”等立体化的教学手段来支撑课堂教学。力求达到“十二五”职业教育国家规划教材的要求，提高中职学校专业技能课的教学质量。

本着“工学结合”的原则，我们在教学方法、教学内容和教学资源3个方面体现出本教材的特色。

教学方法

本书精心设计“情景导入→任务讲解→上机实训→常见疑难解析与拓展→课后练习”5段教学法，将职业场景引入课堂教学，激发学生的学习兴趣；然后在任务的驱动下，实现“做中学，做中教”的教学理念；最后有针对性地解答常见问题，并通过练习全方位帮助学生提升专业技能。

- **情景导入**：以情景对话方式引入项目主题，介绍相关知识点在实际工作中的应用情况及其与前后知识点之间的联系，让学生了解学习这些知识点的必要性和重要性。
- **任务讲解**：以实践为主，强调“应用”。每个任务先指出要做一个什么样的实例，制作的思路是怎样的，需要用到哪些知识点，然后讲解完成该实例必备的基础知识，最后详细讲解任务的实施过程。讲解过程中穿插有“操作提示”、“知识补充”、“职业素养”3个小栏目。
- **上机实训**：结合任务讲解的内容和实际工作需要给出操作要求，提供适当的操作思路及步骤提示供参考，要求学生独立完成操作，充分训练学生的动手能力。
- **常见疑难解析与拓展**：精选出学生在实际操作和学习中经常会遇到的问题并答疑解惑，通过拓展知识版块，学生可以深入、综合地了解一些提高应用知识。
- **课后练习**：结合该项目内容给出难度适中的上机操作题，通过练习，学生可以达到强化、巩固所学知识的目的，温故而知新。

教学内容

本书的教学目标是循序渐进地帮助学生掌握Office办公软件的高级应用，具体包括掌握Word 2010、Excel 2010、PowerPoint 2010的基本操作，以及Office各组件的协同使用。全书共14个项目，包括以下几个方面的内容。

- **项目一～项目二：**主要讲解Word 2010的基本操作、格式设置、图形对象的使用。
- **项目三～项目四：**主要讲解制作表格、打印文档、制作长文档等知识。
- **项目五：**主要讲解Word邮件合并的应用。
- **项目六～项目七：**主要讲解Excel 2003的基本操作、设置与美化Excel表格。
- **项目八～项目九：**主要讲解表格数据的计算、分析、管理Excel表格数据等知识。
- **项目十～项目十一：**主要讲解PowerPoint 2003的基本操作和美化幻灯片。
- **项目十二～项目十三：**主要讲解设计模板和母版、放映与输出幻灯片的操作。
- **项目十四：综合实训，**主要讲解Word 2010、Excel 2010、PowerPoint 2010的协同使用。

 教学资源

本书的教学资源包括以下3方面的内容。

（1）配套光盘

本书配套光盘中包含图书中实例涉及的素材与效果文件、各章节实训及习题的操作演示动画、模拟试题库和微课视频几方面的内容。模拟试题库中含有丰富的关于Office办公软件的相关试题，包括填空题、单选题、多选题、判断题、问答题和操作题等多种题型，读者可自动组合出不同的试卷进行测试。另外，光盘中还提供了两套完整模拟试题，以便读者测试和练习。

（2）教学资源包

本书配套精心制作的教学资源包，包括PPT教案和教学教案（备课教案、Word文档），以便老师顺利开展教学工作。

（3）教学扩展包

教学扩展包中包括方便教学的拓展资源以及每年定期更新的拓展案例两方面的内容。其中，拓展资源包含Word教学素材和模板、Excel教学素材和模板、PowerPoint教学素材和模板、教学演示动画等。

特别提醒：上述（2）、（3）教学资源，可访问人民邮电出版社教学服务与资源网（http:// www.ptpedu.com.cn）搜索下载，或者发电子邮件至dxbook@qq.com索取。

本书由赖利君、谭营军任主编，刘清太、崔琳和吕太之任副主编。虽然编者在编写本书的过程中倾注了大量心血，但百密之中仍难免有疏漏，恳请广大读者不吝赐教。

编者

2014年9月

目 录 CONTENTS

项目一 Word 2010的基本操作 1

项目二 设置与美化文档 13

项目三　制作表格和打印文档　35

项目四　制作长文档　49

项目五　使用Word邮件合并　69

项目六 Excel 2010的基本操作 81

项目七 设置与美化Excel表格 99

项目八 计算Excel表格数据 117

项目九 分析与管理Excel表格数据 135

项目十　PowerPoint 2010的基本操作　153

项目十一　美化PowerPoint演示文稿　167

项目十二　设计母版和模板　189

项目十三 放映与输出演示文稿 203

项目十四 综合实训——安排年终会议 217

PART 1

项目一 Word 2010的基本操作

情景导入

阿秀：小白，做一份会议通知，我CC给各部门负责人。

小白：什么是CC?

阿秀：CC就是抄送，明白了吗?

小白：是这样呀。抄送？是要手写吗？好像需要很多份？

阿秀：现在都是用计算机办公，只要制作成电子文档就可以了。

小白：好的。

阿秀：另外，最近公司还有一笔款项没有追回，需要做个催款函，你也做一下。

小白：好吧，看来今天有得忙了。

学习目标

- 熟悉Word 2010操作界面各组成部分的作用
- 掌握Word文档的新建、保存、打开和关闭等基本操作
- 掌握文本的输入与编辑操作

技能目标

- 掌握“会议通知”办公文档的格式与制作方法
- 掌握“催款函”办公文档的撰写与制作方法

任务一　制作“会议通知”文档

会议通知是用于传达召开会议的行政公文。在Word中制作会议通知比较简单，通常只需输入内容便可。下面具体介绍其制作方法。

一、任务目标

本任务将练习使用Word 2010制作“会议通知”文档，首先新建文档并保存文档，然后输入文本，另存后关闭文档即可。通过本任务的学习，可掌握文档的新建、保存、输入、另存、关闭方法。本任务制作完成后的最终效果如图1-1所示。

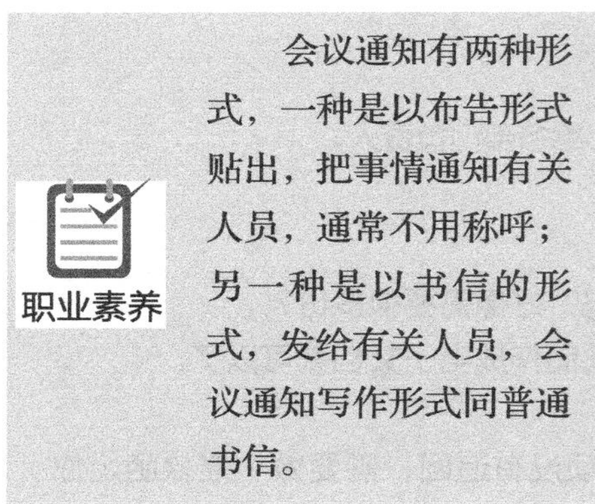

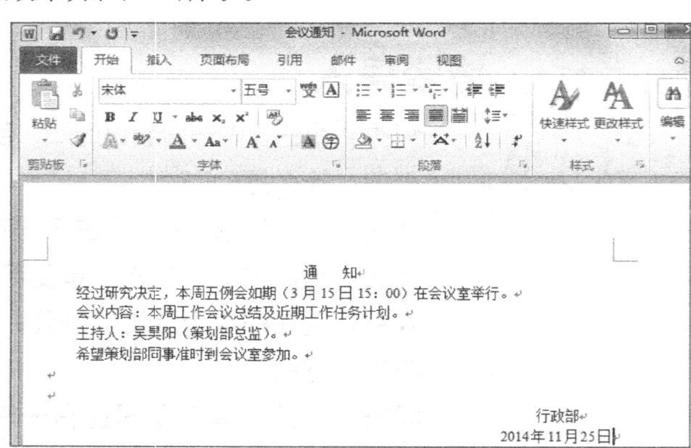

图1-1　“会议通知”文档效果

二、相关知识

（一）Word 2010的启动与退出

Word 2010是美国Microsoft公司推出的办公应用软件——Microsoft Office的组件之一，主要用于文档处理，能制作集文字、图像、数据于一体的各种文档。下面讲解启动与退出Word 2010的方法。

1. 启动Word 2010

Word的启动很简单，与其他常见应用软件的启动方法相似，主要有以下3种方法。

- 选择【开始】/【所有程序】/【Microsoft Office】/【Microsoft Word 2010】菜单命令。
- 创建了Word 2010的桌面快捷方式后，双击桌面上的快捷方式图标。
- 在任务栏中的“快速启动区”单击Word 2010图标。

2. 退出Word 2010

退出Word主要有以下4种方法。

- 选择【文件】/【退出】菜单命令。
- 单击Word 2010窗口右上角的“关闭”按钮。
- 按【Alt+F4】组合键。
- 单击Word窗口左上角的控制菜单图标，在打开的菜单中选择“关闭”命令。

（二）认识Word 2010操作界面

启动Word 2010后将进入操作界面，如图1–2所示，下面主要对Word 2010操作界面中的主要组成部分分别介绍。

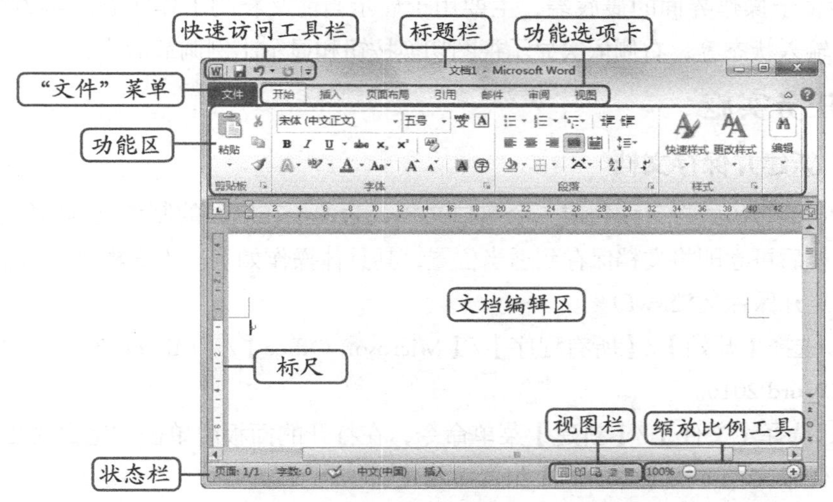

图1–2　Word 2010操作界面

1. 标题栏

标题栏位于Word 2010操作界面的最顶端，用于显示程序名称和文档名称和右侧的“窗口控制”按钮组（包含“最小化”按钮、“最大化”按钮和“关闭”按钮），可最大化、最小化和关闭窗口。

2. 快速访问工具栏

快速访问工具栏中显示了一些常用的工具按钮，默认按钮为“保存”按钮、“撤销”按钮、“恢复”按钮。用户还可自定义按钮，单击该工具栏右侧的“下拉”按钮，在打开的下拉列表中选择相应选项即可。

3. “文件”菜单

该菜单中的内容与Office其他版本中的“文件”菜单类似，主要用于执行与该组件相关文档的新建、打开、保存等基本命令，菜单右侧列出了用户经常使用的文档名称，菜单最下方的“选项”命令可打开“选项”对话框，在其中可对Office 2010组件进行设置。

4. 功能选项卡

Word 2010默认包含了7个功能选项卡，单击任一选项卡可打开对应的功能区，单击其他选项卡可分别切换到相应的选项卡，每个选项卡中分别包含了相应的功能组集合。

5. 标尺

标尺主要用于对文档内容进行定位，位于文档编辑区上侧称为水平标尺，左侧称为垂直标尺，通过水平标尺中的缩进按钮还可快速调节段落的缩进和文档的边距。

6. 文档编辑区

文档编辑区指输入与编辑文本的区域，对文本进行的各种操作结果都显示在该区域中。

新建一篇空白文档后，在文档编辑区的左上角将显示一个闪烁的光标，称为插入点，该光标所在位置便是文本的起始输入位置。

7. 状态栏

状态栏位于操作界面的最底端，主要用于显示当前文档的工作状态。其中包括当前页数、字数、输入状态等，右侧依次显示视图切换按钮和显示比例调节滑块。

三、任务实施

（一）新建并保存文档

启动Word 2010后将自动创建一个空白文档，为便于在以后的制作过程中能快速保存文档，创建文档后可立即将文档保存到适当位置，其具体操作如下。（**微课**：光盘\微课视频\项目一\新建并保存文档.swf）

STEP 1 选择【开始】/【所有程序】/【Microsoft Office】/【Microsoft Word 2010】菜单命令，启动Word 2010。

STEP 2 选择【文件】/【新建】菜单命令，在打开的面板中单击“空白文档”按钮，或在打开的任意文档中按【Ctrl+N】组合键新建文档。

STEP 3 选择【文件】/【保存】菜单命令，或单击“快速访问工具栏”中“保存”按钮，或按【Ctrl+S】组合键，打开“另存为”对话框。

STEP 4 在“文件名”文本框中输入“会议通知”文本，在地址栏中指定保存位置，如图1-3所示。

STEP 5 单击保存(S)按钮，文档将以输入的名称保存至指定的位置，此时标题栏将显示保存的文档名称，如图1-4所示。

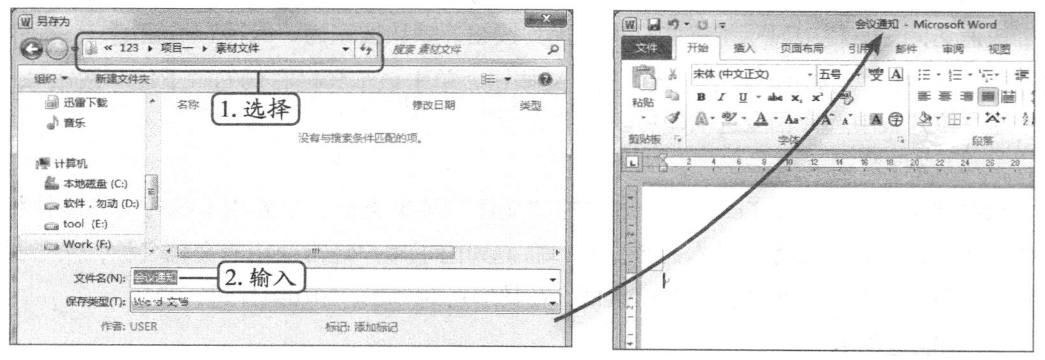

图1-3 设置“另存为”对话框　　　　图1-4 完成保存的文档

由于是第一次保存文档，因此保存时会打开“另存为”对话框，之后再进行保存时将直接覆盖保存原来的文档。

（二）输入文本

创建文档后就可以在文档中输入文档进行编辑。而运用Word的即点即输功能可轻松地

在文档中的不同位置输入需要的文本，其具体操作如下。（**微课**：光盘\微课视频\项目一\输入文本.swf）

STEP 1 将鼠标指针移至文档上方的中间位置，当鼠标指针变成I形状时双击鼠标，将光标插入点定位到此处。

STEP 2 将输入法切换至中文输入法，输入文档标题“会议通知”文本。

STEP 3 将鼠标指针移至文档标题下方左侧需要输入文本的位置处，此时鼠标指针变成I形状，双击鼠标将光标插入点定位到此处，如图1-5所示。

STEP 4 输入正文文本，按【Enter】键换行，使用相同的方法输入其他的文本，完成会议通知文档的输入，效果如图1-6所示。

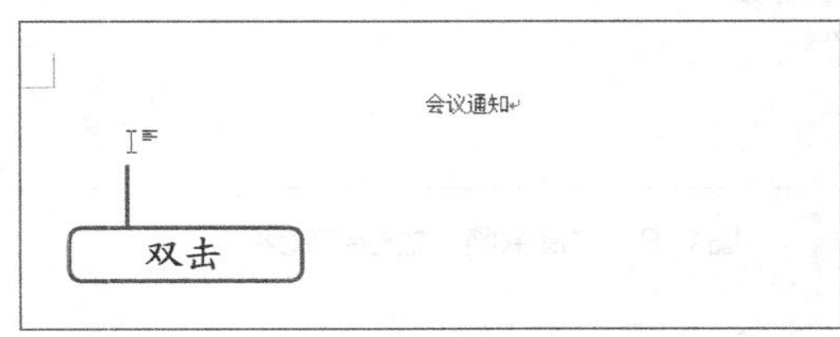

图1-5 定位光标插入点

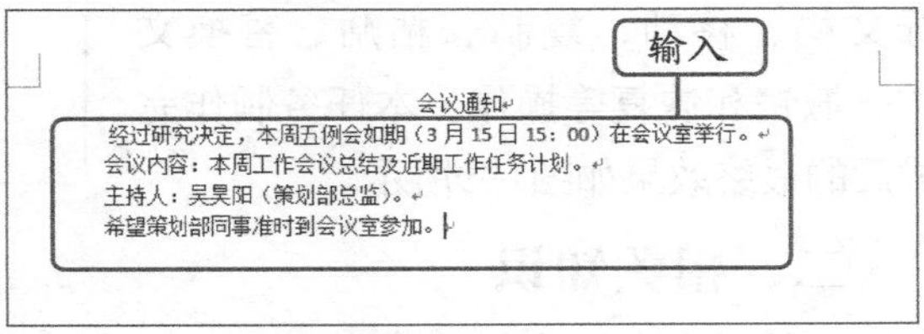

图1-6 输入正文部分

（三）另存并关闭文档

当文档编辑完成后，需对其进行保存以便下次使用，下面将“会议通知”另存到新的位置，其具体操作如下。（**微课**：光盘\微课视频\项目一\另存并关闭文档.swf）

STEP 1 选择【文件】/【另存为】菜单命令，打开“另存为”对话框，如图1-7所示。

STEP 2 在地址栏中指定新的保存位置，单击 保存(S) 按钮，如图1-8所示。

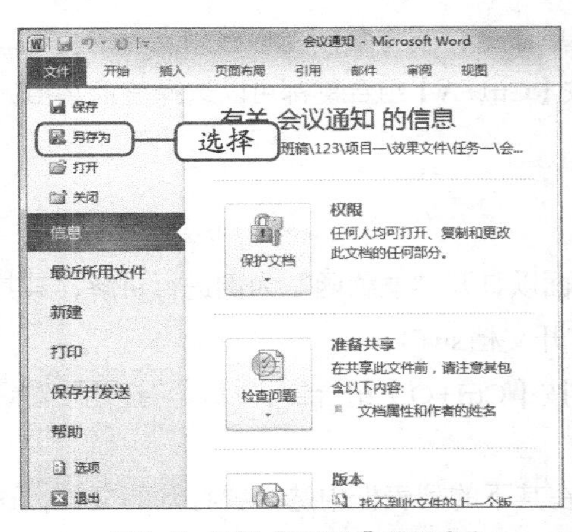

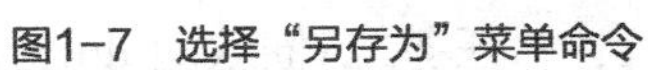

图1-7 选择“另存为”菜单命令

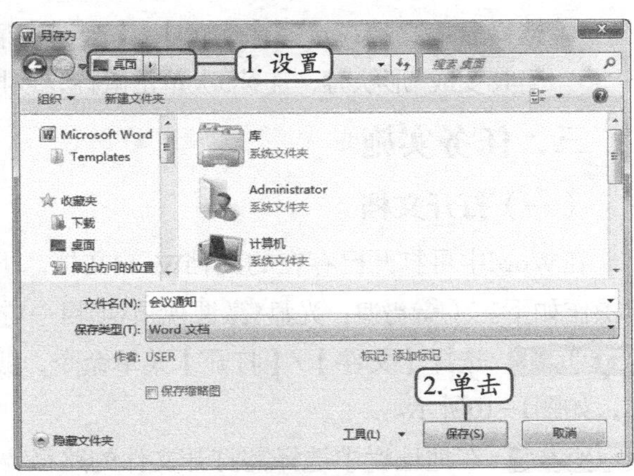

图1-8 另存文档

STEP 3 选择【文件】/【关闭】菜单命令，关闭Word文档。

STEP 4 单击“关闭”按钮 或选择【文件】/【退出】菜单命令，退出Word 2010程序，完成本任务操作（最终效果参见：光盘\效果文件\项目一\任务一\会议通知.docx）。

任务二　输入并编辑“催款函”文档

催款函是一种用于催交款项的文书，是针对由于某些原因导致超过规定付款期限，未按时交付款项的交款单位或个人使用的通知书。下面具体介绍其制作方法。

一、任务目标

本任务制作时可直接打开提供的“催款函”文档，然后对文档进行修改编辑。通过本任务的学习，可以掌握打开文档，移动、复制、粘贴、替换文本，撤销和恢复等操作。本任务制作完成后的最终效果如图1-9所示。

催 款 函

×××公司：

感谢贵公司选择我公司产品，对我公司的支持，与我公司建立友好合作关系。

根据贵公司与我公司双方约定，我公司在交付产品后 3 天内，贵公司应付清货款。可能由于贵方业务过于繁忙，以致忽略承付，现付款期已过。故特致函提醒，请即行结算。我公司账户户名：×××公司；开户行：××××；账号：××××。如有特殊情况需要说明，请立即与我公司财务部夏小白联系。

电话：028-8457××××

地址：成都市锦江区××××号

邮编：610000

特此函达

此致

×××公司（印章）

2014 年 8 月 19 日

图1-9　“催款函”的最终效果

二、相关知识

在编辑文本时首先需要选择文本，选择文本有以下几种常用方法。

- **选择任意文本**：在需要选择文本的开始位置按住鼠标左键不放并拖动，到文本的结束处释放鼠标，选择后的文本以黑底白字形式显示。
- **选择一行文本**：将鼠标光标移到需选择行左侧，当其变成↗形状时单击鼠标，即可选择该行。
- **选择一整段文本**：将鼠标光标移到选择段落左侧，当其变为↗形状时双击鼠标即可选择整段文本。
- **选择整篇文档**：选择【编辑】/【全选】菜单命令，或将鼠标光标移到文档的左侧，当其变成↗形状时，连续3次单击鼠标，或按【Ctrl+A】组合键都可以选择整篇文档。

三、任务实施

（一）打开文档

在Word中可打开已存在的文档Word文档，下面以打开“催款函”为例进行讲解，其具体操作如下。（微课：光盘\微课视频\项目一\打开文档.swf）

STEP 1 选择【文件】/【打开】菜单命令，或按【Ctrl+O】组合键，打开“打开”对话框，如图1-10所示。

STEP 2 在地址栏中选择需打开文件的路径，在其下的列表框中选择要打开的文档，这里选择“催款函.docx”（素材参见：光盘\素材文件\项目一\任务二\催款函.docx），单击 打开(O) 按钮，如图1-11所示，即可打开素材文件。

操作提示

在“打开”对话框中双击需要打开的文档也可将其打开，或在计算机中找到文档存放位置，双击打开。

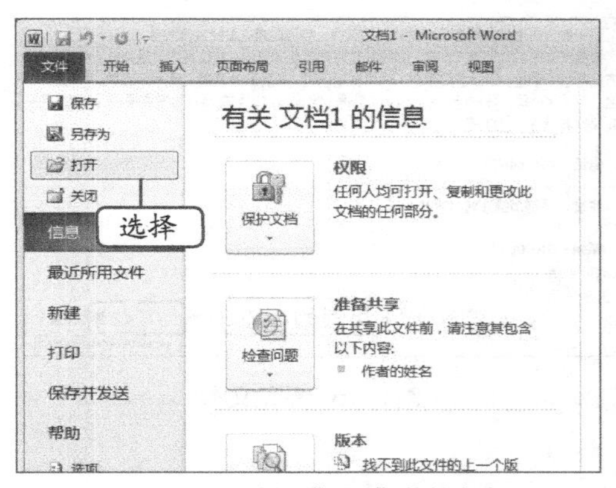

图1-10　选择“打开”菜单命令

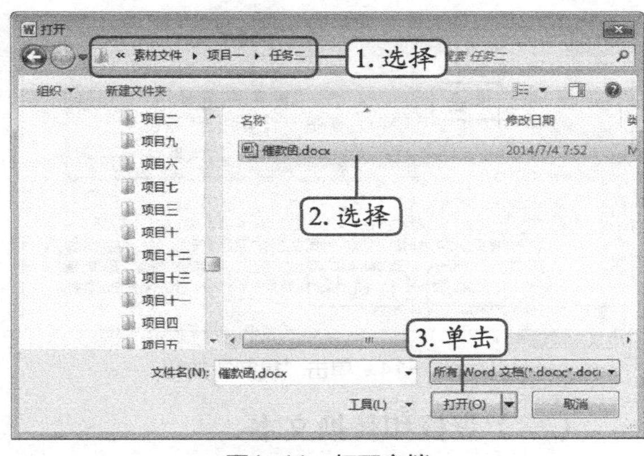

图1-11　打开文档

（二）移动、复制、粘贴文本

若要输入与文档中已有内容相同的文本，可使用复制操作，若要将所需文本内容从一个位置移动到另一个位置，可使用移动操作。下面将在“催款函.doc”文档中进行移动、复制、粘贴文本操作，其具体操作如下。（微课：光盘\微课视频\项目一\移动、复制、粘贴文本.swf）

STEP 1 选择正文第2段末“2014年”文本，在【开始】/【剪贴板】组中单击“剪切”按钮或按【Ctrl+X】组合键，如图1-12所示。

STEP 2 将光标插入点定位到落款日期左侧，在“剪贴板”组中单击“粘贴”按钮，或按【Ctrl+V】组合键，如图1-13所示，即可移动文本。

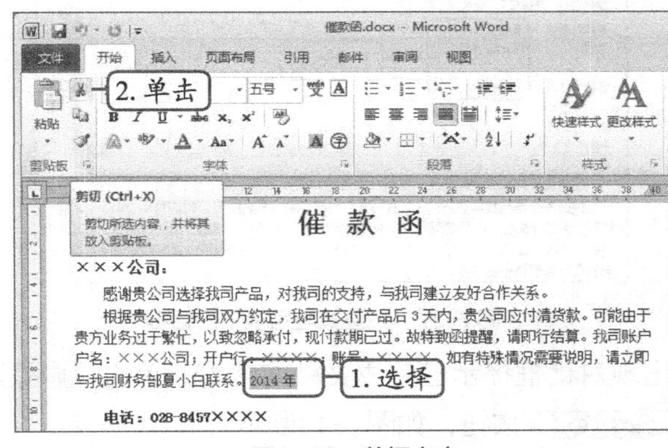

图1-12　剪切文本

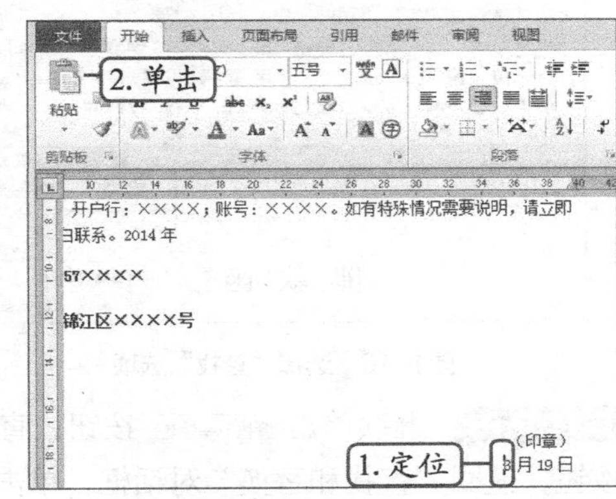

图1-13　粘贴文本

STEP 3 选择第2段中“×××公司”文本，在“剪贴板”组中单击“复制”按钮或按【Ctrl+C】组合键，如图1-14所示，将文本复制到剪贴板上。

STEP 4 将光标插入点定位到落款处的“（印章）”文本左侧，在“剪贴板”组中单击“粘贴”按钮，即可将文本复制到该位置，效果如图1-15所示。

操作提示

在文档中选择任意文本，按住【Ctrl】键并将其拖曳到目标位置，释放鼠标后可完成复制文本的操作；若拖曳时未按住【Ctrl】键，则执行移动文本操作。

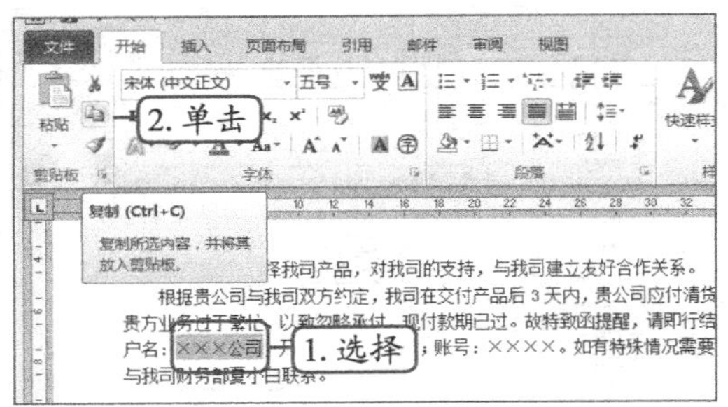

图1-14　单击“复制”按钮

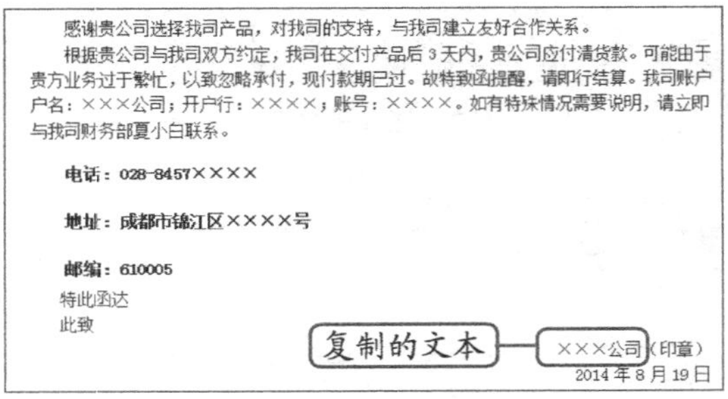

图1-15　粘贴文本

（三）查找和替换文本

当文档中某个多次使用的文字或短句错误时，可使用查找与替换功能来检查和修改，以节省时间并避免遗漏。下面在“催款函.doc”文本中进行查找与替换操作，其具体操作如下。（微课：光盘\微课视频\项目一\查找和替换文本.swf）

STEP 1 将光标插入点定位到文档开始处，在【开始】/【编辑】组中单击替换按钮，或按【Ctrl+H】组合键，如图1-16所示。

STEP 2 打开“查找和替换”对话框，分别在“查找内容”和“替换为”文本框中输入“我司”和“我公司”。

STEP 3 单击查找下一处(F)按钮，即可看到文档中所有查找到的第一个“我司”文本呈选中状态显示，如图1-17所示。

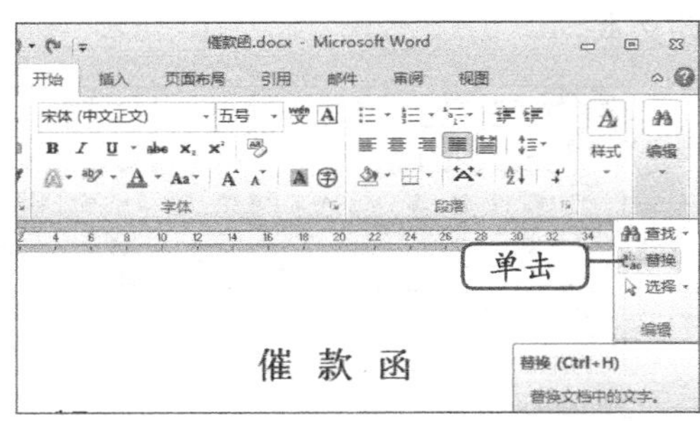

图1-16　选择“查找”选项

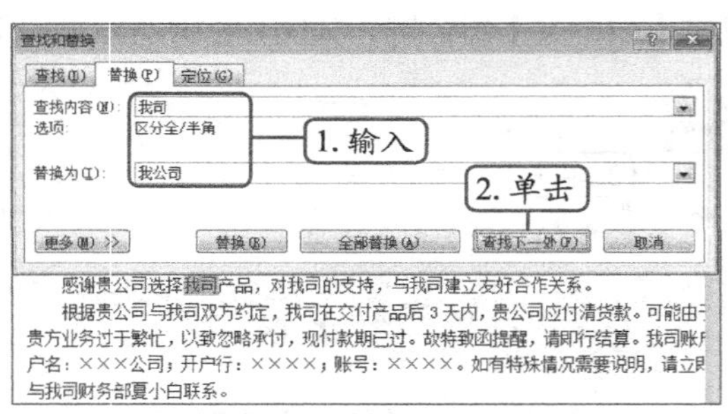

图1-17　“查找与替换”对话框

STEP 4 继续单击查找下一处(F)按钮，直至出现对话框提示已完成文档的搜索，单击确定按钮，返回“查找和替换”对话框，单击全部替换(A)按钮，如图1-18所示。

STEP 5 打开提示对话框，提示完成替换的次数，直接单击确定按钮即可完成替换，如图1-19所示。

图1-18　提示完成文档的搜索

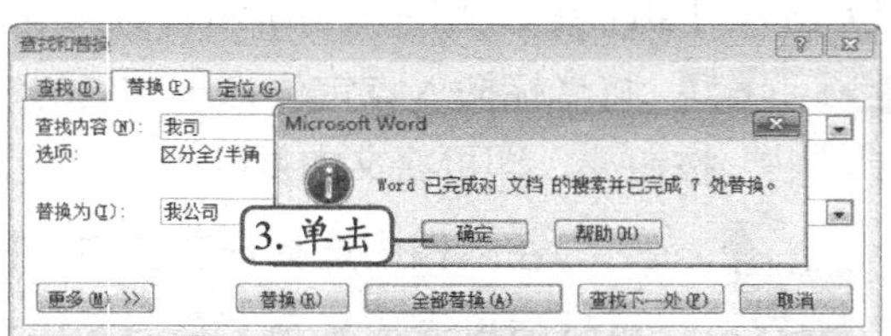

图1-19　提示完成替换

STEP 6 单击 关闭 按钮，关闭“查找与替换”对话框，如图1-20所示，此时在文档中即可看到“我司”已全部替换为“我公司”文本，如图1-21所示。

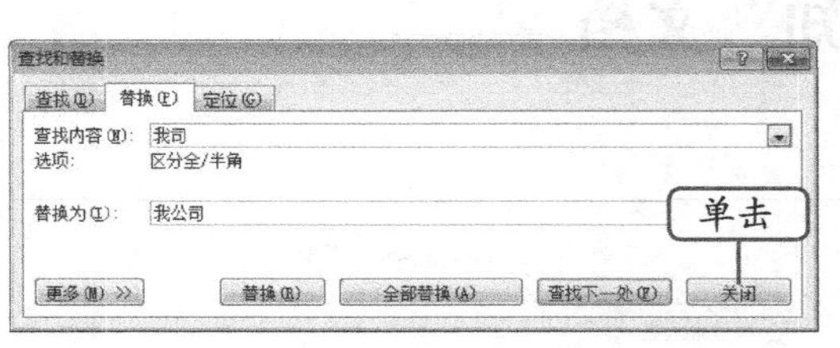

图1-20 关闭对话框

催 款 函

×××公司:

感谢贵公司选择我公司产品，对我公司的支持，与我公司建立友好合作关系。

根据贵公司与我公司双方约定，我公司在交付产品后3天内，贵公司应付清货款。可能由于贵方业务过于繁忙，以致忽略承付，现付款期已过。故特致函提醒，请即行结算。我公司账户户名：×××公司；开户行：××××；账号：××××。如有特殊情况需要说明，请立即与我公司财务部夏小白联系。

电话：028-8457××××

地址：成都市锦江区××××号

图1-21 查看效果

（四）撤销和恢复操作

Word 2003有自动记录功能，如在编辑文档时执行了错误操作，可进行撤销，同时也可恢复被撤销的操作。下面将在“催款函.doc”文本中进行撤销和替换操作，其具体操作如下。（微课：光盘\微课视频\项目一\撤销和恢复操作.swf）

STEP 1 将邮编号“610005”修改为“610000”。

STEP 2 单击“快速访问栏”工具栏中的“撤销”按钮，或按【Ctrl+Z】组合键，如图1-22所示，即可恢复到将“610005”修改为“610000”前的文档效果。

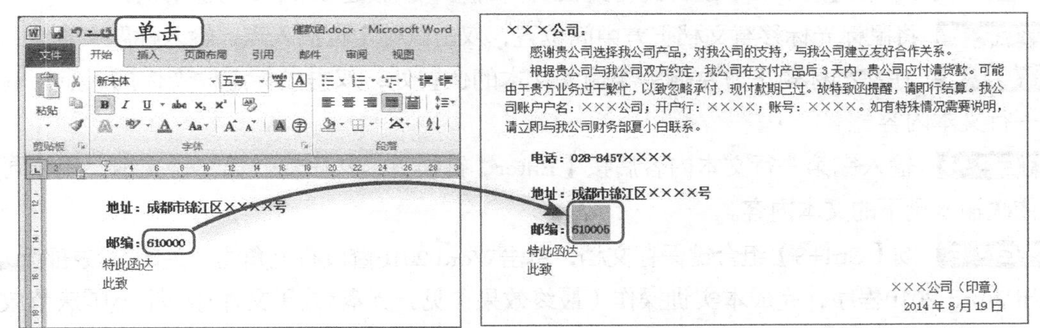

图1-22 撤销操作

STEP 3 单击“恢复”按钮，或按【Ctrl+Y】组合键，如图1-23所示，便可以恢复到“撤销”操作前的文档效果。

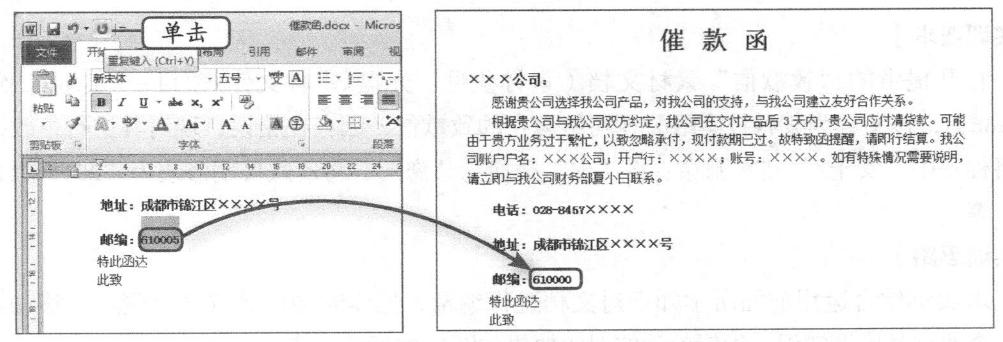

图1-23 恢复操作

STEP 4 将邮编号“610005”修改为“610000”。完成本任务操作（最终效果参见：光盘\效果文件\项目一\任务二\催款函.docx）。

实训一 制作“国庆节放假通知”文档

【实训要求】

临近国庆节，×××公司需要发布一则关于国庆节放假的通知，现请你为该公司人事部拟定一份“国庆节放假通知”。

【实训思路】

在制作“国庆节放假通知”时，可先新建文档，然后运用即点即输功能输入文本，最后保存文档并退出Word。本实训的参考效果如图1-24所示。

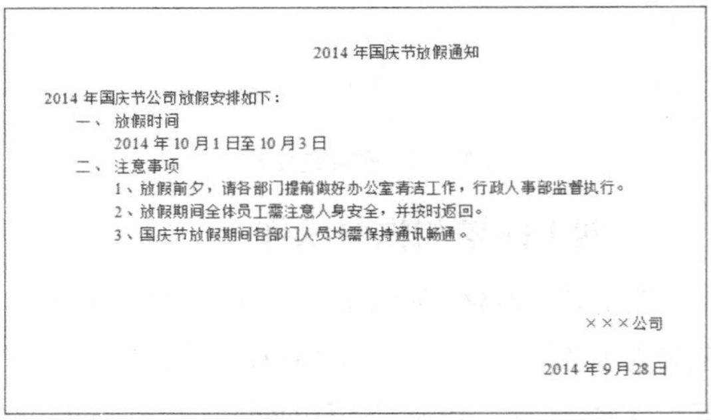

2014 年国庆节放假通知

2014 年国庆节公司放假安排如下：

一、放假时间

2014 年 10 月 1 日至 10 月 3 日

二、注意事项

1、放假前夕，请各部门提前做好办公室清洁工作，行政人事部监督执行。

2、放假期间全体员工需注意人身安全，并按时返回。

3、国庆节放假期间各部门人员均需保持通讯畅通。

×××公司

2014 年 9 月 28 日

图1-24 “国庆节放假通知”最终效果

【步骤提示】

STEP 1 在任务栏中的“快速启动区”找到“Word 2010”图标，单击启动程序，新建一个空白文档，按【Ctrl+S】组合键将文档以“国庆节放假通知.docx”为名保存。

STEP 2 将鼠标光标移至文档上方中间位置，双击鼠标定位插入点，输入标题文本。

STEP 3 在文档标题下方左侧需要输入文本的位置处，双击鼠标定位光标插入点，输入第一行文本内容。

STEP 4 输入完第一行文本内容后按【Enter】键换行，然后输入第二行文本，用相同方法依次输入剩下的文本内容。

STEP 5 按【Ctrl+S】组合键保存文档，单击Word 2010窗口右上角的“关闭”按钮，退出Word 2010程序，完成本实训操作（最终效果参见：光盘\效果文件\实训一\国庆节放假通知.docx）。

实训二 编辑“致歉信”文档

【实训要求】

打开提供的“致歉信”素材文档（素材参见：光盘\素材文件\项目一\实训二\致歉信.doc），该文档为某科技有限公司写给客户的致歉信，因存在错误，现对其进行修改，包括将称呼中“女士/”文本删除、将“你”替换为“您”、将落款日期修改为“2014年11月9日”等。

【实训思路】

本实训综合运用前面所学知识对文档进行编辑，操作时会用到选择与删除、移动与复制、查找与替换等知识，编辑前后的对比效果如图1-25所示。

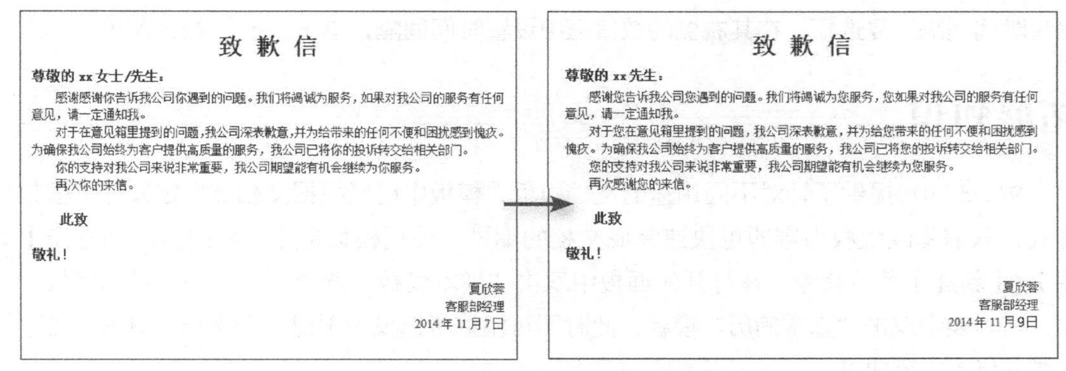

致 歉 信

尊敬的 xx 女士/先生：

感谢感谢你告诉我公司你遇到的问题。我们将竭诚为服务，如果对我公司的服务有任何意见，请一定通知我。

对于在意见箱里提到的问题，我公司深表歉意，并为给带来的任何不便和困扰感到愧疚。为确保我公司始终为客户提供高质量的服务，我公司已将你的投诉转交给相关部门。

你的支持对我公司来说非常重要，我公司期望能有机会继续为你服务。

再次你的来信。

此致

敬礼！

夏欣蓉
客服部经理
2014年11月7日

致 歉 信

尊敬的 xx 先生：

感谢您告诉我公司您遇到的问题。我们将竭诚为您服务，您如果对我公司的服务有任何意见，请一定通知我。

对于您在意见箱里提到的问题，我公司深表歉意，并为给您带来的任何不便和困扰感到愧疚。为确保我公司始终为客户提供高质量的服务，我公司已将您的投诉转交给相关部门。

您的支持对我公司来说非常重要，我公司期望能有机会继续为您服务。

再次感谢您的来信。

此致

敬礼！

夏欣蓉
客服部经理
2014年11月9日

图1-25 “致歉信”编辑前后的对比效果

【步骤提示】

STEP 1 启动Word 2010，按【Ctrl+O】组合键，打开“致歉信.docx”文档。

STEP 2 将鼠标光标移动到文档标题中，选中“女士/”文本，按【Delete】键删除。

STEP 3 选择正文第1行行首的“感谢”文本，按【Ctrl+X】组合键剪切文本，将光标插入点定位到第6行“再次”文本之后，按【Ctrl+V】组合键，即可将文本移至该位置。

STEP 4 选择第1行中“你”文本，按【Ctrl+C】复制文本，分别在第1行中“竭诚为”和“如果”文本之后，第3行“对于”和“并为给”文本之后粘贴文本。

STEP 5 将光标插入点定位到文档开始处，按【Ctrl+H】组合键，打开“查找和替换”对话框，将“你”替换为“您”，完成本实训制作（最终效果参见：光盘\效果文件\项目一\实训二\致歉信.docx）。

常见疑难解析

问：如何输入特殊符号？

答：在【插入】/【符号】组中单击“Ω符号”按钮，在打开的下拉列表中选择“其他符号”选项，打开“符号”对话框，在对话框右侧的“子集”下拉列表框中选择“其他符号”选项，并在其下的列表框中选择一种符号，然后单击“插入(I)”按钮即可。

问：如何输入当前系统中的日期和时间？

答：可利用Word中的“日期和时间”功能进行输入。操作方法是在文档编辑区中定位光标插入点，在【插入】/【文本】组中单击“日期和时间”按钮，打开“日期和时间”对话框，在“语言（国家/地区）”下拉列表框中选择“中文（中国）”选项，在“可用格式”中选择时间样式，然后单击“确定”按钮即可。

问：自动保存功能有何作用，如何设置？

答：设置自动保存后，Word将在达到设置的间隔时间后自动保存文档，当遇到死机或突然断电等意外情况时，再次启动Word程序，自动保存的内容将提示恢复，从而将丢失文档编辑的损失降至最低。设置自动保存时间间隔的方法为选择【文件】/【选项】菜单命令，打开“Word选项”对话框，单击“保存”选项卡，在“保存文档”栏中单击选中“保存自动恢复信息时间间隔”复选框，在其右侧的数值框中设置时间间隔，单击确定按钮即可。

拓展知识

Word 2010提供了针对不同用途的文档模板，模板中已经根据文档类型定义好了框架与样式，只需修改模板内容即可快速完成文档的编排。使用模板创建文档的方法为选择【文件】/【新建】菜单命令，在打开的面板中双击“样本模板”选项，进入到“样本模板”列表，在列表中双击“基本简历”模板，此时即可根据所选模板创建一个文档，单击文档不同区域并修改内容即可。

课后练习

根据提供的素材文档“职场原则.txt”（素材参见：光盘\素材文件\项目一\课后练习\职场原则.txt），对其进行如下操作。

- 新建文档并以“职场原则.docx”为名保存。
- 输入文本内容，并使用移动、复制、粘贴操作完善文本内容。
- 使用查找与替换修正文本内容。
- 完成后保存并关闭文档。

文档完成后的效果如图1-26所示（最终效果参见：光盘\效果文件\项目一\课后练习\职场原则.docx）。

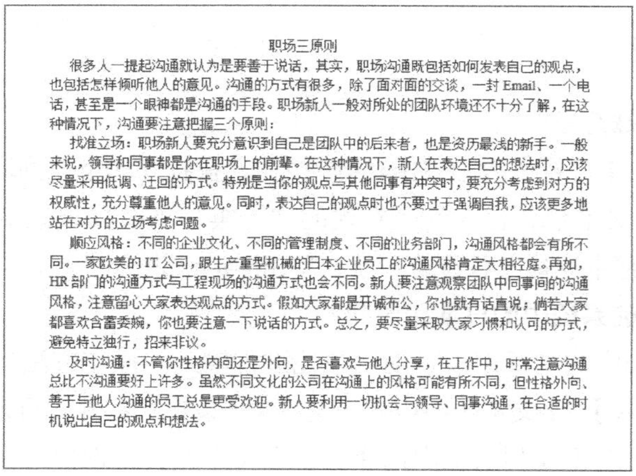

职场三原则

很多人一提起沟通就认为是要善于说话，其实，职场沟通既包括如何发表自己的观点，也包括怎样倾听他人的意见。沟通的方式有很多，除了面对面的交谈，一封 Email、一个电话，甚至是一个眼神都是沟通的手段。职场新人一般对所处的团队环境还不十分了解，在这种情况下，沟通要注意把握三个原则：

找准立场：职场新人要充分意识到自己是团队中的后来者，也是资历最浅的新手。一般来说，领导和同事都是你在职场上的前辈。在这种情况下，新人在表达自己的想法时，应该尽量采用低调、迂回的方式。特别是当你的观点与其他同事有冲突时，要充分考虑到对方的权威性，充分尊重他人的意见。同时，表达自己的观点时也不要过于强调自我，应该更多地站在对方的立场考虑问题。

顺应风格：不同的企业文化、不同的管理制度、不同的业务部门，沟通风格都会有所不同。一家欧美的 IT 公司，跟生产重型机械的日本企业员工的沟通风格肯定大相径庭。再如，HR 部门的沟通方式与工程现场的沟通方式也会不同。新人要注意观察团队中同事间的沟通风格，注意留心大家表达观点的方式。假如大家都是开诚布公，你也就有话直说；倘若大家都喜欢含蓄委婉，你也要注意一下说话的方式。总之，要尽量采取大家习惯和认可的方式，避免特立独行，招来非议。

及时沟通：不管你性格内向还是外向，是否喜欢与他人分享，在工作中，时常注意沟通总比不沟通要好上许多。虽然不同文化的公司在沟通上的风格可能有所不同，但性格外向、善于与他人沟通的员工总是更受欢迎。新人要利用一切机会与领导、同事沟通，在合适的时机说出自己的观点和想法。

图1-26 “职场原则”最终效果

PART 2

项目二 设置与美化文档

情景导入

阿秀：小白，把这篇工作计划重新排版一下。

小白：重新排版？设置字体和大小就可以了吗？

阿秀：当然不只这些，你还需要对其进行字体、段落格式的设置，以及添加项目符号和编号等，也可以添加字符边框和底纹。

小白：明白了。

学习目标

- 掌握设置文本格式、段落格式的方法
- 设置项目符号和编号
- 熟悉页面大小、页边距的设置
- 掌握添加字符边框与底纹

技能目标

- 掌握“工作计划”文档的排版制作方法
- 掌握“公司诚聘”文档的排版与制作方法
- 掌握“公司简介”文档的制作方法

任务一 设置“工作计划”文档

工作计划这类文档应具有一定的层次感，在输入文档内容后，还需要进行相应的格式设置，如设置字符和段落样式等，以达到规范、整齐的效果。

一、 任务目标

本任务将练习用Word 2007编辑“工作计划”文档，制作时可直接打开素材文档，对其进行字符格式和段落格式的设置，包括设置字体、字号、字色、段落缩进、行距、对齐方式等操作。通过本任务的学习，可了解格式的基本含义，掌握字符格式和段落格式的使用，并学会格式化文档的方法。本任务制作完成后的最终效果如图2-1所示。

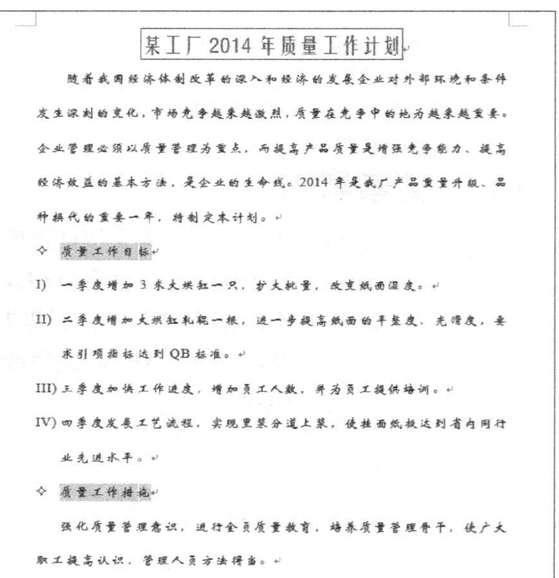
某工厂2014年质量工作计划

随着我国经济体制改革的深入和经济的发展企业对外部环境和条件发生深刻的变化，市场竞争越来越激烈，质量在竞争中的地为越来越重要。企业管理必须以质量管理为重点，而提高产品质量是增强竞争能力、提高经济效益的基本方法，是企业的生命线。2014年是我厂产品重量升级、品种换代的重要一年，特制定本计划。

✧ 质量工作目标

I) 一季度增加3米大烘缸一只，扩大批量，改变纸面湿度。

II) 二季度增加大烘缸轧辊一根，进一步提高纸面的平整度、光滑度，要求引项指标达到QB标准。

III) 三季度加快工作进度，增加员工人数，并为员工提供培训。

IV) 四季度发展工艺流程，实现里浆分道上浆，使挂面纸板达到省内同行业先进水平。

✧ 质量工作措施

强化质量管理意识，进行全员质量教育，培养质量管理骨干，使广大职工提高认识，管理人员方法得当。

图2-1 “工作计划”文档效果

二、相关知识

（一）自定义编号起始值

在使用自定义段落编号过程中，有时需要重新定义编号的起始值，此时，可选中应用了编号的段落后单击鼠标右键，在打开的快捷菜单中选择“设置编号”命令，即可在打开的对话框中输入新编号列表的起始值或选择继续编号，如图2-2所示。

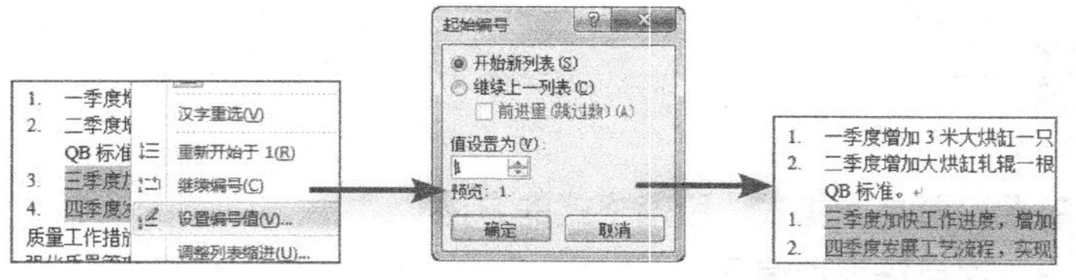

图2-2 设置编号值

（二）自定义项目符号样式

Word中默认提供了一些项目符号样式，要使用其他符号或计算机中的图片文件作为项目符号，可在【开始】/【段落】组中单击“项目符号”按钮右侧的按钮，在打开的下拉列表中选择“定义新项目符号”选项，然后在打开的对话框中单击符号(S)...按钮，打开“符号”对话框，选择需要的符号并确认设置即可；在“定义新项目符号”对话框中单击图片(P)...按钮，再在打开的对话框中单击导入(I)...按钮，则可选择计算机中的图片文件作为项目符号，如图2-3所示。

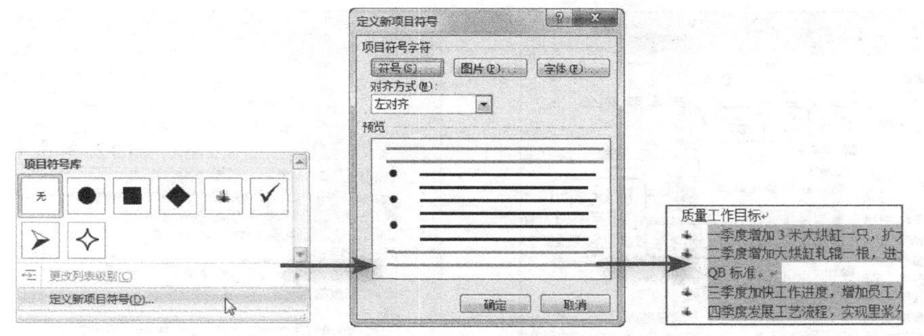

图2-3 设置项目符号样式

三、任务实施

（一）设置文本格式

输入的文本可进行格式设置，使其层次感更强烈。下面对“工作计划.docx”文档中的文本进行格式设置，其具体操作如下。（微课：光盘\微课视频\项目二\设置文本格式.swf）

STEP 1 启动Word 2010，打开“工作计划.docx”素材文档（素材参见：光盘\素材文件\项目二\任务一\工作计划.docx）。

STEP 2 选择标题文本，在【开始】/【字体】组中单击“字体”下拉列表右侧的下拉按钮，在打开的下拉列表框中选择“方正姚体”选项，如图2-4所示。

STEP 3 在“字号”下拉列表框中选择“小二”选项，如图2-5所示。

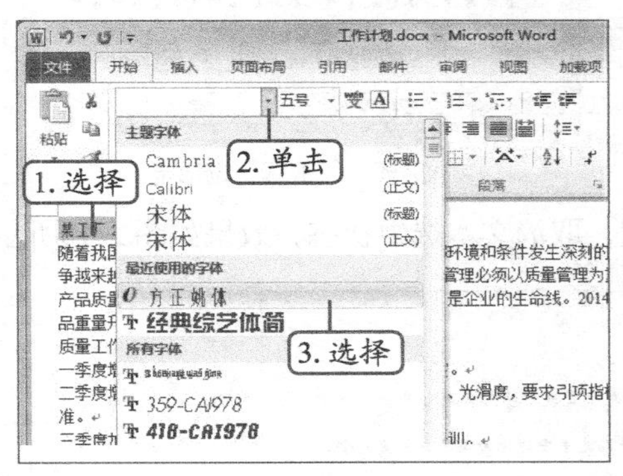

图2-4 设置字体

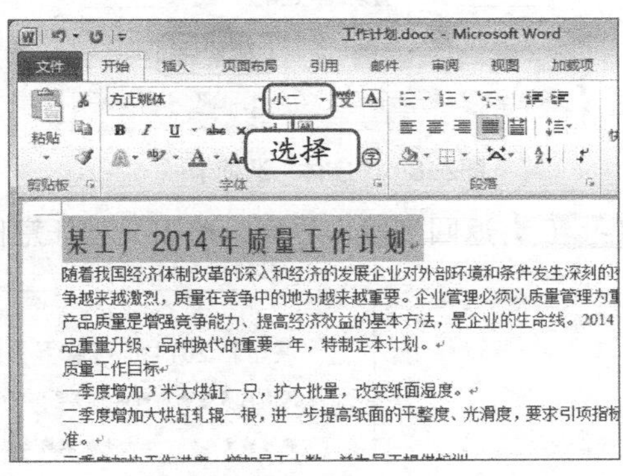

图2-5 设置字号

STEP 4 保持文本的选中状态，单击“字体颜色”按钮右侧的下拉按钮，在弹出的下拉列表中选择“红色，强调文字颜色2，深色25%”选项，如图2-6所示。

STEP 5 选择除标题外的其余文本内容，在【开始】/【字体】组单击“对话框启动器”按钮，如图2-7所示。

STEP 6 打开“字体”对话框，分别在“中文字体”“字号”“西文字体”下拉列表框中选择“华文新魏”“小四”“Times New Roman”选项，如图2-8所示。

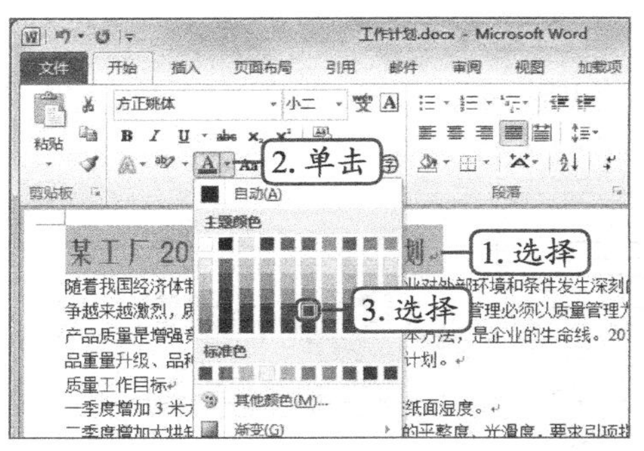

图2-6　设置字体颜色

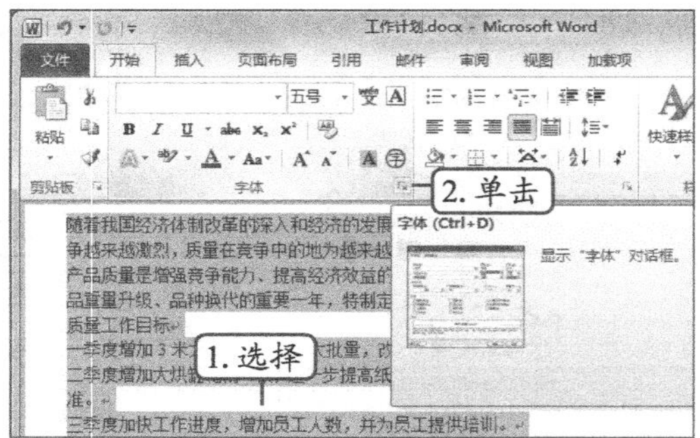

图2-7　“对话框启动器”按钮

STEP 7 单击“高级”选项卡，在“间距”下拉列表中选择“加宽”选项，在“磅值”数值框中输入“0.5磅”，单击 确定 按钮，如图2-9所示。

图2-8　“字体”选项卡

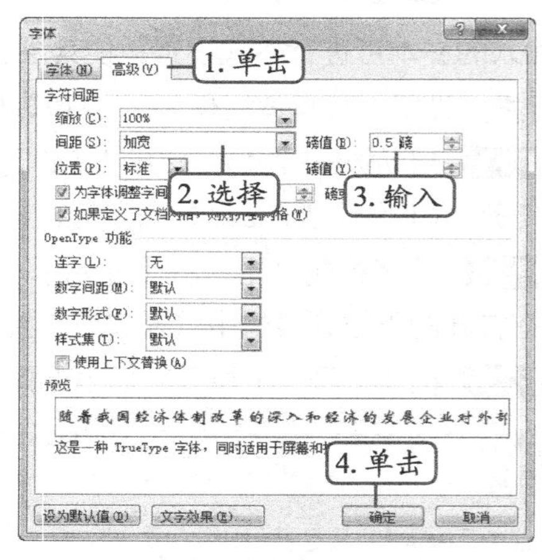

图2-9　“高级”选项卡

STEP 8 返回到操作界面，单击文档任意位置，取消文本选中状态，效果如图2-10所示。

某工厂2014年质量工作计划

随着我国经济体制改革的深入和经济的发展企业对外部环境和条件发生深刻的变化，市场竞争越来越激烈，质量在竞争中的地为越来越重要。企业管理必须以质量管理为重点，而提高产品质量是增强竞争能力、提高经济效益的基本方法，是企业的生命线。2014年是我厂产品重量升级、品种换代的重要一年，特制定本计划。

质量工作目标

图2-10　查看效果

操作提示

如果不知道应将文本设置为多大的字号，依次选择不同的字号又比较费时，可先选择文本，然后按【Ctrl+]】组合键逐渐放大字号，或按【Ctrl+[】组合键逐渐缩小字号。

（二）设置段落格式

对文档中的段落进行格式设置，也可增强文档的层次感使文档结构更加鲜明。下面对“工作计划.docx”文档中的段落进行对齐方式、行距、段前间距等设置，其具体操作如下。（微课：光盘\微课视频\项目二\设置段落格式.swf）

STEP 1 选择标题段落文本，在【开始】/【段落】组中单击“居中”按钮，如图2-11所示。

STEP 2 选择最后两段文本，在“段落”组中单击“文本右对齐”按钮，如图2-12所示，可以使选择的文本右对齐。

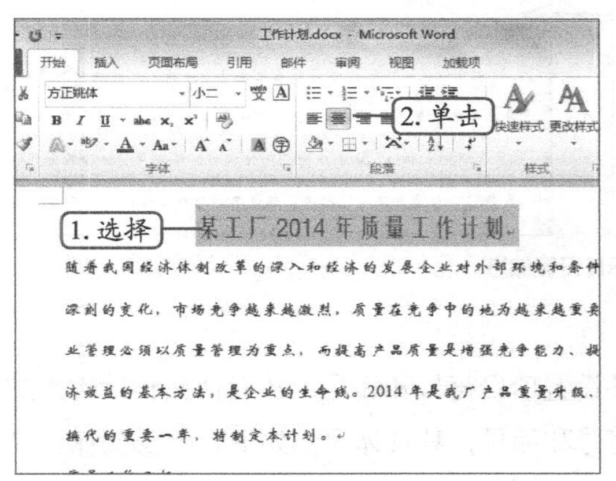

图2-11 设置居中对齐

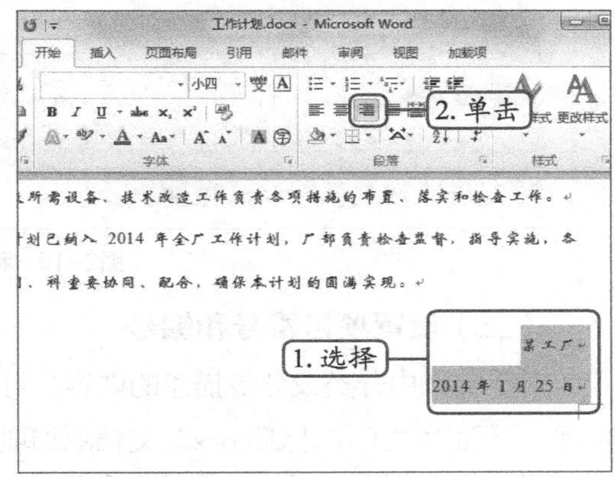

图2-12 设置右对齐

STEP 3 选择第1段文本，在“段落”组中单击“对话框启动器”按钮，如图2-13所示。

STEP 4 打开“段落”对话框，在“缩进和间距”选项卡中“缩进”栏的“特殊格式”下拉列表框中选择“首行缩进”选项，“磅值”数值框中输入“2字符”，然后单击确定按钮，如图2-14所示。

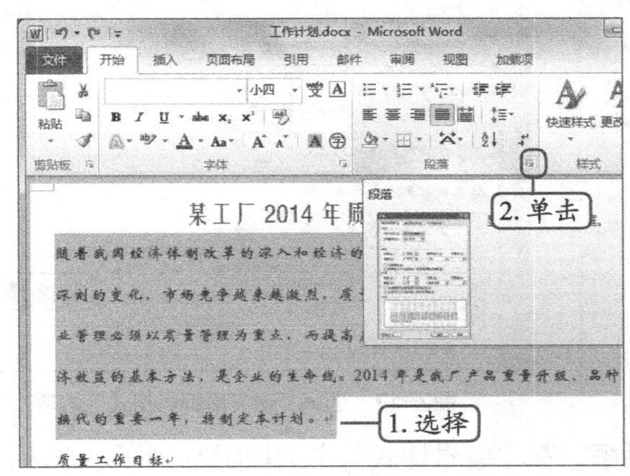

图2-13 单击“对话框启动器”按钮

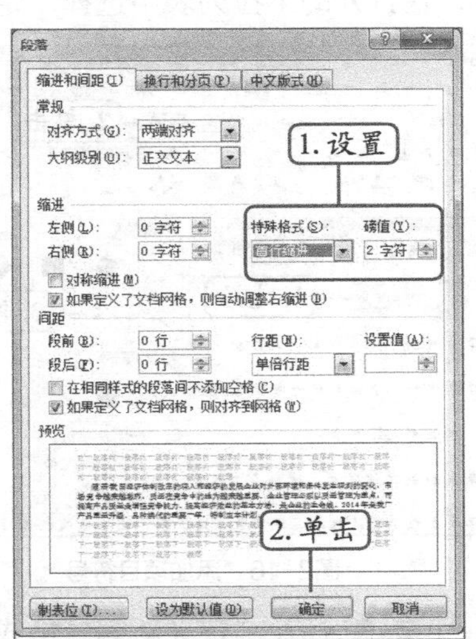

图2-14 利用“段落”对话框设置缩进

STEP 5 在【视图】/【显示】组中，单击选中“标尺”复选框，标尺显示。

STEP 6 选择第8~第10段文本，在编辑区上方拖曳标尺中的“首行缩进”滑块至“2”处，设置段落首行缩进两个字符，如图2-15所示。

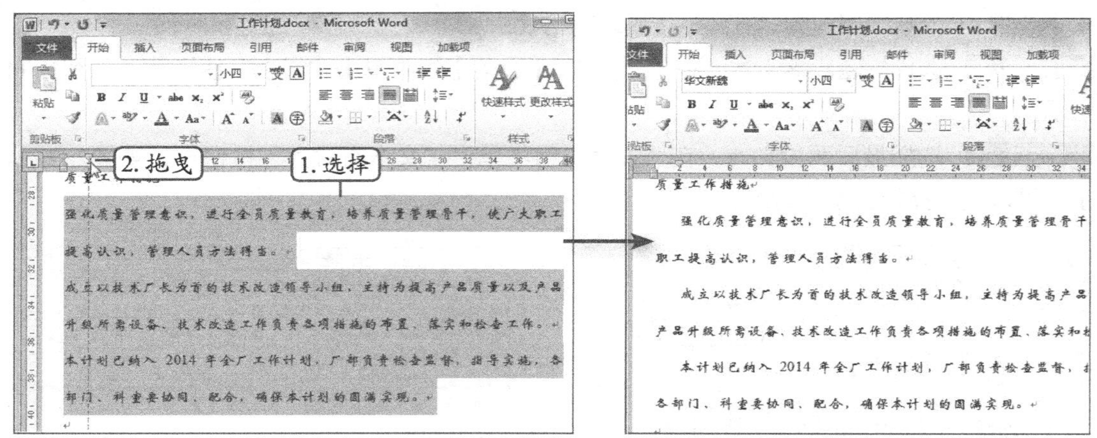

图2-15 利用标尺设置缩进

（三）设置项目符号和编号

对于文档中分类或分步描述的内容，可为其设置项目符号和编号，从而使文档结构更加合理，下面为“工作计划.docx”文档添加项目符号和编号，其具体操作如下。（微课：光盘\微课视频\项目二\设置项目符号和编号.swf）

STEP 1 选择第2段后按住【Ctrl】键不放再选择第8段文本，在【开始】/【段落】组中单击“项目符号”按钮右侧的下拉按钮，在打开的下拉列表框的“项目符号库”栏中选择“四角星”选项，如图2-16所示。

STEP 2 选择第3~第7段文本，在“段落”组中单击“编号”按钮右侧的下拉按钮，在打开的下拉列表中选择“定义新编号格式”选项，如图2-17所示。

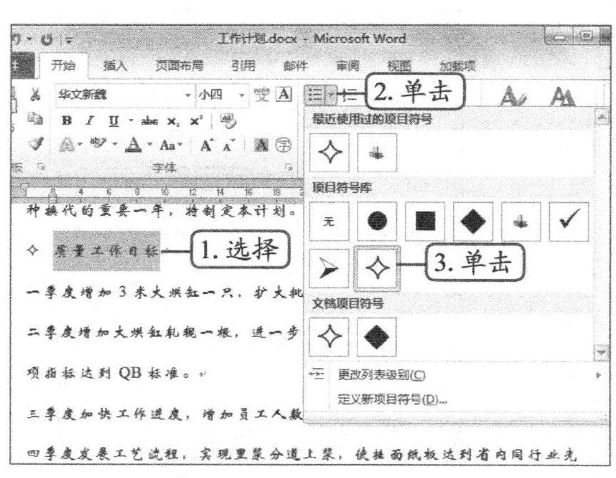

图2-16 添加项目符号

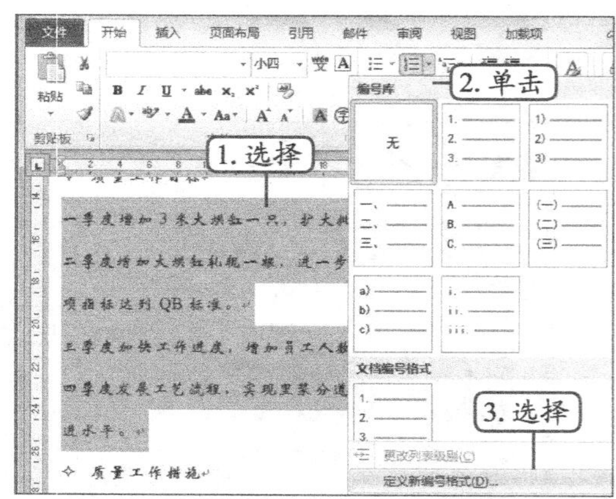

图2-17 选择“定义新编号格式”选项

STEP 3 打开“定义新编号格式”对话框，在“编号样式”中选择图2-18所示选项，单击确定按钮。

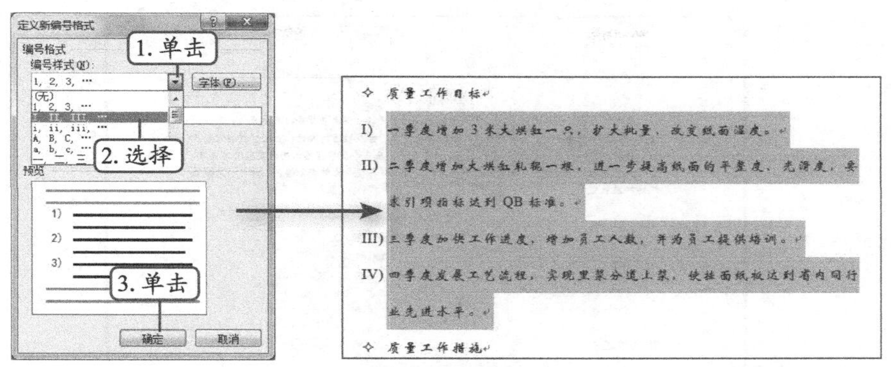

图2-18 设置编号

（四）添加字符边框与底纹

添加字符边框和底纹可起到突出强调的作用，下面为“工作计划.docx”文档中的部分文本设置边框和底纹效果，其具体操作如下。（微课：光盘\微课视频\项目二\添加字符边框与底纹.swf）

STEP 1 选择标题文本，在【开始】/【字体】组中单击“字符边框”按钮A，效果如图2-19所示。

STEP 2 选择第2段和第8段文本，在“字体”组中单击“字符底纹”按钮A，效果如图2-20所示。（最终效果参见：光盘\效果文件\项目二\任务一\工作计划.docx）

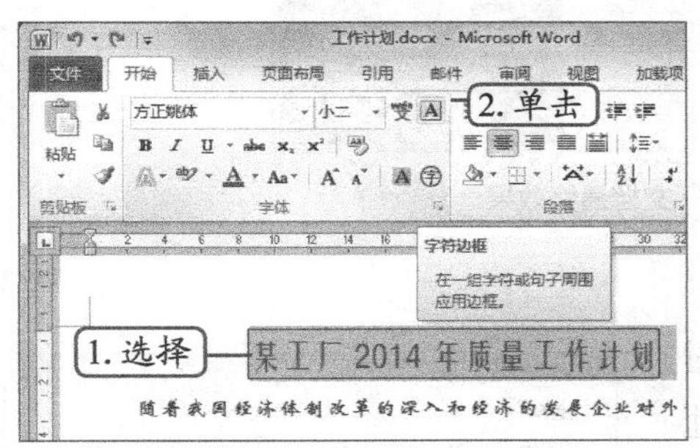

图2-19 添加字符边框

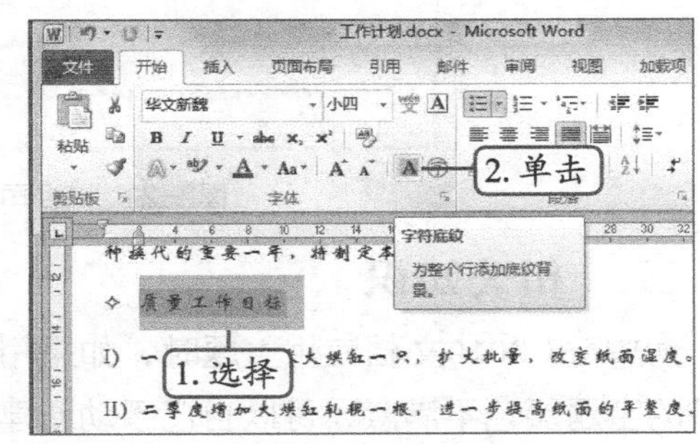

图2-20 添加字符底纹

任务二 制作“公司诚聘”文档

公司诚聘是用人单位用于招聘人才时使用的文档。一般来说，此类文档通常会包含单位名称、性质和基本情况，招聘人员的专业与人数，应聘资格与条件，应聘方式与截止日期，以及其他相关信息。

一、 任务目标

本任务将用Word制作“公司诚聘.docx”文档，首先打开素材文档（素材参见：光盘\素材文件\项目二\任务二\公司诚聘.docx），然后在其中设置文档主题、文字方向，并添加页眉和页脚、添加封面等。本任务完成后的最终效果如图2-21所示。

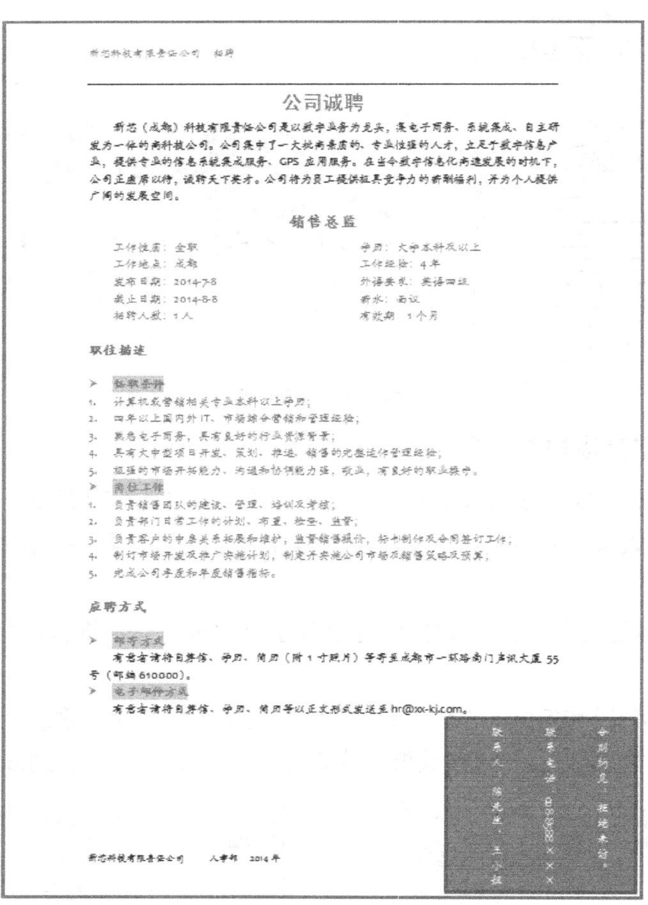

新芯科技有限责任公司　招聘

公司诚聘

新芯（成都）科技有限责任公司是以数字业务为龙头，集电子商务、系统集成、自主研发为一体的高科技公司。公司集中了一大批高素质的、专业性强的人才，立足于数字信息产业，提供专业的信息系统集成服务、GPS 应用服务。在当今数字信息化高速发展的时机下，公司正虚席以待，诚聘天下英才。公司将为员工提供极具竞争力的薪酬福利，并为个人提供广阔的发展空间。

销售总监

工作性质：全职	学历：大学本科及以上
工作地点：成都	工作经验：4年
发布日期：2014-7-8	外语要求：英语四级
截止日期：2014-8-8	薪水：面议
招聘人数：1人	有效期：1个月

职位描述

- 任职条件
1. 计算机或营销相关专业本科以上学历；
2. 四年以上国内外 IT、市场综合营销和管理经验；
3. 熟悉电子商务，具有良好的行业资源背景；
4. 具有大中型项目开发、策划、推进、销售的完整运作管理经验；
5. 极强的市场开拓能力、沟通和协调能力强，敬业，有良好的职业操守。
- 岗位工作
1. 负责销售团队的建设、管理、培训及考核；
2. 负责部门日常工作的计划、布置、检查、监督；
3. 负责客户的中层关系拓展和维护，监督销售报价、标书制作及合同签订工作；
4. 制订市场开发及推广实施计划，制定并实施公司市场及销售策略及预算；
5. 完成公司季度和年度销售指标。

应聘方式

- 邮寄方式

有意者请将自荐信、学历、简历（附1寸照片）等寄至成都市一环路南门声讯大厦55号（邮编610000）。
- 电子邮件方式

有意者请将自荐信、学历、简历等以正文形式发送至hr@xx-kj.com。

合则约见，拒绝来访。
联系电话：[illegible]××××
联系人：陈先生，王小姐

新芯科技有限责任公司　人事部　2014年

图2-21　“公司诚聘”文档最终效果

二、 相关知识

为Word 2010文档应用主题时，如果用户对预设的主题颜色不满意，可以自己手动新建其他主题颜色。其操作方法为在【页面布局】/【主题】组中单击 颜色 按钮，在打开的列表中选择“新建主题颜色”选项，打开“新建主题颜色”对话框，如图2-22所示。在其中对主题颜色进行设置，并对设置的主题颜色命名，完成后单击 保存(S) 按钮即可。

图2-22　新建主题颜色

三、任务实施

（一）设置文档主题

下面以“公司诚聘”为例为其设置文档主题，其具体操作如下。（微课：光盘\微课视频\项目二\设置文档主题.swf）

STEP 1 打开提供的素材文档“公司诚聘.docx”（素材参见：光盘\素材文件\项目二\任务二\公司诚聘.docx），在【页面布局】/【主题】组中单击“主题”按钮下方按钮，在打开的下拉列表框中选择“沉稳”选项，如图2-23所示。

STEP 2 此时，文档中的文本将应用该主题样式下预设的样式，效果如图2-24所示。

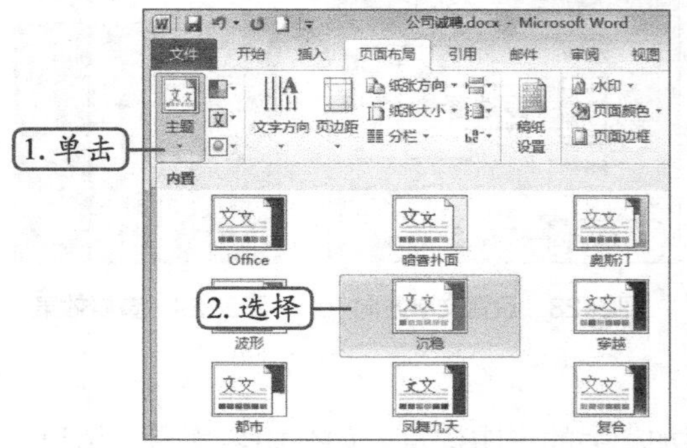

图2-23 选择主题样式

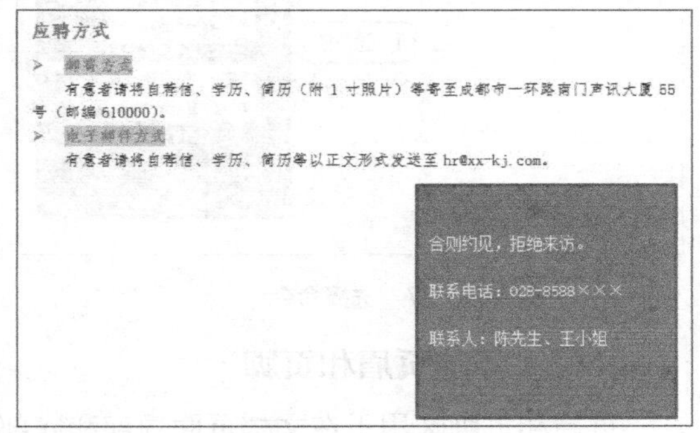

应聘方式

➢ 邮寄方式

有意者请将自荐信、学历、简历（附1寸照片）等寄至成都市一环路南门声讯大厦55号（邮编610000）。

➢ 电子邮件方式

有意者请将自荐信、学历、简历等以正文形式发送至hr@xx-kj.com。

合则约见，拒绝来访。

联系电话：028-8588×××

联系人：陈先生、王小姐

图2-24 查看效果

STEP 3 在【主题】组中单击字体按钮，在打开的下拉列表中选择“宋体”选项，如图2-25所示，此时，文档中的字体样式将更改为选择的“宋体”字体，如图2-26所示。

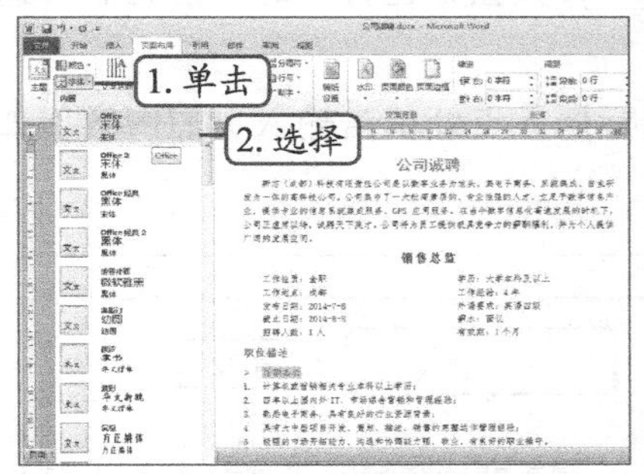

图2-25 选择主题样式

公司诚聘

新芯（成都）科技有限责任公司是以数字业务为龙头，集电子商务、系统集成、自主研发为一体的高科技公司。公司集中了一大批高素质的、专业性强的人才，立足于数字信息产业，提供专业的信息系统集成服务、GPS应用服务。在当今数字信息化高速发展的时机下，公司正虚席以待，诚聘天下英才。公司将为员工提供极具竞争力的薪酬福利，并为个人提供广阔的发展空间。

销售总监

工作性质：全职　　学历：大学本科及以上

工作地点：成都　　工作经验：4年

发布日期：2014-7-8　　外语要求：英语四级

截止日期：2014-8-8　　薪水：面议

招聘人数：1人　　有效期：1个月

职位描述

图2-26 查看效果

（二）设置文字方向

纵横交错的文字排版方法是排版设计中常用的处理方法，在Word中可通过更改字体的方法来实现。下面在“公司诚聘”文档中更改部分文字方向，其具体操作如下。（微课：光盘\微课视频\项目二\设置文字方向.swf）

STEP 1 选中文档右下角形状中的文本内容，在其上单击鼠标右键，在弹出的快捷菜单中选择“文字方向”命令，如图2-27所示。

STEP 2 打开“文字方向-文本框”对话框，在“方向”栏中选择如图2-28所示的选项，单击确定按钮即可，效果如图2-29所示。

操作提示

在【页面布局】/【页面设置】组中单击“文字方向”按钮，在打开的下拉列表中选择需要的选项即可更改整个文档中文字的方向。

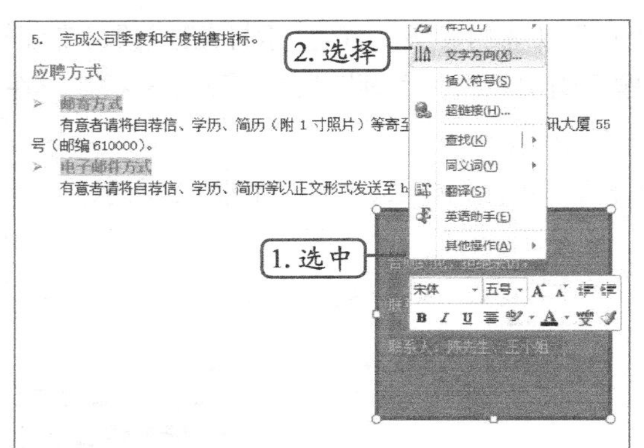

图2-27　选择命令

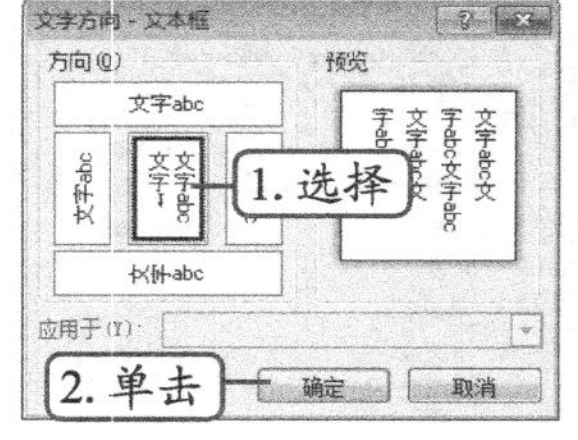

图2-28　设置文字方向

图2-29　查看效果

（三）添加页眉和页脚

页眉和页脚区用于在文档页面顶部和底部添加相关的说明信息，如公司名称等，起到美化、规范作用。下面以在“公司诚聘”文档中添加页眉和页脚为例进行介绍，其具体操作如下。（**微课**：光盘\微课视频\项目二\添加页眉和页脚.swf）

STEP 1 在【插入】/【页眉和页脚】组中单击 页眉 按钮，在打开的下拉列表中选择“奥斯丁”选项，如图2-30所示。

STEP 2 此时将自动进入到页眉编辑状态，在光标插入点处单击输入页眉内容，如图2-31所示。

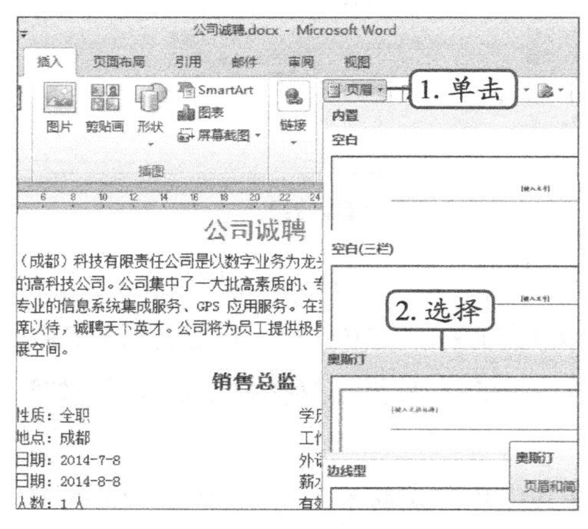

图2-30　选择选项

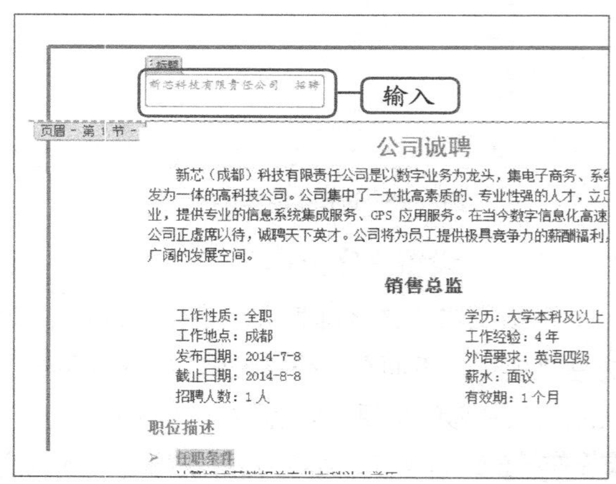

图2-31　输入页眉内容

STEP 3 在【页眉和页脚-设计】/【导航】组中单击“转至页脚”按钮，将光标插入点移动到页脚位置，如图2-32所示。

STEP 4 在页脚位置输入相应的页脚信息，然后在【页眉和页脚-关闭】/【导航】组中单击“关闭页眉和页脚”按钮，如图2-33所示。（最终效果参见：光盘\效果文件\项目二\任务二\公司诚聘.docx）

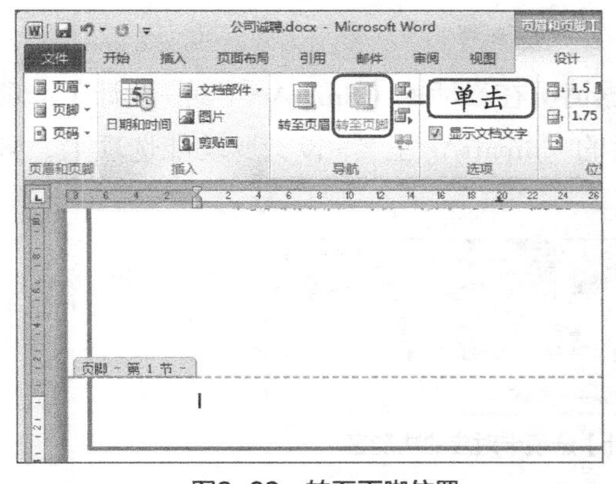

图2-32 转至页脚位置

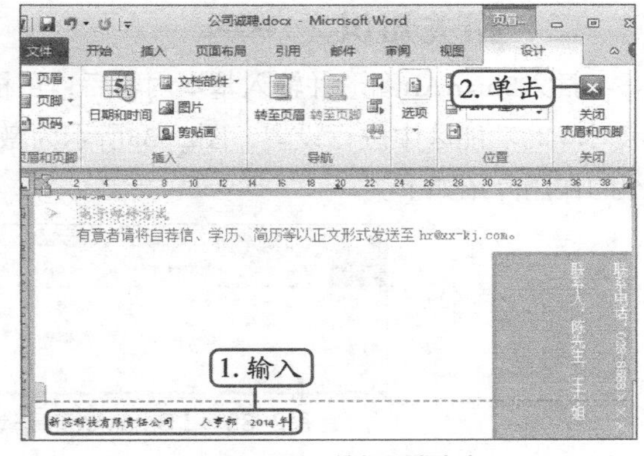

图2-33 编辑页脚内容

任务三 编辑“公司简介”文档

公司简介文档主要用于介绍企业文化、规模、结构和主要经营范围等内容，通常用于招聘、招标、融资等场合。公司简介文档的效果一般代表企业的形象，因此对文档的外观和内容要求非常严格。

一、 任务目标

本任务将使用Word制作“公司简介”文档，要求页面美观，内容合理。可打开素材文件，依次插入图片和剪贴画、艺术字，并绘制组织结构图和文本框等，本任务制作完成后的最终效果如图2-34所示。

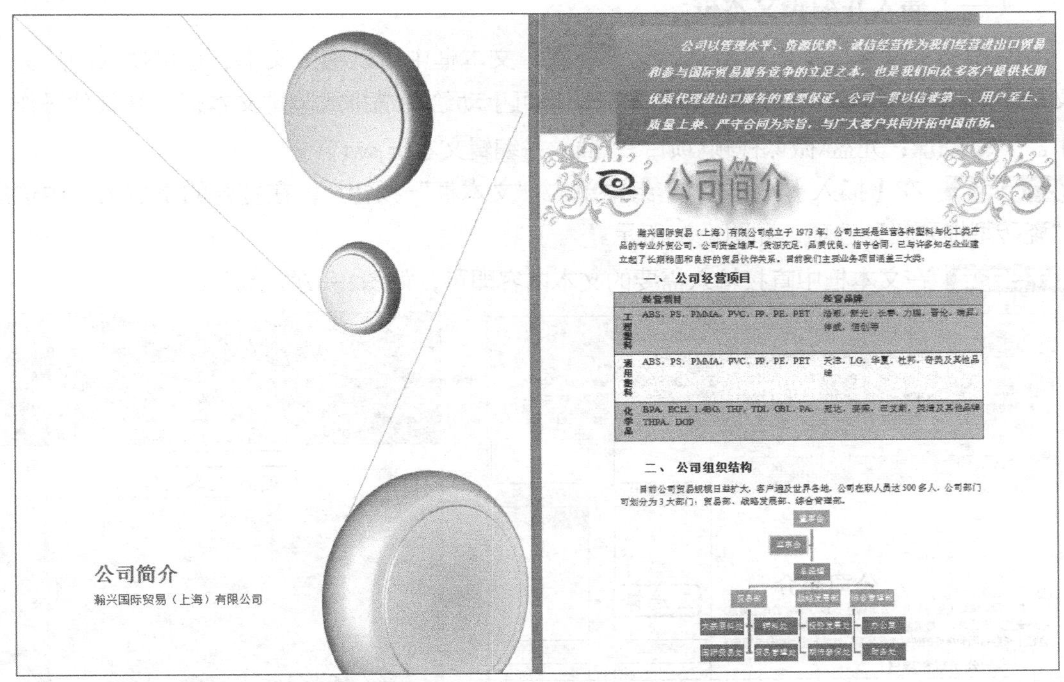

图2-34 “公司简介”最终效果

二、相关知识

插入SmartArt图形并输入基本内容后，可根据情况在激活的【SmarArt工具-设计】选项卡对应的功能区中进行设置，图2-35所示为激活的“SmartArt工具-设计”功能选项卡，各组的作用介绍如下。

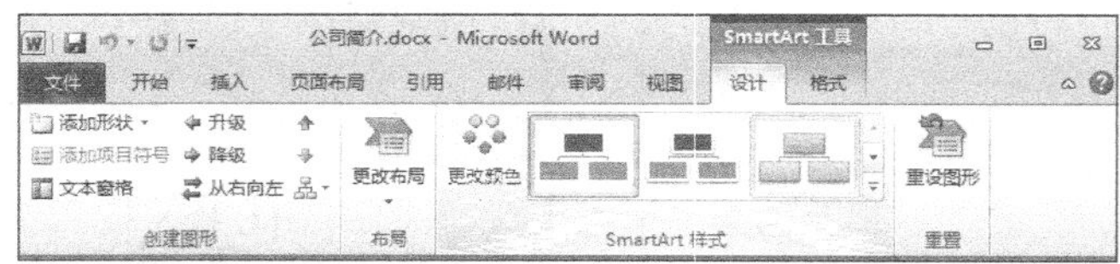

图2-35 【SmarArt工具-设计】选项卡对应的功能区

- “创建图表”组：单击添加形状按钮右侧的按钮，在打开的下拉列表中可选择选项在不同位置增加形状。在该组中单击相应按钮还可以移动各形状的位置、调整级别大小。
- “布局”组：单击“更改布局”按钮，在打开的下拉列表中选择一种该类型下的其他SmarArt图形布局样式，也可选择“其他布局”选项，打开“选择SmarArt图形”对话框，重新设置SmarArt图形的布局样式。
- “SmarArt样式”组：在列表框中可选择三维效果等样式，单击“更改颜色”按钮可以设置SmarArt图形的颜色。
- “重置”组：单击“重设图形”按钮，放弃对SmarArt图形所做的全部格式更改。

三、任务实施

（一）插入并编辑文本框

利用文本框可以排版出特殊的文档版式，文本框中可以输入文本，也可插入图片。在文档中可以插入Word自带样式的文本框，也可手动绘制横排或竖排文本框，其具体操作如下。（微课：光盘\微课视频\项目二\插入并编辑文本框.swf）

STEP 1 在【插入】/【文本】组中单击“文本框”按钮，在打开的下拉列表中选择“瓷砖型提要栏”选项，如图2-36所示。

STEP 2 在文本框中直接输入需要的文本内容即可，如图2-37所示。

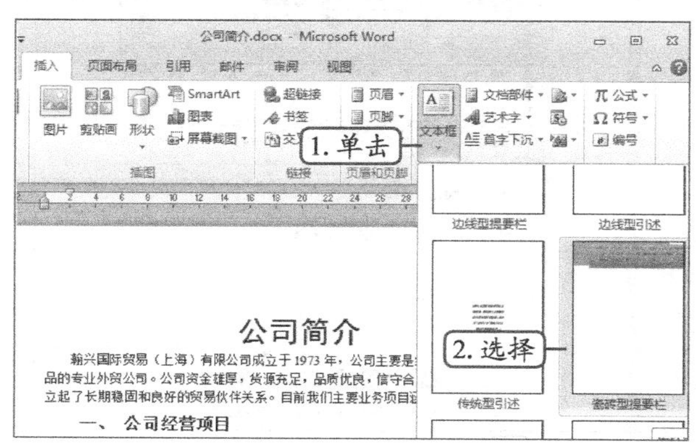

图2-36 选择选项

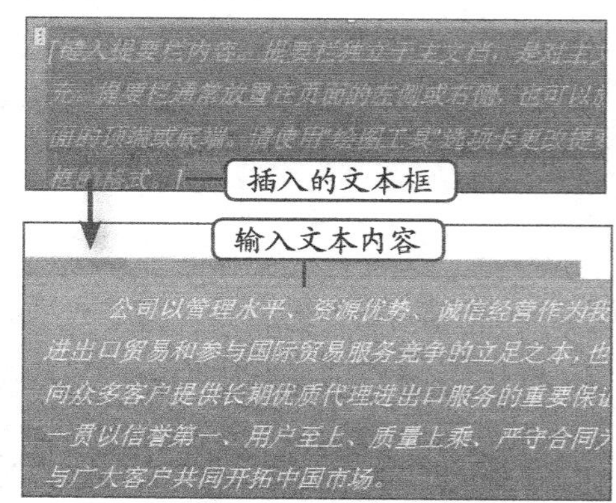

图2-37 输入文本

STEP 3 全选文本框中的文本内容，在【开始】/【字体】组中将文本格式设置为“宋体、小三、白色”。

知识补充

绘制文本框主要有以下两种方法。

①在【插入】/【插图】组中单击“形状”按钮，在打开的下拉列表中选择“文本框”或“垂直文本框”形状样式，也可手动绘制文本框。

②在【插入】/【文本】组中单击“文本框”按钮，在打开的下拉列表中选择“绘制文本框”或“绘制竖排文本框”选项，此时鼠标指针变为+形状，按住鼠标左键不放并拖曳，即可绘制出以拖动的起始位置和终止位置为对角顶点的文本框。

（二）插入图片和剪贴画

在Word中用户可根据需要将图片和剪贴画插入到文档中，使文档更美观、完整。下面在“公司简介”文档中插入图片和剪贴画，其具体操作如下。（**微课**：光盘\微课视频\项目二\插入图片和剪贴画.swf）

STEP 1 将文本插入点定位到标题左侧，在【插入】/【插图】组中单击“图片”按钮，如图2–38所示。

STEP 2 在打开的“插入图片”对话框的地址栏中选择图片的路径，在中间的空白区域选择要插入的图片，这里选择“公司标志.jpg”图片，单击插入(S)按钮，如图2–39所示。

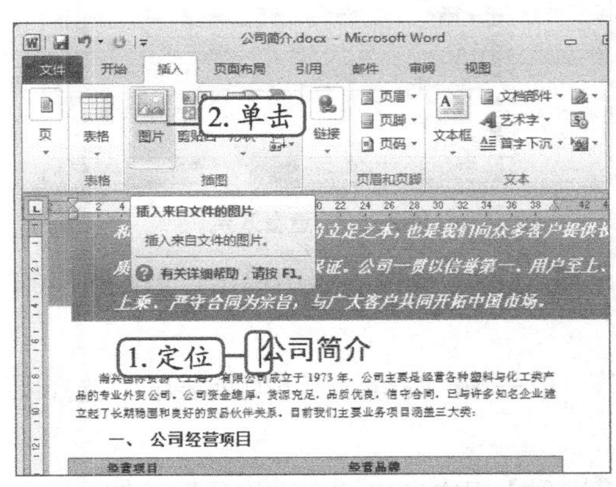

图2–38 单击“图片”按钮

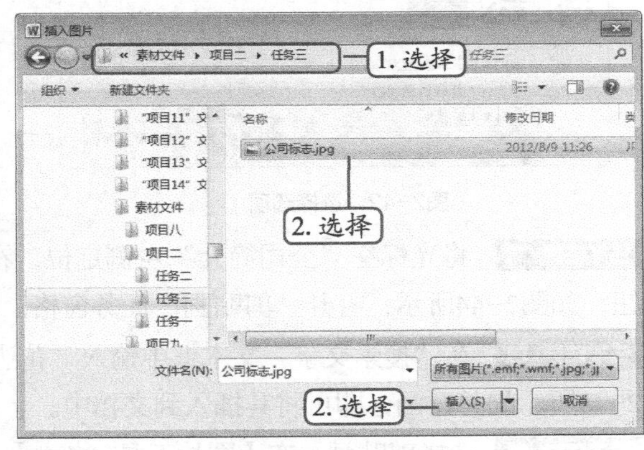

图2–39 插入图片

STEP 3 图片插入到文档中后呈选中状态，同时在四周将出现8个控制点，在图片上单击鼠标右键，在弹出的快捷菜单中选择【自动换行】/【四周型环绕】选项，如图2–40所示。

STEP 4 拖动图片四周的控制点调整图片的大小，在图片上按住鼠标左键不放向左侧拖动，如图2–41所示，至适当位置释放鼠标左键完成图片的移动操作。

STEP 5 选择插入的图片，在【图片工具–格式】/【调整】组中单击艺术效果按钮，在打开的下拉列表中选择“影印”选项，如图2–42所示。

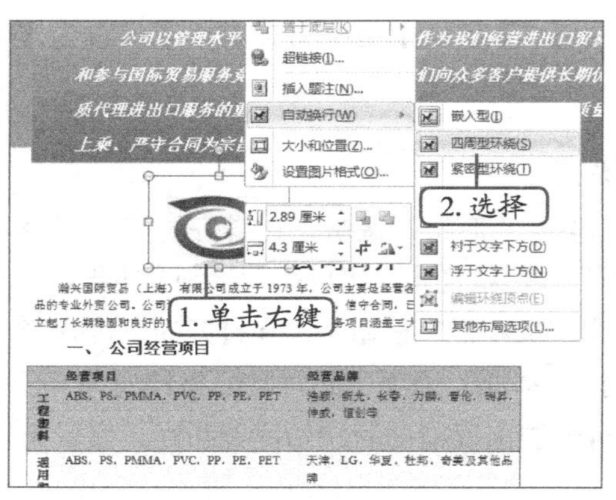

图2-40　选择命令

图2-41　移动图片

STEP 6 此时即可查看调整后的图片艺术效果，如图2-43所示。

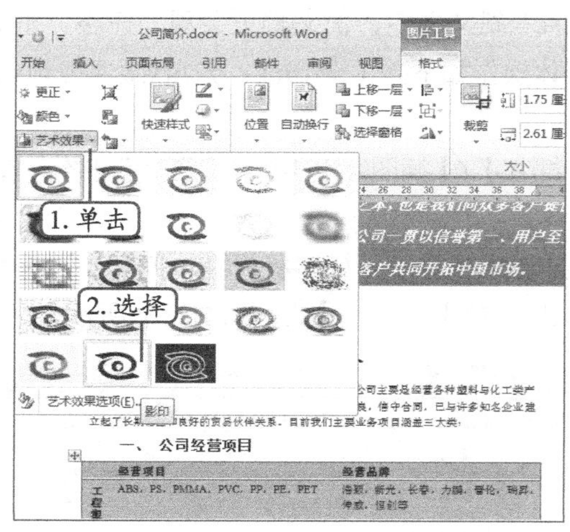

图2-42　选择选项

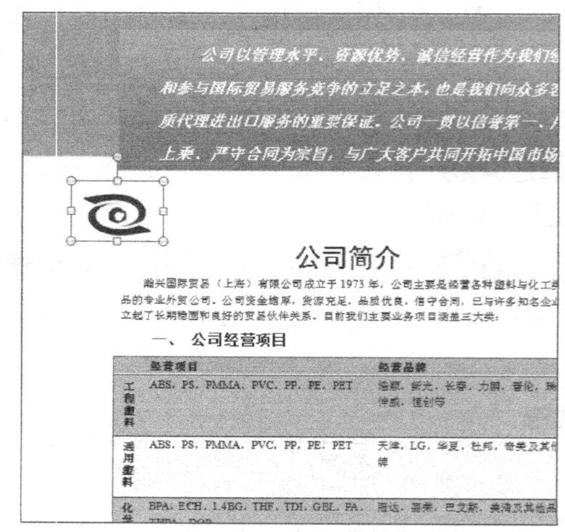

图2-43　查看效果

STEP 7 将光标在“公司简介”左侧定位，在【插入】/【插画】组中单击“剪贴画”按钮，如图2-44所示，打开“剪贴画”任务窗格。

STEP 8 在“搜索文字”文本框中输入“花边”，单击搜索按钮，在下侧列表框中选择图2-45所示的剪贴画，即可将其插入到文档中。

STEP 9 选择剪贴画，在【图片工具-格式】/【排列】组中单击“自动换行”按钮，在打开的下拉列表中选择“衬于文字下方”选项，如图2-46所示。

操作提示

如果要将网络上的图片插入到文档中，可在网页的图片上单击鼠标右键，在弹出的快捷菜单中选择“复制图片到剪贴板”命令，再切换到Word文档，在插入点位置单击鼠标右键，在弹出的快捷菜单中选择“粘贴”命令。

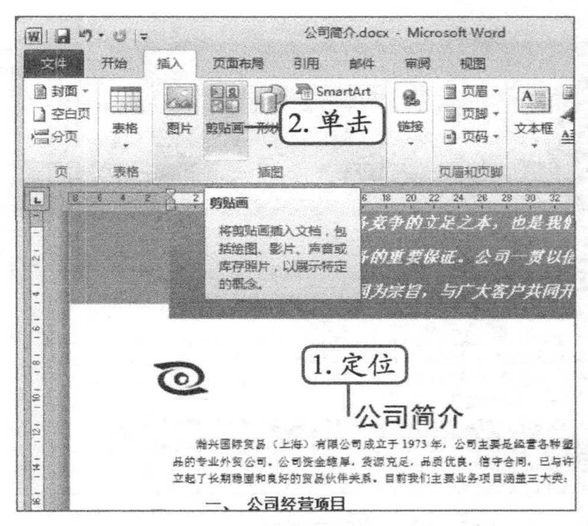

图2-44 单击“剪贴画”按钮

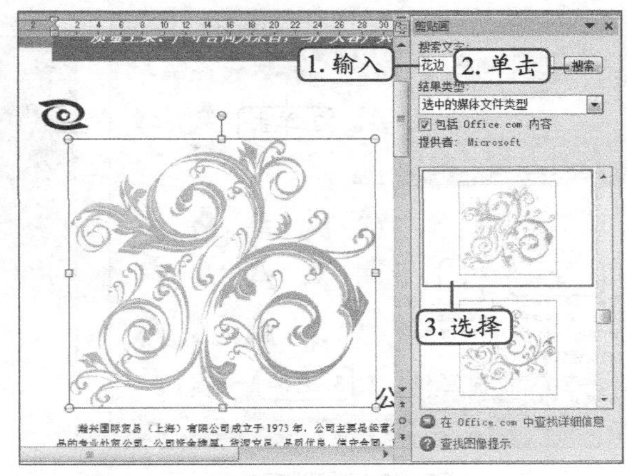

图2-45 选择剪贴画

STEP 10 拖动控制点调整剪贴画的大小，并将其移至左上角位置，效果如图2-47所示。

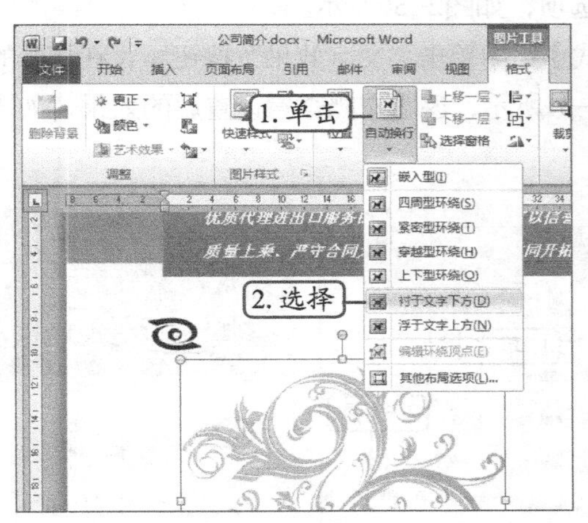

图2-46 选择选项

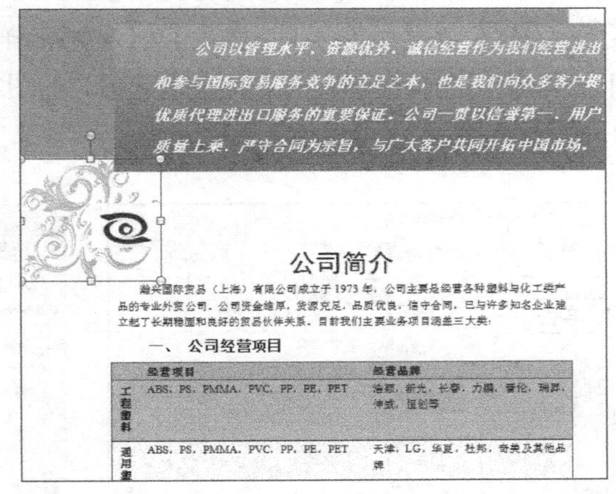

图2-47 移动剪贴画

STEP 11 按【Ctrl+C】组合键复制剪贴画，按【Ctrl+V】组合键粘贴，将得到的剪贴画移动至文档右侧与左侧平行位置。

（三）插入艺术字

在文档中插入艺术字，可呈现出不同的效果，达到增强文字观赏性的目的。下面在“公司简介”文档中插入艺术字修饰标题，其具体操作如下。（**微课**：光盘\微课视频\项目二\插入艺术字.swf）

STEP 1 删除标题文本“公司简介”，在【插入】/【文本】组中单击“艺术字”按钮。在打开的下拉列表框中选择图2-48所示的选项。

STEP 2 此时将在插入点处自动添加一个带有默认文本样式的艺术字文本框，在其中输入“公司简介”文本，选择艺术字文本框，当鼠标指针变为形状时，按住鼠标左键不放，向左上方拖曳改变艺术字位置，如图2-49所示。

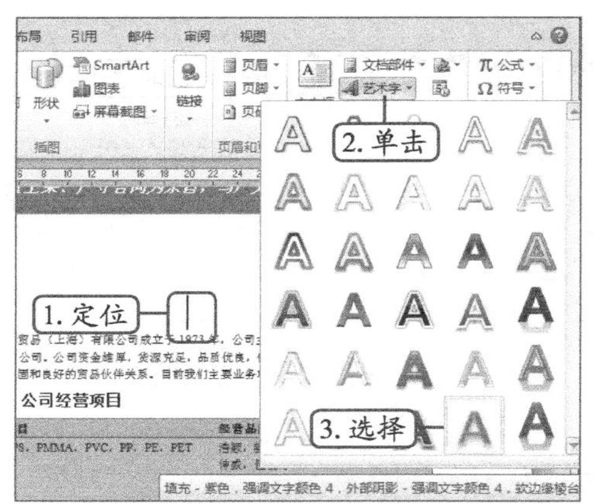

图2-48　选择选项

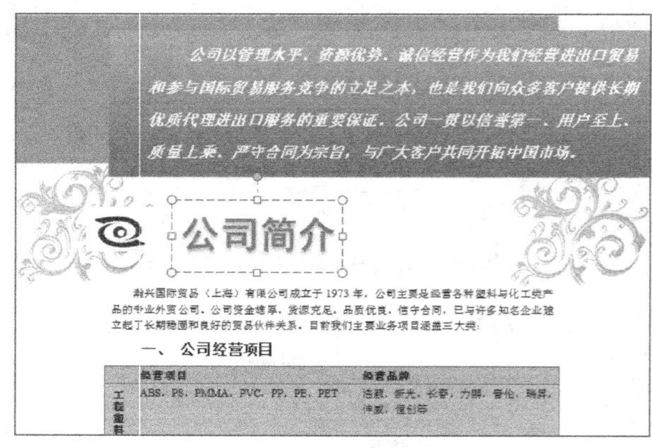

图2-49　移动艺术字

STEP 3 在【绘制工具-格式】/【形状样式】组中单击“形状效果”按钮，在打开的下拉列表中选择【绘制工具-预设】/【预设4】选项，如图2-50所示。

STEP 4 在【绘制工具-格式】/【艺术字样式】组中单击“文字效果”按钮，在打开的下拉列表中选择【转换】/【停止】选项，如图2-51所示，返回文档查看设置后的效果，如图2-52所示。

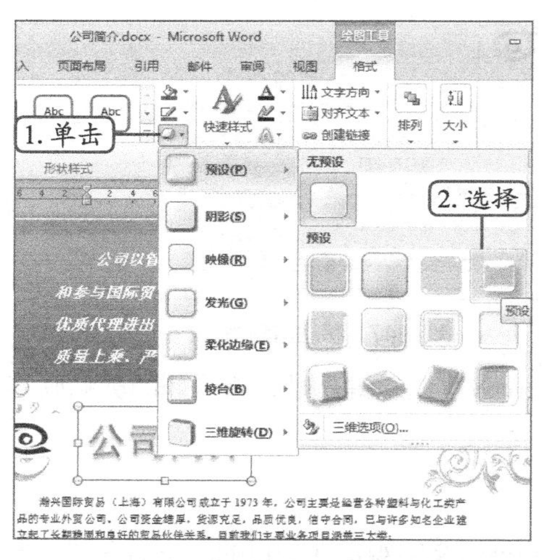

图2-50　添加形状效果

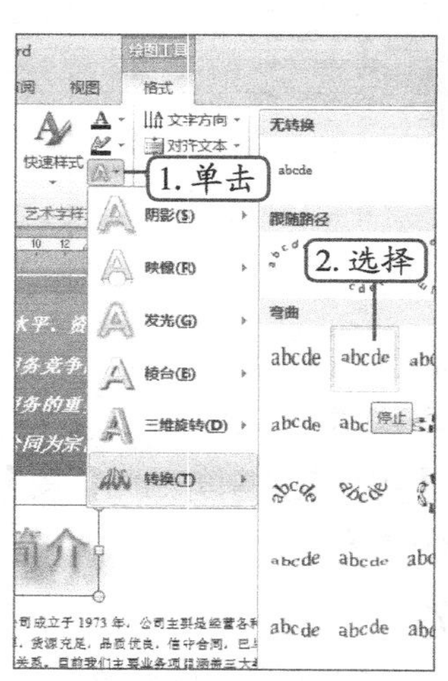

图2-51　更改艺术效果

图2-52　查看效果

（四）插入SmartArt图形

SmartArt图形用于在文档中展示流程图、结构图或关系图等图示内容，具有结构清晰、样式漂亮等特点。下面在“公司简介”文档中插入SmartArt图形，其具体操作如下。（**微课**：光盘\微课视频\项目二\插入SmartArt图形.swf）

STEP 1 将插入点定位到“二、公司组织结构”下第2行末尾处，按【Enter】键换行，在【插入】/【插图】组中单击SmartArt按钮，如图2-53所示。

STEP 2 在打开的“选择SmartArt图形”对话框中单击“层次结构”选项卡，在右侧选择

“组织结构图”样式，单击确定按钮，如图2-54所示。

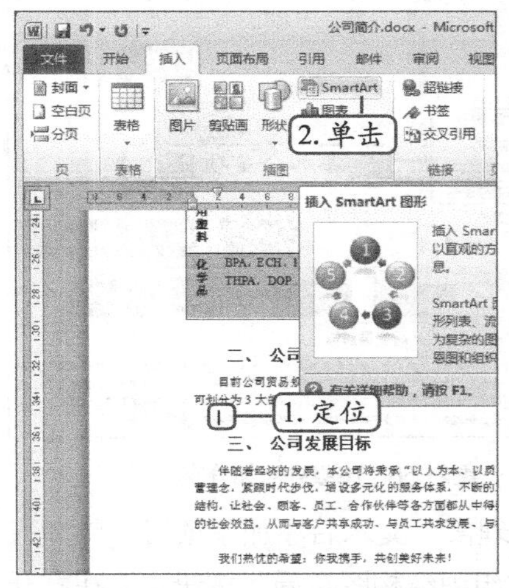

图2-53 单击“SmartArt”按钮

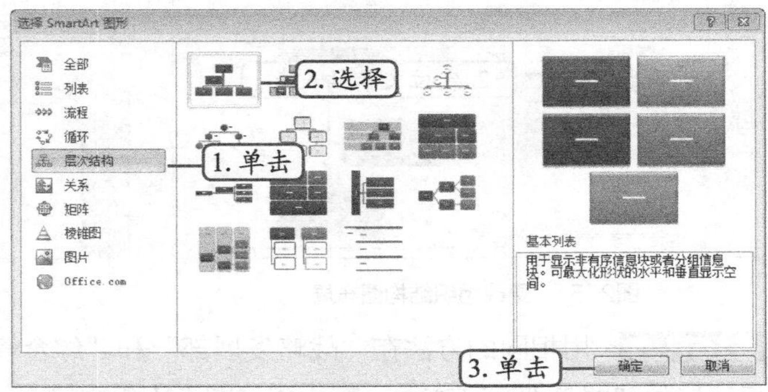

图2-54 选择SmartArt图形样式

STEP 3 插入SmartArt图形后，单击SmartArt图形外框左侧的按钮，打开“在此处键入文字”窗格，在项目符号后输入文本，将插入点定位到第4行项目符号中，然后在【SmartArt工具-设计】/【创建图形】组中单击降级按钮，如图2-55所示。

STEP 4 在降级后的项目符号后输入“贸易部”文本，然后按【Enter】键添加子项目，并输入对应文本，添加两个子项目后按【Delete】键删除多余的文本项目，如图2-56所示。

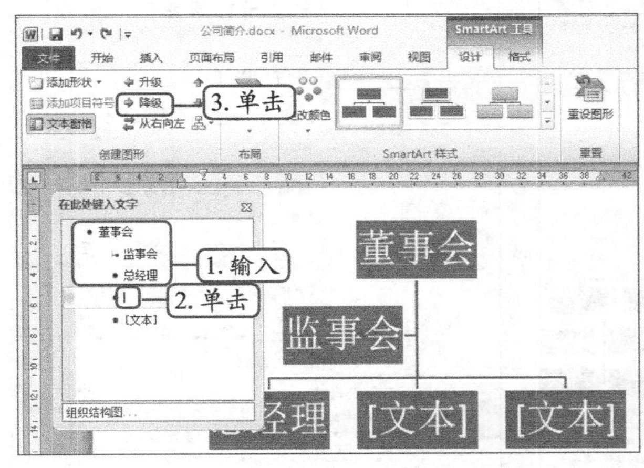

图2-55 降级文本

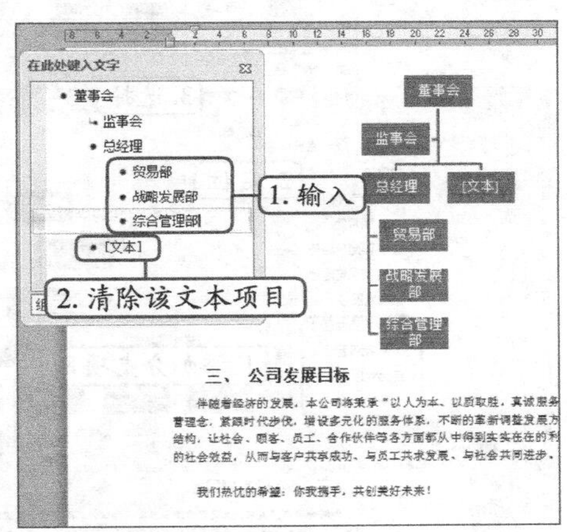

图2-56 添加子项目

STEP 5 将插入点定位到“总经理”文本后，在【SmartArt工具-设计】/【创建图形】组中单击“组织结构图布局”按钮，在打开的列表中选择“标准”选项，如图2-57所示。

STEP 6 将插入点定位到“贸易部”文本后，按【Enter】键添加子项目，并对子项目降级，在其中输入“大宗原料处”文本，继续按【Enter】键添加子项目，并输入对应的文本，如图2-58所示。

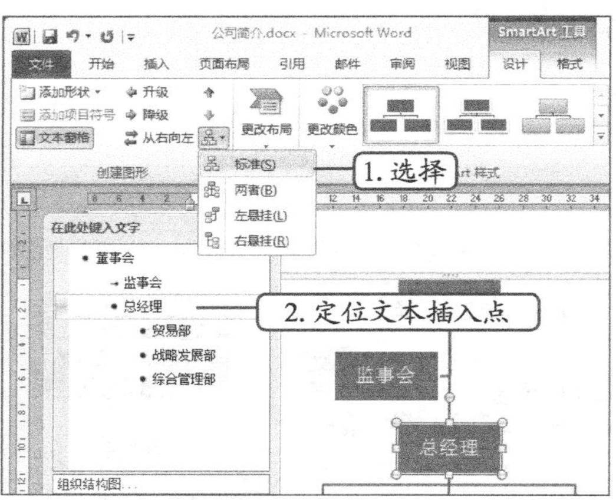

图2-57　更改组织结构图布局

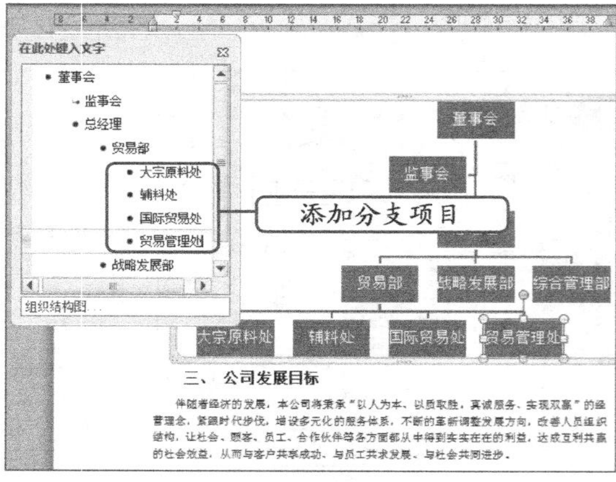

图2-58　降级并添加分支

STEP 7 用相同的方法在“战略发展部”和“综合管理部”文本后添加子项目，将插入点定位到“贸易部”文本后，在【创建图形】组中单击“组织结构图布局”按钮，在打开的下拉列表中选择“两者”选项，如图2-59所示。

STEP 8 在“在此处键入文字”窗格右上角单击按钮关闭该窗格，在【SmartArt工具-设计】/【SmartArt样式】组中单击“更改颜色”按钮，在打开的列表中选择图2-60所示的选项。

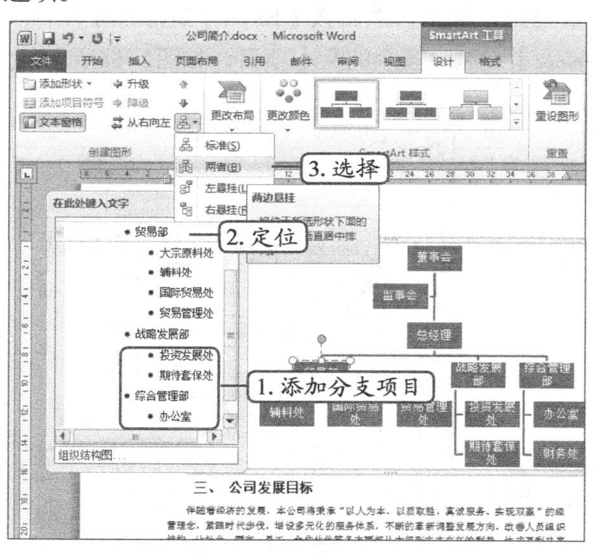

图2-59　再次更改组织结构图布局

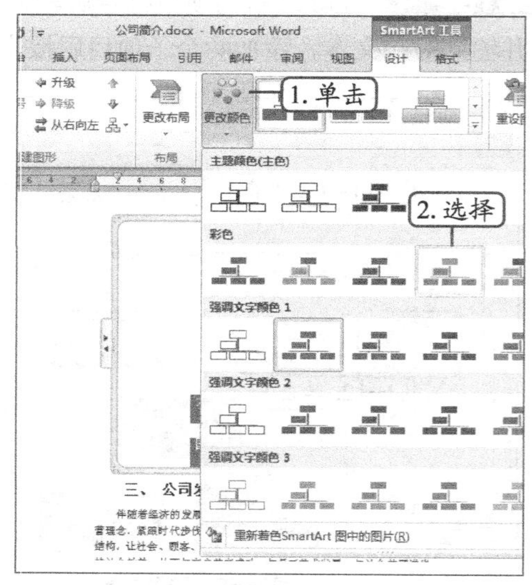

图2-60　更改SmartArt图形颜色

STEP 9 按住【Shift】键，在子项目上单击，同时选择多个子项目。在【SmartArt工具-格式】/【大小】组的“宽度”数值框中输入“2.5厘米”，如图2-61所示。

STEP 10 将鼠标指针移动到SmartArt图形的右下角，当鼠标指针变成↖形状时，按住鼠标左键向左上角拖动到合适的位置后释放鼠标左键，缩小SmartArt图形，效果如图2-62所示。

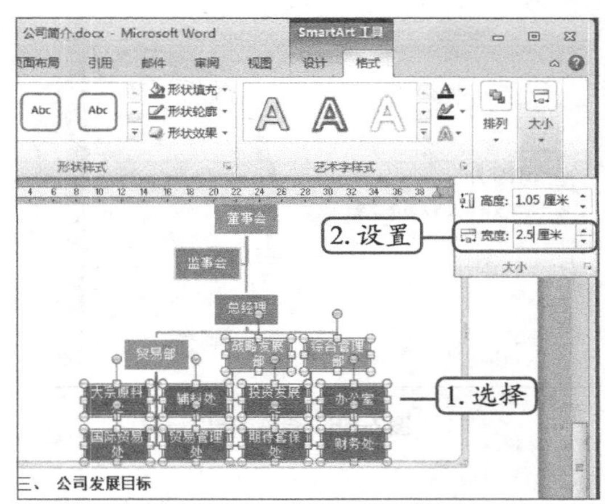

图2-61 调整分支项目框大小

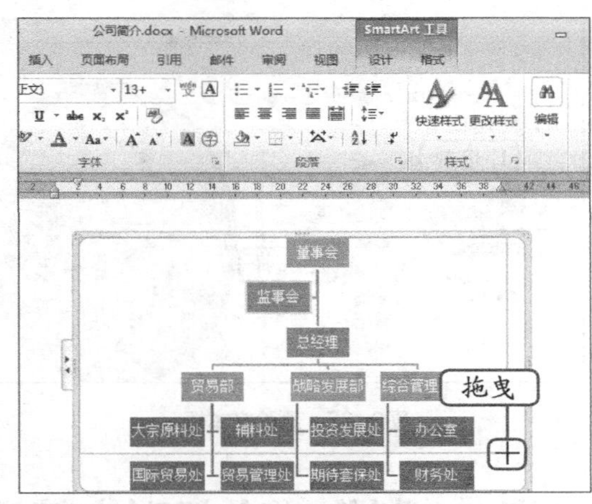

图2-62 设置SmartArt图形大小

（五）添加封面

下面为“公司简介”文档添加封面，其具体操作如下。（微课：光盘\微课视频\项目二\添加封面.swf）

STEP 1 在【插入】/【页】组中单击封面按钮，在打开的下拉列表框中选择“现代型”选项，如图2-63所示。

STEP 2 在“输入文档标题”文本处单击，然后输入“公司简介”文本，在“键入文档副标题”处输入“瀚兴国际贸易（上海）有限公司”文本，如图2-64所示。

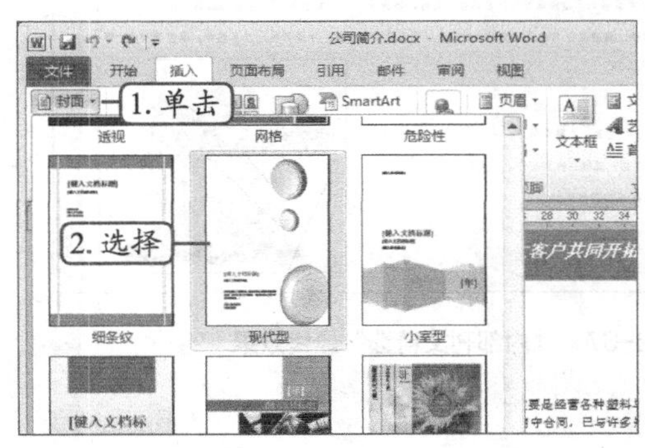

图2-63 选择选项

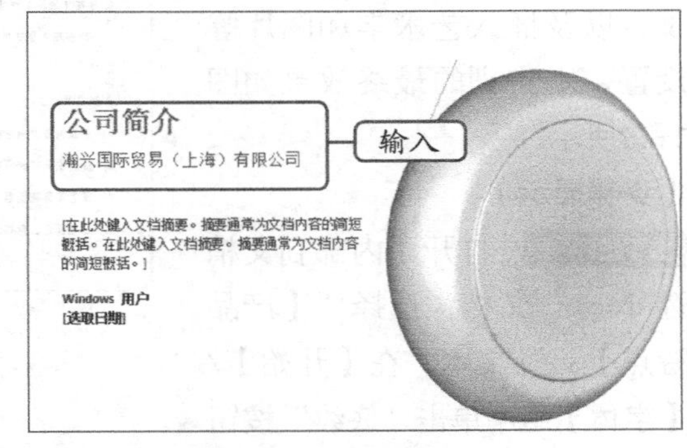

图2-64 输入标题和副标题

STEP 3 选择“摘要”文本框，单击鼠标右键，在弹出的快捷菜单中选择“删除行”选项，如图2-65所示，使用相同的方法删除“作者”和“日期”文本框，效果如图2-66所示。（最终效果参见：光盘\效果文件\项目二\任务三\公司简介.docx）

操作提示

在套用封面样式后不但可以删除不需要的模块，还可重新设置样式。方法是选择需要更改样式的文本，在【开始】/【样式】组中选择需要的样式即可。如果对Word提供的样式不满意，也可自定义样式。

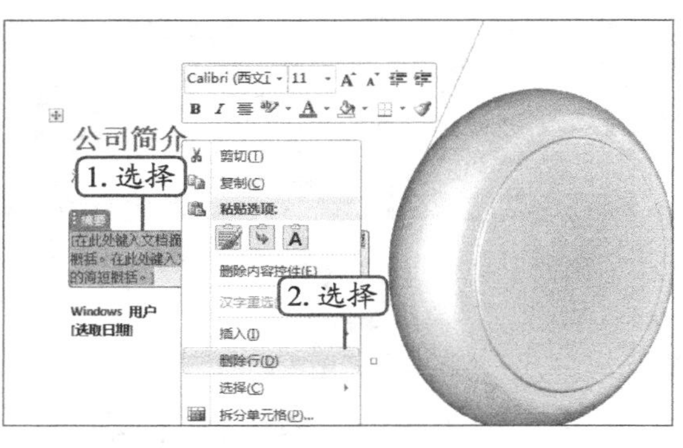

图2-65　删除文本框

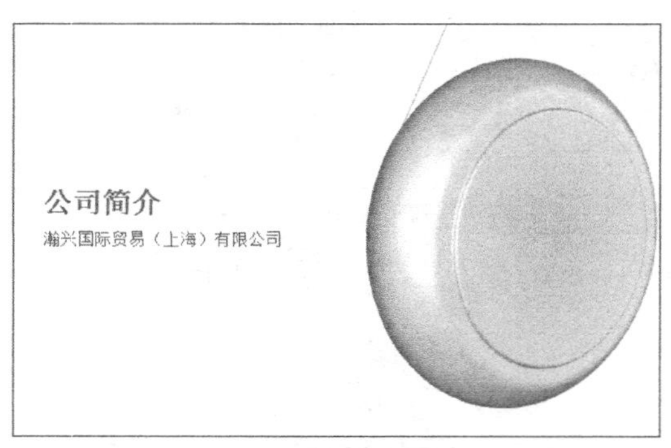

图2-66　查看效果

实训一　制作“内部刊文精选”文档

【实训要求】

打开提供的素材文档（素材参见：光盘\素材文件\项目二\实训一\内部刊文精选.docx），该文档为某公司内部刊物中的一篇文章，请你美化该文档，要求图文并茂。

【实训思路】

内部刊物类的文档排版方式与杂志类文档相似，版式相对灵活，可对其进行添加字符底纹，以及插入艺术字和图片等设置，本实训的最终效果如图2-67所示。

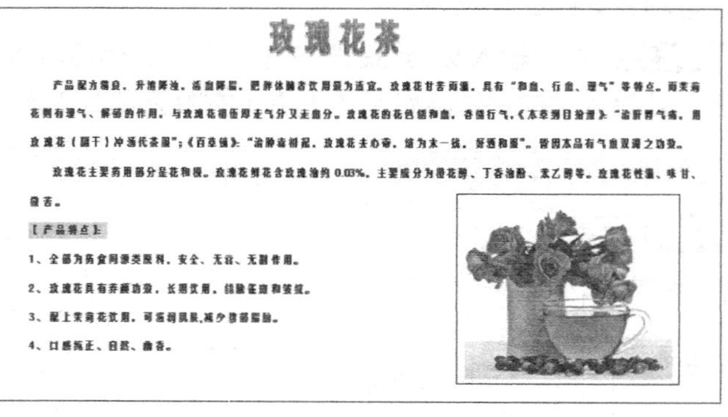

玫瑰花茶

产品配方精良，升清降浊，活血降脂，肥胖体瘦者饮用最为适宜。玫瑰花甘苦而温，具有“和血、行血、理气”等特点。而茉莉花则有理气、解郁的作用，与玫瑰花相伍即走气分又走血分。玫瑰花的花色偏和血，香偏行气，《本草纲目拾遗》：“治肝胃气痛，用玫瑰花（阴干）冲汤代茶服”；《百草镜》：“治肺痈初起，玫瑰花去心蒂，焙为末一钱，好酒和服”。皆因本品有气血双调之功效。

玫瑰花主要药用部分是花和根。玫瑰花鲜花含玫瑰油约0.03%，主要成分为香茅醇、丁香油酚、苯乙醇等。玫瑰花性温、味甘、微苦。

【产品特点】：

1、全部为药食同源类原料，安全、无毒、无副作用。

2、玫瑰花具有养颜功效，长期饮用，能除雀斑和皱纹。

3、配上茉莉花饮用，可消除腹胀,减少腹部脂肪。

4、口感纯正、自然、微香。

图2-67　“内部刊文精选”最终效果

【步骤提示】

STEP 1 打开“内部刊文精选.docx”文档，选择“【产品特点】：”文本，在【开始】/【字体】组中单击“底纹”按钮A。

STEP 2 删除标题文本“玫瑰花茶”，在【插入】/【文本】组中单击艺术字按钮，在打开的下拉列表中选择“填充-红色，强调文字颜色2，暖色粗糙棱台”选项。

STEP 3 在插入的艺术字文本框中输入“玫瑰花茶”，并将其移至文首居中位置。

STEP 4 在“文本”组中单击“文本框”按钮，在打开的下拉列表中选择“绘制文本框”选项，在文档中绘制文本框。

STEP 5 将插入点定位到插入的文本框中，在【插入】/【插画】组中单击“图片”按钮，在打开的对话框中找到素材图片，单击插入(S)按钮。

STEP 6 插入图片后调整文本框的大小和位置，完成制作（最终效果参见：光盘\效果文件\项目二\实训一\内部刊文精选.doc）。

实训二 排版“培训效果评估”文档

【实训要求】

新员工培训结束后需制作一份培训效果评估文档，内容包括对培训内容和培训师的评估，最后总结培训的收获。

【实训思路】

本实训首先打开“培训效果评估”文档（素材参见：光盘\素材文件\项目二\实训二\培训效果评估.docx），然后设置文本格式、添加项目符号和底纹，以及为文档设置主题、插入剪贴画等。本实训效果如图2-68所示。

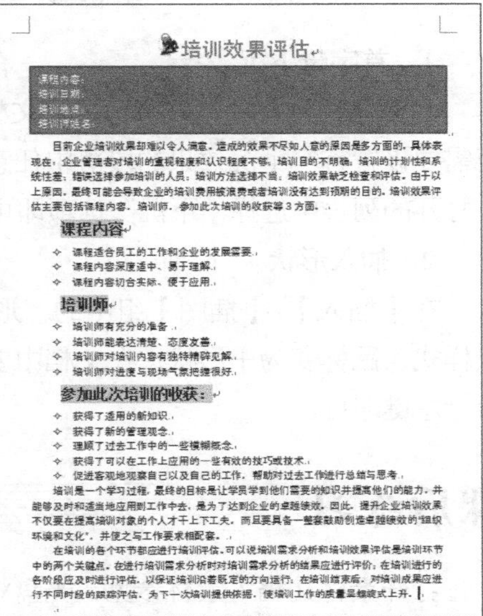

培训效果评估

课程内容：
培训日期：
培训地点：
培训师姓名：

目前企业培训效果却难以令人满意。造成的效果不尽如人意的原因是多方面的，具体表现在：企业管理者对培训的重视程度和认识程度不够，培训目的不明确，培训的计划性和系统性差，错误选择参加培训的人员，培训方法选择不当，培训效果缺乏检查和评估。由于以上原因，最终可能会导致企业的培训费用被浪费或者培训没有达到预期的目的。培训效果评估主要包括课程内容、培训师、参加此次培训的收获等3方面。

课程内容

- 课程适合员工的工作和企业的发展需要。
- 课程内容深度适中、易于理解。
- 课程内容切合实际、便于应用。

培训师

- 培训师有充分的准备。
- 培训师能表达清楚、态度友善。
- 培训师对培训内容有独特精辟见解。
- 培训师对进度与现场气氛把握很好。

参加此次培训的收获：

- 获得了适用的新知识。
- 获得了新的管理观念。
- 理顺了过去工作中的一些模糊概念。
- 获得了可以在工作上应用的一些有效的技巧或技术。
- 促进客观地观察自己以及自己的工作，帮助对过去工作进行总结与思考。

培训是一个学习过程，最终的目标是让学员学到他们需要的知识并提高他们的能力，并能够及时和适当地应用到工作中去，是为了达到企业的卓越绩效。因此，提升企业培训效果不仅要在提高培训对象的个人才干上下工夫，而且要具备一整套鼓励创造卓越绩效的“组织环境和文化”，并使之与工作要求相配套。

在培训的各个环节都应进行培训评估。可以说培训需求分析和培训效果评估是培训环节中的两个关键点。在进行培训需求分析时对培训需求分析的结果应进行评价；在培训进行的各阶段应及时进行评估，以保证培训沿着既定的方向运行；在培训结束后，对培训成果应进行不同时段的跟踪评估，为下一次培训提供依据，使培训工作的质量呈螺旋式上升。

图2-68 “培训效果评估”最终效果

【步骤提示】

STEP 1 打开“培训效果评估.docx”文档，选择“培训效果评估”文本，在【开始】/【字体】组中将字体格式设置为“黑体、二号、绿色”。

STEP 2 在“段落”组中单击“对话框启动器”按钮，在打开的“段落”对话框中对段落格式进行设置，使用相同的方法为正文设置文本和段落样式。

STEP 3 为“课程内容”下小项目在【开始】/【段落】组中单击“项目符号”按钮，在打开的下拉列表中选中项目符号样式，用相同方法，为其他栏目下小项目添加项目符号。

STEP 4 在【页面布局】/【主题】组中选择“暗香扑面”选项，设置文档主题。

STEP 5 光标定位于标题左侧，在【插入】/【剪贴画】组中单击“剪贴画”按钮，打开“剪贴画”窗格，在其中搜索剪贴画并插入，拖动控制点调整其大小（最终效果参见：光盘\效果文件\项目二\实训二\培训效果评估.docx）。

常见疑难解析

问：插入剪贴画功能只能插入图片吗？

答：不是。剪贴画除了包含图像外，还包括一些Office组件所支持的音频和视频。

问：如何方便快捷设置图片各个选项进行？

答：用鼠标右键单击图片，在弹出的快捷菜单中选择“设置图片格式”命令，打开“设置图片格式”对话框，在该对话框中可对图片的各个选项进行综合设置。

问：在选择需要设置字符格式的文本时，是否每次都会自动打开浮动面板？

答：默认情况下，第一次选择文本时，将自动打开浮动面板，若用户不想启动浮动面板，可选择【文件】/【选项】菜单命令，打开“Word选项”对话框，在“常规”选项卡的

“用户界面选项”栏中取消选中“选择时显示浮动工具栏”复选框即可。

拓展知识

1. **首字母下沉**

为使文档更有视觉效果，可为文档设置“首字下沉”效果。其操作方法为，将光标定位至需要设置首字下沉效果的段落中任意位置，在【插入】/【文本】组中单击“首字下沉”按钮，在打开的列表中选择“下沉”选项即可。

2. **插入形状**

在【插入】/【插图】组中的“形状”按钮，在打开的下拉列表中选择需要插入的形状样式，鼠标变为+形状，在文档中要插入图形的位置处拖动鼠标指针，至合适大小后释放鼠标左键即可。

课后练习

打开素材文档（素材参见：光盘\素材文件\项目二\课后练习\内部刊文.docx），对其进行排版，具体操作要求如下。

- 设置字体格式和段落格式。
- 设置文档主题。
- 插入图片并应用图片样式。

完成后的效果如图2-69所示（最终效果参见：效果文件\项目二\课后练习\内部刊文.docx）。

改变命运

一天黄昏，在澳洲的海滩上，有一位老先生拄着拐杖散步，遇到一个小女孩。他看到这个小女孩不断地捡起沙滩上的东西往海里扔，不禁好奇地问道：“小姑娘，你在打水漂吗？”

小女孩说：“不是，我看到沙滩上有好多海星，明天一早太阳出来，它们都会被晒死，我觉得那样太可怜，所以把它们送回海里去。”

这位老人早已看尽人生百态，不禁莞尔。他说：“小姑娘你别傻了，这条海岸有多长、海星有多少，凭你一个人，怎么可能救活所有的海星呢？”

小女孩又默默地捡起一只海星，丢向海中，然后说：“老爷爷，我知道我不可能救活所有的海星，但是我知道当我捡起这一只海星并把‘它’丢进海里的时候，我已经改变了‘它’的命运。”

图2-69 “内部刊文”最终效果

PART 3

项目三 制作表格和打印文档

情景导入

阿秀：小白，最近公司准备招聘一批新人，你抽空做一份空白的“个人简历”表格吧，到时候会用到。

小白：表格？也是用Word制作吗？

阿秀：嗯，对于一些简单的表格我们可以采用Word来制作。

小白：好的。

学习目标

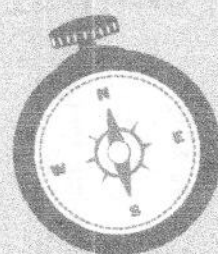

- 掌握绘制和编辑表格的方法
- 掌握设置页面大小和页边距的方法
- 掌握打印文档的方法

技能目标

- 掌握“个人简历”表格的制作方法
- 能够将制作的文档按要求打印出来

任务一 制作“个人简历”表格

Word可以制作一些文本类的表格，在Word中制作表格需要先创建表格大致框架，然后再根据需要进行更改，下面具体介绍其制作方法。

一、 任务目标

本任务将用Word制作“个人简历”文档，在制作时先设置标题，然后创建表格，并调整表格框架，最后输入和设置相关文本。通过本任务的学习，可掌握在Word 2010中制作表格的方法。本任务制作完成后的最终效果如图3-1所示。

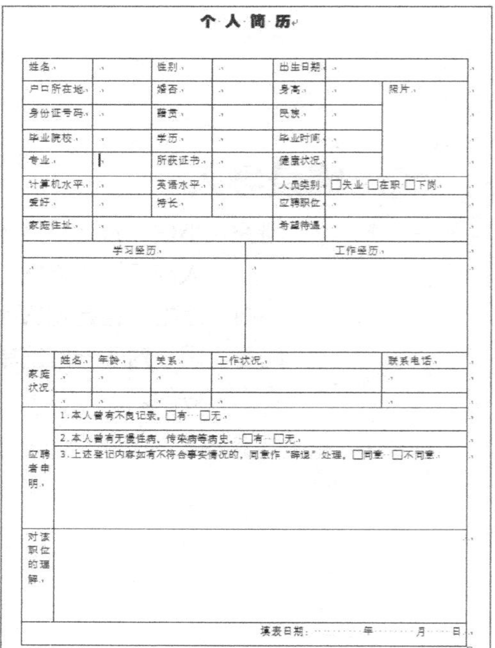

个 人 简 历

姓名		性别		出生日期		
户口所在地		婚否		身高		照片
身份证号码		籍贯		民族		
毕业院校		学历		毕业时间		
专业		所获证书		健康状况		
计算机水平		英语水平		人员类别	□失业 □在职 □下岗	
爱好		特长		应聘职位		
家庭住址				希望待遇		
学习经历			工作经历			
家庭状况	姓名	年龄	关系	工作状况	联系电话	
应聘者申明	1. 本人曾有不良记录。□有 □无					
	2. 本人曾有无慢性病、传染病等病史。□有 □无					
	3. 上述登记内容如有不符合事实情况的，同意作“辞退”处理。□同意 □不同意					
对该职位的理解						
填表日期： 年 月 日						

图3-1 “个人简历”表格

个人简历是求职者给招聘企业或单位填写的一份简要介绍，主要通过网络发送、邮寄、现场填写等方式交给招聘企业或单位。个人简历主要包含求职者的基本信息、自我评价、工作经历、学习经历、求职愿望，以及对这份工作的简要理解等。

二、相关知识

在文档中插入表格后，可对表格进行调整，调整表格前需要选择表格，在Word中选择表格分为以下3种情况。

（一） 整行选中表格

主要有以下两种方法。

- 将鼠标指针移动至表格左侧，当鼠标指针呈↗形状时，单击可以选中整行。如果按住鼠标左键不放向上或向下拖动，则可以选中多行。
- 在需要选择的行列中单击任意单元格，在【表格工具】/【布局】/【表】组中单击“选择”按钮[选择]，在打开的下拉列表中选择“选择行”选项即可选中该行。

（二） 整列选中表格

主要有以下两种方法。

- 将鼠标指针移动到表格顶端，当鼠标指针呈⬇形状时，单击可选中整列。如果按住鼠标左键不放向左或向右拖动，则可选中多列。

- 在需要选择的行列中单击任意单元格，在【表格工具】/【布局】/【表】组中单击“选择”按钮，在打开的下拉列表中选择“选择列”选项即可选中该列。

（三）选中整个表格

主要有以下3种方法。

- 将鼠标指针移动到表格边框线上，然后单击表格左上角的“全部选中”按钮即可选中整个表格。
- 可以通过在表格内部拖动鼠标选中整个表格。
- 在表格内单击任意单元格，在【表格工具】/【布局】/【表】组中单击“选择”按钮，在打开的下拉列表中选择“选择表格”选项即可选中整个表格。

三、任务实施

（一）创建表格

要在Word 2010中制作表格类文档需要先创建表格，其具体操作如下。（微课：光盘\微课视频\项目三\插入表格.swf）

STEP 1 新建一个Word空白文档，将其以“个人简历.docx”为名保存，然后将插入点定位到文档开始处。

STEP 2 输入标题文本“个人简历”，并设置文本格式为“汉仪中宋简、三号、居中”，缩进为“段前0.5行、段后1行”。

STEP 3 按【Enter】键换行，并将缩进设置为“段前0行、段后0行”，在【插入】/【表格】组中单击“表格”按钮，在打开的下拉列表中选择“插入表格”选项。

STEP 4 打开“插入表格”对话框，分别在“列数”和“行数”数值框中输入“7”和“14”，单击 确定 按钮，如图3-2所示。

STEP 5 返回文档编辑区，即可查看插入的表格效果，如图3-3所示。

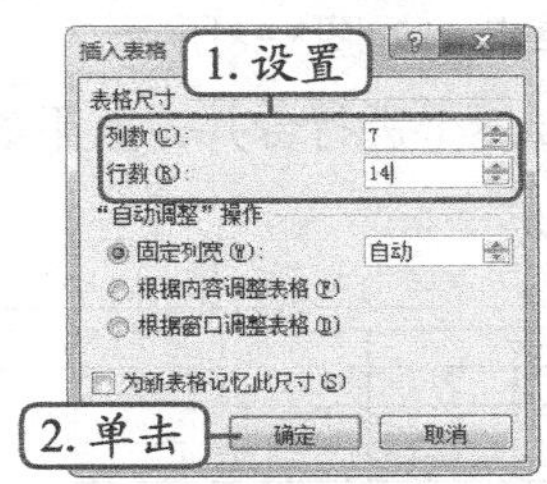

图3-2 “插入表格”对话框

个人简历

图3-3 插入表格的效果

（二）合并和拆分单元格

合并单元格是将多个相邻的单元格合并为一个，拆分单元格是将一个单元格拆分为多个，下面对“个人简历.docx”文档中的表格单元格进行合并和拆分，其具体操作如下。（微课：光盘\微课视频\项目三\合并和拆分单元格.swf）

STEP 1 拖动鼠标选中第1行的第6列和第7列单元格，单击鼠标右键，在弹出的快捷菜单中选择“合并单元格”命令，如图3-4所示。

STEP 2 即可将选中的单元格合并为一个单元格，效果如图3-5所示。

图3-4 选择“合并单元格”命令

图3-5 查看效果

STEP 3 选中第2～第5行的第7列单元格，在【表格工具】/【布局】/【合并】组中单击合并单元格按钮，如图3-6所示。

STEP 4 在表格中单击任意单元格，在【表格工具】/【设计】/【绘图边框】组中单击“擦除”按钮，如图3-7所示。

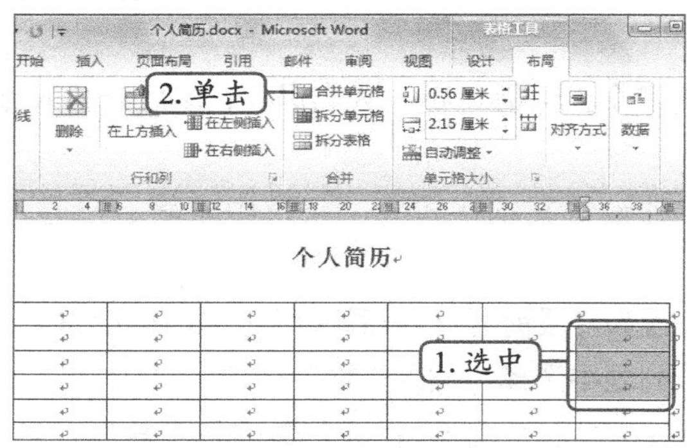

图3-6 单击“合并单元格”按钮

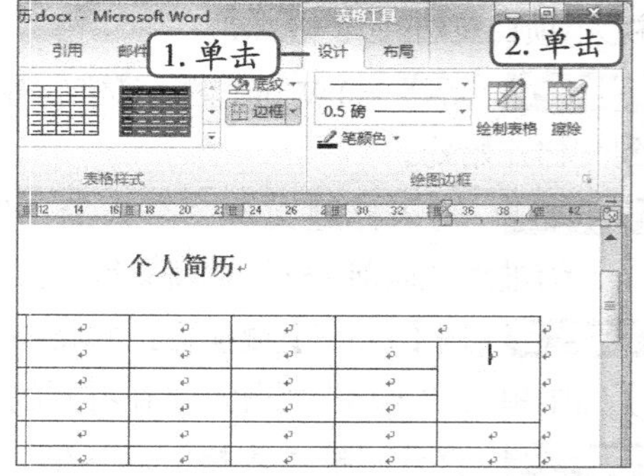

图3-7 单击“擦除”按钮

STEP 5 当鼠标指针变成形状时，在需要合并的两个单元格的中间边框上单击，也可将两个单元格合并，这里在第8行的第2列与第3列之间的中线处单击，如图3-8所示。

STEP 6 使用橡皮擦将表格中未完成合并的单元格根据需要逐个进行合并，效果如图3-9所示。

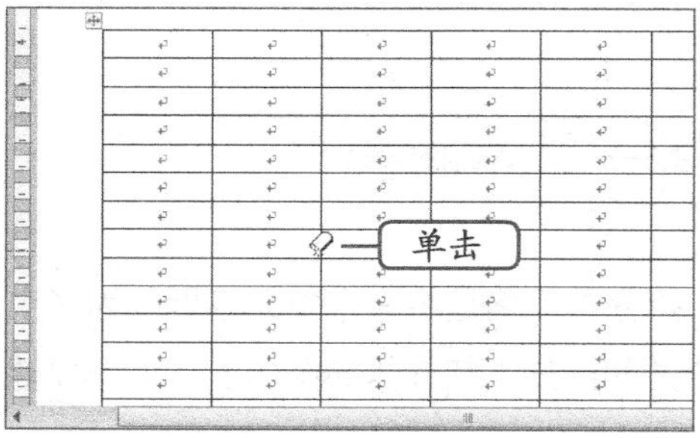

图3-8 使用橡皮擦

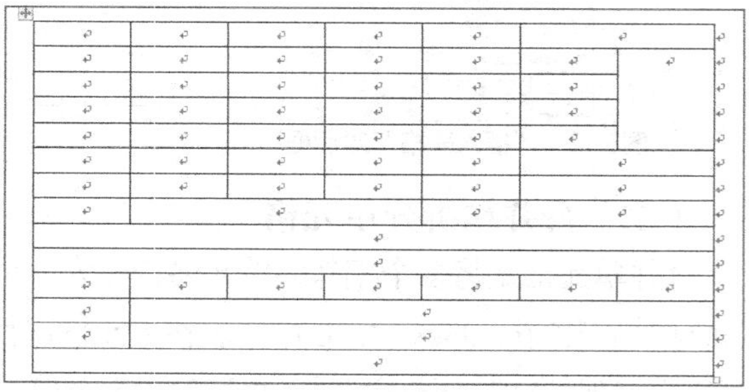

图3-9 查看效果

STEP 7 按【ESC】键或再次单击“擦除”按钮，取消擦除状态。

STEP 8 单击第9行单元格，单击鼠标右键在打开的快捷菜单中选择“拆分单元格”命令，如图3-10所示。

STEP 9 打开“拆分单元格”对话框，在“列数”和“行数”数值框中分别输入“2”和“1”，单击确定按钮，如图3-11所示。

图3-10 选择“拆分单元格”选项

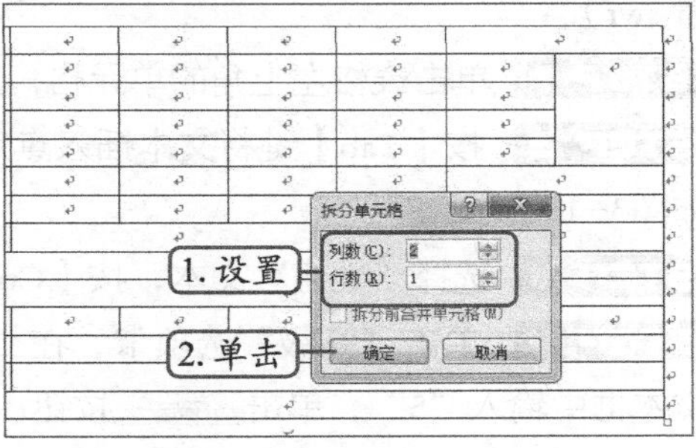

图3-11 进行设置

STEP 10 单击第10行单元格，在【表格工具】/【布局】/【合并】组中，单击拆分表格按钮，如图3-12所示。

STEP 11 打开“拆分单元格”对话框，在“列数”和“行数”数值框中分别输入“2”和“1”，单击确定按钮，如图3-13所示。

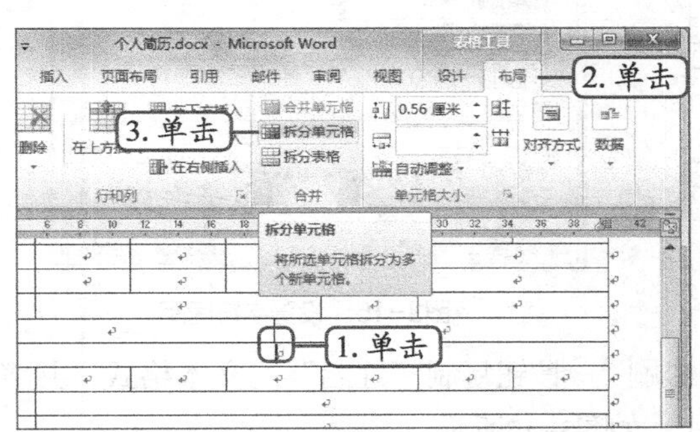

图3-12 单击“拆分单元格”按钮

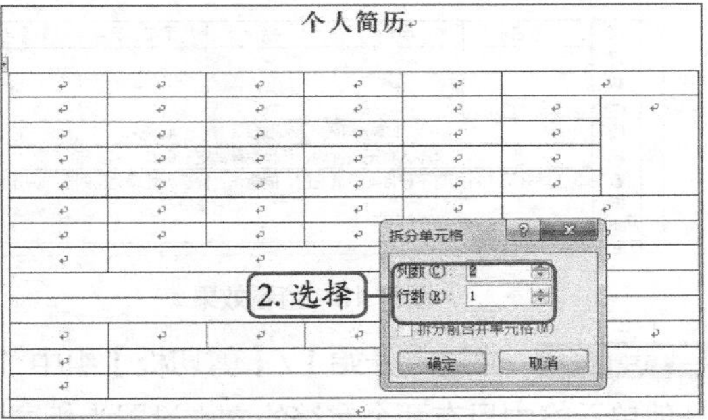

图3-13 进行设置

STEP 12 使用上面讲到的方法将表格中未完成部分根据需要进行逐个拆分或合并操作，效果如图3-14所示。

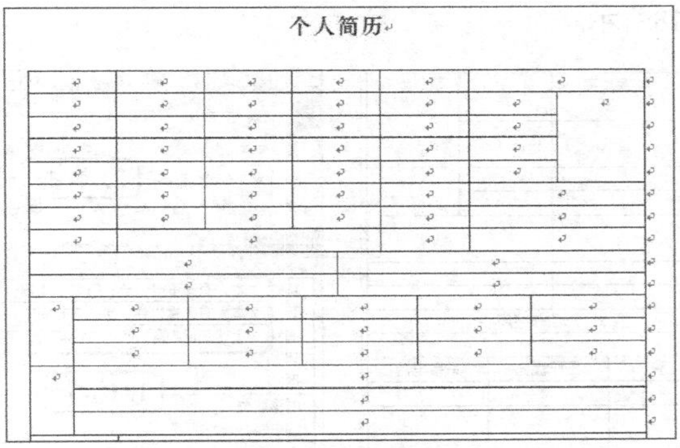

个人简历

图3-14 查看效果

（三）输入和设置文本

绘制表格后，需要在表格中输入文本并进行格式设置。下面在“个人简介.docx”文档中输入并设置文本，其具体操作如下。（微课：光盘\微课视频\项目三\输入文本和设置.swf）

STEP 1 单击表格左上角的单元格，定位文本插入点，输入“姓名”。

STEP 2 按【Tab】键将文本插入点定位至右侧单元格中，继续在表格中输入剩余文本，如图3-15所示。

STEP 3 选择“姓名”文本，按【Ctrl+D】组合键，打开“字体”对话框。

STEP 4 单击“高级”选项卡，在“间距”下拉列表中选择“加宽”选项，在“磅值”文本框中输入“5”，单击 确定 按钮，如图3-16所示。

姓名		性别		出生日期		
户口所在地		婚否		身高		照片
身份证号码						
毕业院校						
专业						
计算机水平						
爱好						
家庭住址						
学习经历			工作经历			
家庭状况	姓名	年龄	关系	工作状况	联系电话	
应聘者申明	1.本人有无不良记录：□有 □无					
	2.本人有无慢性病、传染病等病史：□有 □无					
	3.上述登记内容如有不符合实际情况的，同意作“辞退”处理：□同意 □不同意					
对该职位						

图3-15 查看效果

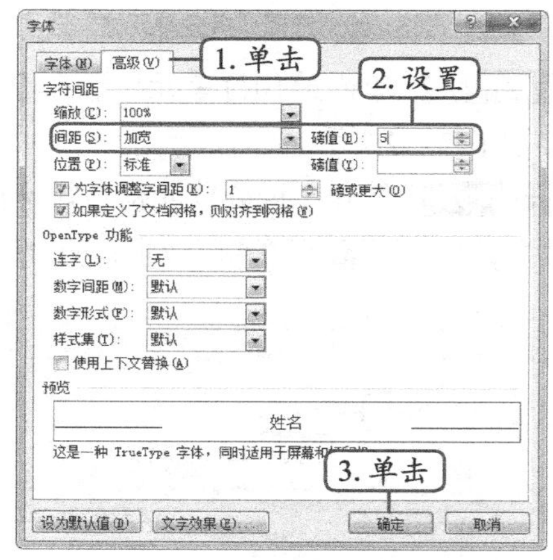

图3-16 设置字符间距

STEP 5 通过【开始】/【剪切板】组中“格式刷”按钮复制“姓名”的文本格式，并将其他单元格中只有两个字符的文本设置为相同格式，如图3-17所示。

STEP 6 选择倒数第3～第5行文本内容，在【开始】/【段落】组中单击“左对齐”按钮，使其左对齐显示。

STEP 7 选择倒数第1行文本内容，在【开始】/【段落】组中单击“右对齐”按钮，使其右对齐显示，如图3-18所示。

户口所在地		婚 否		身 高		照 片
身份证号码						
毕业院校						
专业						
计算机水平						
爱 好						
家庭住址						
专 业	学习经历			工作经历		
家庭状况	姓 名	年 龄	关 系	工作状况	联系电话	
应	1.本人曾有不良记录：□有 □无					

图3-17 查看效果

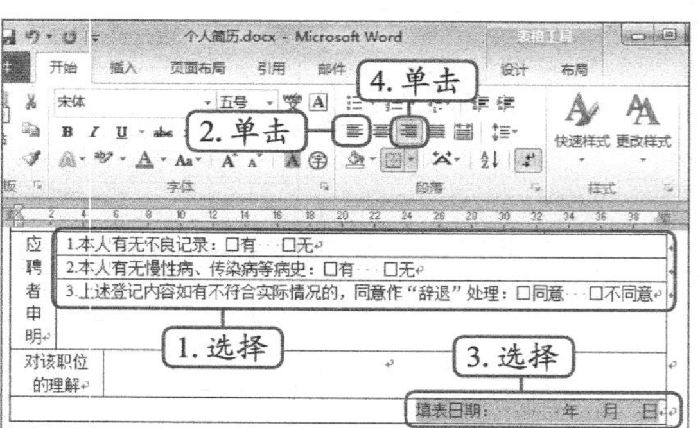

图3-18 设置对齐方式

如需将文本插入点定位至相邻单元格，可使用键盘中的方向键进行快速定位；如果单元格距离较远，可通过单击的方法定位文本插入点。

（四）调整表格大小

为使表格中的数据显示更为合理，需对表格的大小进行设置。下面将对“个人简介.docx”文档中的表格进行调整，其具体操作如下。（微课：光盘\微课视频\项目三\调整表格大小.swf）

STEP 1 将鼠标光标移至表格第2行的第1列与第2列之间的边框上，当鼠标指针变为⫩形状时，按住鼠标左键不放并向右拖曳，如图3-19所示，当单元格内文本能够呈一行显示时释放鼠标左键。

STEP 2 将鼠标光标移至表格第13行的第1列与第2列之间，使用相同的方法将其列宽调整至与第12行第1列单元格列宽一致，该单元格中文本将呈竖列显示且其行高也将有相应改变，效果如图3-20所示。

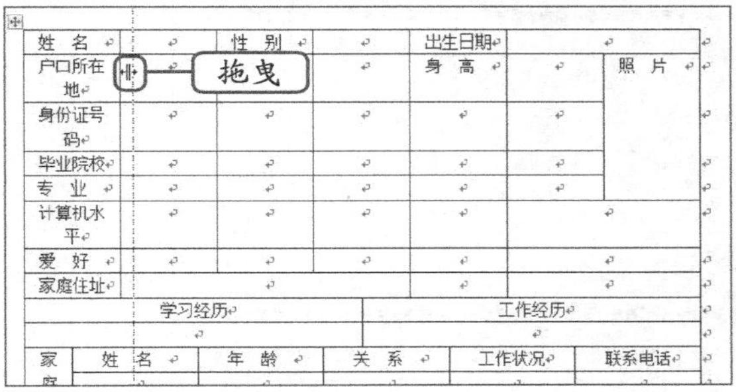

图3-19 调整列宽

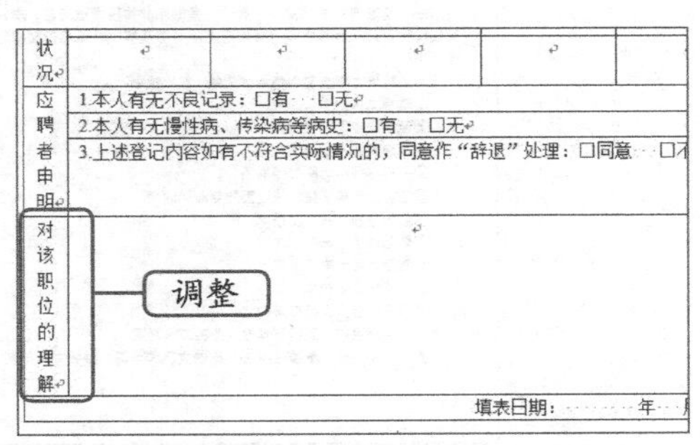

图3-20 查看效果

STEP 3 将鼠标指针移至第10行下方的行线上，当鼠标指针变为÷形状时，按住鼠标左键不放并向下拖曳，适当增加该单元格行高，如图3-21所示。

STEP 4 使用相同的方法对其他需要调整行高的单元格进行相应的调整，如图3-22所示。至此，完成本任务的操作（最终效果参见：光盘\效果文件\项目三\任务一\个人简历.docx）。

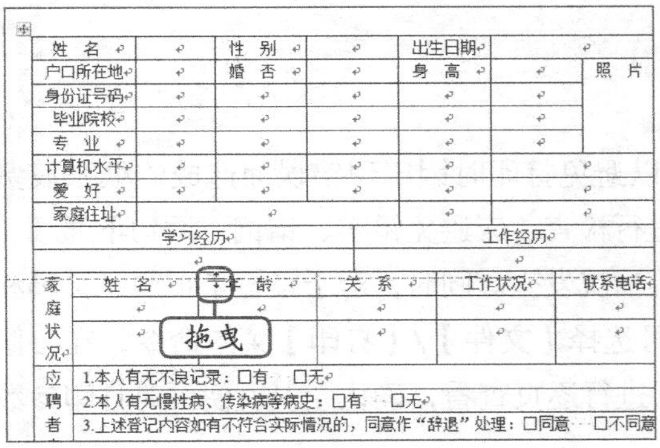

图3-21 调整行高

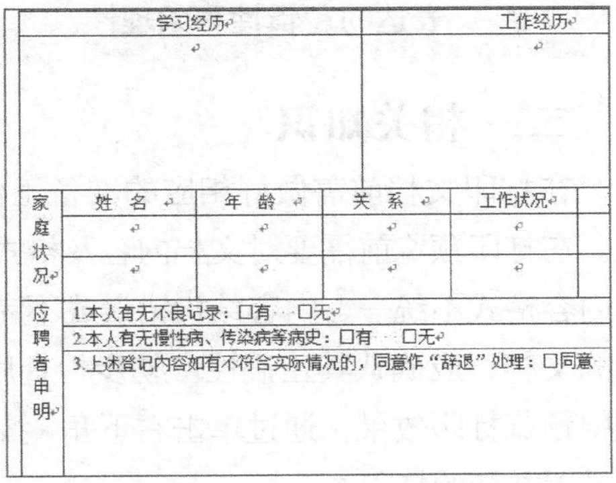

图3-22 查看效果

任务二 打印“会议纪要”文档

在日常工作中经常需要打印Word文档，在打印前需要做一些准备工作，如设置页面大小和页边距等，下面介绍其打印方法。

一、 任务目标

本任务将打印“会议纪要”文档，在打印前可对其页面大小和页边距进行设置。通过本任务的学习，可掌握在Word 2010中设置页面并打印的操作。本任务制作完成后的最终效果如图3-23所示。

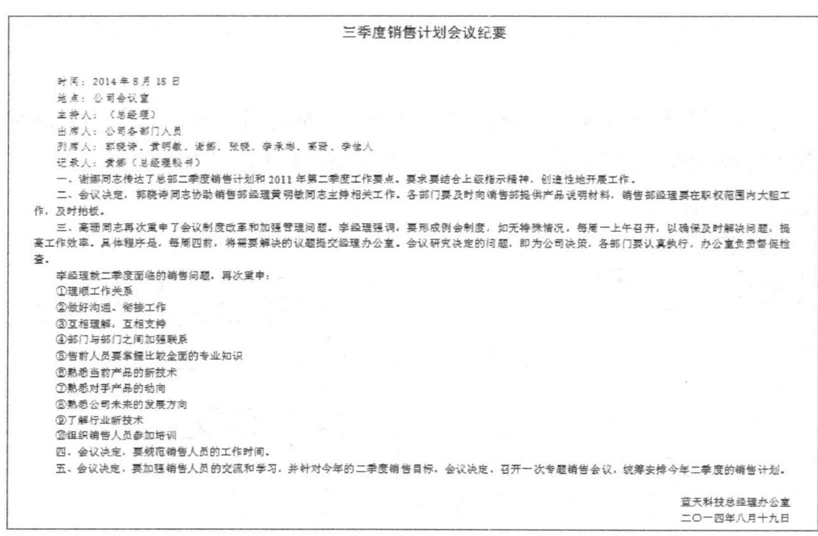

三季度销售计划会议纪要

时间：2014年8月15日
地点：公司会议室
主持人：（总经理）
出席人：公司各部门人员
列席人：郭晓诗、黄明敏、谢娜、张晓、李承彬、高珊、李佳人
记录人：黄娜（总经理秘书）

一、谢娜同志传达了总部二季度销售计划和2011年第二季度工作要点。要求要结合上级指示精神，创造性地开展工作。

二、会议决定，郭晓诗同志协助销售部经理黄明敏同志主持相关工作。各部门要及时向销售部提供产品说明材料，销售部经理要在职权范围内大胆工作，及时拍板。

三、高珊同志再次重申了会议制度改革和加强管理问题。李经理强调，要形成例会制度，如无特殊情况，每周一上午召开，以确保及时解决问题，提高工作效率。具体程序是，每周四前，将需要解决的议题提交经理办公室。会议研究决定的问题，即为公司决策，各部门要认真执行，办公室负责督促检查。

李经理就二季度面临的销售问题，再次重申：
①理顺工作关系
②做好沟通、衔接工作
③互相理解，互相支持
④部门与部门之间加强联系
⑤售前人员要掌握比较全面的专业知识
⑥熟悉当前产品的新技术
⑦熟悉对手产品的动向
⑧熟悉公司未来的发展方向
⑨了解行业新技术
⑩组织销售人员参加培训

四、会议决定，要规范销售人员的工作时间。

五、会议决定，要加强销售人员的交流和学习，并针对今年的二季度销售目标，会议决定，召开一次专题销售会议，统筹安排今年二季度的销售计划。

蓝天科技总经理办公室
二〇一四年八月十九日

图3-23 “会议纪要”效果

会议纪要在写作上有固定的格式，主要由标题、成文日期和正文组成。标题分为单式标题和复式标题；成文日期写于标题下或文末；正文由会议概况、会议事项和尾语组成。写作之前做好必要的准备工作；写作内容源于会议内容。写作时要掌握会议要点，掌握综合提炼会议结论的常见要领，注意表达的逻辑性和条理性。

二、 相关知识

在打印文档前需做好相应的准备工作，以避免打印时因出现错误而造成的纸张浪费情况。在打印预览前需要对文档内容及格式等进行检查，应避免错字、错词、语句不通顺、文档内容格式不统一、内容结构错误或不完整等情况发生。同时，对于设置了页眉、页脚和页码的文档，应确认其正确性。初步检查后便可选择【文件】/【打印】菜单命令，在右侧列表中预览打印效果，通过单击右下角▸按钮，进行逐页查看，确认无误后便可对打印参数进行设置并开始打印。

三、任务实施

（一）设置页面大小

Word文档的默认页面大小为A4（21厘米×29.7厘米），日常应用中可根据文档内容的需要或打印需求自定义页面大小。下面将对“会议纪要.docx”文档设置页面大小，其具体操作如下。（微课：光盘\微课视频\项目三\设置页面大小.swf）

STEP 1 打开“会议纪要.docx”文档（素材参见：光盘\素材文件\项目三\任务二\会议纪要.docx），在【页面布局】/【页面设置】组中，单击对话框启动器，打开“页面设置”对话框。

STEP 2 单击“纸张”选项卡，在“纸张大小”下拉列表框中选择“自定义大小”选项，分别在“宽度”和“高度”数值框中输入“20”和“28”，如图3-24所示。

STEP 3 单击确定按钮，返回文档编辑区，即可查看设置后的文档效果，如图3-25所示。

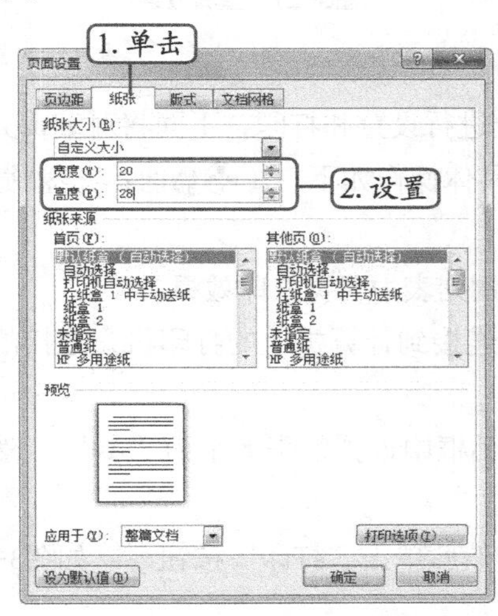

图3-24 设置页面大小

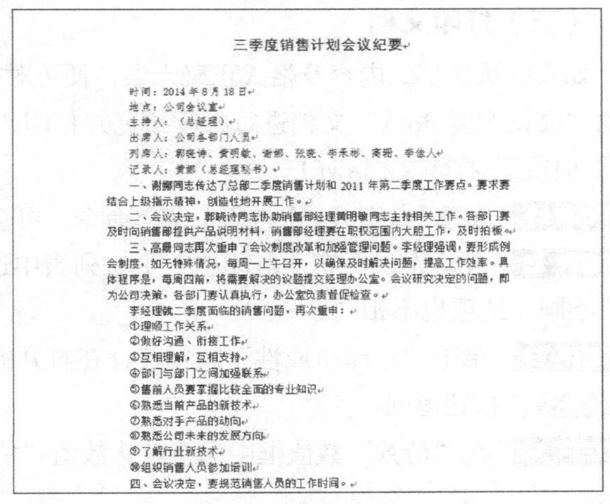

三季度销售计划会议纪要

时间：2014年8月18日

地点：公司会议室

主持人：（总经理）

出席人：公司各部门人员

列席人：郭晓诗、黄明敏、谢娜、张晓、李承彬、高珊、李佳人

记录人：黄娜（总经理秘书）

一、谢娜同志传达了总部二季度销售计划和2011年第二季度工作要点。要求要结合上级指示精神，创造性地开展工作。

二、会议决定，郭晓诗同志协助销售部经理黄明敏同志主持相关工作。各部门要及时向销售部提供产品说明材料，销售部经理要在职权范围内大胆工作，及时拍板。

三、高珊同志再次重申了会议制度改革和加强管理问题。李经理强调，要形成例会制度，如无特殊情况，每周一上午召开，以确保及时解决问题，提高工作效率。具体程序是，每周四前，将需要解决的议题提交经理办公室。会议研究决定的问题，即为公司决策，各部门要认真执行，办公室负责督促检查。

李经理就二季度面临的销售问题，再次重申：

①理顺工作关系

②做好沟通、衔接工作

③互相理解，互相支持

④部门与部门之间加强联系

⑤售前人员要掌握比较全面的专业知识

⑥熟悉当前产品的新技术

⑦熟悉对手产品的动向

⑧熟悉公司未来的发展方向

⑨了解行业新技术

⑩组织销售人员参加培训

四、会议决定，要规范销售人员的工作时间。

图3-25 查看效果

（二）设置页边距

编辑Word文档时，页边距的设置非常重要，如果文档是给上级或者客户看的，一般采用Word默认的页边距即可。另外，为了节省纸张，还可以把页边距调小一点。下面为“会议纪要.docx”设置页边距，其具体操作如下。（微课：光盘\微课视频\项目三\设置页边距.swf）

STEP 1 在【页面布局】/【页面设置】组中，单击对话框启动器，打开“页面设置”对话框。

STEP 2 单击“页边距”选项卡，在“页边距”栏中的“上”“下”数字框中分别输入“3厘米”，在“左”“右”数字框中分别输入“2.5厘米”，在“纸张方向”栏中选择“横向”选项，如图3-26所示。

STEP 3 单击确定按钮，返回文档编辑区，即可查看设置后的文档页面版式，如图

3-27所示。（最终效果参见：光盘\效果文件\项目三\任务二\会议纪要.docx）

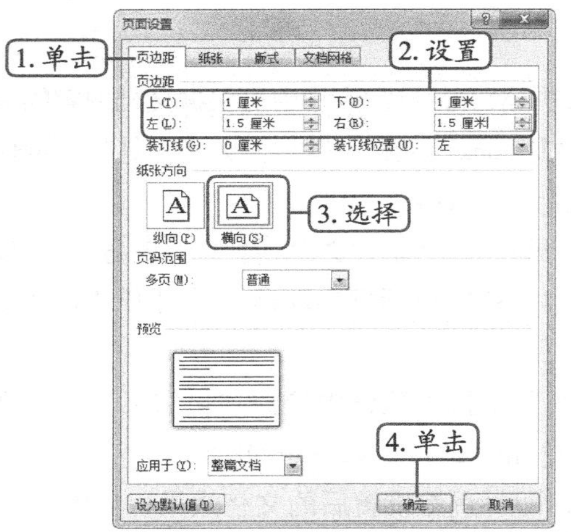

图3-26　设置页边距

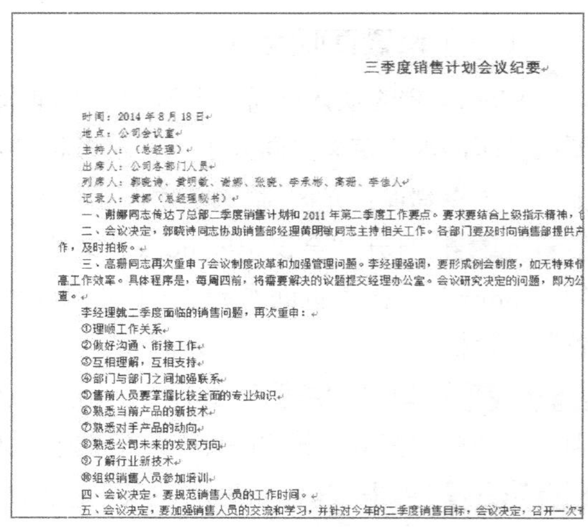

图3-27　查看效果

（三）打印文档

如果确认文档的内容及格式正确无误，便可对文档进行设置和打印，下面将对编辑完成后的“会议纪要.docx”文档进行打印预览并打印，其具体操作如下。（微课：光盘\微课视频\项目三\打印文档.swf）

STEP 1 选择【文件】/【打印】菜单命令，可在右侧列表中预览打印效果。

STEP 2 确认无误后在“打印机”下拉列表中选择连接到计算机上的打印机，连接的打印机不同，选项也不相同。

STEP 3 单击“打印机属性”超链接，在打开的对话框中设置纸张大小为“A4”，然后单击 确定 按钮返回。

STEP 4 在“份数”数值框中保持默认数值“1”，然后单击“打印”按钮，如图3-28所示。

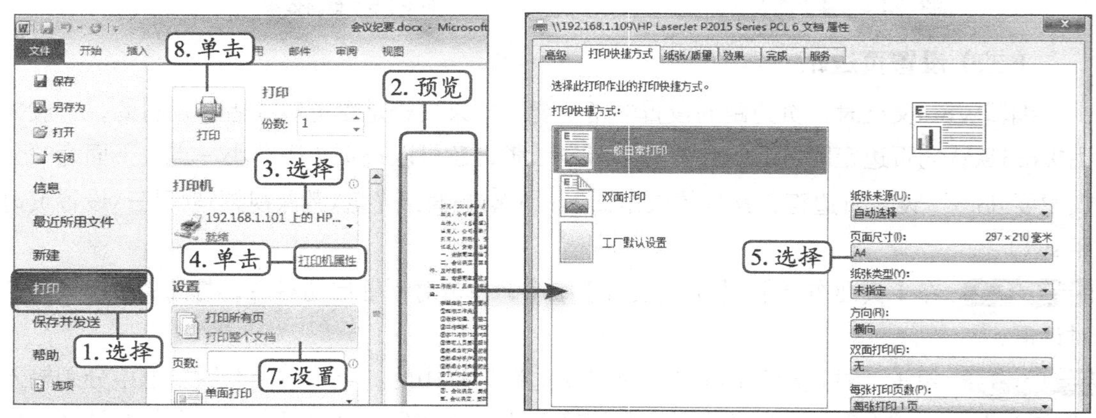

图3-28　打印设置

实训一　制作“员工登记表”文档

【实训要求】

员工登记表一般记录了入职员工工作经历、学习经历、家庭情况、工作变动等情况。在Word中制作员工登记表需要建立表格，并对单元格进行设置，然后输入和设置文本等。

【实训思路】

本实训主要创建表格并输入表格内容。首先可以设置标题文本，然后创建表格并设置，最后输入文本并调整表格大小。效果如图3-29所示。

员工登记表

姓名		性别		出生日期		
户口所在地		婚否		身高		照片
身份证号码		籍贯		民族		
毕业院校		学历		毕业时间		
专　业		所获证书		视力	左	右
计算机水平		英语水平		人员类别	□失业 □在职 □下岗	
特　长		健康状况		应聘职位		
家庭住址				希望待遇		
工作经历	时间			职务		
	单位名称及主要工作			离职原因		
学习培训经历	时间	学校或培训机构		培训内容		证件名称
家庭状况	姓名	年龄	关系	工作状况		联系电话
应聘者申明	1. 本人有不良记录。□有　□无					
	2. 本人有无慢性病、传染病等病史。□有　□无					
	3. 上述登记内容如有不符合事实情况的，同意作“辞退”处理。□同意　□不同意					
				填表日期：　年　月　日		

图3-29　“员工登记表”文档

【步骤提示】

STEP 1　新建一个Word空白文档，将其保存为“员工登记表.docx”，输入标题文本并设置格式。

STEP 2　按【Enter】键换行，并将段落格式设置为“段前0行、段后0行”，单击“表格”按钮，在打开的下拉列表中选择“插入表格”选项。

STEP 3　打开“插入表格”对话框，分别在“列数”和“行数”数值框中输入“7”和“23”，单击确定按钮。

STEP 4　选择目标单元格，通过选择【表格】/【合并单元格】菜单命令或单击鼠标右键在弹出的快捷菜单中选择【合并单元格】命令，合并单元格。

STEP 5　选择目标单元格，通过单击鼠标右键，在弹出的快捷菜单中选择【拆分单元格】命令，打开“拆分单元格”对话框，分别向其中输入相应的行数和列数，单击确定按钮，进行拆分操作。

STEP 6　在表格中，输入文本并设置格式，最后将鼠标光标移至表格右下角处。当鼠标指针变为“↘”形状时按住鼠标左键不放向右和向下拖曳，调整表格大小（最终效果参见：光盘\效果文件\项目三\实训一\员工登记表.docx）。

实训二　打印“日程安排表”文档

【实训要求】

总经理本周出差考察的时间已经确定，现需要为其制作一份日程安排表，并打印出来给总经理审查。

【实训思路】

该文档为一篇关于总经理近一周日程安排表，因需要上交审查，可对其页面大小和页边距进行页设置，然后打印，效果如3-30所示。

总经理的日程安排表

时间	事项	备注
星期一（2006-5-8）	上午：主持员工大会 下午：做市场调查	记得安排会议室
星期二（2006-5-9）	上午：写市场调查报告 下午：向厂长汇报调查情况	
星期三（2006-5-10）	到青岛分公司出差	记得买机票、与李总联系
星期四（2006-5-11）	视察分公司工作情况	
星期五（2006-5-12）	回公司，汇报分公司情况	

图3-30　“日程安排表”最终效果

【步骤提示】

STEP 1 打开“日程安排表.docx”文档（素材参见：光盘\素材文件\项目三\实训二\日程安排表.docx），在【页面布局】/【页面设置】组中单击“对话框启动器”按钮，打开“页面设置”对话框。

STEP 2 单击“纸张”选项卡，在“纸张大小”下拉列表框中选择“自定义大小”选项，分别在“宽度”和“高度”数值框中输入“21”和“29”。

STEP 3 单击“页边距”选项卡，在“页边距”栏中的“上”“下”数字框中分别输入“2.5厘米”，在“左”“右”数字框中分别输入“3厘米”，单击确定按钮（最终效果参见：光盘\效果文件\项目三\实训二\日程安排表.docx）。

STEP 4 选择【文件】/【打印】菜单命令，在右侧列表中预览打印效果，确认无误后在“打印机”下拉列表中选择连接到计算机上的打印机。

STEP 5 单击“打印机属性”超链接，在打开的对话框中设置纸张大小为“A4”，然后单击确定按钮返回。

STEP 6 在“份数”数值框中输入数值“2”，单击“打印”按钮。

常见疑难解析

问：为什么彩色的图片打印出来是黑白色的？

答：造成彩色图片打印出来是黑白色的原因可能有三方面：首先，应确认使用的打印机是否为可彩打；其次，应确认打印机里是否安装有彩色墨盒；最后，确认是否将图片模式设置为灰度模式。

问：许多表格都具有相同的外观，怎样可以快速创建固定外观的表格？

答：在【表格工具-设计】/【表格格式】组中单击“其他”按钮，在打开的下拉列表中可为表格应用Word 2010自带的各类表格样式，使表格外观统一效率更高。

问：当表格大小超过一页时，怎样防止表格中的文本被分成两部分？

答：选择整个表格，在【布局】/【单元格大小】组中单击对话框启动器，打开“表格属性”对话框，单击“行”选项卡，取消选中“允许跨页断行”复选框，单击确定按钮即可。

问：如何调整预览页面大小？

答：利用鼠标拖动右下角的滑块，可调整页面在窗口右侧的显示比例，以便查看打印效果，单击按钮，可将页面缩放到原始大小。

拓展知识

1. 绘制表格

使用Word 2010制作表格时，不仅需要通过指定行和列的方法制作规范的表格，有时还需要制作不规范的表格，这时就可以使用画笔进行绘制表格操作。其操作方法是在【插入】/【表格】组中单击“表格”按钮，在打开的下拉列表中选择“绘制表格”选项，鼠标指针变成形状，按住鼠标左键不放并拖曳绘制表格边框、行、列。绘制完成表格后，按【Esc】键或在【表格工具-设计】/【绘制边框】组中单击“绘制表格”按钮，取消绘制表格状态。

2. 普通文本与表格间的相互转换

在Word 2010中可在文本与表格之间进行相互转换，其操作方法如下。

- **将普通文本转换为表格内容：**为文本添加段落标记和英文半角逗号，选中要转换成表格的所有文本，在【插入】/【表格】组中单击“表格”按钮，在打开的下拉列表中选择“文本转换成表格”选项，打开“将文字转换成表格”对话框；在“自动调整”区选中“固定列宽”“根据内容调整表格”或“根据窗口调整表格”选项之一，以设置表格列宽，在“文字分隔位置”区自动选中文本中使用的分隔符，如果不正确可以重新选择，完成设置后单击确定按钮即可。
- **将表格内容转换为普通文本：**选中需要转换为文本的单元格，如果需要将整张表格转换为文本，则只需单击表格任意单元格，单击【表格工具-布局】/【数据】组中的“转换为文本”按钮，打开“表格转换成文本”对话框；选中“段落标记”“制表符”“逗号”或“其他字符”单选项，选择任意一种标记符号都可以转换成文本，只是转换生成的排版方式或添加的标记符号有所不同，最常用的是“段落标记”和“制表符”两个选项，选中“转换嵌套表格”可以将嵌套表格中的内容同时转换为文本，完成设置后单击确定按钮即可。

课后练习

（1）制作“客户资料表”文档。首先输入标题文本，采用插入表格方式制作表格并通过拆分或合并等方式调整表格布局，然后输入文本并设置文本格式，最后调整表格大小。

完成后的效果如图3-31所示（最终效果参见：光盘\效果文件\项目三\课后练习\客户资料表.docx）。

（2）打开提供的素材“日常管理计划.docx”文档（素材参见：光盘\素材文件\项目三\课后练习\日常管理计划.docx）。首先将纸张大小设置为“28 厘米×20 厘米”，再设置“上”和“下”页边距均为“3.2厘米”，“左”“右”页边距均为“2.5厘米”，“纸张方向”设置为“横向”，最后将该文档打印5份。完成后的效果如图3-32所示（最终效果参见：光盘\效果文件\项目三\课后练习\日常管理计划.docx）。

客户资料表

基本数据					
公司名称				负责人	
地址					
区域			邮政编码		
电话		分机		传真	
联络人		职称		性别	
其他信息					
交易信息					
业务类型		初接触日期		成交与否：	
月成交量		上次交易日期			
信用状况					
信用额度		结账日		收款日	
备注：					
来往记录					
最近需求				完成日期	

图3-31 “客户资料表”效果

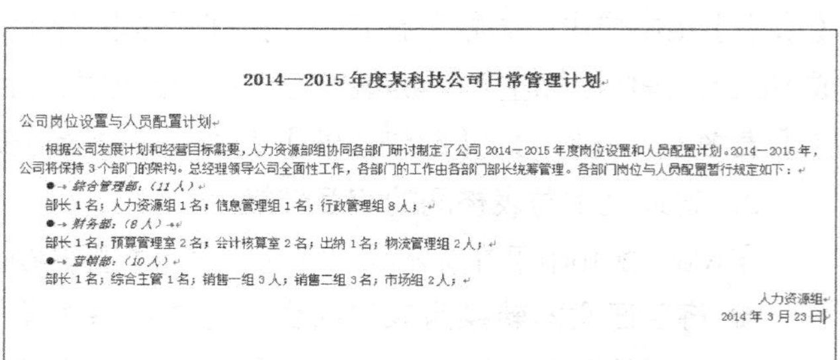

2014—2015 年度某科技公司日常管理计划

公司岗位设置与人员配置计划

根据公司发展计划和经营目标需要，人力资源部组协同各部门研讨制定了公司 2014—2015 年度岗位设置和人员配置计划。2014—2015 年，公司将保持 3 个部门的架构。总经理领导公司全面性工作，各部门的工作由各部门部长统筹管理。各部门岗位与人员配置暂行规定如下：

- *综合管理部：（11 人）*

部长 1 名；人力资源组 1 名；信息管理组 1 名；行政管理组 8 人；

- *财务部：（8 人）*

部长 1 名；预算管理室 2 名；会计核算室 2 名；出纳 1 名；物流管理组 2 人；

- *营销部：（10 人）*

部长 1 名；综合主管 1 名；销售一组 3 人；销售二组 3 名；市场组 2 人；

人力资源组

2014 年 3 月 23 日

图3-32 “日常管理计划”效果

PART 4

项目四 制作长文档

情景导入

阿秀：小白，这份“员工手册”文档需要整理一下，对于这种设置了多级标题样式的文档，可以提取目录。

小白：目录？直接就能提取吗？

阿秀：是的，但是一般在提取目录前需要先插入页码。

小白：原来提取目录还有这么多准备。我会好好做的。

阿秀：注意在进行操作前，可以切换到大纲视图对文档进行查看和编辑，以确保文档内容的正确性。

小白：好的。

学习目标

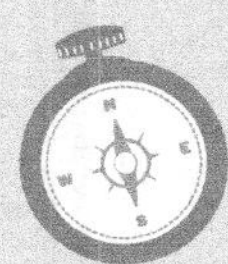

- 掌握大纲视图的方法
- 掌握插入分隔符、页码、目录的方法
- 掌握套用内置样式、创建样式、修改样式的方法
- 掌握审校文档的方法

技能目标

- 掌握“员工手册”文档的制作方法
- 能够对长文档进行排版

任务一　编辑“员工手册”文档

“员工手册”是企业规章制度、企业文化、企业战略的简要说明，它主要起到规范企业运行、展示企业形象、传播企业文化的作用。下面具体介绍其制作方法。

一、　任务目标

本任务将练习用Word编辑“员工手册”文档，打开素材文件，先切换到大纲视图查看并编辑文档，再为其插入分隔符和页面，最后创建目录。通过本任务的学习，可以掌握使用大纲视图查看和编辑文档、插入分隔符和页码，以及创建目录的操作。本任务制作完成后的最终效果如图4-1所示。

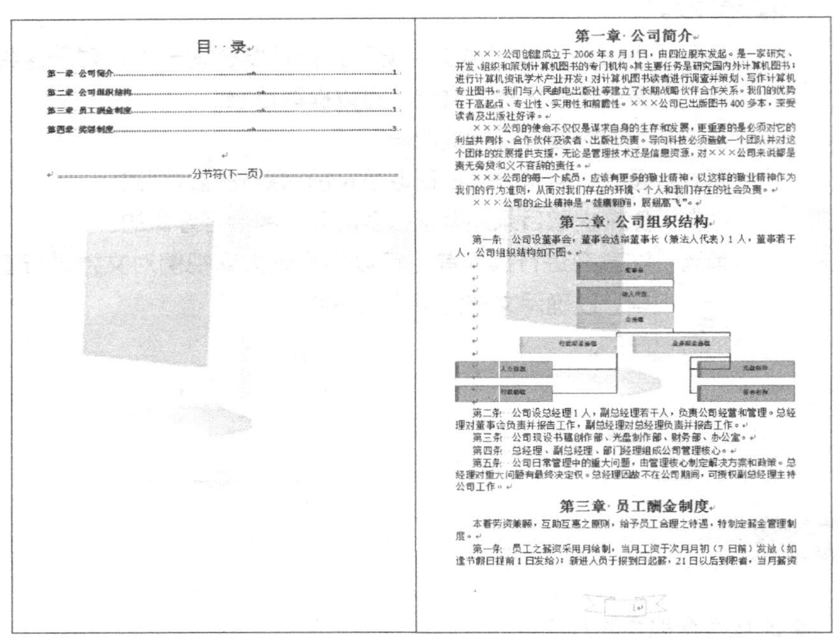

目　录

第一章 公司简介……1
第二章 公司组织结构……1
第三章 员工酬金制度……1
第四章 奖惩制度……3

分节符(下一页)

第一章 公司简介

×××公司创建成立于2006年8月1日，由四位股东发起。是一家研究、开发、组织和策划计算机图书的专门机构。其主要任务是研究国内外计算机图书；进行计算机资讯学术产业开发；对计算机图书读者进行调查并策划、写作计算机专业图书。我们与人民邮电出版社等建立了长期战略伙伴合作关系。我们的优势在于高起点、专业性、实用性和前瞻性。×××公司已出版图书400多本，深受读者及出版社好评。

×××公司的使命不仅仅是谋求自身的生存和发展，更重要的是必须对它的利益共同体、合作伙伴及读者、出版社负责。导向科技必须造就一个团队并对这个团体的发展提供支援，无论是管理技术还是信息资源，对×××公司来说都是责无旁贷和义不容辞的责任。

×××公司的每一个成员，应该有更多的敬业精神，以这样的敬业精神作为我们的行为准则，从而对我们存在的环境、个人和我们存在的社会负责。

×××公司的企业精神是“雄鹰翱翔，展翅高飞”。

第二章 公司组织结构

第一条　公司设董事会，董事会选举董事长（兼法人代表）1人，董事若干人，公司组织结构如下图。

第二条　公司设总经理1人，副总经理若干人，负责公司经营和管理。总经理对董事会负责并报告工作，副总经理对总经理负责并报告工作。

第三条　公司现设书稿创作部、光盘制作部、财务部、办公室。

第四条　总经理、副总经理、部门经理组成公司管理核心。

第五条　公司日常管理中的重大问题，由管理核心制定解决方案和政策。总经理对重大问题有最终决定权。总经理因故不在公司期间，可授权副总经理主持公司工作。

第三章 员工酬金制度

本着劳资兼顾，互助互惠之原则，给予员工合理之待遇，特制定薪金管理制度。

第一条　员工之薪资采用月给制，当月工资于次月月初（7日前）发放（如逢节假日提前1日发给）；新进人员于报到日起薪，21日以后到职者，当月薪资

1

图4-1　“员工手册”效果

二、相关知识

在【视图】/【文档视图】工具栏中单击“大纲视图”按钮，即可切换到大纲视图，如图4-2所示，利用其中的按钮和下拉类表即可实现组织文档的目的，下面对相关按钮的作用进行简单介绍。

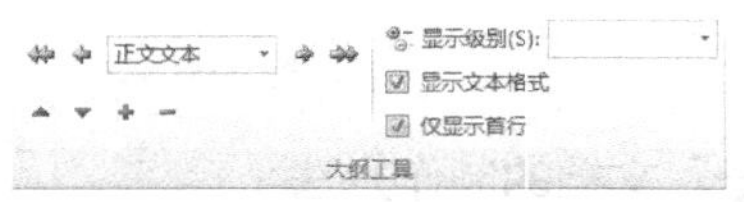

图4-2　大纲工具

- **“提升到标题1”按钮**：单击该按钮，可将该标题设置为“标题1”的格式。
- **“提升”按钮**：单击该按钮，可将标题设置为上一级标题的格式。
- 正文文本 **下拉列表框**：单击右侧的按钮，可在打开的下拉列表中设置该标题的大

纲级别。

- **“降低”按钮**：单击该按钮，可将该标题设置为下一级标题的格式。
- **“降低为‘正文文本’”按钮**：单击该按钮，可将该标题设置为正文文本的格式。
- **“上移”按钮**：单击该按钮，可将该标题上移一级。
- **“下移”按钮**：单击该按钮，可将该标题下移一级。
- **“展开”按钮**：单击该按钮，可展开该标题的下级标题。
- **“折叠”按钮**：单击该按钮，可折叠该标题的下级标题。
- 所有级别 **下拉列表框**：单击右侧的按钮，可在弹出的下拉列表中设置显示标题的级别。

三、任务实施

（一）切换到大纲视图

大纲视图适用于长文档中文本级别较多的情况，便于查看和调整文档结构，下面将对“员工手册.docx”文档使用大纲视图查看和编辑，其具体操作如下。（**微课**：光盘\微课视频\项目三\切换到大纲视图.swf）

STEP 1 打开“员工手册.docx”文档（素材参见：光盘\素材文件\项目四\任务一\员工手册.docx），在【视图】/【文档视图】组中单击 大纲视图 按钮，视图模式切换到大纲视图，在【大纲】/【大纲工具】组中的“显示级别”下拉列表中选择“2级”选项，如图4-3所示。

STEP 2 查看所有2级标题文本后，将第四章的标题文本内容修改为文本“奖惩制度”，如图4-4所示。

图4-3 选择显示级别

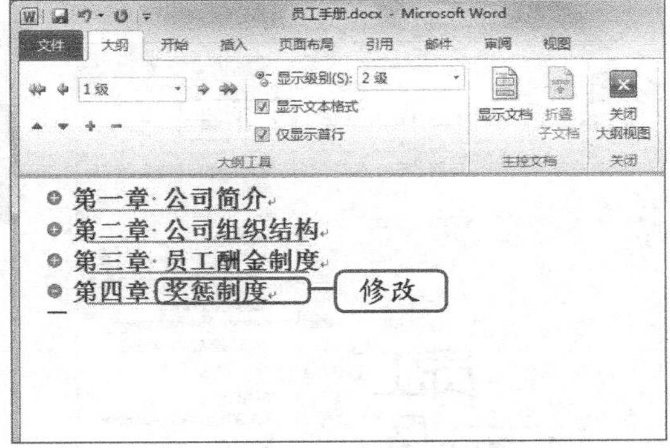

图4-4 修改2级标题文本内容

STEP 3 将显示级别设置为“6级”，查看是否有错误的文字内容并进行修改，如图4-5所示。

STEP 4 双击“4.10员工功过抵消规定：”文本段落左侧的标记，选择展开后的“第一条 嘉奖与警告抵消；”文本，单击“大纲”工具栏中的“下移”按钮，如图4-6所示。

操作提示

在大纲视图模式下，直接选择文本内容，将其拖动到目标位置，即可实现文档中提升或降低级别的操作。

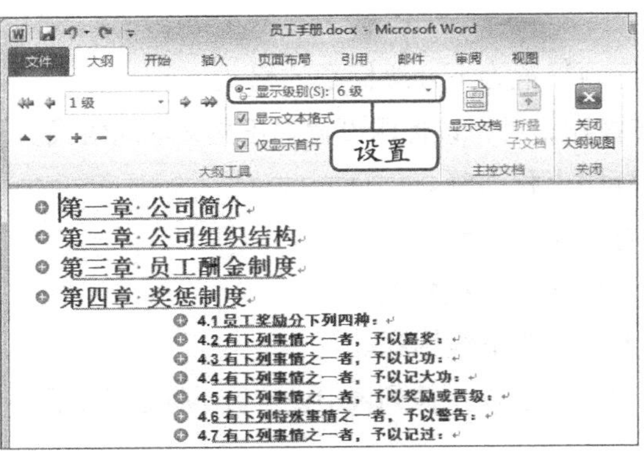

图4-5　设置显示级别并修改文本

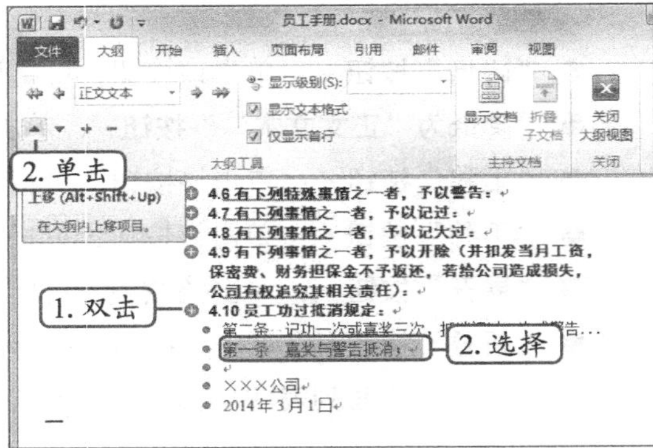

图4-6　移动段落文本

STEP 5　设置完成后，在【大纲】/【关闭】组中单击“关闭大纲视图”按钮或在【视图】/【文档视图】组中单击“页面视图”按钮，返回页面视图模式。

（二）插入分隔符

分隔符的主要用于标识文字分隔的位置，下面将在“员工手册.docx”文档中插入分页符和分节符，其具体操作如下。（微课：光盘\微课视频\项目四\插入分隔符.swf）

STEP 1　将插入点定位到文本“序　言”之前，在【页面布局】/【页面设置】组中单击“分隔符”按钮，在打开的下拉列表中的“分页符”栏中选择“分页符”选项，如图4-7所示。

STEP 2　在插入点所在位置插入分页符，“序言”的内容将从下一页开始，如图4-8所示。

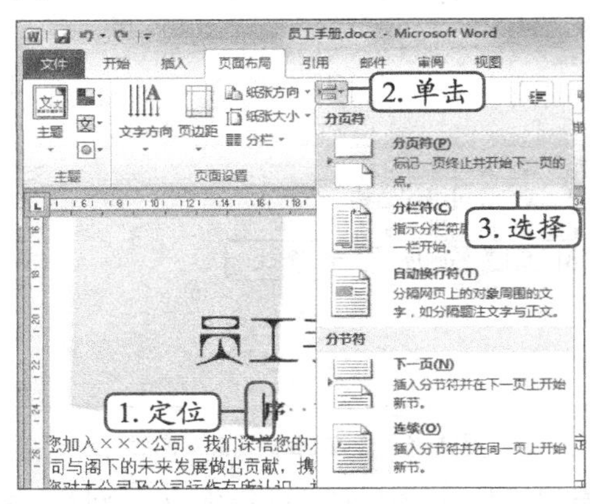

图4-7　设置分页符

图4-8　插入分页符后效果

STEP 3　将插入点定位到文本“第一章 公司简介”之前，在【页面布局】/【页面设置】组中单击“分隔符”按钮，在打开的下拉列表中的“分节符”栏中选择“下一页”选项，如图4-9所示。

STEP 4　在插入点所在位置插入分节符，“第一章 公司简介”的内容将从下一页开始，如图4-10所示。

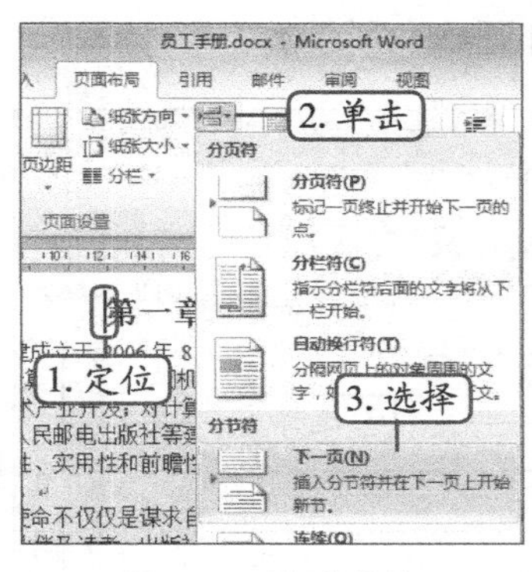

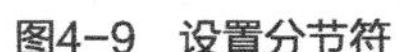

图4-9　设置分节符

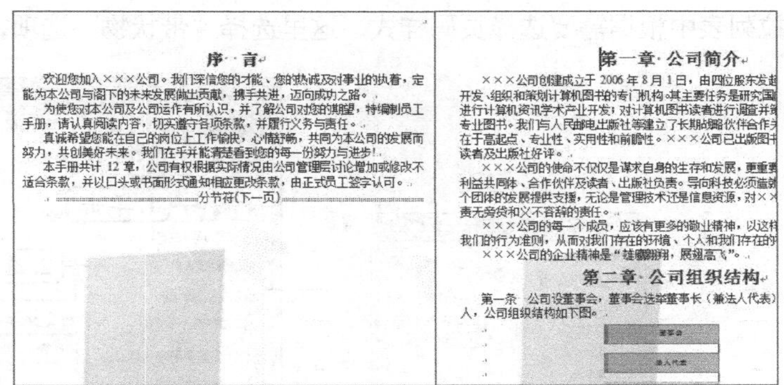

图4-10　插入分节符后效果

操作提示

如果文档中的编辑标记并未显示，可在【开始】/【段落】组中单击“显示/隐藏编辑标记”按钮，使其呈选中状态，此时隐藏的编辑标记将显示出来。

（三）插入页码

页码用于显示文档的页数情况，通常情况下页码会插入到页面底端。下面将在“员工手册.docx”文档中的第三页开始插入页码，其具体操作如下。（微课：光盘\微课视频\项目四\插入页码.swf）

STEP 1 在第三页页面底端双击，会出现“页眉和页脚工具”选项卡，在【页眉和页脚工具-设计】/【导航】组中单击链接到前一条页眉按钮，如图4-11所示，取消选中状态。

STEP 2 在【页眉和页脚工具-设计】/【页眉和页脚】组中单击页码按钮，在打开的下拉列表中选择“设置页码格式”选项，如图4-12所示。

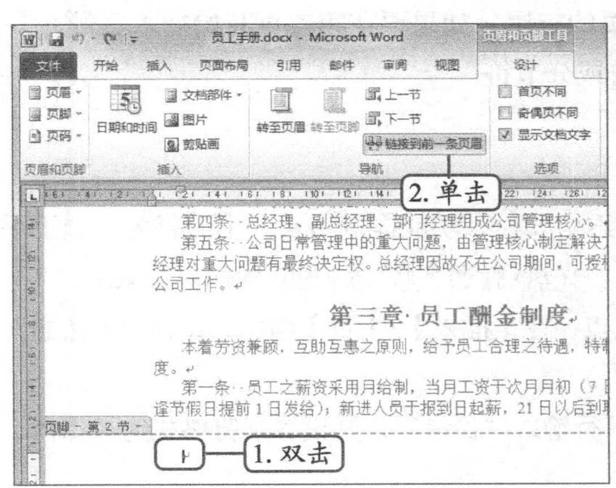

图4-11　取消选中“链接到前一条页眉”

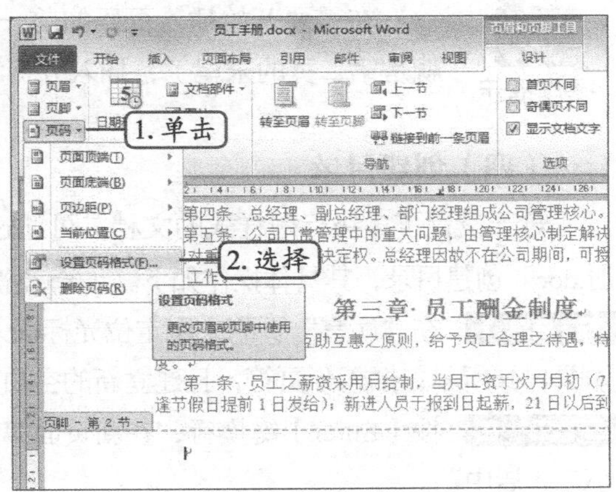

图4-12　选择“设置页码格式”选项

STEP 3 打开“页码格式”对话框，在“页码编号”栏中单击选中“起始页码”单选项，然后单击确定按钮，如图4-13所示。

STEP 4 再次单击页码按钮，在打开的下拉列表中选择“页面底端”选项，在打开的下拉列表中根据需要选择页码样式，这里选择“带状物”选项，如图4-14所示。

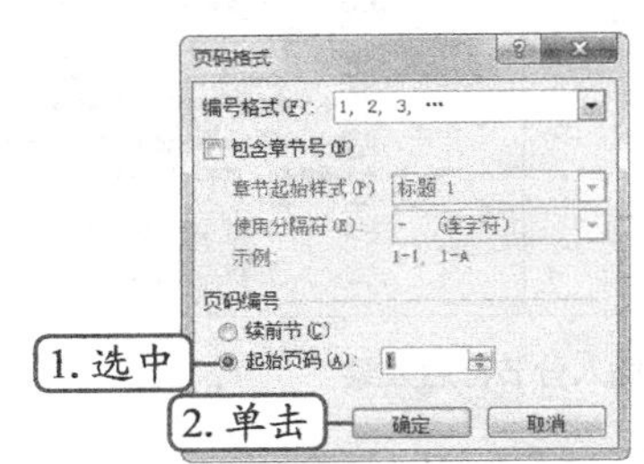

图4-13　选择“起始页码”

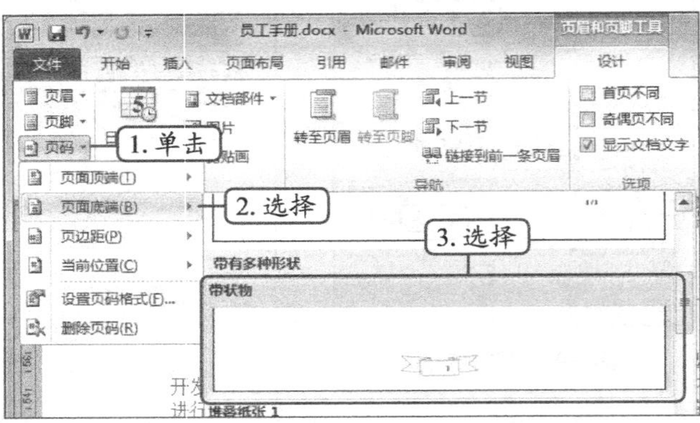

图4-14　选择“设置页码格式”选项

STEP 5 双击正文，页码设置成功，效果如图4-15所示。

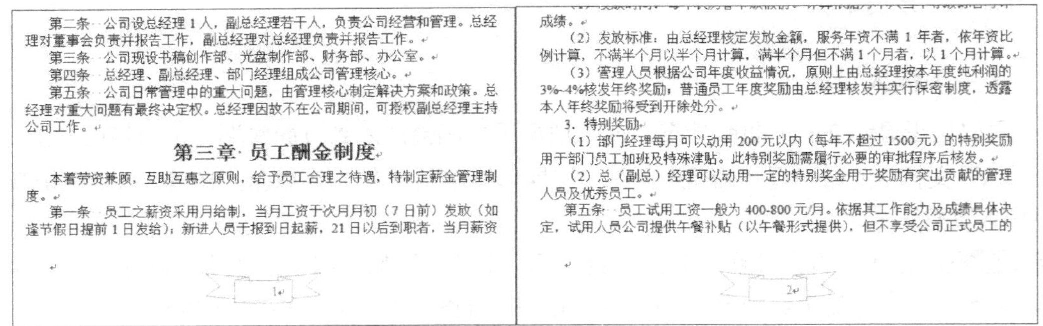

第二条　公司设总经理1人，副总经理若干人，负责公司经营和管理。总经理对董事会负责并报告工作，副总经理对总经理负责并报告工作。

第三条　公司现设书稿创作部、光盘制作部、财务部、办公室。

第四条　总经理、副总经理、部门经理组成公司管理核心。

第五条　公司日常管理中的重大问题，由管理核心制定解决方案和政策。总经理对重大问题有最终决定权。总经理因故不在公司期间，可授权副总经理主持公司工作。

第三章　员工酬金制度

本着劳资兼顾，互助互惠之原则，给予员工合理之待遇，特制定薪金管理制度。

第一条　员工之薪资采用月给制，当月工资于次月月初（7日前）发放（如逢节假日提前1日发给）；新进人员于报到日起薪，21日以后到职者，当月薪资

1

成绩。

（2）发放标准：由总经理核定发放金额，服务年资不满1年者，依年资比例计算，不满半个月以半个月计算，满半个月但不满1个月者，以1个月计算。

（3）管理人员根据公司年度收益情况，原则上由总经理按本年度纯利润的3%~4%核发年终奖励；普通员工年度奖励由总经理核发并实行保密制度，透露本人年终奖励将受到开除处分。

3．特别奖励

（1）部门经理每月可以动用200元以内（每年不超过1500元）的特别奖励用于部门员工加班及特殊津贴。此特别奖励需履行必要的审批程序后核发。

（2）总（副总）经理可以动用一定的特别奖金用于奖励有突出贡献的管理人员及优秀员工。

第五条　员工试用工资一般为400-800元/月。依据其工作能力及成绩具体决定，试用人员公司提供午餐补贴（以午餐形式提供），但不享受公司正式员工的

2

图4-15　查看效果

操作提示

在需要开始插入页码的前一页的末尾（如果要在第三页开始插入页号，就是第二页的末尾），插入分页符或分节符。

（四）创建目录

对于设置了多级标题样式的文档，可通过索引和目录功能提取目录。下面将为“员工手册.doc”创建目录，其具体操作如下。（微课：光盘\微课视频\项目四\创建目录.swf）

STEP 1 在“序言”页的末尾定位光标插入点，在【插入】/【页】组中，单击分页按钮，如图4-16所示，插入分页符，且建立新的空白页。

STEP 2 按【Enter】键换行，在新页面第一行输入“目录”，并设置字符格式为“黑体、小二、居中”。

STEP 3 将鼠标光标定位于第二行左侧，在【引用】/【目录】组中单击按钮，在打开的下拉类表中选择“插入目录”选项，如图4-17所示。

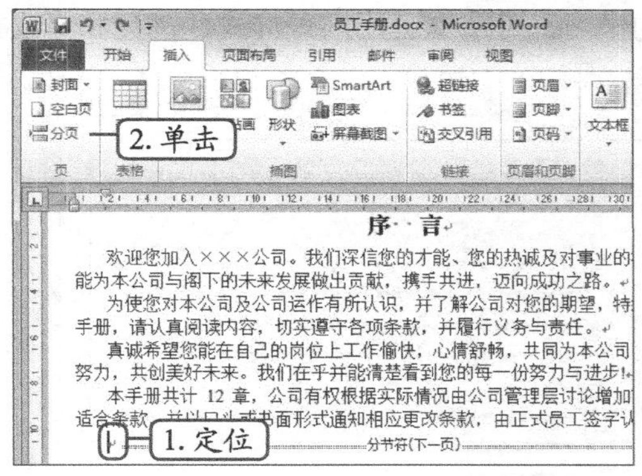

图4-16 插入分页符

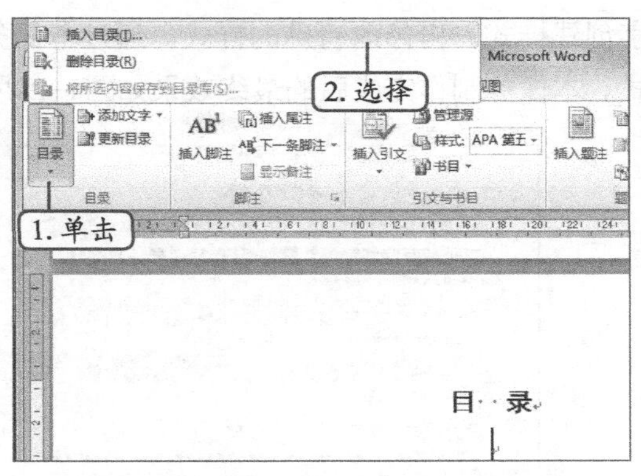

图4-17 选择“插入目录”选项

STEP 4 打开“目录”对话框，单击“目录”选项卡，在“制表符前导符”下拉列表中选择图4-15所示的选项，在“格式”下拉列表框中选择“正式”选项，在“显示级别”数值框中输入“2”，其他保持默认值，单击 确定 按钮，如图4-18所示。

STEP 5 返回文档编辑区即可查看插入的目录，效果如图4-19所示。

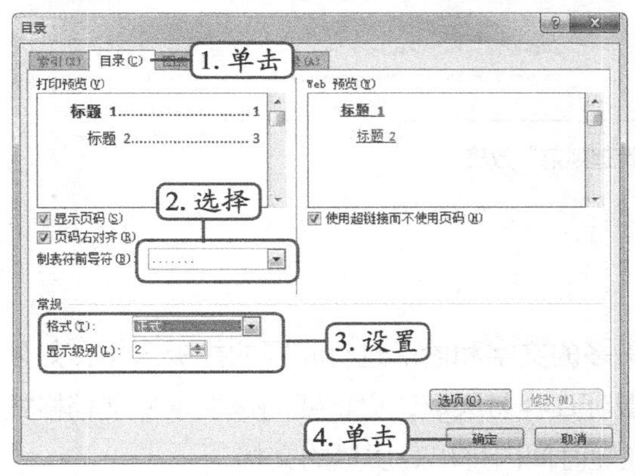

图4-18 对目录进行设置

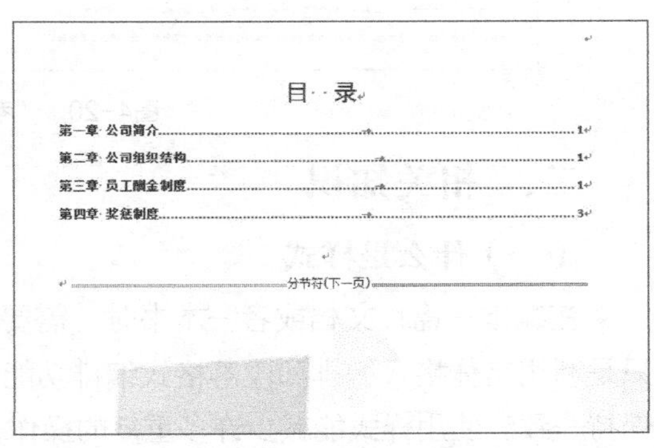
目 录

第一章 公司简介........................1
第二章 公司组织结构........................1
第三章 员工酬金制度........................1
第四章 奖惩制度........................3

分节符(下一页)

图4-19 查看效果

在Word 2010中，预设了两种自动目录的样式。创建目录时，可使用预设的目录样式自动生成目录。通常情况下，默认的目录样式标题级别只显示到3级。

任务二 设置“考勤管理规范”文档样式

公司的考勤管理规范主要使用于全体在职人员，目的在于加强公司员工的考勤管理，规范员工上下班及假别，以维持良好的工作秩序，提高工作效率，提升公司形象。下面具体介绍其制作方法。

一、任务目标

本任务将制作考勤管理规范文档，在制作时可先为其套用内置样式，然后对一部分文字创建样式，再修改特殊的样式。通过本任务的学习，可掌握套用内置样式、创建和修改样式。本任务制作完成后的最终效果如图4-20所示。

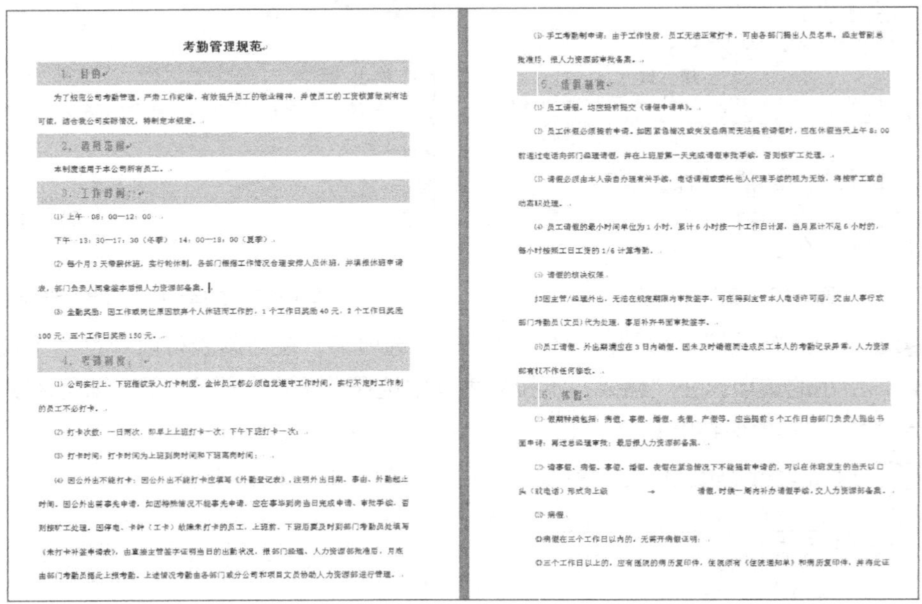

考勤管理规范

1、目的

为了规范公司考勤管理，严肃工作纪律，有效提升员工的敬业精神，并使员工的工资核算做到有法可依，结合我公司实际情况，特制定本规定。

2、适用范围

本制度适用于本公司所有员工。

3、工作时间：

(1) 上午 08：00—12：00

下午 13：30—17：30（冬季） 14：00—18：00（夏季）

(2) 每个月3天带薪休班，实行轮休制，各部门根据工作情况合理安排人员休班，并填报休班申请表，部门负责人同意签字后报人力资源部备案。

(3) 全勤奖励：因工作或岗位原因放弃个人休班而工作的，1个工作日奖励40元，2个工作日奖励100元，三个工作日奖励150元。

4、考勤制度：

(1) 公司实行上、下班指纹录入打卡制度。全体员工都必须自觉遵守工作时间，实行不定时工作制的员工不必打卡。

(2) 打卡次数：一日两次，即早上上班打卡一次，下午下班打卡一次；

(3) 打卡时间：打卡时间为上班到岗时间和下班离岗时间；

(4) 因公外出不能打卡：因公外出不能打卡应填写《外勤登记表》，注明外出日期、事由、外勤起止时间。因公外出需事先申请，如因特殊情况不能事先申请，应在事毕到岗当日完成申请、审批手续，否则按旷工处理。因停电、卡钟（工卡）故障未打卡的员工，上班前、下班后要及时到部门考勤员处填写《未打卡补签申请表》，由直接主管签字证明当日的出勤状况，报部门经理、人力资源部批准后，月底由部门考勤员据此上报考勤。上述情况考勤由各部门或分公司和项目文员协助人力资源部进行管理。

(5) 手工考勤制申请：由于工作性质，员工无法正常打卡，可由各部门提出人员名单，经主管副总批准后，报人力资源部审批备案。

5、请假制度

(1) 员工请假，均应提前提交《请假申请单》。

(2) 员工休假必须提前申请。如因紧急情况或突发急病而无法提前请假时，应在休假当天上午8：00前通过电话向部门经理请假，并在上班后第一天完成请假审批手续，否则按旷工处理。

(3) 请假必须由本人亲自办理有关手续，电话请假或委托他人代理手续的视为无效，将按旷工或自动离职处理。

(4) 员工请假的最小时间单位为1小时，累计6小时按一个工作日计算，当月累计不足6小时的，每小时按照工日工资的1/6计算考勤。

(5) 请假的核决权限。

如因主管/经理外出，无法在规定期限内审批签字，可在得到主管本人电话许可后，交由人事行政部门考勤员（文员）代为处理，事后补齐书面审批签字。

(6)员工请假、外出期满应在3日内销假，因未及时销假而造成员工本人的考勤记录异常，人力资源部有权不作任何修改。

6、休假

(1) 假期种类包括：病假、事假、婚假、丧假、产假等，应当提前5个工作日由部门负责人提出书面申请，再送总经理审批，最后报人力资源部备案。

(2) 请事假、病假、事假、婚假、丧假在紧急情况下不能提前申请的，可以在休班发生的当天以口头（或电话）形式向上级 → 请假，时候一周内补办请假手续，交人力资源部备案。

(3) 病假。

①病假在三个工作日以内的，无需开病假证明；

②三个工作日以上的，应有医院的病历复印件，住院须有《住院通知单》和病历复印件，并将此证

图4-20 “考勤管理规范”效果

二、 相关知识

（一）什么是样式

在编排一篇长文档或者一本书时，需要对许多的文字和段落进行相同的排版工作，如果只是利用字体格式编排和段落格式编排功能，费时且容易厌烦，更重要的是很难使文档格式保持一致。使用样式能减少许多重复的操作，在短时间内排出高质量的文档。

样式是指一组已经命名的字符和段落格式。它设定了文档中标题、题注以及正文等各个文本元素的格式。用户可以将一种样式应用于某个段落或段落中选定的字符，所选定的段落或字符便具有这种样式定义的格式。

（二）样式的作用

对文档应用样式主要有以下作用。

- 使用样式使文档的格式更便于统一。
- 使用样式还可构筑大纲，使文档更有条理，编辑和修改更简单。
- 使用样式还可以用来生成目录。

三、任务实施

（一）套用内置样式

内置样式是指Word 2010自带的样式，下面为“考勤管理规范.docx”文档套用内置样式，其具体操作如下。（**微课**：光盘\微课视频\项目四\套用内置样式.swf）

STEP 1 打开“考勤管理规范.docx”文档（素材参见：光盘\素材文件\项目四\任务二\考勤管理规范.docx），将光标定位在标题“考勤管理规范”文本右侧，在【开始】/【样式】组中选择“标题”选项，如图4-21所示。

STEP 2 返回文档编辑区，即可查看设置后的文档效果，如图4-22所示。

2. 选择
考勤管理规范
1. 定位
1. 目的

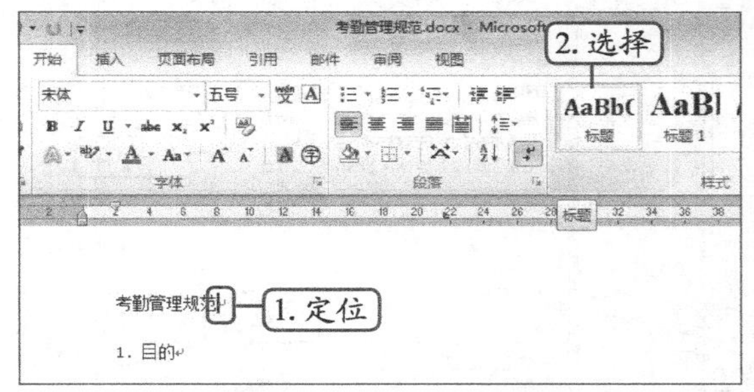

图4-21 套用内置样式

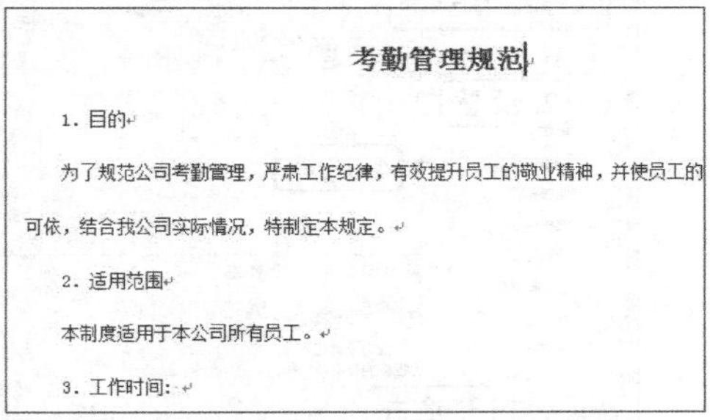

考勤管理规范
1. 目的
为了规范公司考勤管理，严肃工作纪律，有效提升员工的敬业精神，并使员工的
可依，结合我公司实际情况，特制定本规定。
2. 适用范围
本制度适用于本公司所有员工。
3. 工作时间:

图4-22 查看效果

（二）创建新样式

Word 2010中内置样式有限，当用户需要使用的样式在Word中并没有内置时，可创建样式。下面为“考勤管理规范.docx”文档创建新样式，其具体操作如下。（微课：光盘\微课视频\项目四\创建新样式.swf）

STEP 1 将光标定位在第一段“1. 目的”文本右侧，在【开始】/【样式】组中单击“对话框启动器”按钮，如图4-23所示。

STEP 2 打开“样式”任务窗格，单击“新建样式”按钮，如图4-24所示。

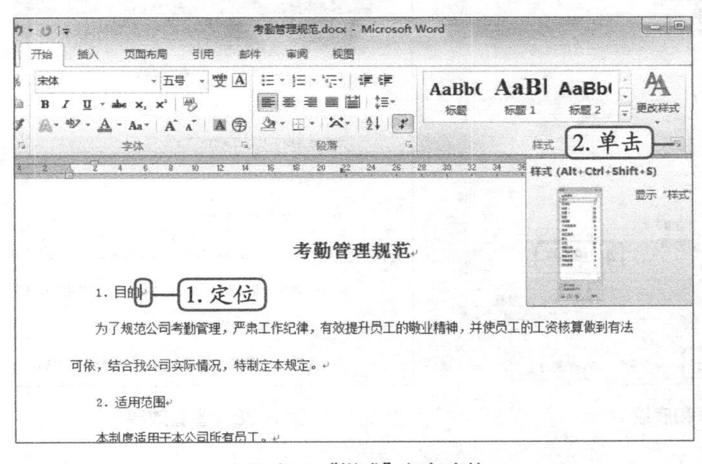

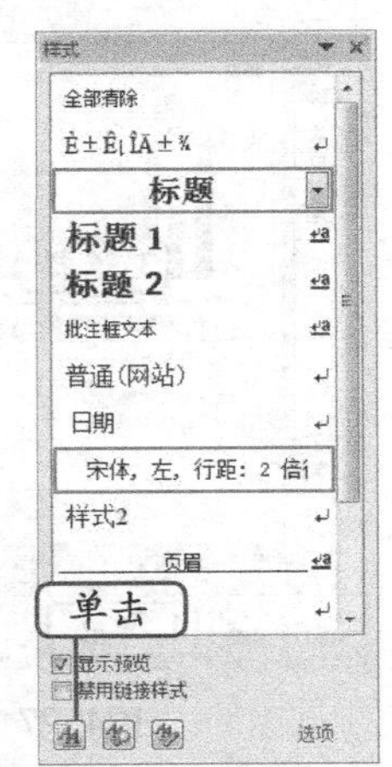

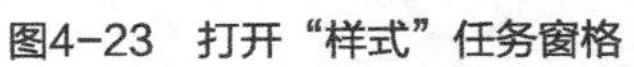

2. 单击
考勤管理规范
1. 定位
1. 目的

图4-23 打开“样式”任务窗格

样式
全部清除
标题
标题 1
标题 2
单击

图4-24 单击“新建样式”按钮

STEP 3 在打开的对话框的“名称”文本框中输入“小项目”，在格式栏中将格式设置为“汉仪长艺体简、五号”，单击格式(O)按钮，在打开的下拉列表中选择“段落”选项，如图4-25所示。

STEP 4 打开“段落”对话框，在间距栏的“行距”下拉列表中选择“1.5倍行距”选项，单击确定按钮，如图4-26所示。

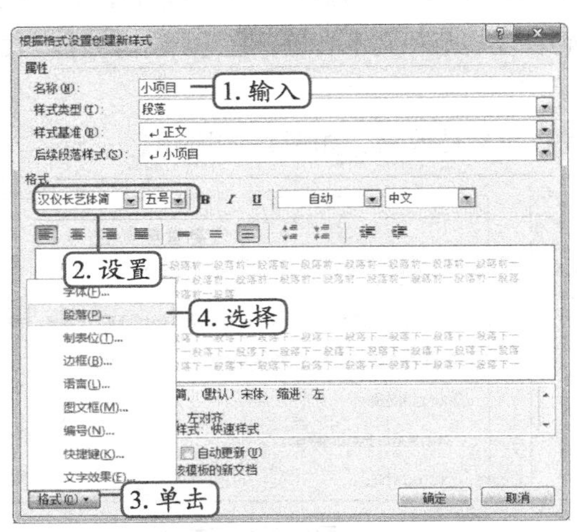

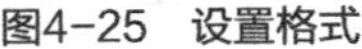

图4-25　设置格式

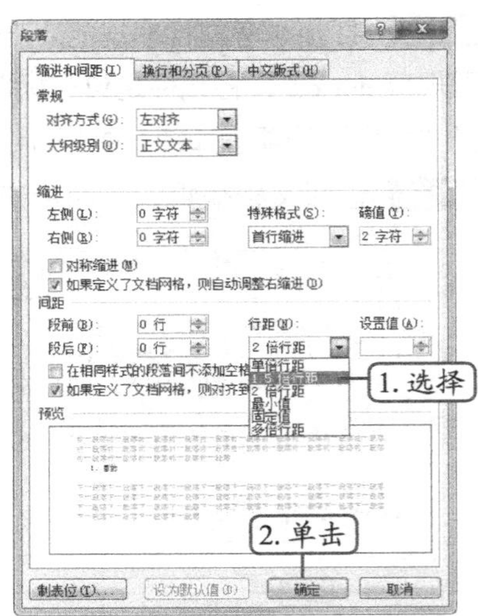

图4-26　设置“段落”格式

STEP 5 返回到“根据格式设置创建新样式”对话框，再次单击 格式(O) 按钮，在打开的下拉列表中选择“边框”选项。

STEP 6 打开“边框和底纹”对话框，单击“底纹”选项卡，在“填充”栏的下拉列表中选择“白色，背景1，深色50%”选项，依次单击 确定 按钮，如图4-27所示。

STEP 7 返回文档编辑区，即可查看设置后的文档效果，如图4-28所示。

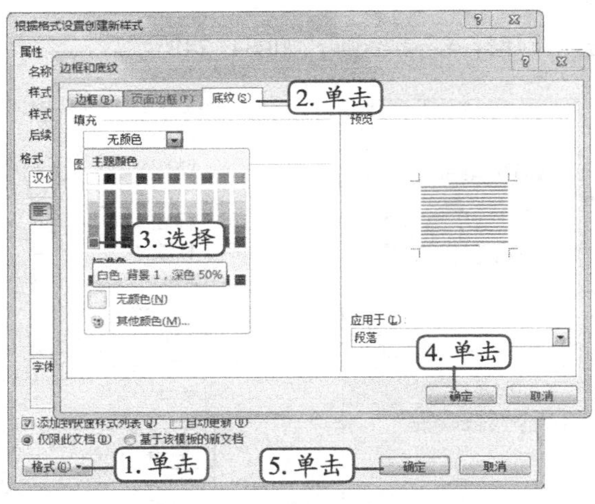

图4-27　设置边框和底纹

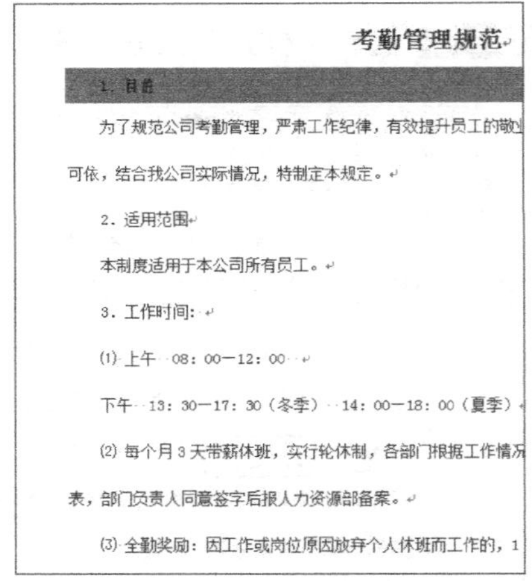

图4-28　查看效果

（三）修改样式

创建新样式时，如果用户对创建后的样式有不满意的地方，可通过“修改”样式功能对其进行修改。下面将对“考勤管理规范.docx”文档中创建的样式进行修改，其具体操作如下。（微课：光盘\微课视频\项目四\修改样式.swf）

STEP 1 在“样式”任务窗格中找到创建的“小项目”样式，单击右侧按钮，在打开的下拉列表中选择“修改”选项，如图4-29所示。

STEP 2 在打开的对话框的“格式”栏中将字体格式设置为“小三、‘茶色，背景2，深色50%’”，单击 格式(O)▾ 按钮，在打开的下拉列表中选择“边框”选项，如图4-30所示。

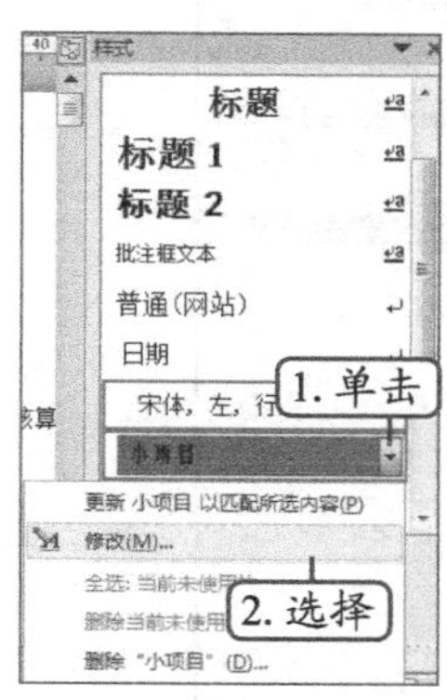

图4-29 打印设置

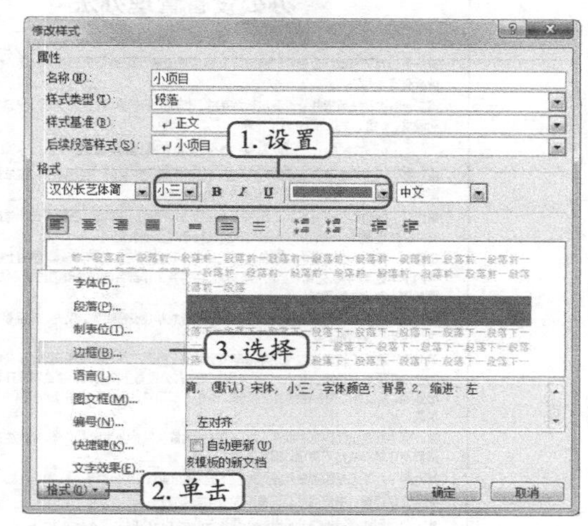

图4-30 修改字体和颜色

STEP 3 打开“边框和底纹”对话框，单击“底纹”选项卡，在“填充”下拉列表中选择“白色，背景1，深色15%”选项，单击 确定 按钮，如图4-31所示，即可修改样式。

STEP 4 利用“格式刷”工具将本文档中其他同级别的文本设置为相同格式，效果如图4-32所示。至此，完成本任务的操作（最终效果参见：光盘\效果文件\项目四\任务二\考勤管理规范.docx）。

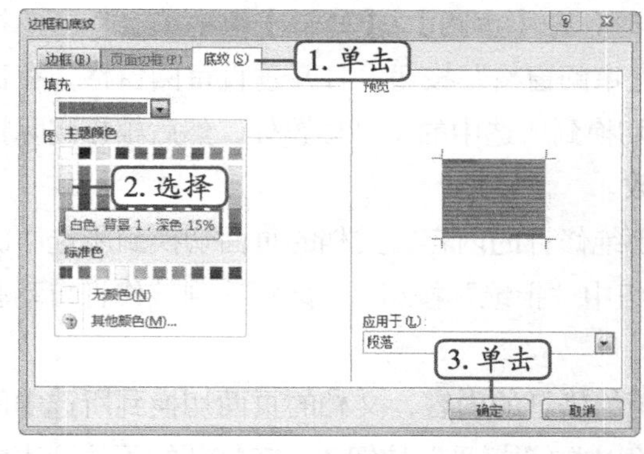

图4-31 修改样式

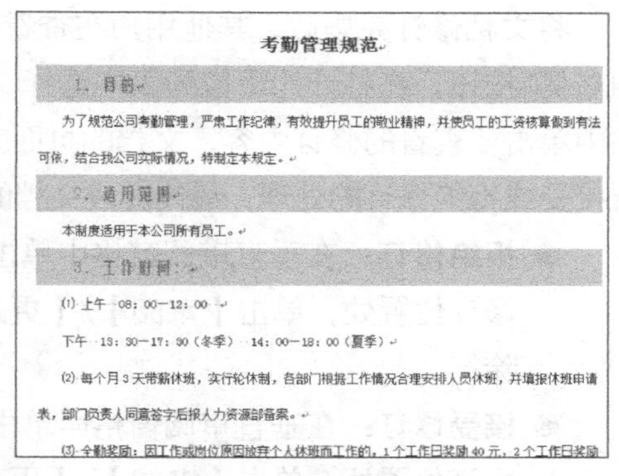

图4-32 查看效果

任务三 审校“办公设备管理办法”文档

办公设备管理办法文档属于公司规章类文档，在内容和格式设置上相对比较正式，下面具体介绍其审校方法。

一、 任务目标

本任务将对办公设备管理办法进行审阅和修订，可先利用拼写和语法检查进行校对，然后再添加批注和修订。本任务制作完成后的最终效果如图4-33所示。

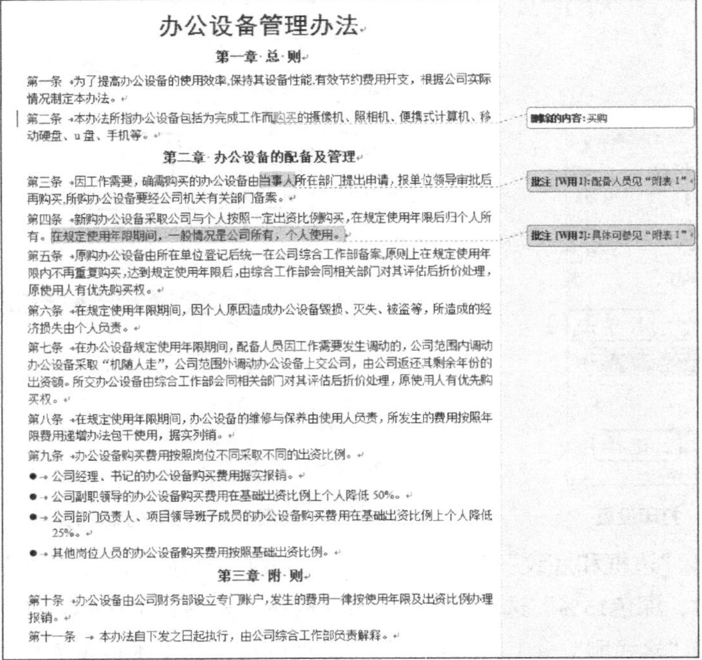

办公设备管理办法

第一章 总 则

第一条 为了提高办公设备的使用效率,保持其设备性能,有效节约费用开支，根据公司实际情况制定本办法。

第二条 本办法所指办公设备包括为完成工作而购买的摄像机、照相机、便携式计算机、移动硬盘、u盘、手机等。

第二章 办公设备的配备及管理

第三条 因工作需要，确需购买的办公设备由当事人所在部门提出申请，报单位领导审批后再购买,所购办公设备要经公司机关有关部门备案。

第四条 新购办公设备采取公司与个人按照一定出资比例购买，在规定使用年限后归个人所有。在规定使用年限期间，一般情况是公司所有，个人使用。

第五条 原购办公设备由所在单位登记后统一在公司综合工作部备案,原则上在规定使用年限内不再重复购买，达到规定使用年限后，由综合工作部会同相关部门对其评估后折价处理，原使用人有优先购买权。

第六条 在规定使用年限期间，因个人原因造成办公设备毁损、灭失、被盗等，所造成的经济损失由个人负责。

第七条 在办公设备规定使用年限期间，配备人员因工作需要发生调动的，公司范围内调动办公设备采取“机随人走”，公司范围外调动办公设备上交公司，由公司返还其剩余年份的出资额。所交办公设备由综合工作部会同相关部门对其评估后折价处理，原使用人有优先购买权。

第八条 在规定使用年限期间，办公设备的维修与保养由使用人负责，所发生的费用按照年限费用递增办法包干使用，据实列销。

第九条 办公设备购买费用按照岗位不同采取不同的出资比例。

- 公司经理、书记的办公设备购买费用据实报销。
- 公司副职领导的办公设备购买费用在基础出资比例上个人降低 50%。
- 公司部门负责人、项目领导班子成员的办公设备购买费用在基础出资比例上个人降低 25%。
- 其他岗位人员的办公设备购买费用按照基础出资比例。

第三章 附 则

第十条 办公设备由公司财务部设立专门账户，发生的费用一律按使用年限及出资比例办理报销。

第十一条 本办法自下发之日起执行，由公司综合工作部负责解释。

图4-33 “办公设备管理办法”文档效果

二、 相关知识

将文档修订完毕后，其他用户在查看修订时，在【审阅】/【修订】组中单击审阅窗格按钮右侧按钮，在打开的下拉列表中选择“垂直审阅窗格”按钮，打开垂直审阅窗格，在窗格中单击要查看的修订内容，文档的页面就会切换到所选中的修订位置处，然后根据实际情况接受或拒绝修订的处理，最终完成文档的修改。

- **拒绝修订**：在垂直审阅窗格中单击要拒绝修订的内容，文档的页面切换到所选中的修订位置处，单击【审阅】/【更改】组中“拒绝”按钮，即可看到该修订自动删除。
- **接受修订**：在垂直审阅窗格中单击要拒绝修订的内容，文档的页面切换到所选中的修订位置处，单击【审阅】/【更改】组中的“接受”按钮，在打开的下拉列表中选择“接受对文档的所有修订”选项即可。

三、任务实施

（一）添加批注

批注用于在阅读时对文中的内容进行评语和注解，下面为“办公设备管理办法.docx”文档添加批注，其具体操作如下。（**微课**：光盘\微课视频\项目四\添加批注.swf）

STEP 1 打开“办公设备管理办法”文档（素材参见：光盘\素材文件\项目五\任务三\办公设备管理办法.docx），选择要添加批注的文本，在【审阅】/【批注】组中单击“新批注”

按钮，选择的文本由一条引线引至文档右侧，如图4-34所示。

STEP 2 批注中“[W用1]”表示由姓名简写为“W”的用户添加的第一条批注，在批注文本框中输入文本内容，效果如图4-35所示。

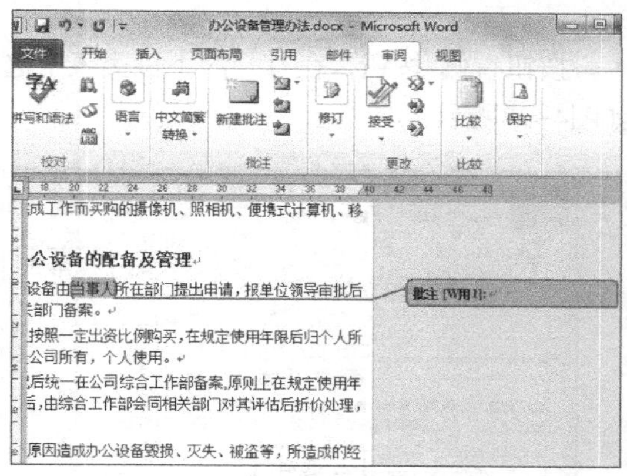

图4-34 插入批注

图4-35 添加批注文本

STEP 3 继续选择文本，单击“新批注”按钮，插入第二条批注，输入批注文本，效果如图4-36所示。

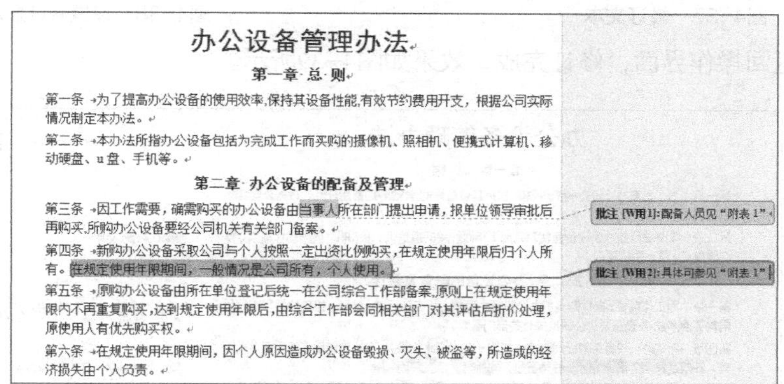

图4-36 查看效果

为文档添加批注后，若要删除，可通过快捷菜单完成。方法是在要删除的批注上单击鼠标右键，在弹出的快捷菜单中选择“删除批注”命令。

（二）添加修订

在文档中对错误的内容添加修订，并将文档发送给制作人员予以确认，可减少文档的出错率。下面对“办公设备管理办法.docx”文档进行修订，其具体操作如下。（微课：光盘\微课视频\项目四\添加修订.swf）

STEP 1 在【审阅】/【修订】组中单击“修订”按钮，进入修订状态，此时对文档的任何操作都将被记录下来。

STEP 2 选择数据错误的文本，按【Delete】键删除文本“买购”，输入正确的文本“购买”，此时在文档中新输入的“购买”将呈红色显示，之前删除的错误文本“买购”将以红色被划掉的形式显示，并且在该文本所在行的左侧出现一条竖线，表示该处进行了修订，如图4-37所示。

STEP 3 在【审阅】/【修订】组中单击显示标记按钮右侧按钮，在打开的下拉类表中选择【批注框】/【在批注框中显示修订】选项，如图4-38所示。

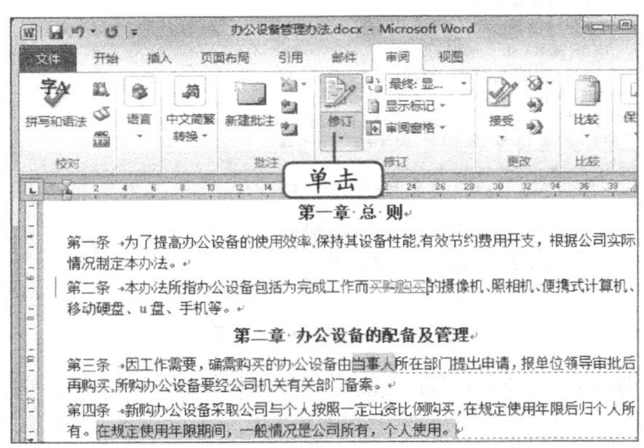

图4-37 修订文本

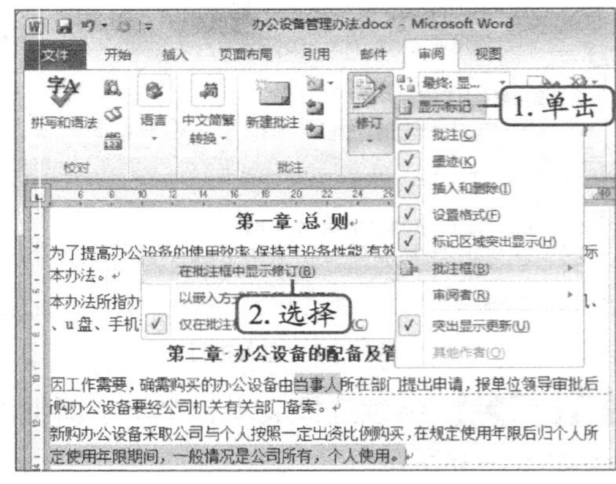

图4-38 设置修订显示方式

STEP 4 返回操作界面，修订完成，效果如图4-39所示。

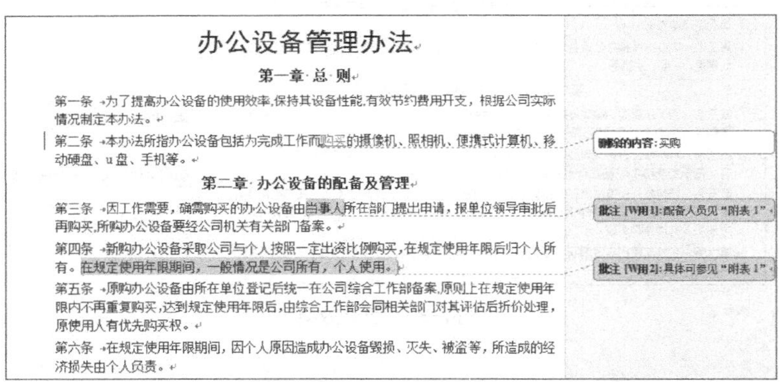

图4-39 查看效果

（三）利用检查拼写和语法校对文档

完成批注和修订后，文档中仍可能存在错别字的情况，可利用Word的拼写检查功能，完成文档校对，下面为“办公设备管理办法.docx”文档进行拼写和语法检查，其具体操作如下。（**微课**：光盘\微课视频\项目四\拼写和语法检查.swf）

STEP 1 在【审阅】/【校对】组中单击“拼写和语法”按钮，打开“拼写和语法：中文（中国）”对话框。

STEP 2 在“输入错误或特殊用法：”列表框中将显示可能出现错误的句子，且错误字词用绿色的字体显示，在“建议”列表框中显示了出现错误的原因，如图4-40所示。

STEP 3 检查句子是否有错误，这里直接将“唯”改为“维”，单击“下一句”按钮，进入下一个可能出现错误的句子的检查，如图4-41所示。

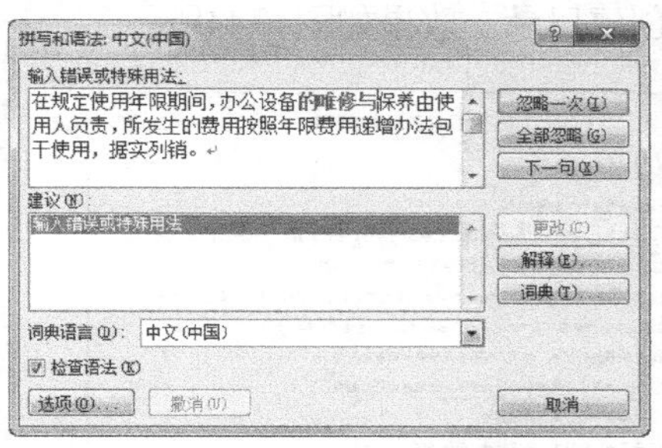

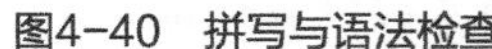

图4-40 拼写与语法检查

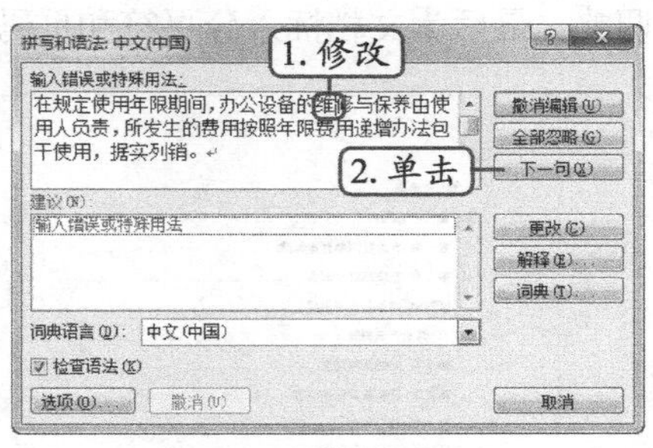

图4-41 更改错误文本

STEP 4 若检查出绿色的词为错误词，这里将“刚”改为“岗”，单击“下一句”按钮，如图4-42所示。

STEP 5 完成文档所有内容的拼写和语法检查后，打开提示对话框，提示完成拼写与语法检查，单击“确定”按钮，如图4-43所示。至此，完成本任务的操作（最终效果参见：效果文件\项目四\任务三\办公设备管理办法.docx）。

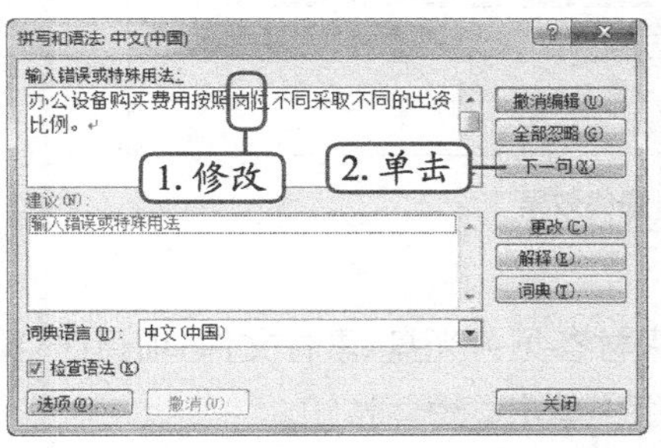

图4-42 更改错误文本

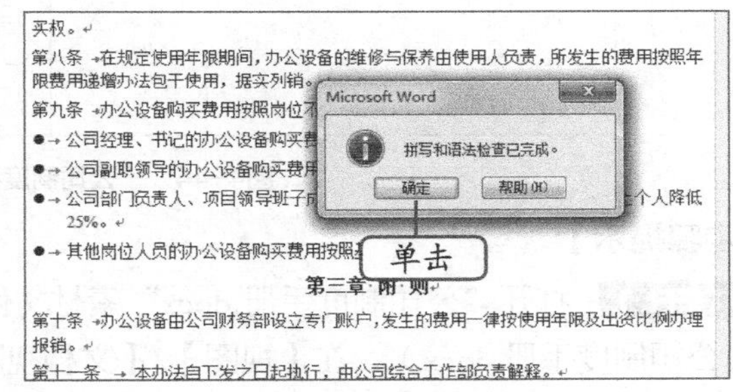

图4-43 完成拼写检查

操作提示

在“拼写和语法检查”对话框中选中需要修改的文本，然后单击“更改”按钮即可将其更改为系统推荐的结果。当对话框中以绿色显示的文本表示语法上有错误或特殊用法，如果确认该文本属于特殊用法，可单击“忽略一次”按钮忽略一次或单击“全部忽略”按钮忽略全部。

实训一 编辑“公司制度手册”文档

【实训要求】

公司制度手册是公司规章类文档，属于长文档的范畴，处理这类文档应特别注重其排版工作。某公司现请你对该公司制度手册进行编辑，主要通过为文档插入分隔符和页码，并为其创建目录等操作实现。

【实训思路】

本实训制作时先打开提供的“公司制度手册”文档，然后切换到大纲视图对文档进行修改、调整，最后为文档插入分页符和页码，并为其创建目录。效果如图4-44所示。

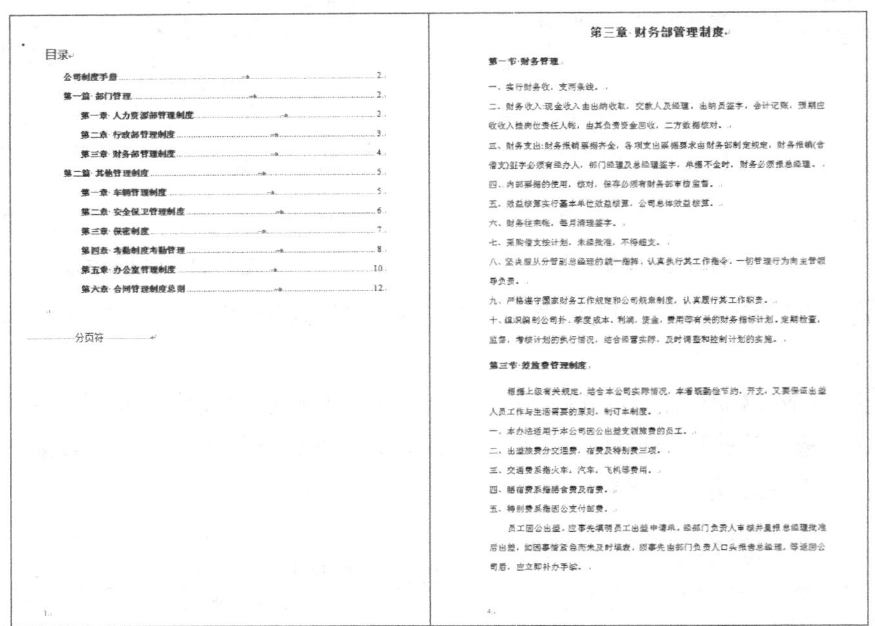

目录

公司制度手册 2

第一篇 部门管理 2

第一章 人力资源部管理制度 2

第二章 行政部管理制度 3

第三章 财务部管理制度 4

第二篇 其他管理制度 5

第一章 车辆管理制度 5

第二章 安全保卫管理制度 6

第三章 保密制度 7

第四章 考勤制度考勤管理 8

第五章 办公室管理制度 10

第六章 合同管理制度总则 12

分页符

1

第三章 财务部管理制度

第一节 财务管理

一、实行财务收，支两条线。

二、财务收入:现金收入由出纳收取，交款人及经理，出纳员签字，会计记账，预期应收收入挂岗位责任人帐，由其负责资金回收，二方数据核对。

三、财务支出:财务报销票据齐全，各项支出票据要求由财务部制定规定，财务报销(含借支)签字必须有经办人，部门经理及总经理签字，单据不全时，财务必须报总经理。

四、内部票据的使用，核对，保存必须有财务部审核监督。

五、效益核算实行基本单位效益核算，公司总体效益核算。

六、财务往来帐，每月清理签字。

七、采购借支按计划，未经批准，不得超支。

八、坚决服从分管副总经理的统一指挥，认真执行其工作指令，一切管理行为向主管领导负责。

九、严格遵守国家财务工作规定和公司规章制度，认真履行其工作职责。

十、组织编制公司年，季度成本，利润，资金，费用等有关的财务指标计划，定期检查，监督，考核计划的执行情况，结合经营实际，及时调整和控制计划的实施。

第三节 差旅费管理制度

根据上级有关规定，结合本公司实际情况，本着既勤俭节约，开支，又要保证出差人员工作与生活需要的原则，制订本制度。

一、本办法适用于本公司因公出差支领旅费的员工。

二、出差旅费分交通费，宿费及特别费三项。

三、交通费系指火车，汽车，飞机等费用。

四、膳宿费系指膳食费及宿费。

五、特别费系指因公支付邮费。

员工因公出差，应事先填明员工出差申请单，经部门负责人审核并呈报总经理批准后出差，如因事情紧急而来不及时填表，须事先由部门负责人口头报告总经理，等返回公司后，应立即补办手续。

4

图4-44 “公司制度手册”最终效果

【步骤提示】

STEP 1 打开“公司制度手册.docx”素材文件（素材参见：光盘\素材文件\项目四\实训一\公司制度手册.docx），在【视图】/【文档视图】组中单击大纲视图按钮。

STEP 2 视图模式切换到大纲视图，“显示级别”设置为“4级”。

STEP 3 查看是否有错误的文字内容并进行修改，将第三章的“第三节”修改为“第二节”。

STEP 4 设置完成后，单击“关闭大纲视图”按钮，返回页面视图模式，将光标插入点定位到“第二章 行政部管理制度”段落文本之前。

STEP 5 在【页面布局】/【页面设置】组中单击“分隔符”按钮，在打开的下拉列表中的“分页符”栏中选择“分页符”选项，利用相同的方法为其他章插入分页符。

STEP 6 在第1页页面底端双击，会出现“页眉和页脚工具”选项卡，在【页眉和页脚工具-设计】/【页眉和页脚】组中单击页码按钮，在打开的下拉列表中选择【当前位置】/【普通数字】选项。

STEP 7 在第一页标题文本“公司制度手册”前定位光标插入点，插入分页符，建立新的空白页，在新页面中按【Enter】键换行。

STEP 8 在【引用】/【目录】组中单击按钮，在打开的下拉类表中选择“自动目录1”选项，即可插入目录（最终效果参见：光盘\效果文件\项目四\实训一\公司制度手册.docx）。

实训二 设置“培训须知”文档样式

【实训要求】

打开提供的“培训须知.docx”素材文档（素材参见：光盘\素材文件\项目四\实训二\培训须知.docx），为其设置样式、排版文档。其前后效果对比如图4-45所示。

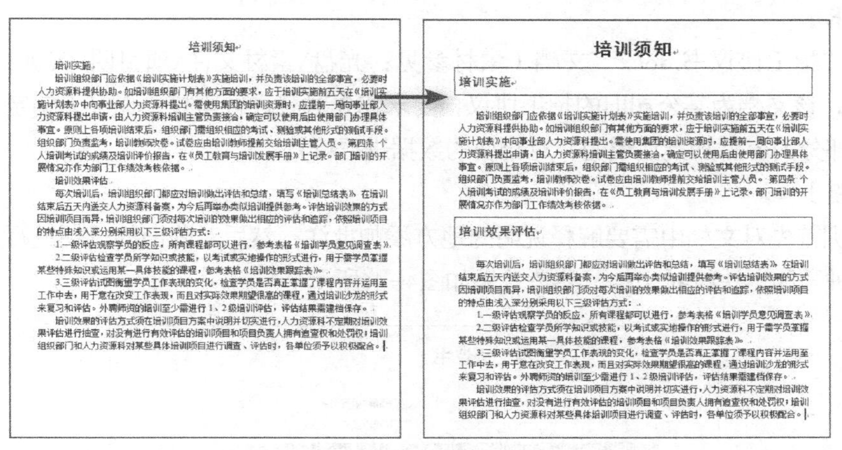

培训须知

培训实施

培训组织部门应依据《培训实施计划表》实施培训，并负责该培训的全部事宜，必要时人力资源科提供协助。如培训组织部门有其他方面的要求，应于培训实施前五天在《培训实施计划表》中向事业部人力资源科提出。需使用集团的培训资源时，应提前一周向事业部人力资源科提出申请，由人力资源科培训主管负责接洽，确定可以使用后由使用部门办理具体事宜。原则上各项培训结束后，组织部门需组织相应的考试、测验或其他形式的测试手段。组织部门负责监考，培训教师改卷。试卷应由培训教师提前交给培训主管人员。 第四条 个人培训考试的成绩及培训评价报告，在《员工教育与培训发展手册》上记录。部门培训的开展情况亦作为部门工作绩效考核依据。

培训效果评估

每次培训后，培训组织部门都应对培训做出评估和总结，填写《培训总结表》 在培训结束后五天内送交人力资源科备案，为今后再举办类似培训提供参考。评估培训效果的方式因培训项目而异，培训组织部门须对每次培训的效果做出相应的评估和追踪，依照培训项目的特点由浅入深分别采用以下三级评估方式：

1.一级评估观察学员的反应，所有课程都可以进行，参考表格《培训学员意见调查表》。

2.二级评估检查学员所学知识或技能，以考试或实地操作的形式进行，用于需学员掌握某些特殊知识或运用某一具体技能的课程，参考表格《培训效果跟踪表》。

3.三级评估试图衡量学员工作表现的变化，检查学员是否真正掌握了课程内容并运用至工作中去，用于意在改变工作表现，而且对实际效果期望很高的课程，通过培训沙龙的形式来复习和评估。外聘师资的培训至少需进行 1、2 级培训评估，评估结果需建档保存。

培训效果的评估方式须在培训项目方案中说明并切实进行，人力资源科不定期对培训效果评估进行抽查，对没有进行有效评估的培训项目和项目负责人拥有追查权和处罚权；培训组织部门和人力资源科对某些具体培训项目进行调查、评估时，各单位须予以积极配合。

培训须知

培训实施

培训组织部门应依据《培训实施计划表》实施培训，并负责该培训的全部事宜，必要时人力资源科提供协助。如培训组织部门有其他方面的要求，应于培训实施前五天在《培训实施计划表》中向事业部人力资源科提出。需使用集团的培训资源时，应提前一周向事业部人力资源科提出申请，由人力资源科培训主管负责接洽，确定可以使用后由使用部门办理具体事宜。原则上各项培训结束后，组织部门需组织相应的考试、测验或其他形式的测试手段。组织部门负责监考，培训教师改卷。试卷应由培训教师提前交给培训主管人员。 第四条 个人培训考试的成绩及培训评价报告，在《员工教育与培训发展手册》上记录。部门培训的开展情况亦作为部门工作绩效考核依据。

培训效果评估

每次培训后，培训组织部门都应对培训做出评估和总结，填写《培训总结表》 在培训结束后五天内送交人力资源科备案，为今后再举办类似培训提供参考。评估培训效果的方式因培训项目而异，培训组织部门须对每次培训的效果做出相应的评估和追踪，依照培训项目的特点由浅入深分别采用以下三级评估方式：

1.一级评估观察学员的反应，所有课程都可以进行，参考表格《培训学员意见调查表》。

2.二级评估检查学员所学知识或技能，以考试或实地操作的形式进行，用于需学员掌握某些特殊知识或运用某一具体技能的课程，参考表格《培训效果跟踪表》。

3.三级评估试图衡量学员工作表现的变化，检查学员是否真正掌握了课程内容并运用至工作中去，用于意在改变工作表现，而且对实际效果期望很高的课程，通过培训沙龙的形式来复习和评估。外聘师资的培训至少需进行 1、2 级培训评估，评估结果需建档保存。

培训效果的评估方式须在培训项目方案中说明并切实进行，人力资源科不定期对培训效果评估进行抽查，对没有进行有效评估的培训项目和项目负责人拥有追查权和处罚权；培训组织部门和人力资源科对某些具体培训项目进行调查、评估时，各单位须予以积极配合。

图4-45 “培训须知”排版前后对比效果

【实训思路】

要完成本实训首先需套用内置样式，然后创建新样式，最后修改样式并为文档应用样式格式。创建样式时可先为标题设置格式。

【步骤提示】

STEP 1 打开“培训须知.docx”文档，将插入点定位在标题“考勤管理规范”文本右侧，在【开始】/【样式】组中选择“标题”选项，套用内置样式。

STEP 2 在【开始】/【样式】组中单击“对话框启动器”按钮，打开“样式”任务窗格。

STEP 3 在“样式”栏中找到“标题”选项，将鼠标指针置于其右侧出现按钮，单击该按钮在打开的下拉列表中选择“修改”选项。

STEP 4 打开“修改格式”对话框，在“格式”栏中将字体格式设置为“黑体、二号”，单击 确定 按钮即可。

STEP 5 将光标定位在第一段“培训实施”文本右侧，在“样式”任务窗格中，单击“新建样式”按钮。

STEP 6 在打开的对话框的“名称”文本框中输入“小栏目”，在格式栏中将格式设置为“黑体、小三”，单击 格式(O) 按钮，在打开的下拉列表中选择“边框”选项。

STEP 7 打开“边框”对话框，在“设置”栏中选择“三维”选项，单击 确定 按钮，返回到“根据格式设置创建新样式”对话框，再次单击 格式(O) 按钮，在打开的下拉列表中选择“段落”选项。

STEP 8 打开“段落”对话框，在“间距”栏中分别在“段前”和“段后”数值框中输入“0.5行”和“1行”，依次单击[确定]按钮。

STEP 9 利用格式刷将“培训实施”文本格式复制到“培训效果评估”文本上。完成本实训操作（最终效果参见：光盘\效果文件\项目四\实训二\培训须知.docx）。

实训三 审校“招工协议书”文档

【实训要求】

打开“招工协议书.docx”文档（素材参见：光盘\素材文件\项目四\实训三\招工协议书.docx），该文档为某公司旧的招工协议，要求你先对其进行审校，保证无错字错词情况出现，且对部分内容添加批注说明，对错误的数据进行修订。

【实训思路】

本实训首先对文档中需要解释说明的地方添加批注，然后对陈旧的日期进行修订，最后利用检查拼写和语法校对文档，参考效果如图4-46所示。

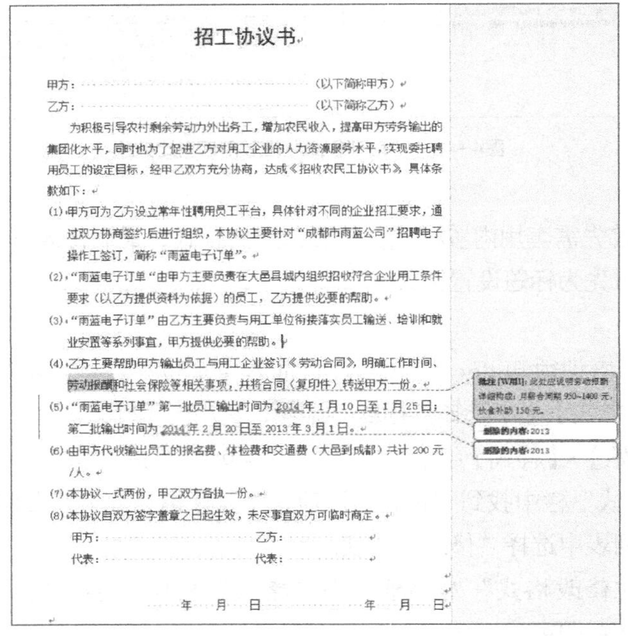

招工协议书

甲方：……………………（以下简称甲方）

乙方：……………………（以下简称乙方）

为积极引导农村剩余劳动力外出务工，增加农民收入，提高甲方劳务输出的集团化水平，同时也为了促进乙方对用工企业的人力资源服务水平，实现委托聘用员工的设定目标，经甲乙双方充分协商，达成《招收农民工协议书》，具体条款如下：

(1) 甲方可为乙方设立常年性聘用员工平台，具体针对不同的企业招工要求，通过双方协商签约后进行组织，本协议主要针对“成都市雨蓝公司”招聘电子操作工签订，简称“雨蓝电子订单”。

(2) “雨蓝电子订单“由甲方主要负责在大邑县城内组织招收符合企业用工条件要求（以乙方提供资料为依据）的员工，乙方提供必要的帮助。

(3) “雨蓝电子订单”由乙方主要负责与用工单位衔接落实员工输送、培训和就业安置等系列事宜，甲方提供必要的帮助。

(4) 乙方主要帮助甲方输出员工与用工企业签订《劳动合同》，明确工作时间、劳动报酬和社会保险等相关事项，并将合同（复印件）转送甲方一份。

(5) “雨蓝电子订单”第一批员工输出时间为2014年1月10日至1月25日；第二批输出时间为2014年2月20日至2013年3月1日。

(6) 由甲方代收输出员工的报名费、体检费和交通费（大邑到成都）共计200元/人。

(7) 本协议一式两份，甲乙双方各执一份。

(8) 本协议自双方签字盖章之日起生效，未尽事宜双方可临时商定。

甲方：…………　乙方：…………

代表：…………　代表：…………

年　月　日　　年　月　日

批注 [WJH1]：此处应说明劳动报酬详细构成：月薪合同期950~1400元，伙食补助150元。

删除的内容：2013

删除的内容：2013

图4-46　“招工协议书”文档效果

【步骤提示】

STEP 1 打开“办公设备管理办法”文档，选择正文第13行中的“劳动报酬”文本，在【审阅】/【批注】组中单击“新批注”按钮，选择的文本由一条引线引至文档右侧。

STEP 2 在批注文本框中输入“此处应说明劳动报酬详细构成：月薪合同期950~1400元，伙食补助150元。”。

STEP 3 在【审阅】/【修订】组中单击“修订”按钮。

STEP 4 选择的第14行中“2003”文本，按【Delete】键删除，输入正确的文本“2014”，继续选择的第15行中“2003”文本，按【Delete】键删除。

STEP 5 在【审阅】/【校对】组中单击“拼写和语法”按钮，打开“拼写和语法：中文（中国）”对话框。

STEP 6 将“盛余”改为“剩余”，完成文档所有内容的拼写和语法检查后，打开提示对话框，提示完成拼写与语法检查，单击确定按钮（最终效果参见：效果文件\项目四\实训三\招工协议书.docx）。

常见疑难解析

问：Word中的修订与批注作用相似，在具体应用中有哪些区别呢？

答：批注是在批注框中对选择的文本进行解释或错误提示。修订是对文档进行修改时每个操作的记录，在保留原始文本的情况下，记录对文本的修订，比如删除文本、添加文本、修改字符格式等操作。

问：在Word中输入文本时，可能出现带红色或绿色下划线的文本，它们分别表示什么意思？

答：红色下划线表示可能有拼写错误，绿色下划线表示可能有语法错误。

问：在创建目录后，如果用户对正文内容进行了更改，在目录中是否能够立即体现出来？如果不能，该如何更改？

答：打开目标文档，在【引用】/【目录】组中单击更新目录按钮，打开“更新目录”对话框，选中“更新整个目录”单选项，单击确定按钮即可。

拓展知识

1. 清除样式

设置了样式后的文档，用户可以根据需要将样式清除，主要有以下两种方法。

- 打开Word 2010文档，选中需要清除样式或格式的文本或段落。单击【开始】/【样式】分组中的“显示样式窗口”按钮，打开“样式”任务窗格，在样式列表框中选择“全部清除”选项，即可清除所有样式和格式。
- 打开Word 2010文档，选中需要清除样式或格式的文本或段落。在【开始】/【样式】分组中单击“其他”按钮，并在打开的下拉列表中选择“清除格式”选项。

2. 删除样式

对于Word文档中的样式，用户可以根据需将样式删除。打开Word2010文档窗口，选中需要清除样式或格式的文本或段落，单击【开始】/【样式】分组中的“显示样式窗口”按钮，打开“样式”窗格，在“样式”栏中找到对应选项，将鼠标指针置于其右侧出现按钮，单击该按钮，在打开的下拉类表中选择“删除”选项。

课后练习

（1）打开素材文档（素材参见：光盘\素材文件\项目四\课后练习\公司聘用制度.docx），为其添加批注和修订，然后利用检查拼写和语法校对文档。完成后的效果如图4-47所示（最终效果参见：光盘\效果文件\项目四\课后练习\公司聘用制度.docx）。

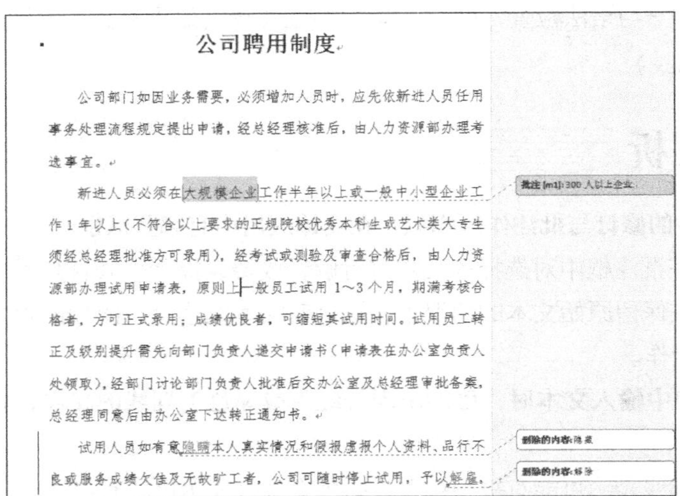

公司聘用制度

公司部门如因业务需要，必须增加人员时，应先依新进人员任用事务处理流程规定提出申请，经总经理核准后，由人力资源部办理考选事宜。

新进人员必须在大规模企业工作半年以上或一般中小型企业工作1年以上（不符合以上要求的正规院校优秀本科生或艺术类大专生须经总经理批准方可录用），经考试或测验及审查合格后，由人力资源部办理试用申请表，原则上一般员工试用1～3个月，期满考核合格者，方可正式录用；成绩优良者，可缩短其试用时间。试用员工转正及级别提升需先向部门负责人递交申请书（申请表在办公室负责人处领取），经部门讨论部门负责人批准后交办公室及总经理审批备案，总经理同意后由办公室下达转正通知书。

试用人员如有意隐瞒本人真实情况和假报虚报个人资料、品行不良或服务成绩欠佳及无故旷工者，公司可随时停止试用，予以解雇。

图4-47 “公司聘用制度”文档效果

（2）打开素材文档（素材参见：光盘\素材文件\项目四\课后练习\企业文化管理制度.docx），为其插入分隔符和页码，并创建目录。完成后的效果如图4-48所示（最终效果参见：光盘\效果文件\项目四\课后练习\企业文化管理制度.docx）。

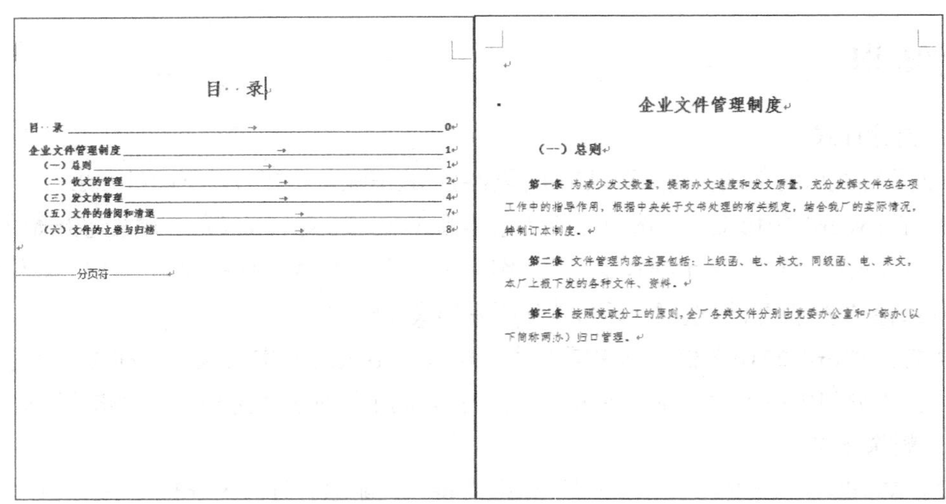

目 录

目 录	0
企业文件管理制度	1
（一）总则	1
（二）收文的管理	2
（三）发文的管理	4
（五）文件的借阅和清退	7
（六）文件的立卷与归档	8

分页符

企业文件管理制度

（一）总则

第一条 为减少发文数量，提高办文速度和发文质量，充分发挥文件在各项工作中的指导作用，根据中央关于文书处理的有关规定，结合我厂的实际情况，特制订本制度。

第二条 文件管理内容主要包括：上级函、电、来文，同级函、电、来文，本厂上报下发的各种文件、资料。

第三条 按照党政分工的原则，全厂各类文件分别由党委办公室和厂部办（以下简称两办）归口管理。

图4-48 “企业文化管理制度”文档效果

PART 5

项目五 使用Word邮件合并

情景导入

阿秀：小白，按照这份名单上的人员制作相关邀请函，并邮寄出去。

小白：名单上这么多人，是要做一份感谢信，然后打印多份再写上客户的名称吗?

阿秀：其实还有一个更简便的方法，你可以使用邮箱合并功能批量制作，这样就不必挨个手写名称，还不容易出错。

小白：我要先去学习一下这个功能，然后尽力完成任务。

阿秀：好的！

学习目标

- 掌握邀请函的制作方法
- 掌握邮件合并的操作步骤
- 掌握数据源的创建
- 掌握数据源的选择及导入

技能目标

- 能够将外部数据导入到文档中
- 能够批量制作文档

任务一 批量制作“邀请函”

邀请函、感谢信、请柬等文档的姓名、邮政编码、电话号码等虽然各不相同，但形式及内容一致，此类文档经常需要制作并打印多份。使用Word 2010中的邮件合并功能，能批量完成制作，下面具体介绍其制作方法。

一、 任务目标

本任务将练习批量创建并打印邀请函，主要通过Word的邮件合并功能来完成。先创建好邀请函文档，然后在邮件合并过程中创建数据源，最后将数据源中的项目导入即可。通过本任务的学习，可掌握邮件合并和创建数据源的操作方法。本任务制作完成后的最终效果如图5-1所示。

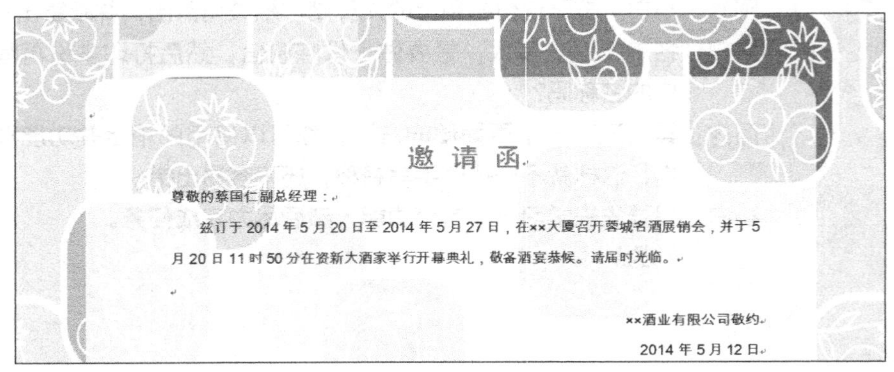

图5-1 “邀请函”文档效果

二、相关知识

在Office中，先建立两个文档，一个包含所有共有内容的Word主文档（如未填写的信封）和一个包含变化信息的Excel表格数据源（如填写的收件人、发件人、邮政编码等），然后使用邮件合并功能在主文档中插入变化的信息，合成后的文件可保存为Word文档、打印或以邮件形式发出去 。邮箱合并的应用领域主要有以下几方面。

- **批量打印信封：**按统一的格式，将电子表格中的邮编、收件人地址和收件人打印出来。
- **批量打印信件、邀请函：**称呼可通过调用Excel表格中的收件人来完成，信件或邀请函的内容固定不变。
- **批量打印工资条：**从电子表格调用数据，将每位员工的工资组成和明细分别打印出来。
- **批量打印个人简历：**从电子表格中调用不同字段数据，每人一页，对应不同信息。

三、任务实施

（一）撰写“邀请函”

为方便后面进行邮件合并，编写邀请函时在具体的一些数据输入时，只需输入不变的文本，然后设置文本格式。下面将撰写“邀请函.docx”文档，其具体操作如下。

STEP 1 在Word 2010中创建一个名为“邀请函”的文档，在【页面布局】/【页面设置】组中单击“对话框启动器”按钮。

STEP 2 打开“页面设置”对话框，在“纸张方向”栏中选择“横向”选项，单击确定按钮，如图5-2所示。

STEP 3 在【页面布局】/【页面背景】中单击页面颜色按钮，在打开的下拉列表中选择“填充效果”选项，如图5-3所示，打开“填充效果”对话框。

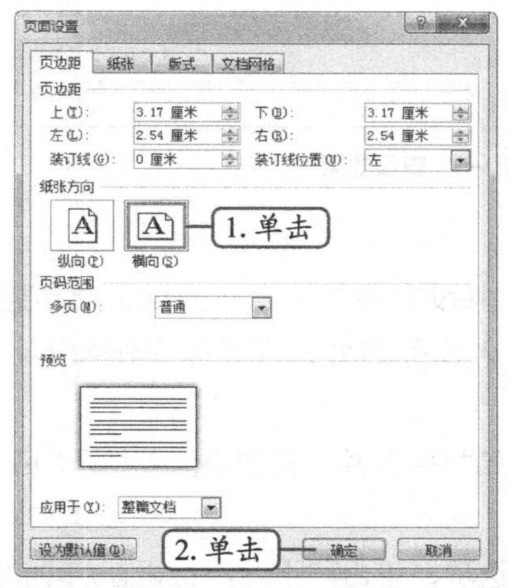

图5-2 设置纸张方向

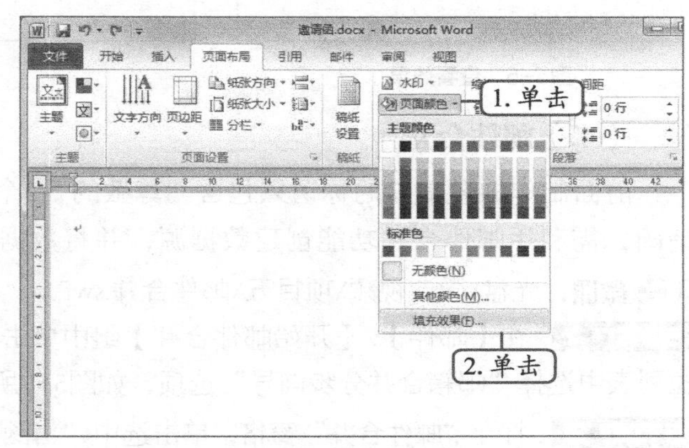

图5-3 选择“填充效果”

STEP 4 单击“图片”选项卡，单击选择图片(L)...按钮，打开“选择图片”对话框，找到目标位置，选择“背景.jpg”图片（素材参见：光盘\素材文件\项目五\任务一\背景.jpg），单击插入(S)按钮，返回“填充效果”对话框，单击确定按钮，如图5-4所示，插入背景图片。

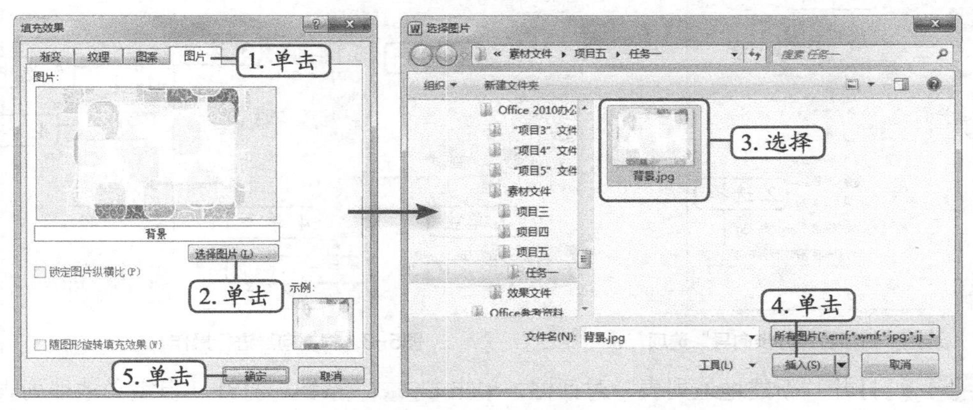

图5-4 插入背景图片

STEP 5 插入文本框，文本框设置为“无线条、无填充”，输入邀请函内容。选择标题文本，设置格式为“黑体、一号、居中、‘橙色，强调文字颜色6，25%’”，选择除标题外的所有文本内容，设置字体为“方正姚体简体、四号、黑色”，效果如图5-5所示。

STEP 6 选择正文文本，在【开始】/【段落】组中单击“对话框启动器”按钮，打开

"段落"对话框，设置"特殊格式"为"首行缩进，2字符"，选择落款文本，单击"右对齐"按钮，使文本右对齐，效果如图5-6所示。

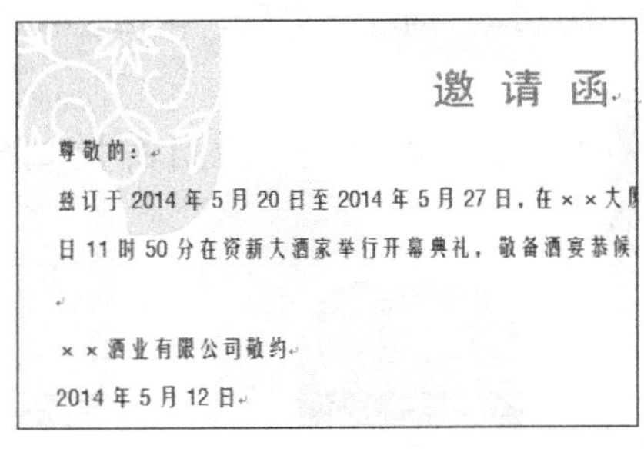
邀 请 函

尊敬的：

兹订于 2014 年 5 月 20 日至 2014 年 5 月 27 日，在××大

日 11 时 50 分在资新大酒家举行开幕典礼，敬备酒宴恭候

××酒业有限公司敬约

2014 年 5 月 12 日

图5-5 查看效果

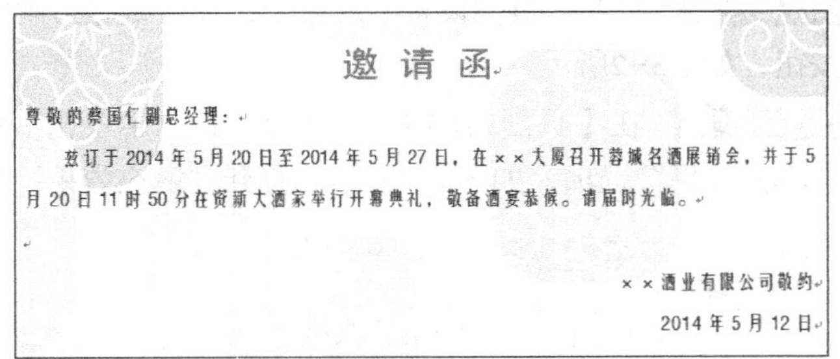
邀 请 函

尊敬的蔡国仁副总经理：

兹订于 2014 年 5 月 20 日至 2014 年 5 月 27 日，在××大厦召开蓉城名酒展销会，并于 5 月 20 日 11 时 50 分在资新大酒家举行开幕典礼，敬备酒宴恭候。请届时光临。

××酒业有限公司敬约

2014 年 5 月 12 日

图5-6 查看效果

（二）邮件合并

前面制作的邀请函的称谓只包含"尊敬的"3个字，并没有添加姓名，为批量创建邀请函，需利用邮件合并功能创建数据源，并将数据源导入到称谓处，其具体操作如下。（微课：光盘\微课视频\项目五\邮件合并.swf）

STEP 1 在【邮件】/【开始邮件合并】组中单击"开始邮件合并"按钮，在打开的下拉列表中选择"邮箱合并分步向导"选项，如图5-7所示。

STEP 2 打开"邮件合并"窗格，单击选中"信函"单选项，单击"下一步：正在启动文档"超链接，在打开的任务窗格中单击选中"使用当前文档"单选项，单击"下一步：选取收件人"超链接。在"选择收件人"栏中单击选中"键入新列表"单选项，在"键入新列表"栏中单击"创建"超链接，如图5-8所示。

图5-7 选择"邮箱合并分步向导"选项

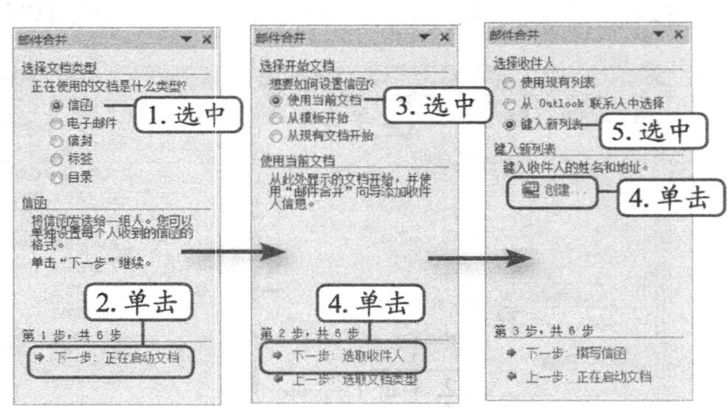

图5-8 根据向导进行操作

STEP 3 打开"新建地址列表"对话框，单击自定义列(Z)...按钮，打开"自定义地址列表"对话框，在列表框中选择"姓氏"选项，单击删除(D)按钮，打开提示对话框，提示是否删除该域及其他信息，单击是(Y)按钮，如图5-9所示。

STEP 4 继续删除列表框中的其他域名，只保留"职务""名字""地址行1"和"邮政编码"4个选项，选择"名字"项，单击上移(U)按钮，单击确定按钮确认。

STEP 5 返回"新建地址列表"对话框，在"输入地址信息"栏的文本框中输入详细信息，单击新建条目(N)按钮，如图5-10所示。

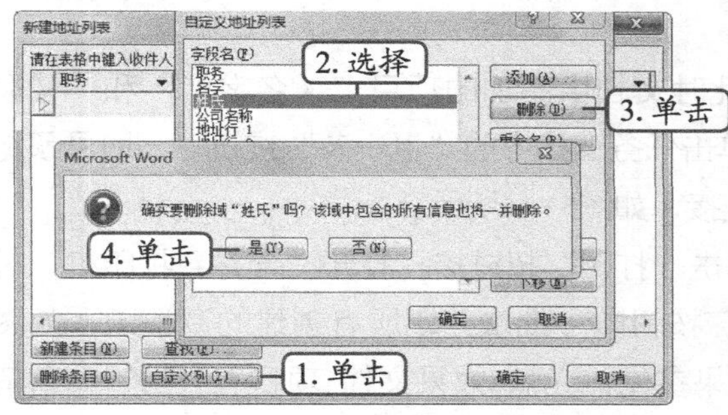

图5-9 删除域名

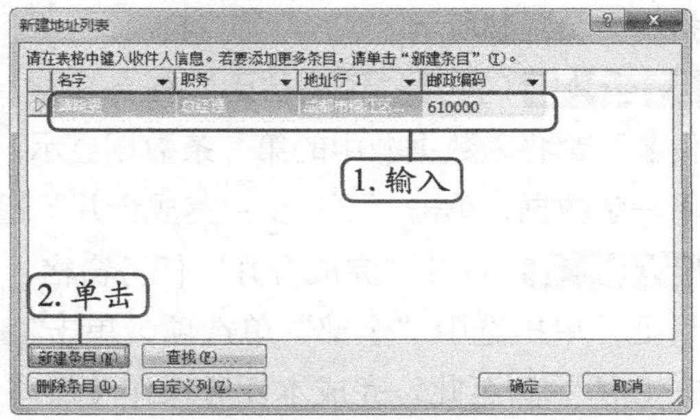

图5-10 输入信息

STEP 6 继续输入来宾信息，完成后单击确定按钮，如图5-11所示。打开“保存通讯录”对话框，设置文件的保存位置和文件名，单击保存(S)按钮保存数据文件，如图5-12所示。

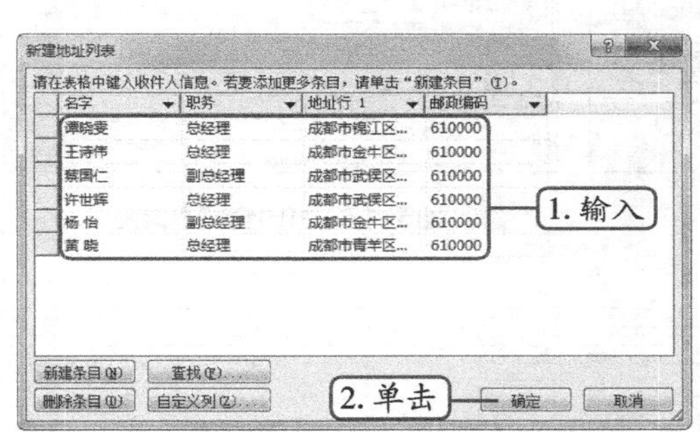

图5-11 完成数据源创建

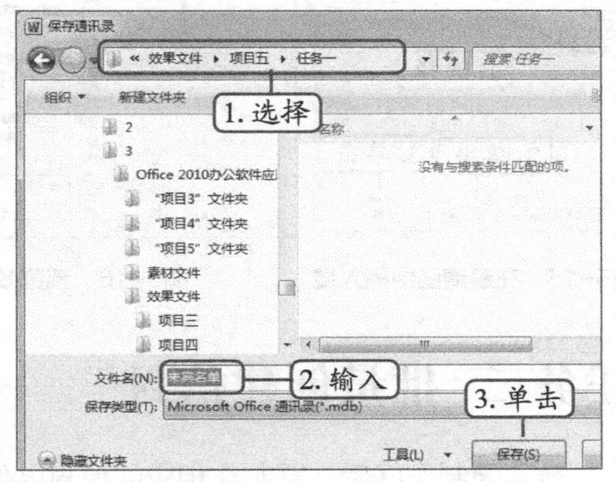

图5-12 保存数据源

STEP 7 打开“邮件合并收件人”对话框，单击确定按钮，返回“邮件合并”任务窗格，单击“下一步：撰写信函”超链接，如图5-13所示。

STEP 8 打开“撰写信函”任务窗格，将光标插入点定位到“尊敬的”文本后，单击“其他项目”超链接，如图5-14所示。

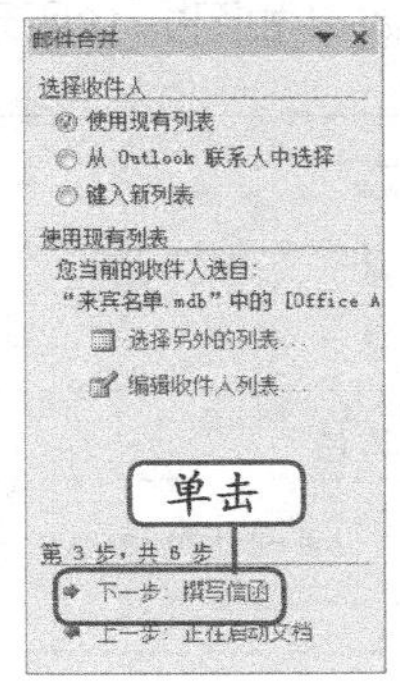

图5-13 撰写信函

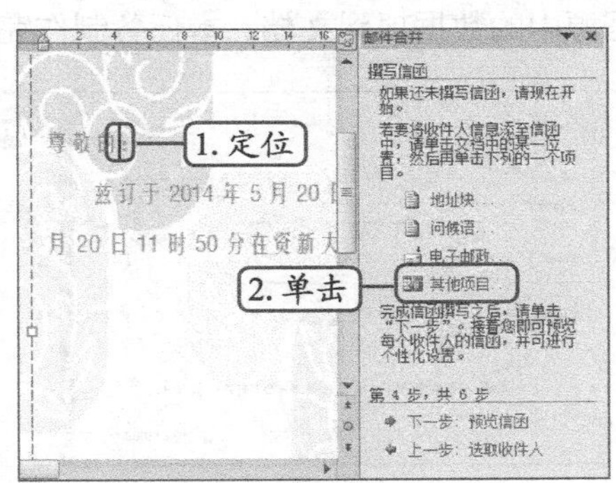

图5-14 定位插入点

STEP 9 打开“插入合并域”对话框，选择“名字”选项，单击插入(I)按钮，再选择“职位”选项，单击按钮，完成后单击关闭按钮返回任务窗格，单击“下一步：预览信函”超链接，如图5-15所示。

STEP 10 打开“预览信函”任务窗格，此时文档中添加的项目“《名字》”和“《职位》”都将以数据源中的第一条数据显示，单击任务窗格中的“下一条”按钮>>，即可预览下一条数据，单击“下一步：完成合并”超链接，如图5-16所示。

STEP 11 打开“完成合并”任务窗格，单击“打印”超链接，打开“合并到打印机”对话框，单击选中“全部”单选项，单击确定按钮即可批量打印所有创建的邀请函，如图5-17所示。至此，完成本任务操作（最终效果参见：光盘\效果文件\项目五\任务一\邀请函.docx）。

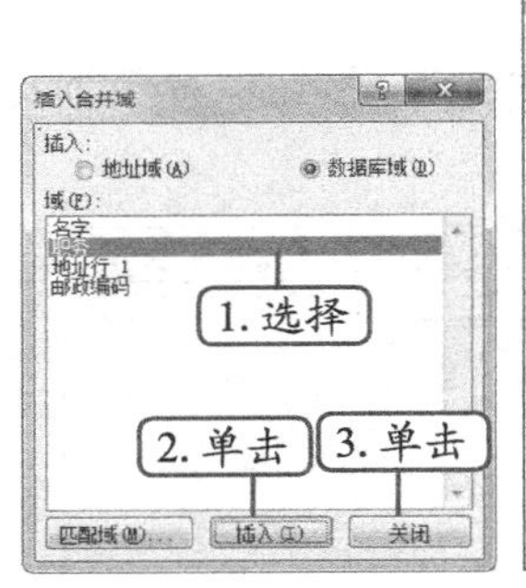

图5-15 在邀请函中插入域

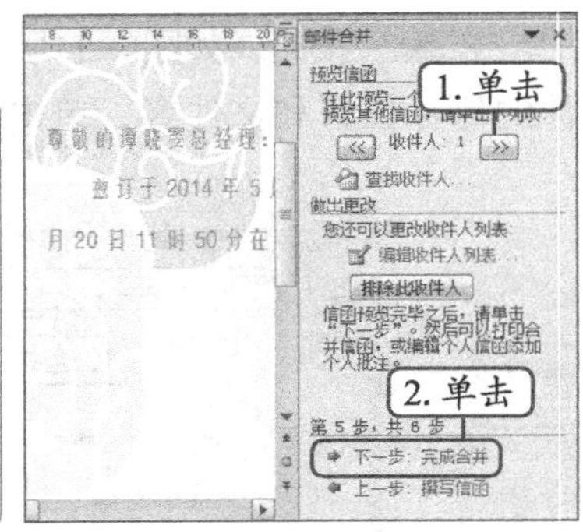

图5-16 预览效果

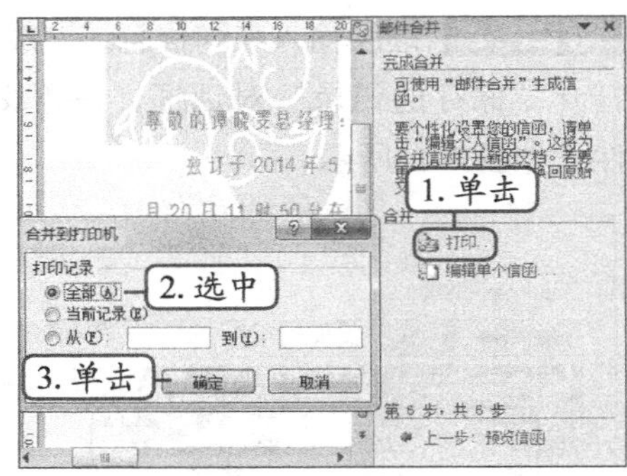

图5-17 打印全部邀请函

任务二 批量创建信封

邀请函制作好后，需制作相应的信封以便邮寄，制作的信封和邀请函内容需匹配，即信封上的收信人和感谢信上称呼处的人物名称需吻合。因此，信封的制作同样需要用到数据源。

一、 任务目标

本任务主要完成信封的批量制作，可先创建一个包含域（即可导入数据源）的中文信封样式，再利用数据源合并生成信封。通过本任务的学习，可掌握创建中文信封、数据源的选择、导入数据源中的数据项到文档。本任务制作完成后的最终效果如图5-18所示。

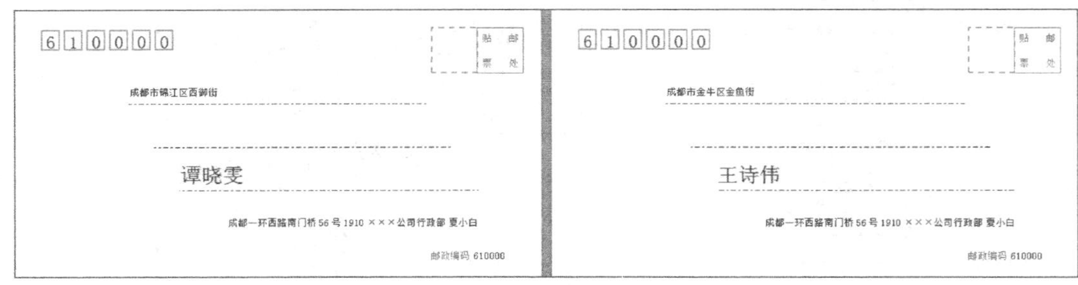

图5-18 中文信封效果

二、 相关知识

信封用于写明信件的邮寄地址等内容，在制作信封时，需要注意其格式主要有以下几个方面。

- **书写位置**：收信人地址和姓名分别写在左上角和中部位置；寄信人姓名和地址应写在右下角。
- **书写地址格式**：用中文书写时，按国名、地名、姓名逐行顺序填写；姓用法文、英文书写时，按姓名、地名、国名逐行顺序填写，地名、国名用大写字母书写；用法文或英文以外的文字书写时，寄达国国名和地名应用中文或法文、英文（字母要大写）加注。寄件人姓名、地址如只用中文书写时，必须用法文、英文或寄达国通晓的文字加注我国国名和地名；寄往韩国、日本的特快邮件封面收件人和寄件人姓名、地址可以用中文书写。

三、任务实施

（一）批量制作信封

在Word 2010中可使用“中文信封向导”批量创建与前面制作的邀请函相匹配的中文信封，其具体操作如下。（**微课**：光盘\微课视频\项目三\批量制作信封.swf）

STEP 1 启动Word 2010，新建一个空白文档，在【邮件】/【创建】分组中单击“中文信封”按钮，打开“信封制作向导”对话框，单击下一步(N)>按钮，如图5-19所示。

STEP 2 在打开对话框的“选择信封样式”下拉列表中，选择“国内信封-ZL（230×120）”选项，单击下一步(N)>按钮，如图5-20所示。

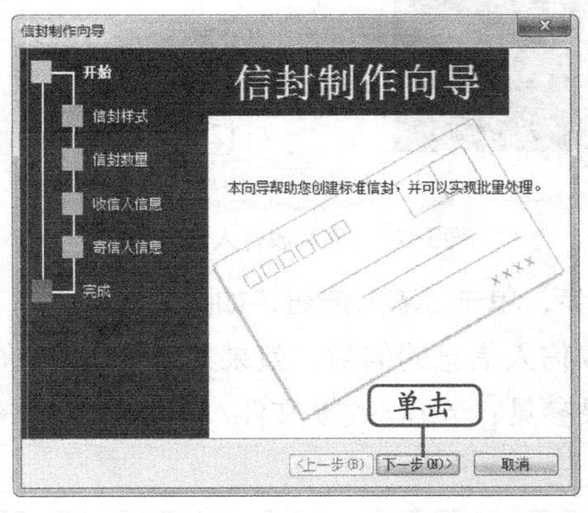

图5-19 单击“下一步”按钮

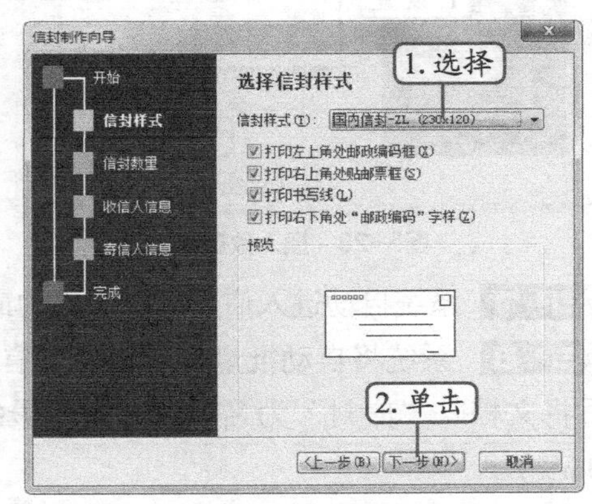

图5-20 设置信封样式

STEP 3 打开“选择生产信封方式和数量”对话框，单击选中“基于地址簿文件，生成批量信封”单选项，单击下一步(N)>按钮，打开“从文件中获取并匹配收信人信息”对话框，单击选择地址簿(E)按钮，如图5-21所示。

STEP 4 打开“打开”对话框，在“文件名”右侧的下拉列表中选择“Excel”选项，找到“客户名单.xlsx”（素材参见：光盘\素材文件\项目五\任务二\客户名单.xlsx）所在位置，单击打开(O)按钮，如图5-22所示。

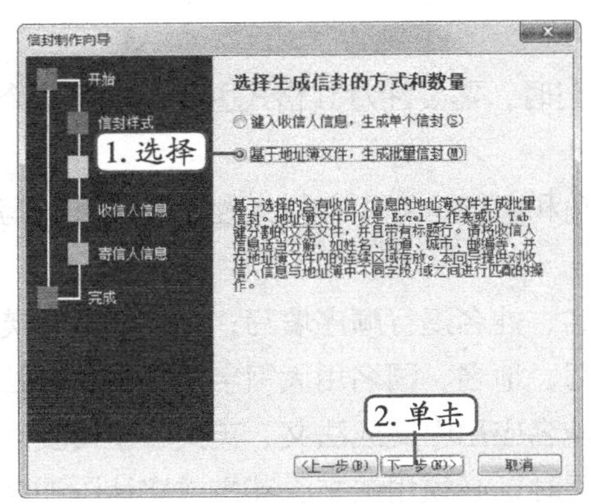

图5-21　选择信封生成方式和数量

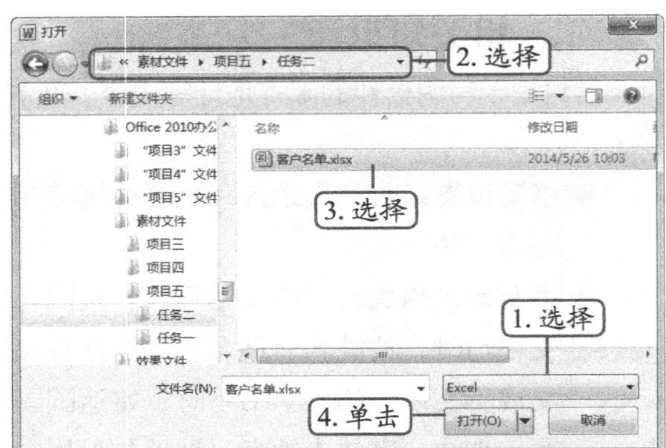

图5-22　插入数据源

STEP 5 返回到“从文件中获取并匹配收信人信息”对话框，在“姓名”“地址”“邮编”对应的下拉列表中分别选择“客户姓名”“地址”“邮编”选项，单击[下一步(N)]按钮，如图5-23所示。

STEP 6 打开“输入寄信人信息”对话框，分别在“姓名”“单位”“地址”“邮编”中输入相应文本，单击[下一步(N)]按钮，如图5-24所示。

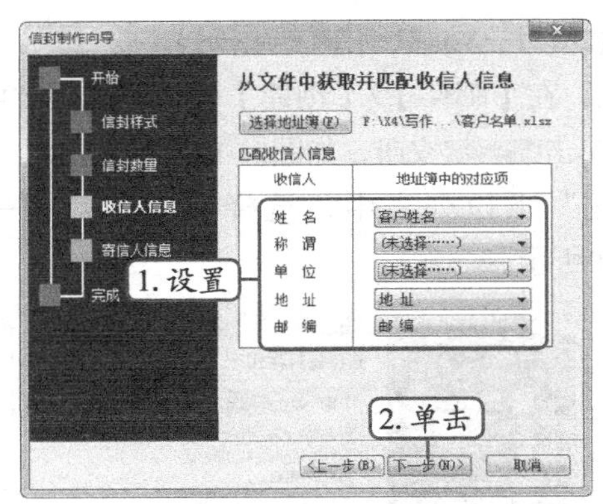

图5-23　插入数据源

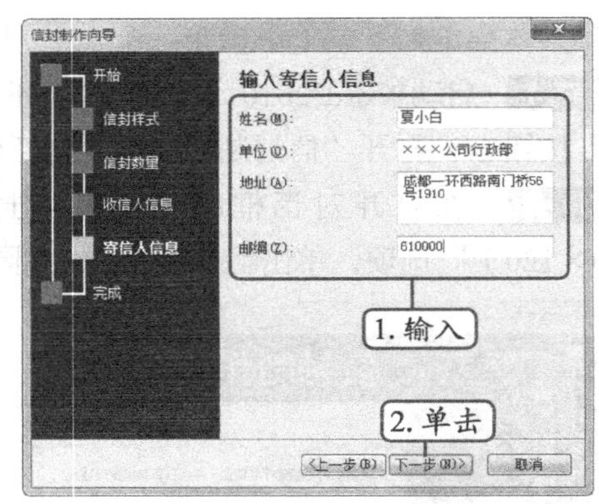

图5-24　匹配收件人信息

STEP 7 系统自动进入信封制作向导的最后一步，单击[完成(F)]按钮，如图5-25所示。

STEP 8 系统将自动批量生成包含寄信人、收信人信息的信封，效果如图5-26所示，完成后将文档以“信封”为名保存即可（最终效果参见：光盘/效果文件/项目五/任务一/信封.docx）。

图5-25　完成信封向导

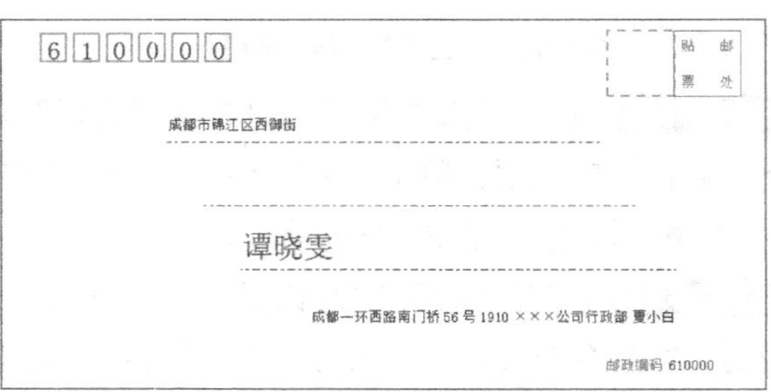

图5-26　匹配收件人信息

（二）批量打印信封

确认制作的信封正确无误，便可对其进行打印。下面将对批量创建的信封进行打印，其具体操作如下。（微课：光盘\微课视频\项目三\批量打印信封.swf）

STEP 1 选择【文件】/【打印】菜单命令，在右侧列表中预览打印效果，通过单击右下角的按钮逐页预览。

STEP 2 确认无误后在“打印机”下拉列表中选择连接到计算机上的打印机，单击“打印机属性”超链接，在打开的对话框中设置纸张大小为“A4”，然后单击确定按钮返回。

STEP 3 在“设置”栏中选择“横向”选项，在“份数”数值框中保持默认数值“1”，然后单击“打印”按钮，如图5-27所示。

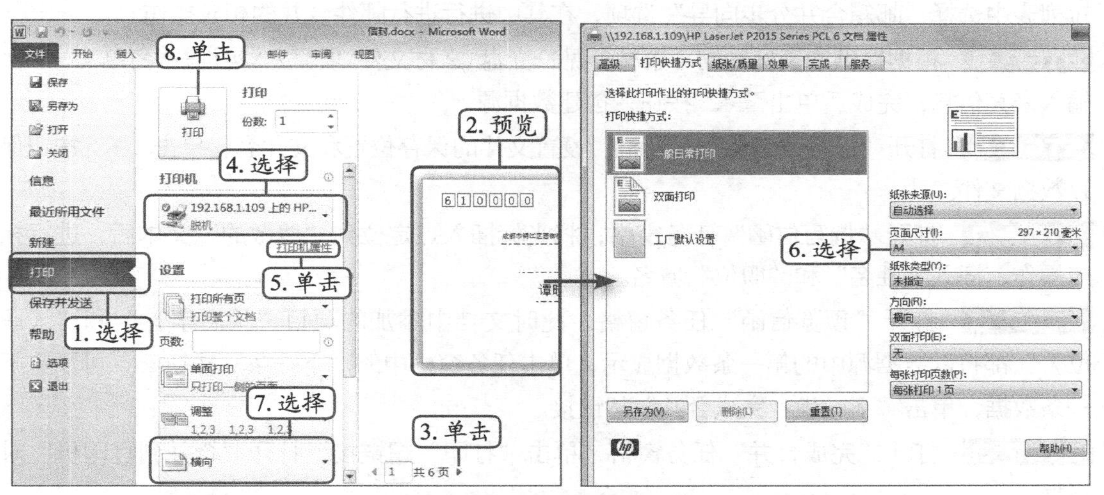

图5-27 打印设置

实训一 批量制作“感谢信”文档

【实训要求】

某公司需要为前来参加公司周年庆典的广大合作伙伴寄送一封感谢信，感谢信的姓名、邮政编码、电话号码等虽各不相同，但形式及内容一致，请使用Word 2010中的邮件合并功能，快速地批量完成这些感谢信的制作，参照效果如图5-28所示。

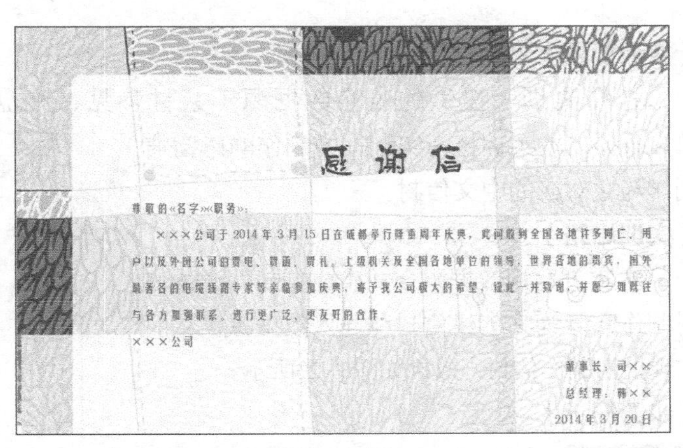

图5-28 “感谢信”效果

【实训思路】

本实训主要主要练习批量

制作文档的方法，首先制作一个单独的感谢信主文档，然后在邮件合并过程中创建数据源，最后将数据源中的项目导入即可。

【步骤提示】

STEP 1 创建名为“邀请函.docx”的文档，将其“纸张方向”设置为“横向”。

STEP 2 打开“填充效果”对话框，选择“01.jpg”图片（素材参见：光盘\素材文件\项目五\实训一\01.jpg），插入背景图片。

STEP 3 插入文本框，并设置为“无线条、无填充”，输入邀请函所有文本内容，并设置文本格式。

STEP 4 单击【邮件】/【开始邮件合并】组中的“开始邮件合并”按钮，在打开的下拉列表中选择“邮箱合并分步向导”选项，在其中进行进行邮件合并的相应操作。

STEP 5 根据提供的表格数据（素材参见：光盘\素材文件\项目六\实训一\名单.xlsx），输入来宾信息，完成后单击确定按钮，创建数据源。

STEP 6 打开“保存通讯录”对话框，设置文件的保存位置和文件名，单击保存(S)按钮保存数据文件。

STEP 7 打开“撰写信函”任务窗格，将光标插入点定位到“尊敬的”文本后，进行相应操作，插入“姓名”和“职位”域名。

STEP 8 打开“预览信函”任务窗格，此时文档中添加的项目“《名字》”和“《职位》”都将以数据源中的第一条数据显示，单击任务窗格中的“下一条”按钮，可预览下一条数据，单击“下一步：完成合并”超链接。

STEP 9 打开“完成合并”任务窗格，单击“打印”超链接，打开“合并到打印机”对话框。

STEP 10 单击选中“全部”单选项，单击确定按钮即可批量打印所有创建的感谢信，完成本实训操作（最终效果参见：光盘\效果文件\项目五\实训一\感谢信.docx）。

实训二 批量制作信封

【实训要求】

打开实训一提供的表格数据源（素材参见：光盘\素材文件\项目五\实训一\名单.xlsx），本实训将为实训一中制作的感谢信制作与之对应的中文信封。

【实训思路】

本实训利用数据源合并生成信封，通过信封制作向导为其创建信封和插入数据源，从而实现批量制作信封，效果如图5-29所示。

图5-29 中文信封效果

【步骤提示】

STEP 1 启动Word 2010，新建一个空白

文档，在【邮件】/【创建】分组中单击“中文信封”按钮，打开“信封制作向导”对话框，单击下一步(N)>按钮。

STEP 2 根据信封制作向导进行相应操作，在打开“从文件中获取并匹配收信人信息”对话框时，单击选择地址簿(E)按钮，

STEP 3 打开“打开”对话框，找到“名单.xlsx”所在位置，单击打开(O)按钮，插入数据源。

STEP 4 根据进入信封制作向导进行操作，到达最后一步时，单击完成(F)按钮。

STEP 5 系统将自动批量生成包含寄信人、收信人信息的信封，将文档以“信封”为名保存（最终效果参见：光盘\效果文件\项目五\实训二\信封.docx）。

常见疑难解析

问：在Word 2010中制作信封时，除了批量制作信封外，是否还可以制作单个信封？

答：可以制作单个信封，制作方法与批量制作信封大体步骤相似，不同之处在于当进入“选择生成的信封方式和数量”界面时，单击选中“键入收信人信息，生成单个信封”单选项，然后根据提示进行相应操作即可。

问：邮件合并过程中除了创建数据源，是否可以直接引用以前的数据源？

答：如果需要的数据源已存在，便可直接引用。其方法是在“邮件合并”任务窗格“选择收件人”步骤中单击选中“使用现有列表”单选项，单击“浏览”超链接，打开“选取数据源”对话框，此时可选择已有的数据源，单击打开(O)按钮后打开“邮件合并收件人”对话框，然后按相同步骤进行操作即可。

拓展知识

1. Excel表格数据源和Access数据源

邮件合并中的数据源可以使用Access数据库数据源，也可以使用Excel表格数据源。

- **Access数据库数据源**：Access数据库是Microsoft Office组件中专业的数据库软件，Access数据库数据源可利用Microsoft Access软件制作生成，也可在邮件合并过程中创建生成。
- **Excel表格数据源**：Excel表格数据源是指使用Microsoft Office组件中的Microsoft Excel 2003制作的表格，在邮件合并中，可将Excel表格作为数据源导入数据。

2. 创建数据源时的注意事项

数据源中的一个数据记录由不同类别的域组成，通常包含姓名、称呼、电话号码等变动的信息。以下为创建数据源时的注意事项。

- 数据源一般采用表格格式，如标准Word表格、Excel表格（.xls）、Outlook通讯簿、Access数据库（.mdb）等。
- 数据源中的域名必须是唯一的，域名是表格中的表头字段名称。域名第一个字符必

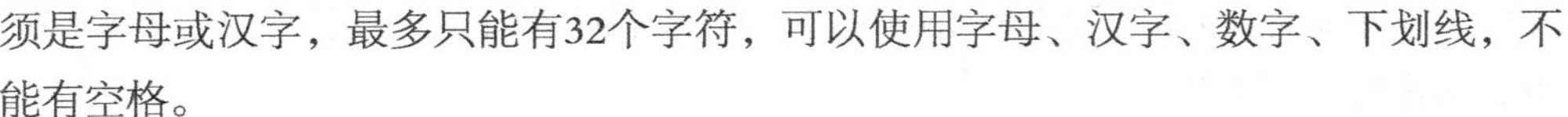

须是字母或汉字，最多只能有32个字符，可以使用字母、汉字、数字、下划线，不能有空格。

课后练习

（1）制作“请柬”文档，首先将纸张方向设置为“横向”，插入背景图（素材参见：光盘\素材文件\项目五\课后练习\背景.jpg）、文本框，并输入除称呼以外的文字内容，最后利用邮件合并功能批量制作请柬，完成后的效果如图5-30所示（最终效果参见：光盘\效果文件\项目五\课后练习\请柬.docx）。

（2）打开实训一提供的表格数据（素材参见：光盘\素材文件\项目五\课后练习\名单.xlsx），要求为上一题中制作的请柬制作与之对应的中文信封，完成后的效果如图5-31所示（最终效果参见：光盘\效果文件\项目五\课后练习\信封.docx）。

图5-30 “请柬”效果

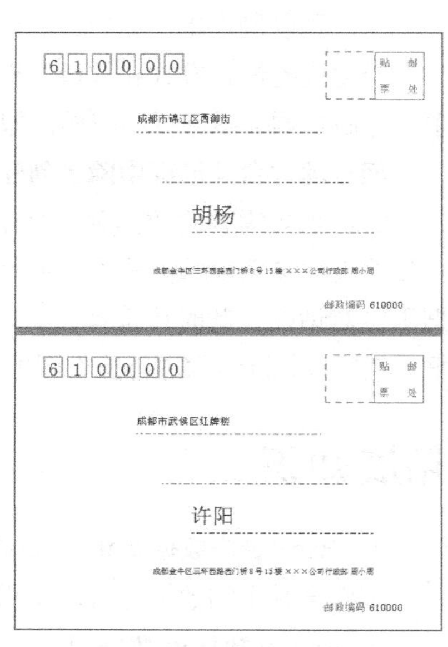

图5-31 “信封”效果

PART 6

项目六 Excel 2010的基本操作

情景导入

阿秀：小白，以前打印的办公用品领用表快用完了，你去重新制作一份办公用品领用表。

小白：Word 2010我已经比较熟练了，做表格应该没有多大问题。

阿秀：Word软件主要功能是制作文档，这次收集的数据量很大，使用专业的表格制作软件Excel 2010应该更加合适。

小白：好的，我现在就去准备。

学习目标

- 熟悉Excel 2010工作界面及各组成部分的作用
- 掌握Excel工作簿的新建和保存等基本操作
- 掌握设置工作表的操作
- 掌握设置单元格的操作

技能目标

- 掌握“办公用品领用表”工作簿的制作方法
- 掌握“员工通讯录”工作簿的制作方法
- 掌握“货物进出记录”工作簿的制作方法

任务一 制作“办公用品领用表”工作簿

办公用品领用表主要用于记录办公用品领用情况，目的在于方便管理办公用品的使用和补给。下面具体介绍其制作方法。

一、 任务目标

本任务将练习用Excel制作“办公用品领用表”工作簿，涉及的知识点主要有工作簿的新建、保存、关闭等操作，以及工作表的打开、另存、退出等。本任务制作完成后的最终效果如图6-1所示。

图6-1 “办公用品领用表”效果

二、相关知识

Excel 2010的工作界面与Word 2010的操作界面有很多相似之处，包括标题栏、功能区、状态栏等，如图6-2所示，其功能也大致相同，下面介绍Excel操作界面的特有部分。

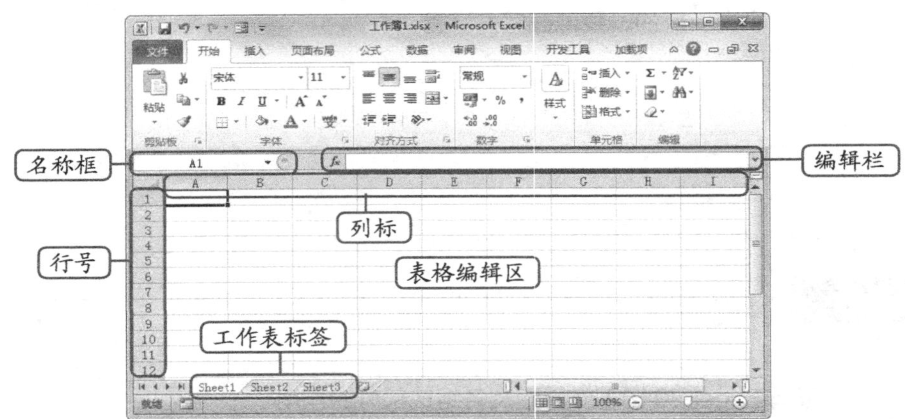

图6-2 Excel 2010的操作界面

- **名称框**：用于显示所选单元格名称，当选中一个单元格后，将在名称框中显示该单元格的行号和列标。
- **行号**：行号是一组代表编号的数字，主要作用在于方便用户快速查看与编辑行中的内容，其范围为1~65536。
- **列标**：列标代表一组代表编号的字母，便于用户快速查看与编辑列中的内容，其范围为A~XFD。
- **编辑栏**：显示当前活动单元格或正在编辑单元格中的内容，并可用于输入或修改当前活动单元格中的内容。
- **表格编辑区**：位于界面中心的表格区域，用户的输入与编辑操作都是在表格编辑区中完成的，同时也需要通过表格编辑区来查看数据。

- **工作表标签**：主要显示当前工作簿中工作表的名称和对工作表进行的各种编辑，单击工作表标签可在不同的工作表之间切换，工作簿默认显示“Sheet1”“Sheet2”“Sheet3”三个工作表。

三、任务实施

（一）新建工作簿

在Excel中新建工作簿时，可以根据实际情况新建空白的或带有模板样式的工作簿，其具体操作如下。（**微课**：光盘\微课视频\项目七\新建工作簿.swf）

STEP 1 选择【开始】/【所有程序】/【Microsoft Office】/【Microsoft Excel 2010】菜单命令，启动Excel 2010。

STEP 2 选择【文件】/【新建】菜单命令，在打开的面板中双击“空白工作簿”按钮或单击“创建”按钮，或按【Ctrl+N】组合键，如图6-3所示。

STEP 3 通过上述操作即可新建一个空白工作簿，如图6-4所示。

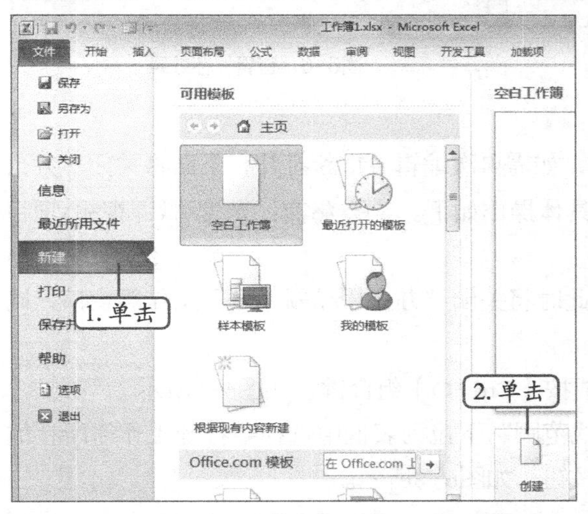

图6-3 单击“创建”按钮

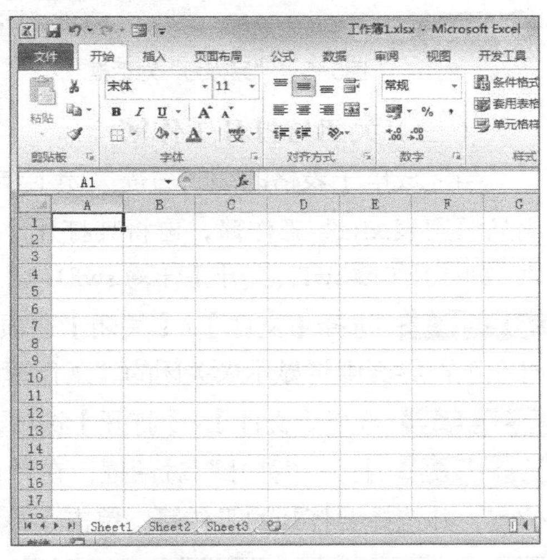

图6-4 空白工作簿

新建工作簿除上面讲到的新建空白工作簿外，还可新建基于模板的工作簿。新建基于模板的工作簿的方法与在Word中套用模板新建文档相似，即选择【文件】/【新建】菜单命令，在“可用模板”列表中选择“样本模板”选项，或在“Offce.com模板”列表框中选择一种在线模板类型选项，在右侧预览框中可查看模板效果，单击右下角的“创建”按钮即可。

（二）保存工作簿

在新建工作簿后需及时将其保存，以便下次使用，且可避免因突然断电、计算机死机、中毒等各种意外情况而造成数据丢失。其具体操作如下。（**微课**：光盘\微课视频\项目六\保存工作簿.swf）

STEP 1 选择【文件】/【保存】菜单命令或按【Ctrl+S】组合键，打开“另存为”对话框。

STEP 2 在“保存位置”下拉列表框中选择保存的路径，在“文件名”下拉列表框中输入要保存的文件名称“办公用品领用表”，单击按钮，如图6-5所示。

STEP 3 返回工作表界面，其顶部的标题栏中将自动显示新设置的文件名称，如图6-6所示。

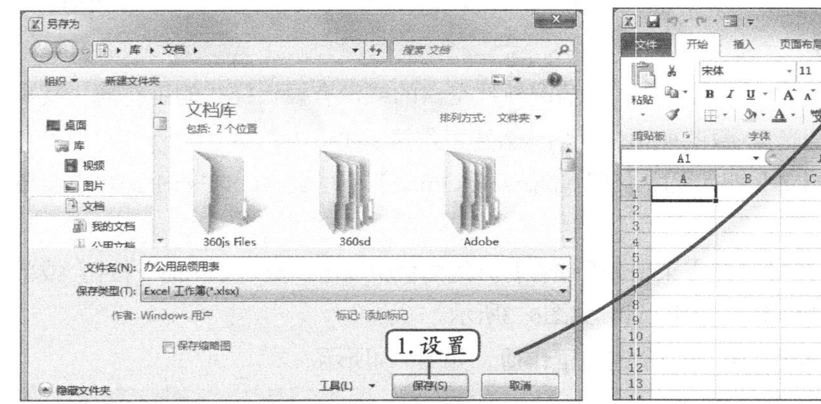

图6-5 “另存为”对话框　　　　图6-6 查看保存效果

（三）关闭与打开工作簿

当完成电子表格的编辑后需关闭工作簿，如需再次编辑可重新打开，下面将关闭“办公用品领用表.xlsx”工作簿，再将其打开，其具体操作如下。（**微课**：光盘\微课视频\项目六\关闭工作簿.swf、打开工作簿.swf）

STEP 1 选择【文件】/【关闭】选项，此时将关闭“办公用品领用表”工作簿窗口，同时在工作界面中将显示未关闭的“工作簿1”。

STEP 2 选择【文件】/【打开】选项，或按【Ctrl+O】组合键，如图6-7所示。

STEP 3 打开“打开”对话框，在“查找范围”下拉列表框中选择要打开工作簿所在的位置，并选择要打开的工作簿，单击按钮，如图6-8所示。

图6-7 关闭文档

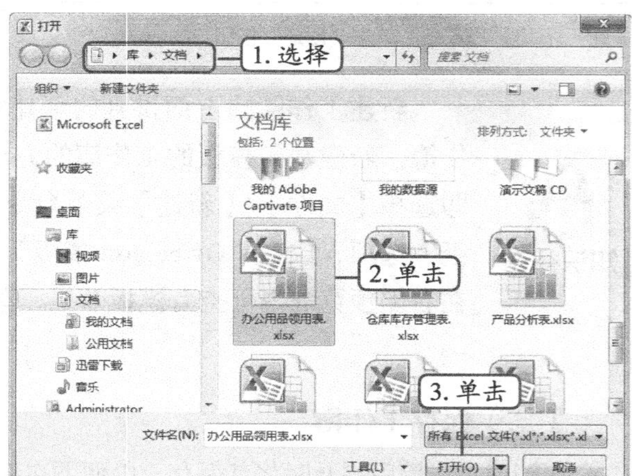

图6-8 打开文档

除上面讲到的方法外，还有以下几种方式可以关闭工作簿。

① 单击菜单栏中的“关闭窗口”按钮。

② 单击标题工具栏中的窗口控制菜单图标，在打开的下拉菜单中选择【关闭】选项。

③ 按【Alt+F4】组合键，关闭工作簿。

（四）插入工作表与另存工作簿

在Excel中用户可以根据需要在工作簿中插入工作表，下面将在“员工通讯录.xls”工作簿中插入工作表，其具体操作如下。（微课：光盘\微课视频\项目六\插入工作表.swf、另存工作簿.swf）

STEP 1 选择“Sheet1”工作表标签，单击鼠标右键，在弹出的快捷菜单中选择【插入】命令，如图6-9所示，打开“插入”对话框。

STEP 2 单击“常用”选项卡，在中间的列表框中选择“办公用品领用表”选项，单击确定按钮，如图6-10所示。

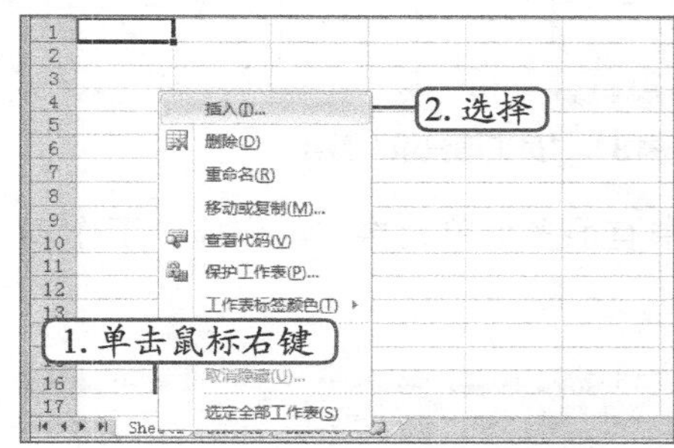

图6-9 选择“插入”命令

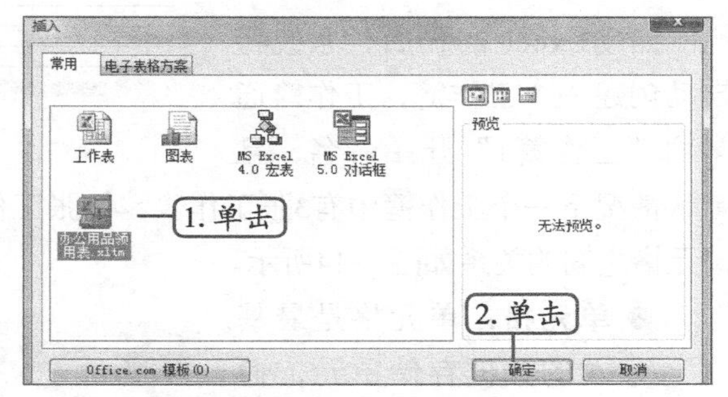

图6-10 插入工作表

STEP 3 返回操作界面，即可看到已插入的3张工作表分别以“办公用品领用表”“一季度明细表”“二季度明细表”命名，如图6-11所示。

STEP 4 选择【文件】/【另存为】选项，打开“另存为”对话框，在“保存位置”下拉列表框中选择与原文件不同的保存位置，单击保存(S)按钮，如图6-12所示。

图6-11 查看效果

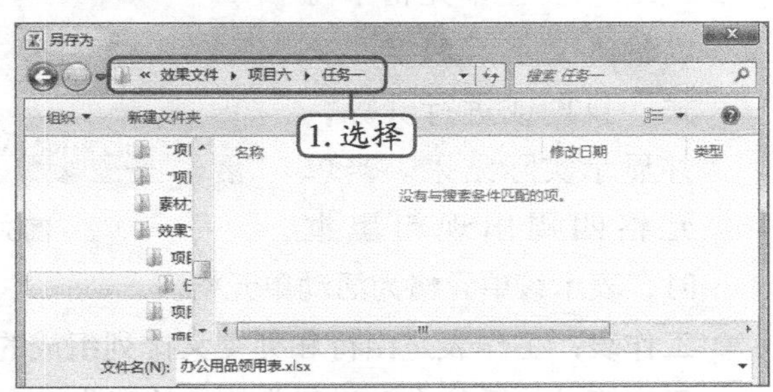

图6-12 另存工作簿

STEP 5 选择【文件】/【退出】选项或单击“关闭”按钮或双击标题工具栏中的窗口控制菜单图标，退出Excel 2010。至此，完成本任务操作。（最终效果参见：光盘\效果文件\项目六\任务一\办公用品领用表.xlsx）

任务二 制作“员工通讯录”工作簿

员工通讯录主要用于记录员工的联系方式，便于在需要的时候取得联系。下面具体介绍其制作方法。

一、任务目标

本任务将练习用Excel制作“员工通讯录”工作簿，涉及的操作主要有选择和重命名工作表，移动、复制、删除工作表，设置工作表标签颜色等。本任务制作完成后的最终效果如图6-13所示。

通讯录					
姓名	家庭电话	单位电话	手机	电子邮件	家庭住址

图6-13 “员工通讯录”效果

二、相关知识

启动Excel 2010后，系统将自动创建一个工作簿，工作簿通常由“工作簿1”开始命名，且默认情况下一个工作簿中有3张工作表，每张工作表中有很多个单元格，工作簿、工作表、单元格之间的关系如图6-14所示。

- **单元格**：单元格是最基本的数据存储单元，通过对应的行号和列标进行命名和引用，且列标在前行号在后，如A列第4行的单元格名称为“A4”。在单元格中可以输入文字、数字、公式、日期或进行计算，并显示实际结果。当单元格四周出现粗黑框时，表示该单元格为活动单元格。

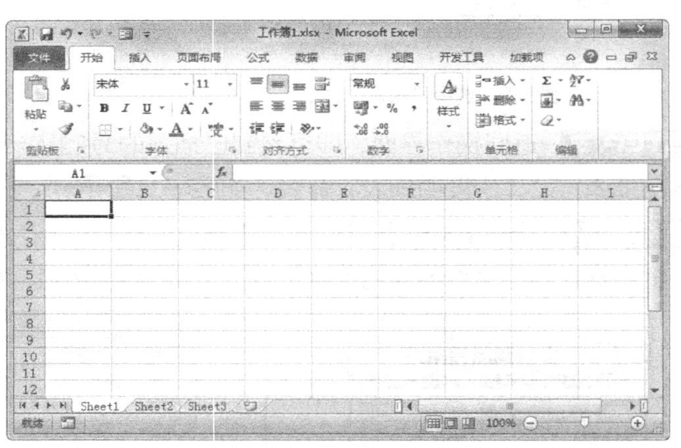

图6-14 工作簿、工作表、单元格

- **工作表**：工作表是由行和列交叉排列组成的表格，主要用于处理和存储数据。新建工作簿时，系统自动为工作簿中的工作表命名为Sheet1、Sheet2、Sheet3，工作区中的工作表标签自动显示对应的工作表名，用户可根据需要对工作表重新命名。
- **工作簿**：工作簿用于保存表格中的内容，其文件类型为“.xlsx”，通常所说的Excel文件就是指工作簿。启动Excel 2010后，系统将自动新建的一个名为“工作簿1”的工作簿。一个工作簿可包含若干个工作表，因此，可以将多个相关工作表放在一起组成一个工作簿，这样在操作时便不需要打开多个文件，直接在同一工作簿中进行切换即可。

三、任务实施

（一）选择和设置工作表标签颜色

本任务首先需打开已保存的工作簿，然后选择“Sheet1”工作表，为“Sheet1”工作表设置标签颜色，其具体操作如下。（**微课**：光盘\微课视频\项目六\选择和设置工作表标签颜色.swf）

STEP 1 选择【开始】/【所有程序】/【Microsoft Office】/【Microsoft Office Excel 2010】菜单命令，启动Excel 2010。

STEP 2 选择【文件】/【打开】菜单命令，或按【Ctrl+O】组合键，打开“打开”对话框，在“查找范围”下拉列表框中选择要打开的工作簿所在的位置，选择“员工通讯录.xlsx”工作簿，单击打开(O)按钮。

STEP 3 在“Sheet1”工作表标签上单击鼠标右键，在弹出的快捷菜单中选择【工作表标签颜色】/【红色】命令，如图6-15所示，返回到操作界面即可查看设置后的效果，如图6-16所示。

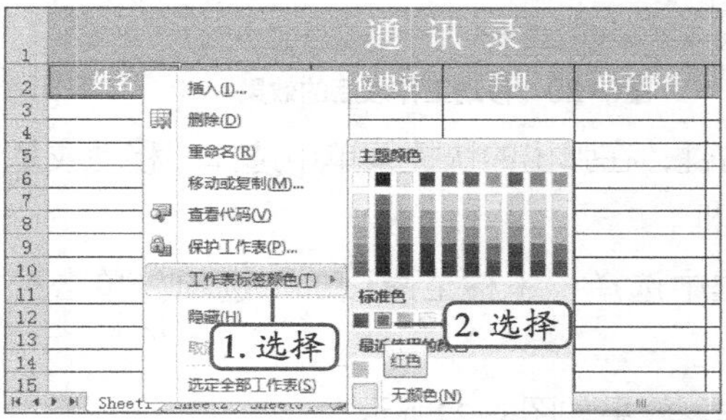

图6-15 设置标签颜色

图6-16 查看效果

STEP 4 选择“Sheet2”工作表，按住【Shift】键不放，单击需要选择的另一个工作表“Sheet3”，松开【Shift】键，即可将这两个工作表全部选中。

STEP 5 单击鼠标右键，在打开的快捷菜单中选择【工作表标签颜色】/【浅绿】命令，如图6-17所示，返回到操作界面即可查看设置后的效果，如图6-18所示。

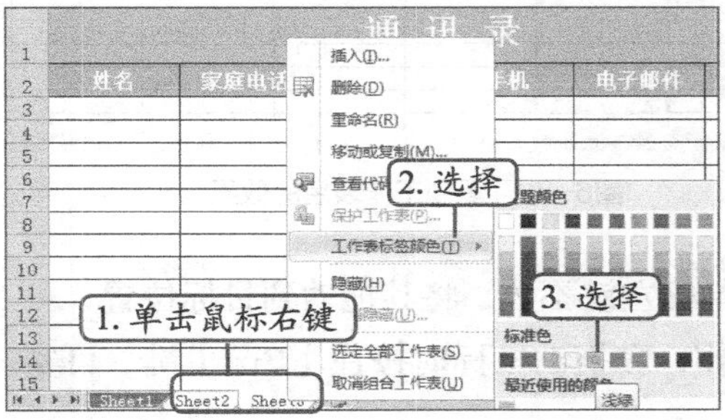

图6-17 设置标签颜色

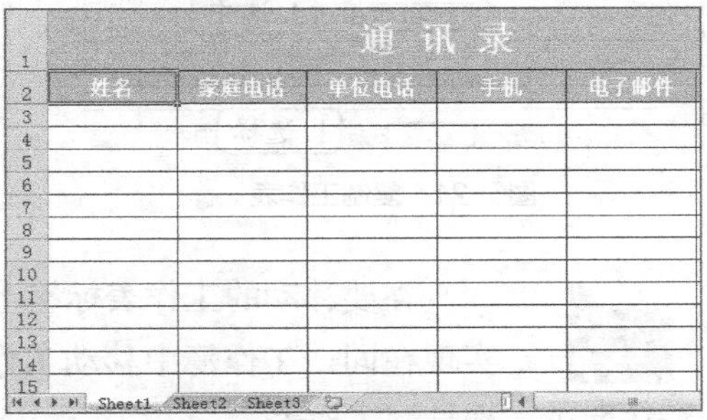

图6-18 查看效果

知识补充

选择多个不连续工作表的方法是按住【Ctrl】键不放，连续单击多个工作表名，然后松开【Ctrl】键即可。

（二）移动和复制工作表

在工作簿中还可对工作表进行移动和复制操作，下面将进行具体讲解。（微课：光盘\微课视频\项目六\移动和复制工作表.swf）

STEP 1 选择“Sheet1”工作表，单击鼠标右键，在打开的快捷菜单中选择【移动或复制工作表】命令，打开“移动或复制工作表”对话框。

STEP 2 在“下列选定工作表之前”列表框中选择“Sheet3”选项，如图6-19所示。

STEP 3 单击 确定 按钮即可完成移动操作，效果如图6-20所示。

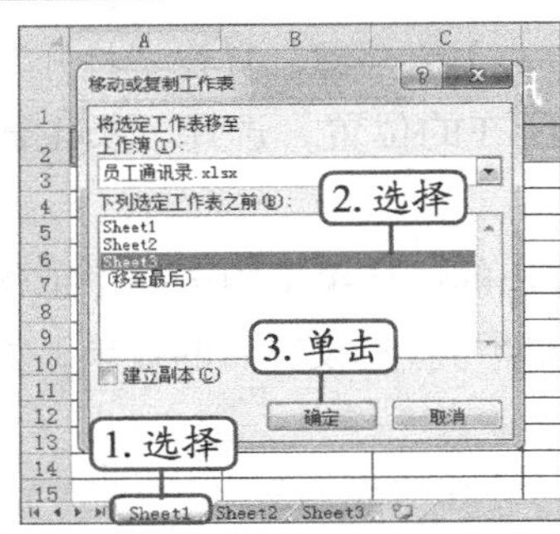

图6-19　移动工作表

图6-20　移动工作表后的效果

STEP 4 选择“Sheet3”工作表，单击鼠标右键，在弹出的快捷菜单中选择“移动或复制工作表”命令，打开“移动或复制工作表”对话框。

STEP 5 在“下列选定工作表之前”列表框中选择“（移至最后）”选项，单击选中“建立副本”复选框，如图6-21所示。

STEP 6 单击 确定 按钮即可完成复制操作，效果如图6-22所示。

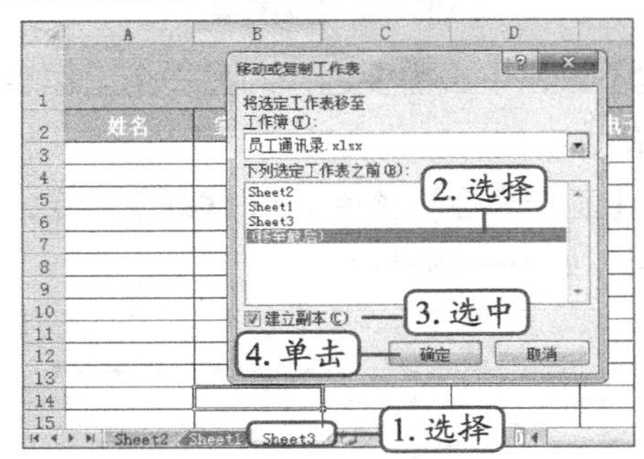

图6-21　复制工作表

图6-22　复制工作表后的效果

操作提示

在要移动的工作表标签上按住鼠标左键不放，将其拖动到目标位置，可实现在同一工作簿中移动工作表操作；在拖动鼠标时按住【Ctrl】键，可实现复制工作表。

（三）重命名工作表

当工作簿中有多个工作表时，可为工作表重命名，以区分各工作表，从而方便进行查找。其具体操作如下。（微课：光盘\微课视频\项目六\重命名工作表.swf）

STEP 1 选择“Sheet2”工作表标签，单击鼠标右键，在弹出的快捷菜单中选择“重命名”命令，如图6-23所示。

STEP 2 此时工作表标签将呈黑底白字显示，直接输入新的名称“员工通讯录1”文本，按【Enter】键即可，如图6-24所示。

图6-23　选择“重命名”命令

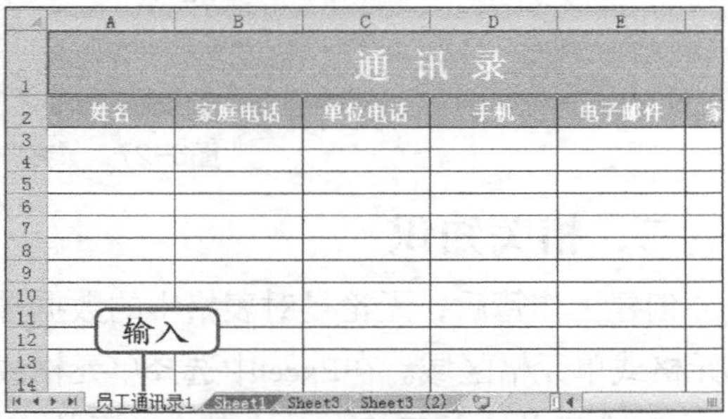

图6-24　重命名工作表

STEP 3 选择“Sheet1”工作表标签，双击鼠标左键，此时工作表标签将呈黑底白字显示，如图6-25所示，直接输入新的名称“员工通讯录2”。

STEP 4 使用相同的方法依次为剩余工资表重命名，效果如图6-26所示。至此，完成本例的操作。（最终效果参见：光盘\效果文件\项目六\任务二\员工通讯录.xlsx）

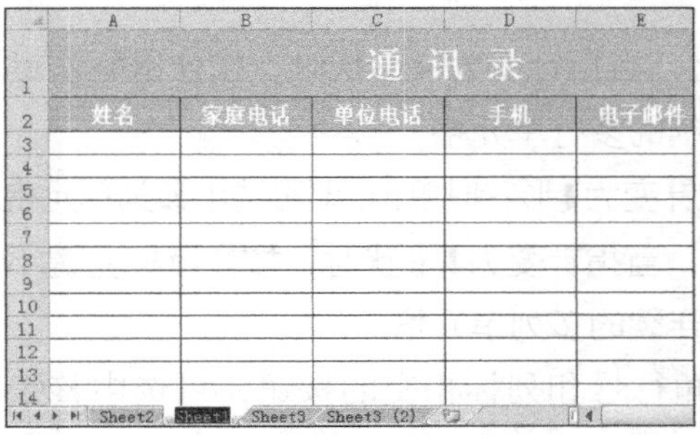

图6-25　重命名工作表

图6-26　查看效果

任务三　制作“客户跟进记录表”工作簿

客户跟进记录表主要用于记录客户与本公司的业务往来情况及潜在客户情况，便于新老客户关系的维系及挖掘潜在客户。下面具体介绍其制作方法。

一、任务目标

本任务将练习用Excel制作“客户跟进记录表”工作簿，涉及的操作主要有合并、拆分、插入、删除单元格，以及输入表格数据等。本任务制作完成后的最终效果如图6-27所示。

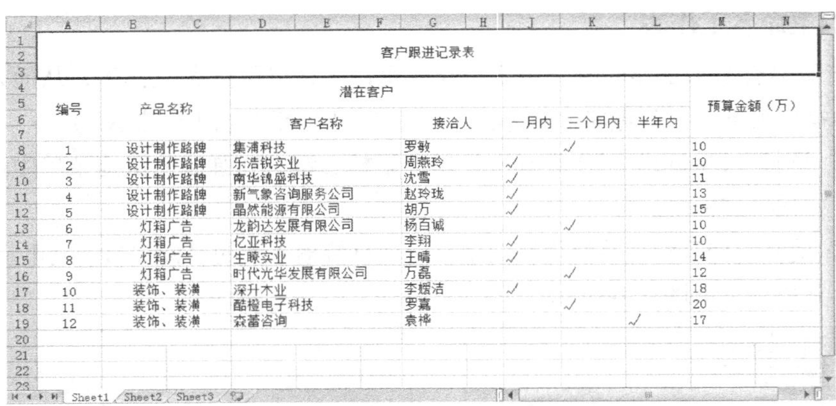

客户跟进记录表							
编号	产品名称	潜在客户					预算金额（万）
		客户名称	接洽人	一月内	三个月内	半年内	
1	设计制作路牌	集浦科技	罗敏		√		10
2	设计制作路牌	乐浩锐实业	周燕玲	√			10
3	设计制作路牌	南华锦盛科技	沈雪	√			11
4	设计制作路牌	新气象咨询服务公司	赵玲珑	√			13
5	设计制作路牌	晶然能源有限公司	胡万	√			15
6	灯箱广告	龙韵达发展有限公司	杨百诚		√		10
7	灯箱广告	亿亚科技	李翔	√			10
8	灯箱广告	生瞭实业	王晴	√			14
9	灯箱广告	时代光华发展有限公司	万磊		√		12
10	装饰、装潢	深升木业	李媛洁	√			18
11	装饰、装潢	酷橙电子科技	罗嘉		√		20
12	装饰、装潢	森蕃咨询	袁桦			√	17

图6-27　“客户跟进记录表”效果

二、相关知识

创建工作簿后，无论是对表格中的数据进行编辑还是进行格式设置，都需要选择相应的单元格或单元格区域。在Excel中选择单元格或单元格区域的方法主要有以下几种。

- **选择单个单元格：**单击某个单元格，即可选中该单元格，选中的单元格边框将以黑色粗线边框显示。
- **选择单元格区域：**将指针移动到任意单元格中，按住鼠标左键不放沿对角方向拖曳鼠标指针，拖曳范围内的单元格将全部被选中。
- **选择整行：**将鼠标指针移动到左侧的行号上，当指针变为➡形状时单击，即可将该行单元格全部选中。
- **选择连续多行：**将鼠标指针移动到行号上，当指针变为➡形状时，按住鼠标左键不放向上或向下拖曳鼠标指针，即可选中连续的多行单元格。
- **选择整列：**将鼠标指针移动到列标上，当指针变为⬇形状时单击，即可选中该列单元格。
- **选择连续多列：**将鼠标指针移动到列标上，当指针变为⬇形状时，按住鼠标左键不放向上或向下连续拖曳鼠标指针，即可选中连续的多列单元格。
- **选择整张工作表：**单击工作簿窗口左上角行号和列标相交的按钮，可选中整张工作表中的单元格。

三、任务实施

（一）合并单元格

在编辑表格数据时，可将连续的多个单元格合并为一个单元格，当不需要合并时，可将其拆分，其具体操作如下。（**微课：**光盘\微课视频\项目六\合并单元格.swf）

STEP 1 新建一个名为“客户跟进记录表.xlsx”的空白工作簿，并保存。

STEP 2 选择A1:M3单元格区域，在【开始】/【对齐方式】组中单击“合并后居中”按钮右侧的按钮，在打开的下拉列表中选择“合并后居中”选项，如图6-28所示。

STEP 3 此时选中的单元格区域将合并为一个单元格，效果如图6-29所示。

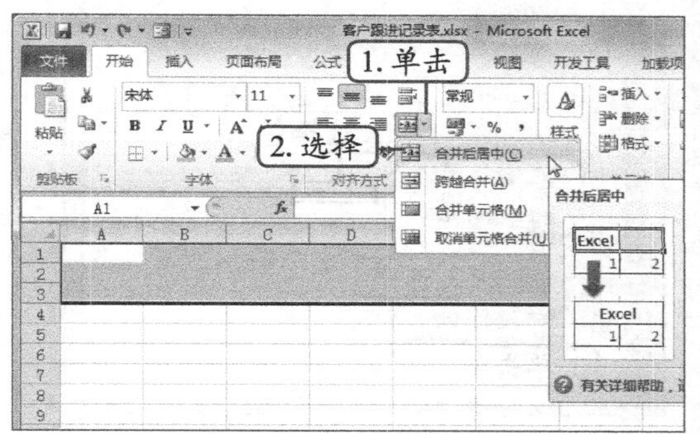

图6-28 合并单元格

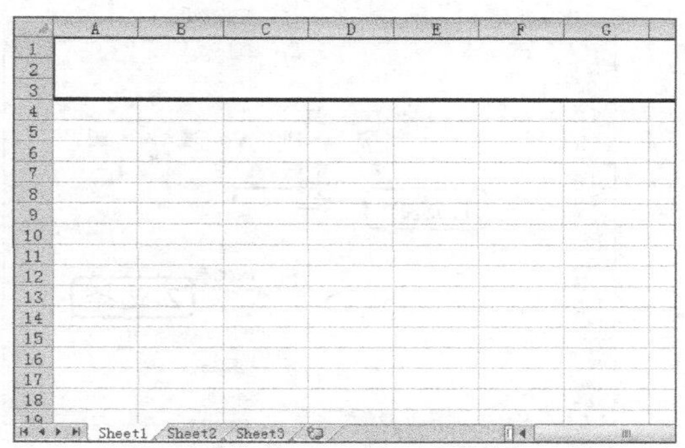

图6-29 查看效果

STEP 4 使用相同的方法分别将"A:4:A7" "B:4:C7" "D4:I5" "D8:F8"等单元格区域合并，效果如图6-30所示。

图6-30 合并单元格后的最终效果

知识补充

如需将合并后的单元格拆分，操作方法为选择该单元格，在【开始】/【对齐方式】组中单击"合并后居中"按钮右侧的按钮，在打开的下拉列表中选择"取消单元格合并"选项，即可将合并的单元格拆分为原来的单元格。

（二）插入和删除单元格

插入单元格即在已有的表格数据中的所需位置插入新的单元格，若发现工作表中有多余的单元格、行或列可将其删除，其具体操作如下。（微课：光盘\微课视频\项目六\插入和删除单元格.swf）

STEP 1 选择K8单元格，在【开始】/【单元格】组中单击插入按钮右侧的按钮，在打开的下拉列表中选择"插入工作表列"选项，或单击鼠标右键，在弹出的快捷菜单中选择"插入"命令，如图6-31所示。

STEP 2 打开"插入"对话框，单击选中"整列"单选项，单击确定按钮，如图6-32所示。

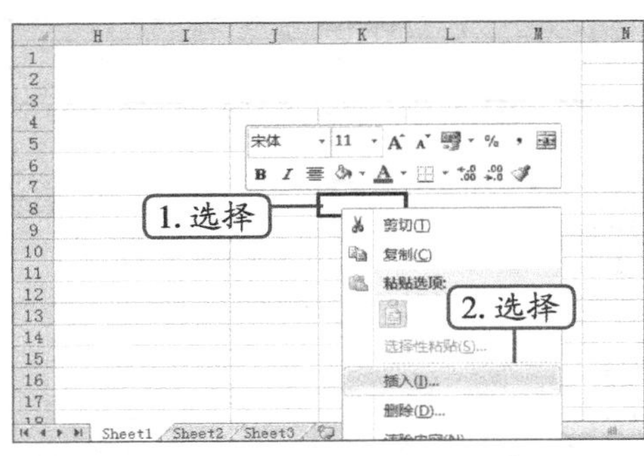

图6-31 选择“插入”命令

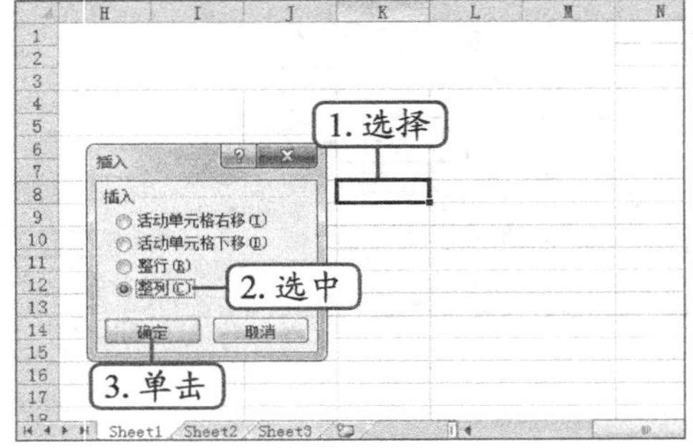

图6-32 插入整列

STEP 3 通过上述操作即可插入一列单元格，且原单元格位置自动右移一列，如图6-33所示，单击“合并后居中”按钮右侧的按钮，依次合并K:K5和K6:K7。

STEP 4 选择O4单元格，在【开始】/【单元格】组中单击删除按钮右侧的按钮，在打开的下拉列表中选择“删除单元格”选项，或单击鼠标右键，在弹出的快捷菜单中选择“删除单元格”命令，如图6-34所示。

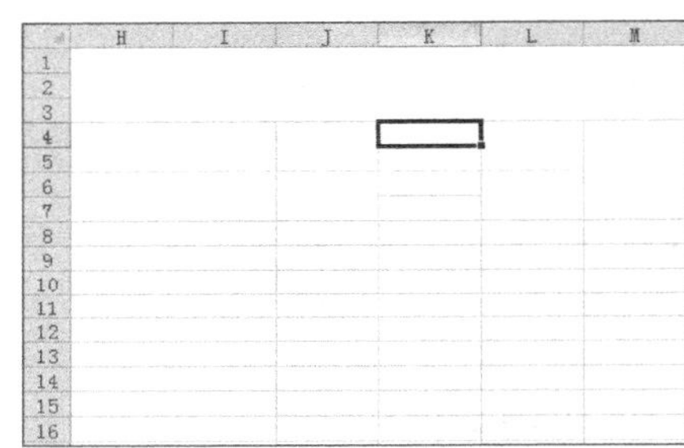

图6-33 查看效果

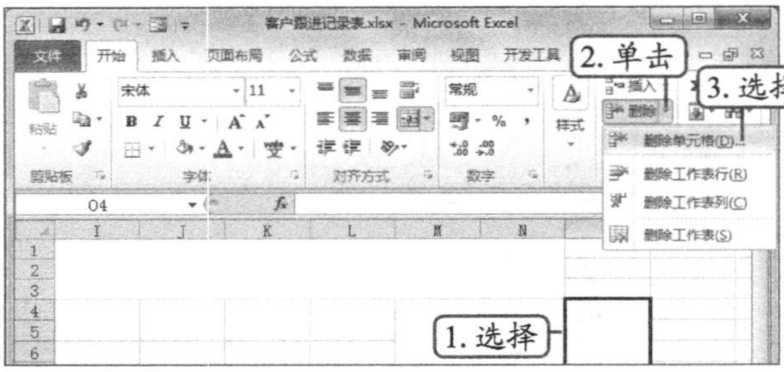

图6-34 删除单元格

STEP 5 打开“删除”对话框，单击选中“下方单元格上移”单选项，单击确定按钮，如图6-35所示。

STEP 6 返回主界面即可查看删除单元格后的效果，如图6-36所示。

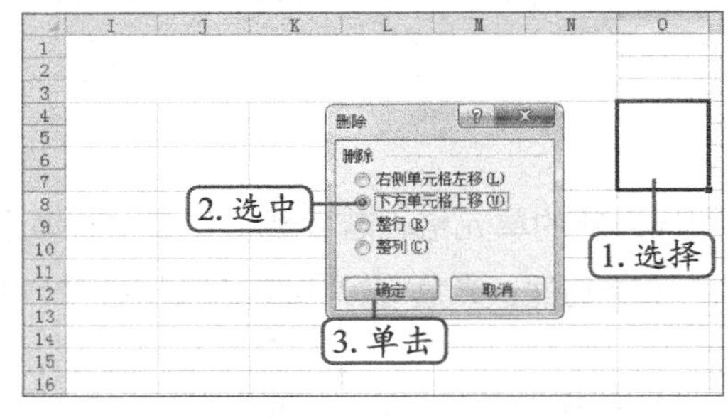

图6-35 设置“删除”对话框

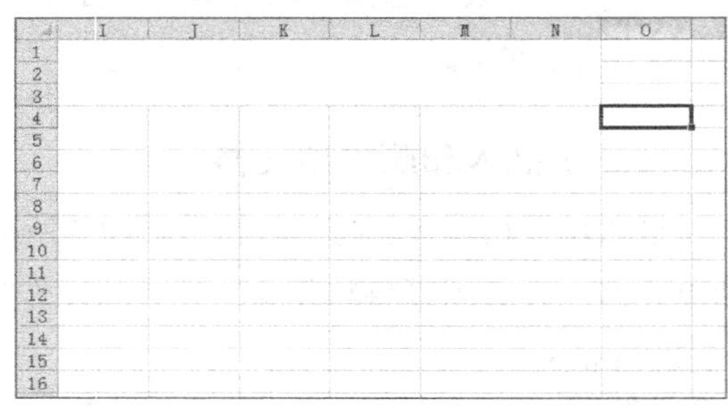

图6-36 查看效果

（三）输入表格数据

表格框架制作好后，可在其中输入相关数据。下面将在“客户跟进记录表.xlsx”工作簿中输入数据，其具体操作如下。（**微课**：光盘\微课视频\项目六\输入表格数据.swf）

STEP 1 选择A1单元格，在其中输入“客户跟进记录表”文本，如图6-37所示。

STEP 2 按【Enter】键确认输入后将自动选择A4单元格，在编辑栏中输入“编号”文本，单击“输入”按钮✓，确认输入，如图6-38所示。

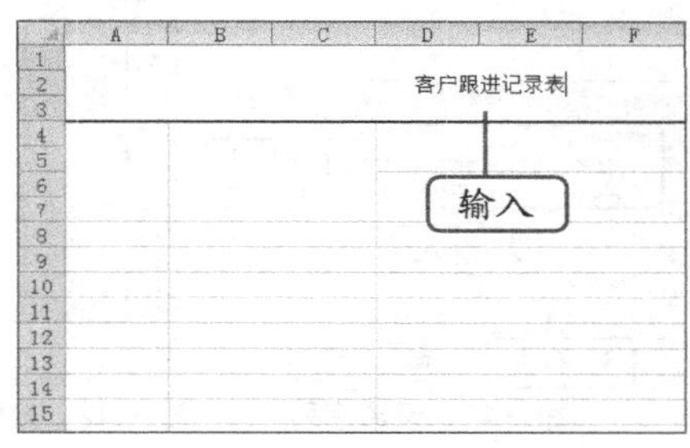

图6-37　输入标题文本

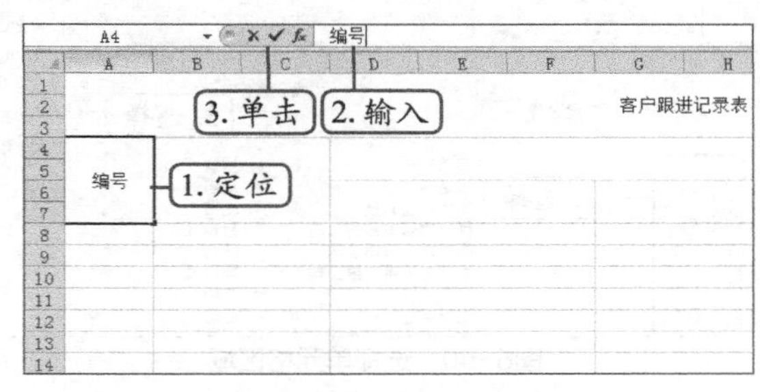

图6-38　输入“编号”文本

STEP 3 按照相同的方法，输入工作表中的其他数据，并将D8:I19单元格区域内的文本设置为左对齐，效果如图6-39所示。

客户跟进记录表

产品名称	潜在客户		一月内	三个月内	半年内	预算金额（万）
	客户名称	接洽人				
	集浦科技	罗毅				
	乐浩锐实业	周燕玲				
	南华锦盛科技	沈雪				
	新气象咨询服务公司	赵玲珑				
	晶然能源有限公司	胡万				
	龙韵达发展有限公司	杨百诚				
	亿亚科技	李翔				
	生晖实业	王晴				
	时代光华发展有限公司	万磊				
	深升木业	李媛洁				
	酷橙电子科技	罗嘉				
	森蕾咨询	袁梓				

图6-39　输入其他数据

（四）快速填充数据

在遇到需要输入重复数据时，若单个输入不但费时且容易出现错误，使用快速填充数据可让用户节省表格编辑时间。下面将在“客户跟进记录表.xlsx”工作簿中快速填充数据，其具体操作如下。（**微课**：光盘\微课视频\项目六\快速填充数据.swf）

STEP 1 选择A8单元格，输入数值“1”，然后按住【Shift】键，选择需要填充数据的单元格区域A8:A19，如图6-40所示。

STEP 2 在【开始】/【编辑】组中单击“填充”按钮右侧的按钮，在打开的下拉列表中选择“系列”选项。

STEP 3 打开“序列”对话框，分别在“序列产生在”栏中单击选中“列”单选项，在“类型”栏中单击选中“等差序列”单选项，在“步长值”文本框中输入“1”，如图6-41所示。

STEP 4 单击 确定 按钮，应用设置，效果如图6-42所示。

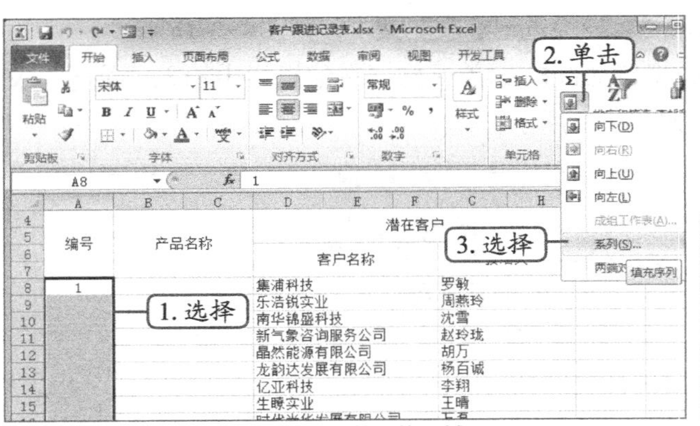

图6-40 选择单元格区域

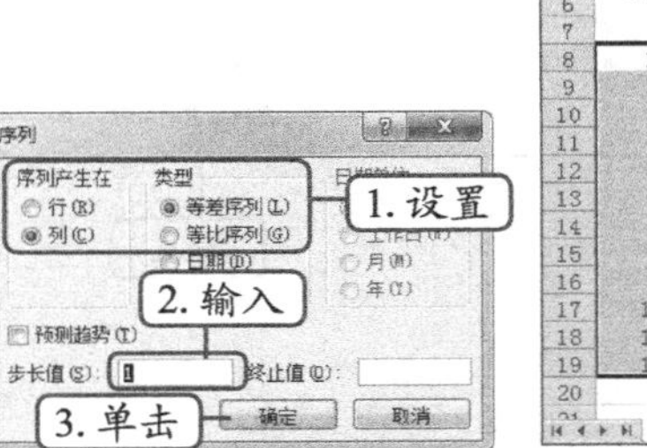

图6-41 设置序列

图6-42 效果

STEP 5 选择起始单元格B8，输入“设计制作路牌”，将鼠标指针移至B8单元格右下角的控制柄上，当其变为**+**形状时，按住鼠标左键不放并拖动至B5单元格，如图6-43所示。

STEP 6 释放鼠标左键后自动填充表格数据，效果如图6-44所示。

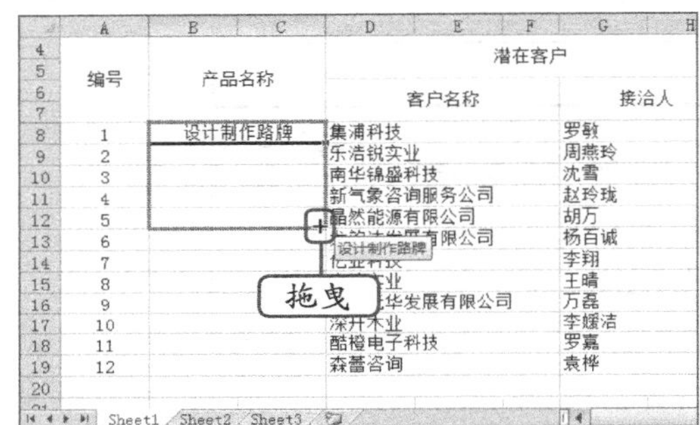

图6-43 快速填充

图6-44 查看效果

STEP 7 使用相同的方法分别在B13:B16、B17:B19、J9:J17单元格区域内填充“灯箱广告”“装饰、装潢”“√”，效果如图6-45所示。

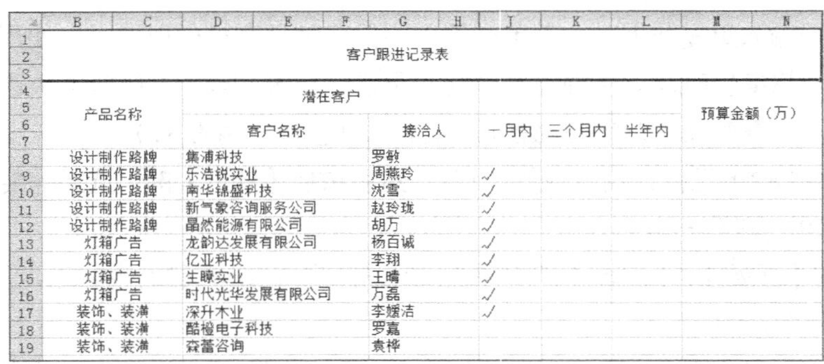

客户跟进记录表

产品名称	潜在客户 客户名称	接洽人	一月内	三个月内	半年内	预算金额（万）
设计制作路牌	集浦科技	罗敏				
设计制作路牌	乐浩锐实业	周燕玲	√			
设计制作路牌	南华锦盛科技	沈雪	√			
设计制作路牌	新气象咨询服务公司	赵玲珑	√			
设计制作路牌	晶然能源有限公司	胡万	√			
灯箱广告	龙韵达发展有限公司	杨百诚	√			
灯箱广告	亿亚科技	李翔	√			
灯箱广告	生瞭实业	王晴	√			
灯箱广告	时代光华发展有限公司	万磊	√			
装饰、装潢	深升木业	李媛洁	√			
装饰、装潢	酷橙电子科技	罗嘉				
装饰、装潢	森蕾咨询	袁桦				

图6-45 快速填充其他单元格

操作提示

在等差序列中，步长是指相邻数据之差，如需要填充的数据依次为1、2、3、4，则步长为1；如需要填充的数据依次为1、1、1、1、1，则步长为0。

（五）移动和复制单元格数据

在Excel 2010中可通过移动和复制操作快速输入数据。下面将在“客户跟进记录表.xlsx”工作簿中移动和复制数据，其具体操作如下。（**微课**：光盘\微课视频\项目六\移动和复制单元格数据.swf）

STEP 1 将鼠标指针移到J13单元格边框上，当鼠标指针变为✥形状时，按住鼠标左键不放拖动到K13单元格，如图6-46所示。

STEP 2 释放鼠标左键，即可将H5单元格中的数据移动到K13单元格，如图6-47所示。

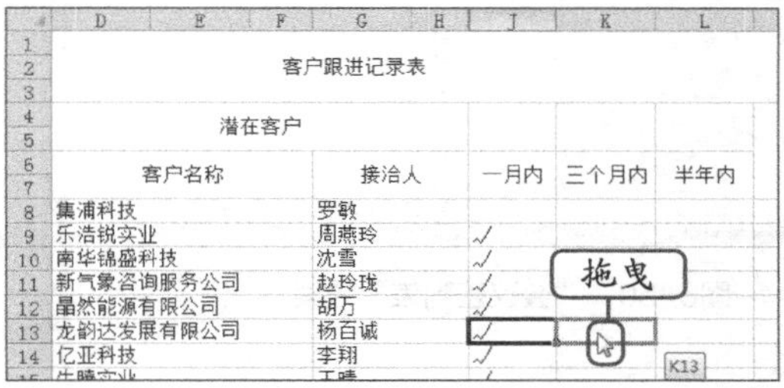

图6-46　移动数据

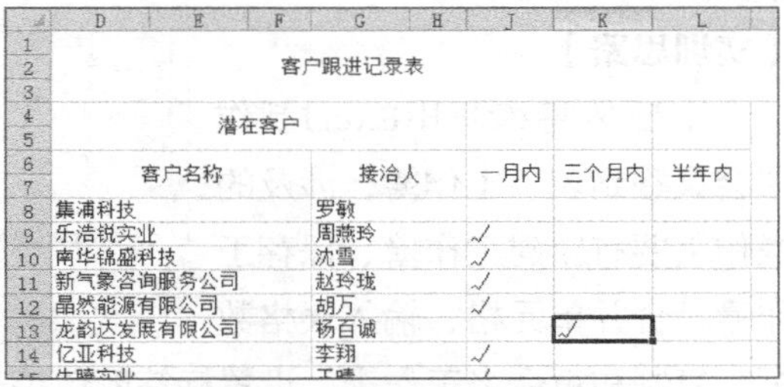

图6-47　移动数据后的效果

STEP 3 使用相同的方法，将J16单元格中“√”移动至K16单元格中。

STEP 4 将鼠标指针移到J17单元格边框上，当鼠标指针变为✥形状时，按住【Ctrl】键不放并拖动鼠标至K18单元格，即可将J17单元格中数据复制到K18单元格，效果如图6-48所示。

STEP 5 通过使用相同的方法，快速完成余下数据的复制填充，效果如图6-49所示。至此，本任务的操作完成。（最终效果参见：光盘\效果文件\项目六\任务三\客户跟进记录表.xlsx）

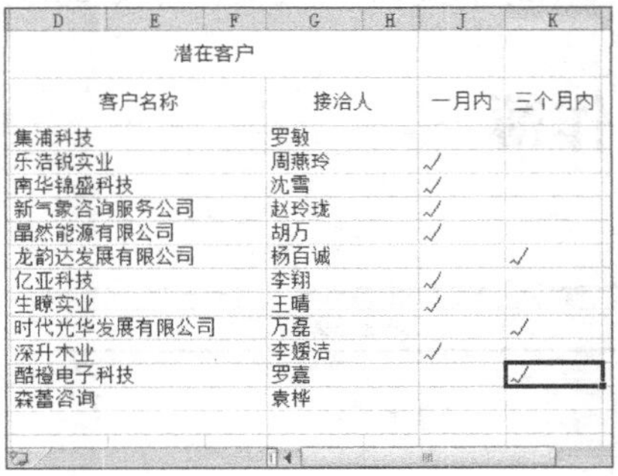

图6-48　复制数据

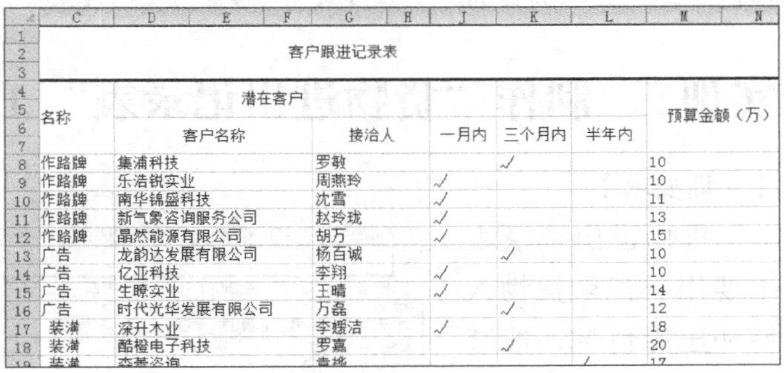

图6-49　查看效果

知识补充

在Excel 2010中移动和复制数据的方法还有以下两种。

①通过按钮：选择需移动或复制数据的单元格，单击【开始】/【剪贴板】中的“剪切”按钮或“复制”按钮，选择目标单元格，单击“粘贴”按钮。

②通过快捷键：选择需移动或复制数据的单元格，按【Ctrl+X】组合键或【Ctrl+C】组合键，选择目标单元格，然后按【Ctrl+V】组合键。

实训一 制作“会议签到表”工作簿

【实训要求】

××公司举行下午例会，现请替他们制作一份会议签到表，主要用于记录员工的会议参与情况。本任务制作完成后的最终效果如图6-50所示。

会议签到表

会议主题

会议日期　　会议地点

主 持 人　　记录人

序号	姓名	部门	职务	序号	姓名	单位	职务
1				35			
2				36			
3				37			
4				38			
5				39			
6				40			
7				41			
8				42			
9				43			
10				44			
11				45			
12				46			
13				47			
14				48			

会议签到表1　会议签到表2

图6-50 “会议签到表”效果

【实训思路】

本任务将练习用Excel制作“会议签到表”工作簿，涉及的操作主要有新建工作簿、保存工作簿、合并单元格、输入表格数据、复制和重命名工作表、设置标签颜色等。

【步骤提示】

STEP 1 启动Excel 2010，创建名为“会议签到表.xlsx”的工作簿，利用【开始】/【对齐方式】组中合并后居中按钮，对单元格进行相应合并。

STEP 2 在相应的单元格中输入表格文字类数据，利用快速填充的方法输入编号。

STEP 3 将“Sheet1”表格重命名为“会议签到表1”，复制“会议签到表1”，并将其重命名为“会议签到表2”，删除多余的“Sheet2”和“Sheet3”。

STEP 4 分别将“会议签到表1”和“会议签到表2”表格标签颜色设置为“红色”和“橄榄色”，完成本例实训。（最终效果参见：光盘\效果文件\项目六\实训一\会议签到表.xlsx）

实训二 制作“货物进出记录表”工作簿

【实训要求】

货物进出记录表主要用于记录货物入库和出库情况，能够很好地管理货物存储及调动等。要求表格栏目划分合理，效果如图6-51所示。

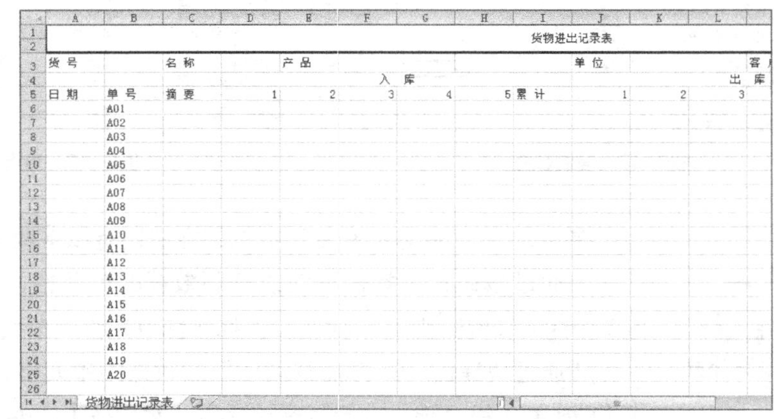

货物进出记录表

货号		名称		产品				单位			客
					入库						出库
日期	单号	摘要	1	2	3	4	5	累计	1	2	3
	A01										
	A02										
	A03										
	A04										
	A05										
	A06										
	A07										
	A08										
	A09										
	A10										
	A11										
	A12										
	A13										
	A14										
	A15										
	A16										
	A17										
	A18										
	A19										
	A20										

货物进出记录表

图6-51 “货物进出记录表”效果

【实训思路】

根据本实训要求应先创建表格并命名，然

后合并单元格，最后输入数据来完成。

【步骤提示】

STEP 1 创建名为“货物进出记录表.xlsx”的文档，并对单元格进行合并。

STEP 2 利用输入和复制的方法输入表格文字类数据，利用快速填充的方法输入编号。

STEP 3 删除多余的“Sheet2”和“Sheet3”表格，将表格“Sheet1”重命名为“货物进出记录表”，并将标签颜色设置为“浅绿”。（最终效果参见：光盘\效果文件\项目六\实训二\货物进出记录表.docx）

常见疑难解析

问：如果出现错输、漏输等情况，应该怎样对Excel单元格的数据进行修改？

答：当只是部分数据错误时，将光标插入点定位于有错误数据的单元格，通过按【Delete】或【BackSpasce】键删除错误数据，然后输入正确数据即可。如果单元格中的数据全部错误，应先选择单元格，然后按【Delete】键删除。当发现漏输情况时，双击单元格，定位光标插入点，然后输入数据。

问：如何快速打开最近编辑过的工作簿？

答：选择【文件】/【最近使用的文件】菜单命令，在打开的列表中可快速将最近编辑过的工作簿打开。

拓展知识

1. 输入身份证号码

在Excel中输入身份证号码时，会自动转换为用科学记数法显示，如输入“513021××××××××4328”就会显示为“5.13021E+17”，为使Excel完整显示出身份证号码，可通过以下3种方法进行设置。

- 在【开始】/【单元格】组中单击 格式 按钮，在打开的下拉列表中选择“设置单元格格式”选项，打开“设置单元格格式”对话框，在“数字”选项卡的“分类”列表框中选择“文本”选项，单击 确定 按钮确认设置即可。
- 在“设置单元格格式”对话框“数字”选项卡的“分类”列表框中选择“自定义”选项，在右侧的列表框中选择“@”选项，单击 确定 按钮确认设置即可。
- 输入数字前，先输入英文状态下的单引号“′”。

在Excel默认情况下，超过11位的数字都将转变为用科学记数法显示，从而出现带有“E+”的数字，如需完整显示，也可采取以上3种方法让其完整显示。

2. 输入分数

输入分数的方法与输入身份证号码相似，有以下3种方法。

- 在【开始】/【单元格】组中单击 格式 按钮，在打开的下拉列表中选择“设置单元格

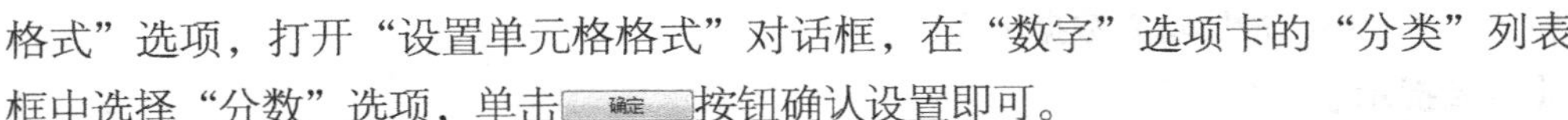

格式”选项，打开“设置单元格格式”对话框，在“数字”选项卡的“分类”列表框中选择“分数”选项，单击确定按钮确认设置即可。

- 选择要输入分数的单元格区域，打开“设置单元格格式”对话框，在“数字”选项卡的“分类”列表框中选择“文本”选项，单击确定按钮确认设置即可。
- 选择要输入分数的单元格区域，先输入一个英文状态下的单引号“ ′ ”，再输入分数即可。

课后练习

（1）选择【文件】/【新建】菜单命令，在打开的面板中的“Office.com模板”中选择“简历”项，新建“通用履历表1”工作簿，并为其重命名并保存，完成后的效果如图6-52所示。（最终效果参见：光盘\效果文件\项目六\课后练习\履历表.xlsx）

（2）制作一个“办公用品购买清单.xlsx”表格，要求合并单元格并输入表格内容（最终效果参见：光盘\效果文件\项目六\课后练习\办公用品购买清单.xlsx），完成后的效果如图6-53所示。

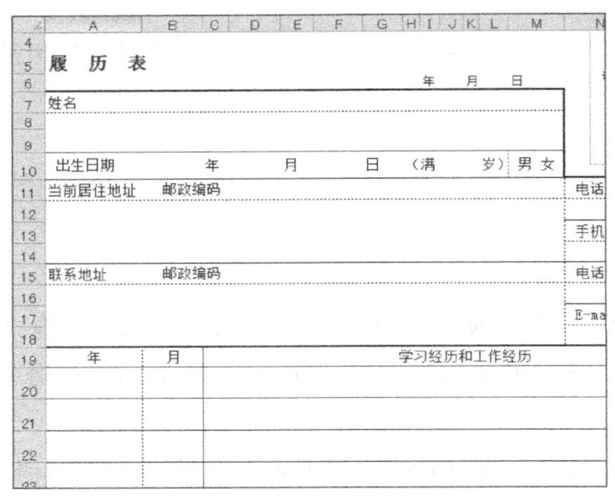

图6-52 “履历表”效果

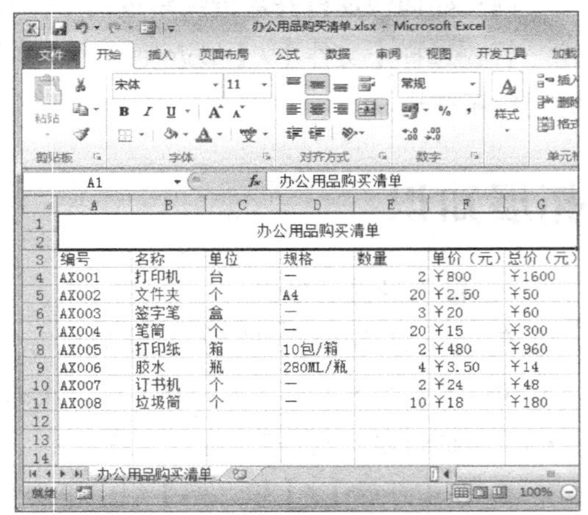

编号	名称	单位	规格	数量	单价（元）	总价（元）
AX001	打印机	台	—	2	￥800	￥1600
AX002	文件夹	个	A4	20	￥2.50	￥50
AX003	签字笔	盒	—	3	￥20	￥60
AX004	笔筒	个	—	20	￥15	￥300
AX005	打印纸	箱	10包/箱	2	￥480	￥960
AX006	胶水	瓶	280ML/瓶	4	￥3.50	￥14
AX007	订书机	个	—	2	￥24	￥48
AX008	垃圾筒	个	—	10	￥18	￥180

图6-53 “办公用品购买清单”效果

PART 7

项目七 设置与美化Excel表格

情景导入

阿秀：小白，你对这个月员工工资表进行一下设置和美化，然后拿给我看。

小白：一会儿我把表格设置好后再美化一下就传给你。

阿秀：好的。像“员工工资表”这样的表格你只需要设置单元格格式、边框、底纹，以及行高和列宽就可以了。为了让你更好地熟悉美化工作簿的操作，你可以再做份“产品宣传资料册”。

小白：产品宣传资料册？有什么不一样的地方吗?

阿秀：像产品宣传资料册这类文档，对公司的产品能起到很好的宣传作用，为使其更具吸引力，可以适当插入图片、剪贴画、艺术字、SmartArt图形，还可绘制自选图形等。

学习目标

- 掌握设置单元格格式、边框和底纹、行高和列宽的操作
- 熟练掌握编辑和美化表格数据的方法

技能目标

- 能够对表格进行设置并美化表格外观
- 掌握“物品领取明细表”“产品宣传资料册”工作簿的制作

任务一　设置“员工工资表”工作簿

员工工资表是按车间或部门编制的，每月一张。在员工工资表中，要根据基本工资、绩效工资、提成、工龄工资等资料按人名填写工资汇总。下面具体介绍其制作方法。

一、任务目标

本任务将练习用Excel设置“员工工资表”工作簿，涉及的操作主要有设置单元格格式、边框和底纹、行高和列宽等。本任务制作完成后的最终效果如图7-1所示。

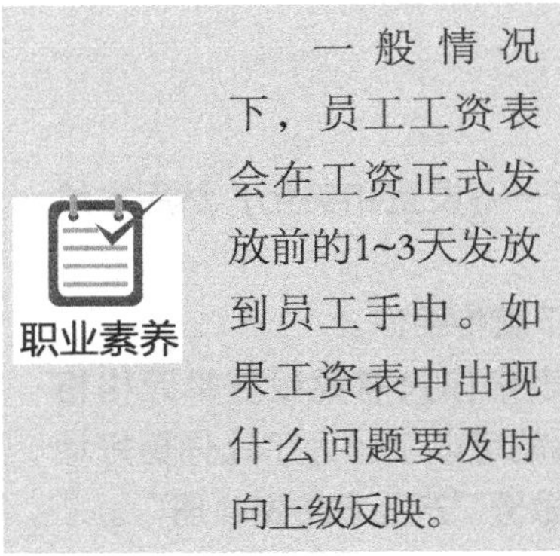

一般情况下，员工工资表会在工资正式发放前的1~3天发放到员工手中。如果工资表中出现什么问题要及时向上级反映。

	A	B	C	D	E	F
1	员工6月份工资统计表					
2	姓名	基本工资（元）	绩效工资（元）	提成（元）	工龄工资（元）	工资汇总（元）
3	张晓霞	¥1,252.80	¥1,368.00	¥1,238.40	¥921.60	¥4,780.80
4	杨茂	¥1,123.20	¥820.80	¥734.40	¥936.00	¥3,614.40
5	郭晓诗	¥979.20	¥907.20	¥1,310.40	¥1,324.80	¥4,521.60
6	黄寒冰	¥763.20	¥1,036.80	¥892.80	¥921.60	¥3,614.40
7	张红丽	¥1,339.20	¥1,310.40	¥1,296.00	¥1,281.60	¥5,227.20
8	李珊	¥763.20	¥907.20	¥792.00	¥1,252.80	¥3,715.20
9	刘金华	¥763.20	¥979.20	¥1,310.40	¥720.00	¥3,772.80
10	刘瑾	¥806.40	¥921.60	¥1,425.60	¥878.40	¥4,032.00
11	张跃进	¥1,108.80	¥777.60	¥1,094.40	¥892.80	¥3,873.60
12	石磊	¥1,296.00	¥892.80	¥936.00	¥748.80	¥3,873.60
13	张军军	¥936.00	¥835.20	¥1,310.40	¥1,195.20	¥4,276.80
14	王浩	¥1,008.00	¥907.20	¥1,353.60	¥1,180.80	¥4,449.60
15	彭念念	¥1,008.00	¥734.40	¥734.40	¥1,123.20	¥3,600.00

图7-1　“员工工资表”最终效果

二、相关知识

本任务涉及表格的设置操作，在完成本任务前，需先了解相关组中的按钮作用。

（一）设置数据

美化表格数据包括对Excel的数据格式及字体格式的设置。数据格式包括“货币”“数值”“会计专用”“日期”“百分比”“分数”等类型；字体格式即对字体、字形、颜色、对齐方式等进行设置。其操作方法为：选择需进行设置的单元格或单元格区域，在【开始】/【字体】组、【开始】/【对齐方式】组、【开始】/【数字】组、【开始】/【单元格】组中进行相应设置，其中常用按钮的作用介绍如下。

- **“字体”下拉列表框**：通过在其中选择字体选项，更改所选单元格的字体样式。
- **“字号”下拉列表框**：通过在其中选择字号选项，更改所选单元格的字号大小。
- **“加粗”按钮**B：单击该按钮使单元格中的数据加粗显示。
- **“倾斜”按钮**I：单击该按钮使单元格中的数据倾斜显示。
- **“下划线”按钮**U：单击该按钮为单元格中的数据添加下画线。
- **“填充颜色”按钮**：单击该按钮将为单元格填充最近一次设置的颜色。单击其右侧的下拉按钮，可在弹出的下拉列表中为所选单元格设置其他颜色。
- **“字体颜色”按钮**A：单击该按钮将为单元格中的数据应用最近一次设置的字体颜色。单击其右侧的下拉按钮，可在弹出的下拉列表中为所选数据设置其他颜色。
- **“左对齐”按钮**：单击该按钮使单元格中的数据以左对齐方式显示。

- **“居中”按钮**：单击该按钮使单元格中的数据以居中对齐方式显示。
- **“右对齐”按钮**：单击该按钮使单元格中的数据以右对齐方式显示。
- **“会计数字格式”按钮**：单击该按钮将为选定单元格选择替补货币格式。
- **“百分比样式”按钮**：单击该按钮将单元格中的数据显示为百分比。
- **“千位分隔样式”按钮**：单击该按钮将单元格格式更改为不带货币符号的会计格式。
- **“增加小数位数”按钮**：单击该按钮将通过增加显示位数，以较高精度显示数据。
- **“减少小数位数”按钮**：单击该按钮将通过减少显示位数，以较低精度显示数据。
- **“插入”按钮**：单击该按钮下侧按钮在打开的列表中选择插入单元格、插入工作表行、插入工作表列或插入工作表选项，即可插入相应对象。
- **“删除”按钮**：单击该按钮下侧按钮在打开的列表中选择删除单元格、删除工作表行、删除工作表列或删除工作表选项，即可删除相应对象。
- **“格式”按钮**：单击该按钮下侧按钮在打开的列表中可对“单元格大小”“可见性”“组织工作表”等进行设置。

（二）设置单元格格式

为了使工作表更加专业和美观，还可以对单元格进行设置，涉及的操作包括为单元格添加边框和底纹、设置文本对齐方式等。其操作方法为：选择需设置的单元格或单元格区域，在【开始】/【字体】组中单击右下角的“对话框启动器”按钮，打开“设置单元格格式”对话框，在其中可对单元格边框、底纹、背景色等参数进行设置，完成后单击确定按钮即可。

三、任务实施

（一）设置单元格格式

本任务将对“员工工资表.xlsx”工作簿进行设置，主要包括设置表格数据和单元格格式，其具体操作如下。（**微课**：光盘\微课视频\项目一\设置设置单元格格式.swf）

STEP 1 打开素材工作簿“员工工资表.xlsx”（素材参见：光盘\素材文件\项目七\任务一\员工工资表.xlsx），选择要设置数据格式的单元格区域，这里选择B3:F18单元格区域，在【开始】/【数字】组中“数据格式”下拉列表框中，选择“货币”选项，如图7-2所示。

STEP 2 返回操作界面即可查看设置后的效果，如图7-3所示。

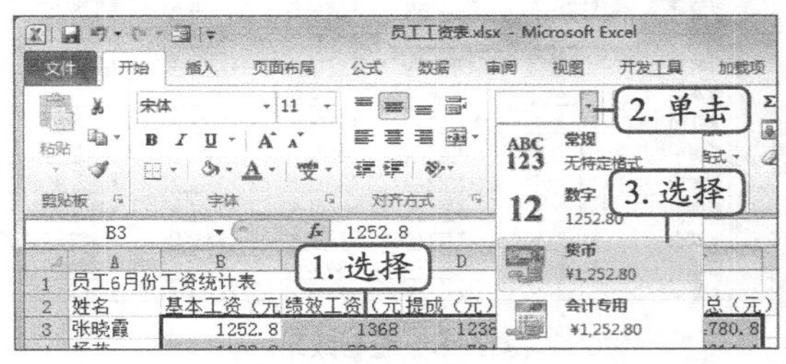

图7-2　设置数据格式

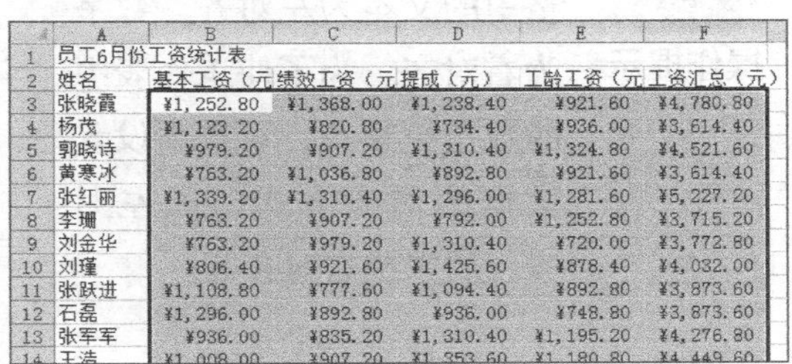

	A	B	C	D	E	F
1	员工6月份工资统计表					
2	姓名	基本工资（元	绩效工资（元	提成（元）	工龄工资（元	工资汇总（元）
3	张晓霞	¥1,252.80	¥1,368.00	¥1,238.40	¥921.60	¥4,780.80
4	杨茂	¥1,123.20	¥820.80	¥734.40	¥936.00	¥3,614.40
5	郭晓诗	¥979.20	¥907.20	¥1,310.40	¥1,324.80	¥4,521.60
6	黄寒冰	¥763.20	¥1,036.80	¥892.80	¥921.60	¥3,614.40
7	张红丽	¥1,339.20	¥1,310.40	¥1,296.00	¥1,281.60	¥5,227.20
8	李珊	¥763.20	¥907.20	¥792.00	¥1,252.80	¥3,715.20
9	刘金华	¥763.20	¥979.20	¥1,310.40	¥720.00	¥3,772.80
10	刘瑾	¥806.40	¥921.60	¥1,425.60	¥878.40	¥4,032.00
11	张跃进	¥1,108.80	¥777.60	¥1,094.40	¥892.80	¥3,873.60
12	石磊	¥1,296.00	¥892.80	¥936.00	¥748.80	¥3,873.60
13	张军军	¥936.00	¥835.20	¥1,310.40	¥1,195.20	¥4,276.80
14	王浩	¥1,008.00	¥907.20	¥1,353.60	¥1,180.80	¥4,449.60

图7-3　查看效果

STEP 3 选择要设置字体格式的单元格，这里选择A1:F1单元格区域，在【开始】/【字体】组中的“字体”下拉列框中选择“方正彩云简体”选项，在“字号”下拉列表框中选择

“20”选项，在【开始】/【对齐方式】组中单击“居中”按钮，如图7-4所示。

STEP 4 选择A2:F2单元格区域，设置其格式为“方正粗倩简体、12”，在【开始】/【字体】组中单击按钮右侧的按钮，在打开的下拉列表中选择“浅绿”选项，如图7-5所示。

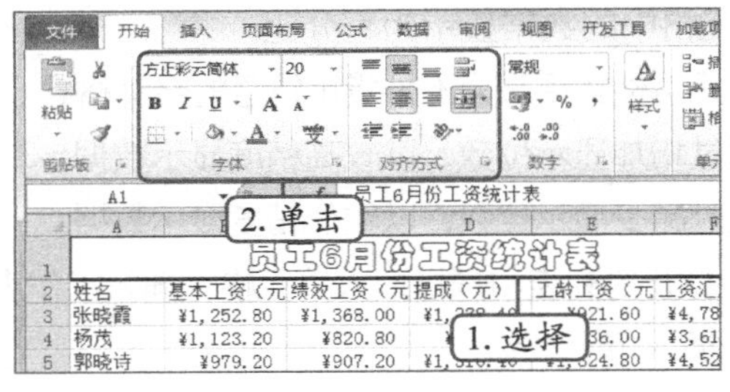

图7-4 设置标题的字体和字号

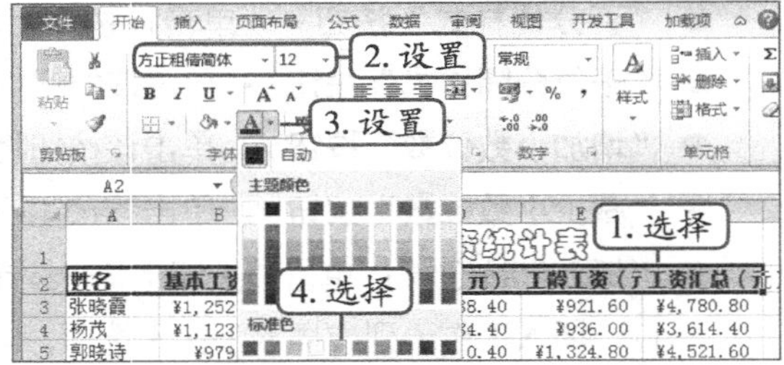

图7-5 设置表头字体格式

STEP 5 选择B3:F18单元格区域，在【开始】/【字体】组中单击“对话框启动器”按钮，如图7-6所示。

STEP 6 打开“设置单元格格式”对话框，单击“字体”选项卡，分别在“字体”和“下划线”下拉列表框中选择“方正报宋简体”和“会计用单下划线”选项，如图7-7所示。

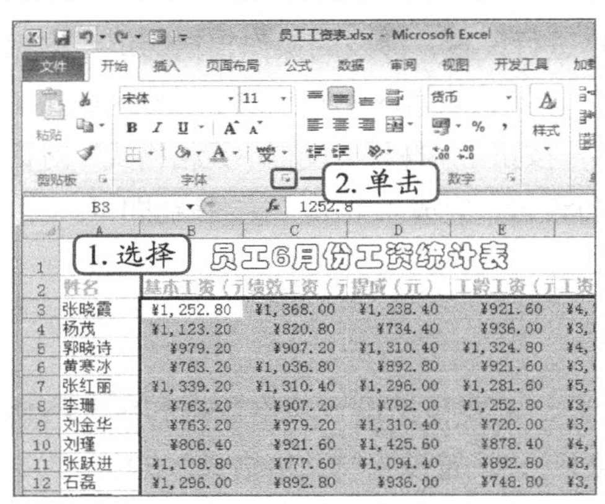

图7-6 单击“对话框启动器”按钮

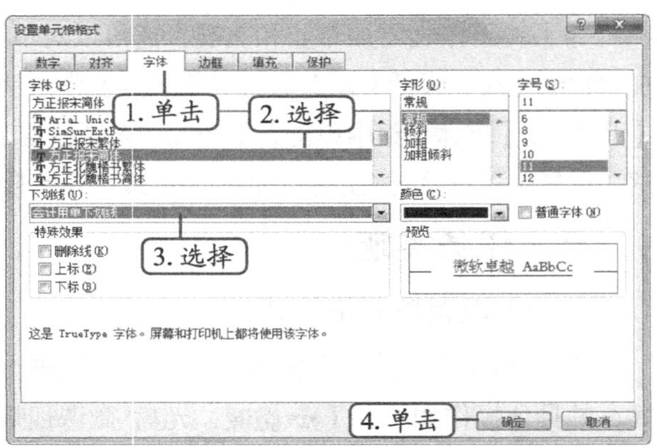

图7-7 “设置单元格格式”对话框

STEP 7 单击 确定 按钮，返回操作界面即可查看设置后效果，如图7-8所示。

默认情况下，Excel表格中的文本为左对齐。数字为右对齐。为了使工作表中的数据更整齐，可重新设置数据的对齐方式，如左对齐、居中或右对齐等。

员工6月份工资统计表					
姓名	基本工资（元	绩效工资（元	提成（元）	工龄工资（元	工资汇总（元）
张晓霞	¥1,252.80	¥1,368.00	¥1,238.40	¥921.60	¥4,780.80
杨茂	¥1,123.20	¥820.80	¥734.40	¥936.00	¥3,614.40
郭晓诗	¥979.20	¥907.20	¥1,310.40	¥1,324.80	¥4,521.60
黄寒冰	¥763.20	¥1,036.80	¥892.80	¥921.60	¥3,614.40
张红丽	¥1,339.20	¥1,310.40	¥1,296.00	¥1,281.60	¥5,227.20
李珊	¥763.20	¥907.20	¥792.00	¥1,252.80	¥3,715.20
刘金华	¥763.20	¥979.20	¥1,310.40	¥720.00	¥3,772.80
刘瑾	¥806.40	¥921.60	¥1,425.60	¥878.40	¥4,032.00
张跃进	¥1,108.80	¥777.60	¥1,094.40	¥892.80	¥3,873.60
石磊	¥1,296.00	¥892.80	¥936.00	¥748.80	¥3,873.60
[illegible]	¥936.00	¥835.20	¥1,310.40	¥1,195.20	¥4,276.80

图7-8 查看效果

STEP 8 选择要设置对齐方式的单元格区域，这里选择A2:F18单元格区域，在【开始】/【对齐方式】组中单击“居中”按钮，如图7-9所示，可使所选区域的数据居中显示，效果如图7-10所示。

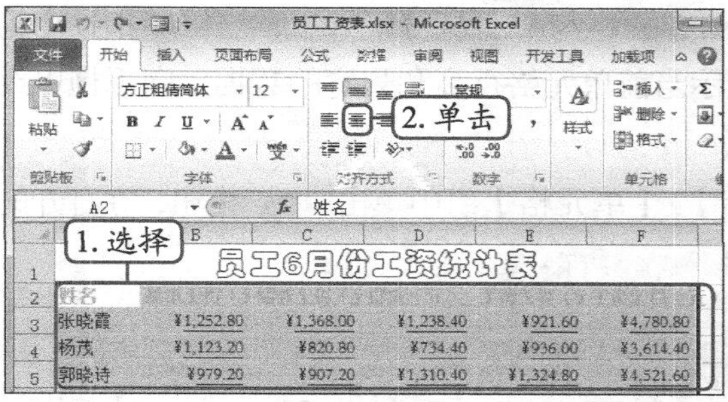

图7-9 设置居中对齐

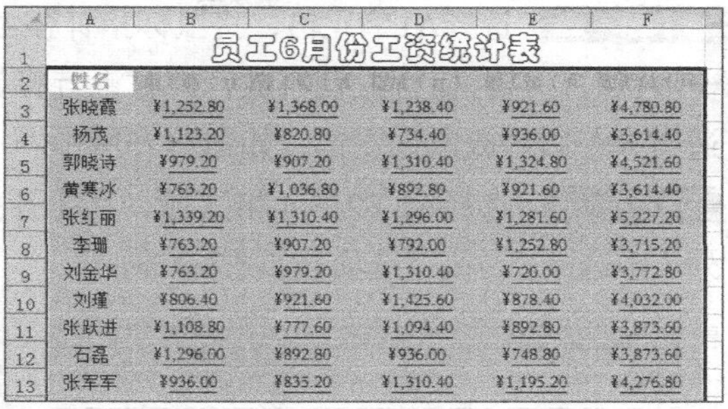

图7-10 查看效果

STEP 9 保持A2:F18单元格区域的选择状态，在【开始】/【对齐方式】组中单击“自动换行”按钮，如图7-11所示，在工作表中可看到表头换行显示，效果如图7-10所示。

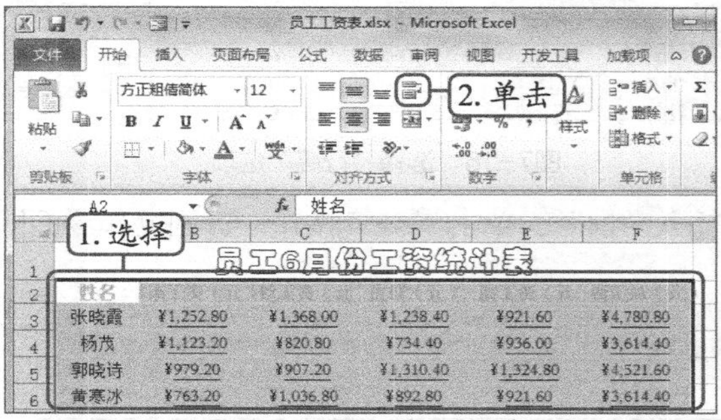

图7-11 单击“自动换行”按钮

姓名	基本工资（元）	绩效工资（元）	提成（元）	工龄工资（元）	工资汇总（元）
张晓霞	¥1,252.80	¥1,368.00	¥1,238.40	¥921.60	¥4,780.80
杨茂	¥1,123.20	¥820.80	¥734.40	¥936.00	¥3,614.40
郭晓诗	¥979.20	¥907.20	¥1,310.40	¥1,324.80	¥4,521.60
黄寒冰	¥763.20	¥1,036.80	¥892.80	¥921.60	¥3,614.40
张红丽	¥1,339.20	¥1,310.40	¥1,296.00	¥1,281.60	¥5,227.20
李珊	¥763.20	¥907.20	¥792.00	¥1,252.80	¥3,715.20
刘金华	¥763.20	¥979.20	¥1,310.40	¥720.00	¥3,772.80
刘瑾	¥806.40	¥921.60	¥1,425.60	¥878.40	¥4,032.00
张跃进	¥1,108.80	¥777.60	¥1,094.40	¥892.80	¥3,873.60
石磊	¥1,296.00	¥892.80	¥936.00	¥748.80	¥3,873.60
张军军	¥936.00	¥835.20	¥1,310.40	¥1,195.20	¥4,276.80

图7-12 查看效果

（二）设置行高和列宽

在Excel表格中单元格的行高与列宽可根据需要进行调整，一般情况下，只需将其行高调整为能完全显示表格数据即可，其具体操作如下。（**微课**：光盘\微课视频\项目一\设置行高和列宽.swf）

STEP 1 选择B2:F2单元格区域，在【开始】/【单元格】组中单击“格式”按钮，在打开的列表中选择“列宽”选项，如图7-13所示。

STEP 2 打开“列宽”对话框，在“列宽”文本框中输入“15”，单击“确定”按钮，效果如图7-14所示。

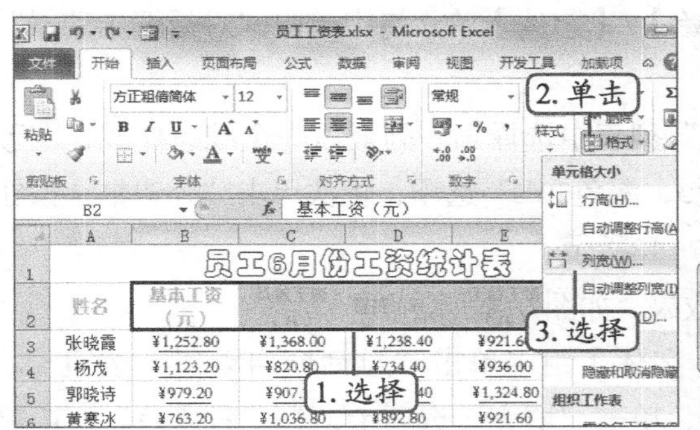

图7-13 单击“格式”按钮

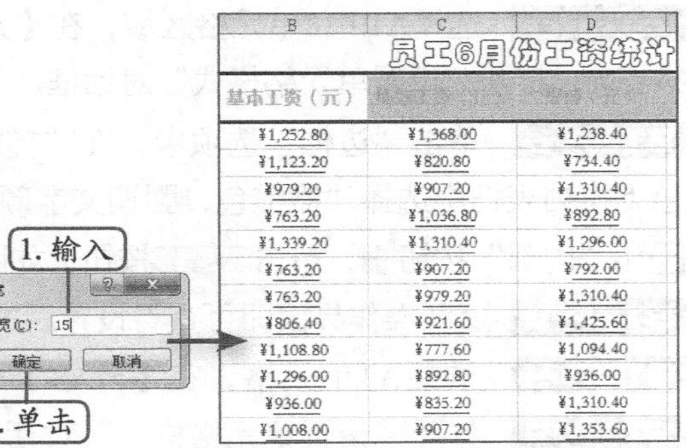

图7-14 设置列宽

STEP 3 选择A1单元格，将鼠标指针移至A1单元格与A2行标分隔线上，当鼠标指针变为╪形状时，按住鼠标左键不放，此时上方将显示当前单元格行高和列宽的数据，向下拖曳至适当大小后释放鼠标左键，如图7-15所示。

STEP 4 选择A2:F2单元格区域，在【开始】/【单元格】组中单击格式按钮，在打开的列表中选择“行高”选项，如图7-16所示。

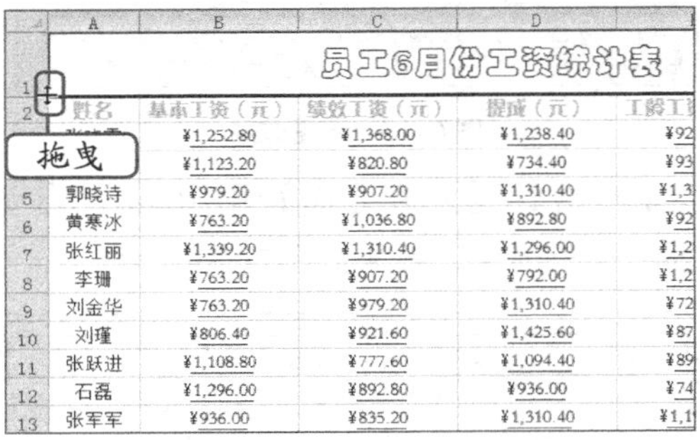

图7-15 调整行高

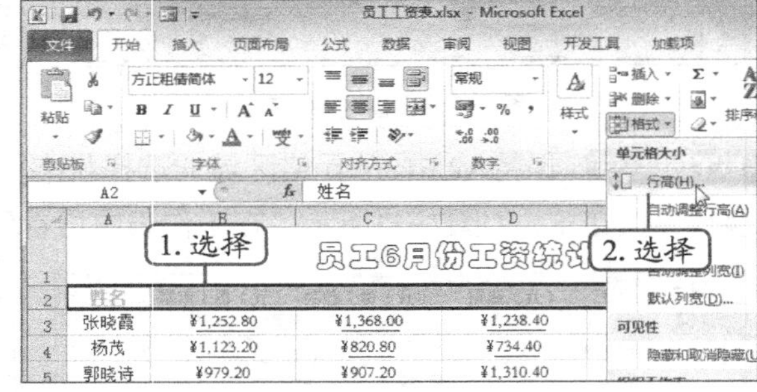

图7-16 选择“行高”选项

STEP 5 打开“行高”对话框，在文本框中输入“24”，单击确定按钮，返回操作界面即可查看设置后的效果，如图7-17所示。

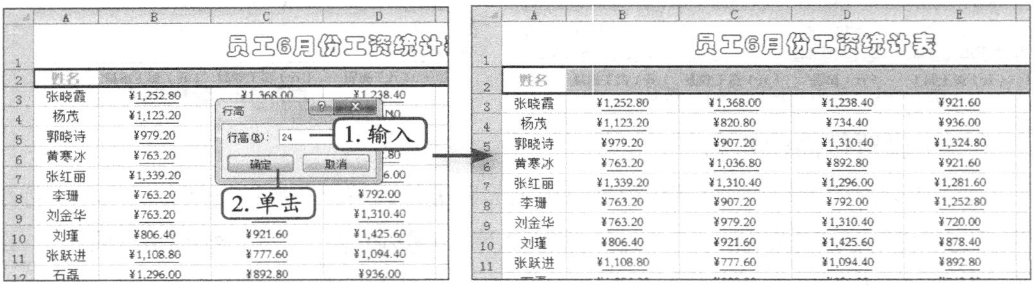

图7-17 设置行高

（三）设置边框和底纹

为使表格的轮廓更具层次感，可设置单元格的边框与底纹，其具体操作如下。（**微课**：光盘\微课视频\项目一\设置边框和底纹.swf）

STEP 1 选择A1:F18单元格区域，在【开始】/【字体】单元格中单击“对话框启动器”按钮，打开“设置单元格格式”对话框。

STEP 2 单击“边框”选项卡，在“样式”列表中选择第一列最后一个线条样式，在颜色下拉列表框中选择“橄榄色，强调文字颜色3，深色50%”选项，依次单击“外边框”按钮和“内部”按钮，单击确定按钮，如图7-18所示。

STEP 3 返回操作界面即可查看设置后的效果，如图7-19所示。

STEP 4 选择A1单元格，在【开始】/【字体】组中单击“对话框启动器”按钮。

STEP 5 打开“设置单元格格式”对话框，单击“填充”选项卡，在“背景色”栏中单击填充效果(I)...按钮，如图7-20所示。

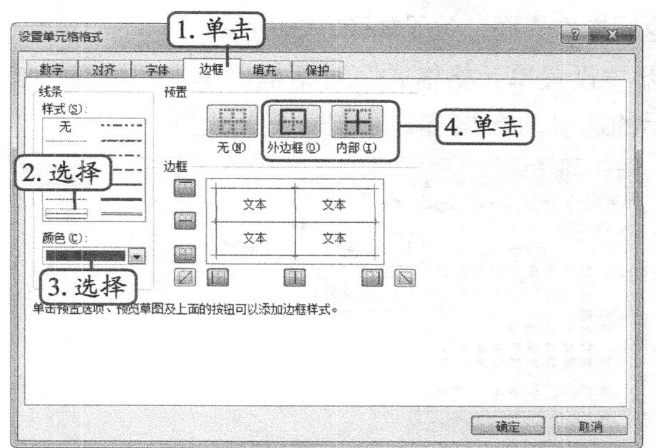

图7-18　设置边框

员工6月份工资统计表				
姓名	基本工资（元）	绩效工资（元）	提成（元）	工龄工
张晓霞	¥1,252.80	¥1,368.00	¥1,238.40	¥92
杨茂	¥1,123.20	¥820.80	¥734.40	¥93
郭晓诗	¥979.20	¥907.20	¥1,310.40	¥1,3
黄寒冰	¥763.20	¥1,036.80	¥892.80	¥92
张红丽	¥1,339.20	¥1,310.40	¥1,296.00	¥1,2
李珊	¥763.20	¥907.20	¥792.00	¥1,2
刘金华	¥763.20	¥979.20	¥1,310.40	¥72
刘瑾	¥806.40	¥921.60	¥1,425.60	¥87
张跃进	¥1,108.80	¥777.60	¥1,094.40	¥89
石磊	¥1,296.00	¥892.80	¥936.00	¥74
张军军	¥936.00	¥835.20	¥1,310.40	¥1,1
王浩	¥1,008.00	¥907.20	¥1,353.60	¥1,1
彭念念	¥1,008.00	¥734.40	¥734.40	¥1,1
黄益达	¥1,000.50	¥1,100.50	¥984.20	¥72
曼佳人	¥980.20	¥994.20	¥1,320.20	¥1,5

图7-19　查看效果

STEP 6　打开“填充效果”对话框，在“颜色”栏中选中“双色”单选项，在“颜色1”下拉列表中选择“其他颜色”选项，如图7-21所示。

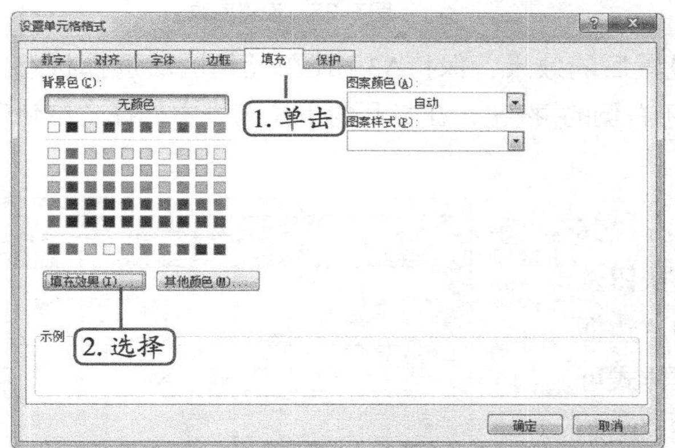

图7-20　单击“填充效果”按钮

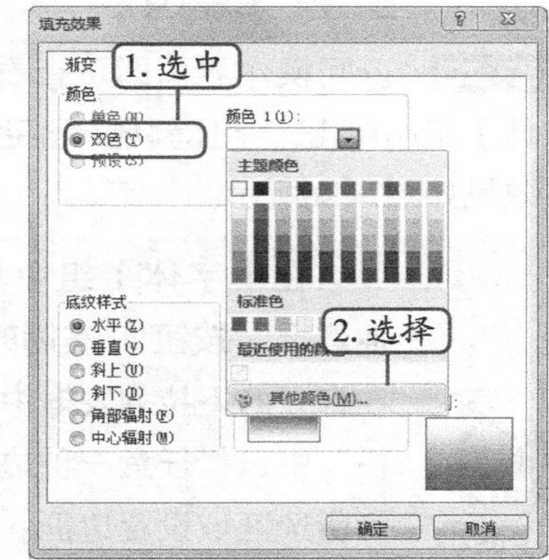

图7-21　选择“其他颜色”选项

STEP 7　打开“颜色”对话框，在“颜色”栏中的色块中选择图7-22所示的选项，如图7-23所示。

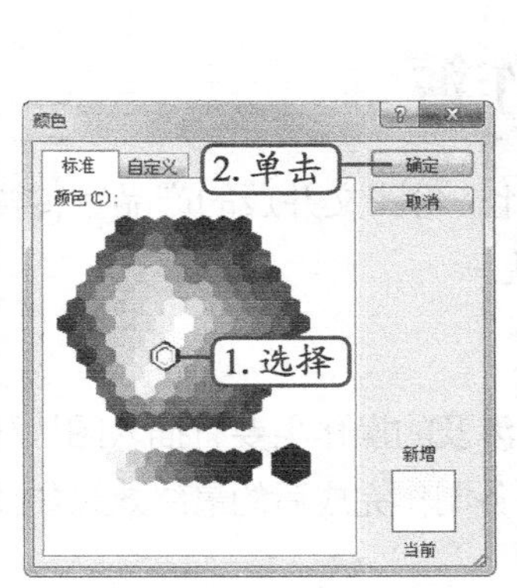

图7-22　选择颜色

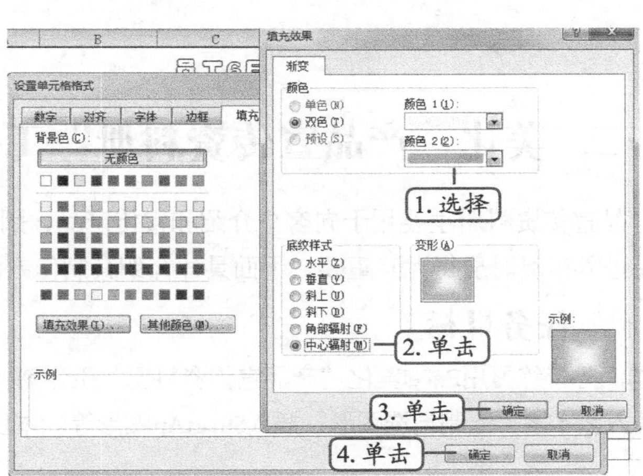

图7-23　确认设置

STEP 8 单击[确定]按钮，确认设置后返回操作界面，效果如图7-24所示。

STEP 9 选择A3:F18单元格区域，打开“设置单元格格式”对话框，单击“填充”按钮，在“背景色”栏中为其选择图7-25所示的选项，单击[确定]按钮，应用设置。

	A	B	C	D
1	员工6月份工资统计表			
2	姓名	基本工资（元）	绩效工资（元）	提成（元）
3	张晓霞	¥1,252.80	¥1,368.00	¥1,238.40
4	杨茂	¥1,123.20	¥820.80	¥734.40
5	郭晓诗	¥979.20	¥907.20	¥1,310.40
6	黄寒冰	¥763.20	¥1,036.80	¥892.80
7	张红丽	¥1,339.20	¥1,310.40	¥1,296.00
8	李珊	¥763.20	¥907.20	¥792.00
9	刘金华	¥763.20	¥979.20	¥1,310.40
10	刘瑾	¥806.40	¥921.60	¥1,425.60
11	张跃进	¥1,108.80	¥777.60	¥1,094.40
12	石磊	¥1,296.00	¥892.80	¥936.00
13	张军军	¥936.00	¥835.20	¥1,310.40

图7-24 查看效果

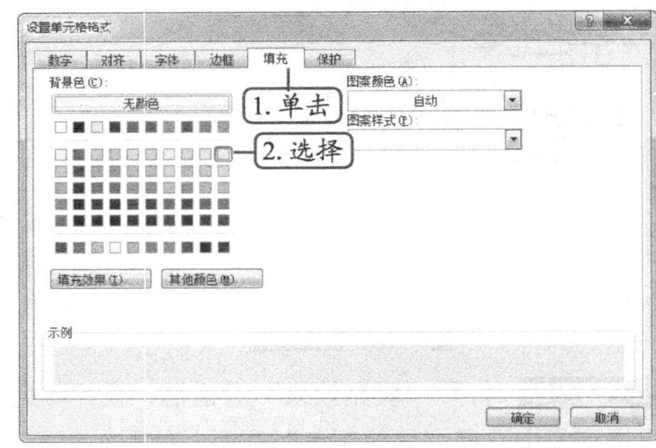

图7-25 设置底纹

STEP 10 返回操作界面即可查看设置后的效果，保持A3:F18单元格区域选择状态，在【字体】组中单击“字体颜色”按钮右侧的按钮，在打开的下拉列表中选择“绿色”选项，效果如图7-26所示。

操作提示

在【字体】组中单击“其他边框”按钮右侧的按钮，在打开的下拉列表框中的“边框栏”中选择任意一种边框样式可为所选区域设置边框。在“绘制边框”栏中选择相应的选项，可手动绘制边框或边框网格，并设置线条颜色与线型。

	A	B	C	D
1	员工6月份工资统计表			
2	姓名	基本工资（元）	绩效工资（元）	提成（元）
3	张晓霞	¥1,252.80	¥1,368.00	¥1,238.40
4	杨茂	¥1,123.20	¥820.80	¥734.40
5	郭晓诗	¥979.20	¥907.20	¥1,310.40
6	黄寒冰	¥763.20	¥1,036.80	¥892.80
7	张红丽	¥1,339.20	¥1,310.40	¥1,296.00
8	李珊	¥763.20	¥907.20	¥792.00
9	刘金华	¥763.20	¥979.20	¥1,310.40
10	刘瑾	¥806.40	¥921.60	¥1,425.60
11	张跃进	¥1,108.80	¥777.60	¥1,094.40
12	石磊	¥1,296.00	¥892.80	¥936.00
13	张军军	¥936.00	¥835.20	¥1,310.40
14	王浩	¥1,008.00	¥907.20	¥1,353.60
15	彭念念	¥1,008.00	¥734.40	¥734.40

图7-26 查看效果

任务二 美化“产品宣传资料册”工作簿

产品宣传资料册主要用于向客户介绍和宣传产品，因此一份图文并茂的产品宣传资料册在产品进入市场时显得尤其重要。下面具体介绍其制作方法。

一、任务目标

本任务将练习用Excel美化“产品宣传资料册”工作簿，涉及的操作主要有插入图片和剪贴画、插入艺术字、绘制自选图形、插入SmartArt图形等。本任务制作完成后的最终效果如图7-27所示。

蓉颜产品宣传资料册

随着社会经济的不断进步和物质生活的极大丰富，越来越多的人开始注重保养自己。产品针对不同皮肤的性质，将其分为三个系列：A.控油系列、B.活肤系列、C.美白系列。

产品项目	产品名称	产品特点	适合人群	产品价格
A.控油系列	控油洁面啫喱	高泡沫型洁面产品，油型及偏油型肌肤适用	适合油型肤质及混合型偏油肤质	299元
	控油洁面乳	平衡油脂分泌，补充水分（建议与毛孔紧致调理露配合使用）		
	毛孔紧致调理露	收缩毛孔（毛孔粗大处使用，用后等待30分钟，才能使用其他护肤品）		
B.活肤系列	保湿洁面乳	无泡沫，非常爽滑，洗后皮肤无紧绷感	适合缺水型肤质	399元
	焕彩轻雾	雾状，轻便易携带，不易破损（喷时离面部距离约为20CM）		
	水润保湿霜	清爽不油腻		
	焕彩眼晶莹露	清爽，透明啫喱状		
C.美白系列	亮白洁面乳	低泡沫型洁面品，滋润有光泽	适合肤色暗沉或肤色较黄，有斑的人群	499元
	柔白亮肤水	含有海藻、珍珠提取液		
	亮白乳液	长期使用皮肤白皙有光泽		
	嫩白水晶	透明状、含有蓝色颗粒（修复因子），吸收快，有晒后修复作用，使用后皮肤白皙透亮		

友情提示：（正确的护肤步骤如下图所示）

产品纯天然、无污染、无刺激、抗氧化，增加皮肤抵抗力！

步骤一　步骤二　步骤三

• 洁面　• 擦爽肤水　• 擦乳液

图7-27　“产品宣传资料册”效果

二、相关知识

图片、剪贴画、艺术字、自选图形等都属于图形对象，且在工作表中插入各图形对象的方法也十分相似，即都通过在“插入”选项卡中选择相应的插入对象来实现。下面以图片和剪贴画为例进行简单介绍。

（一）图片的使用

工作表通常受版面所限，若表格内容过于繁杂，会让阅读者产生视觉疲劳。此时可采用图片来进行描述，因为图片承载的信息量大，且其特有的直观性和客观性有时胜过千言万语的描述。将图片放在不同的情境中，会产生不同的效果。在表格中使用图片，有以下5个优点。

- 画龙点睛。
- 引发读者联想。
- 使视觉形象化。
- 补充文字内容。
- 深化表格内涵。

（二）剪贴画的使用

在将信息作为视觉内容进行视觉化表现的过程中，包括不同的处理方式，前面介绍的图片为其中一种方式。当表格中的内容使用图片不能表达时，可选用剪贴画代替。在表格中使用图片，有以下3个优点。

- 剪贴画能够代替图片表现在实际生活中不可能出现的情况。
- 剪贴画能够对感情或意向等眼睛无法看见的东西进行视觉化表现，起到扩大表现范围的作用。

- 使用剪贴画的幽默元素阐述一些复杂的问题，能让读者轻松理解和接受观点。

三、任务实施

（一）插入图片和剪贴画

在Excel中，用户可根据需要适当插入图片和剪贴画，从而使表格更具吸引力，下面将在“产品宣传资料册.xlsx”工作表中插入图片和剪贴画，其具体操作如下。（微课：光盘\微课视频\项目七\插入图片和剪贴画.swf）

STEP 1 打开素材工作簿“产品宣传资料册.xlsx”（素材参见：光盘\素材文件\项目七\任务二\产品宣传资料册.xlsx），选择A1单元格，按【Delete】键清除单元格中的内容。

STEP 2 保持A1单元格的选中状态，在【插入】/【插图】组中单击“图片”按钮，打开“插入图片”对话框。

STEP 3 在“查找范围”下拉列表框中找到图片所在的路径，选择要插入的图片“图片01.jpg”和“图片 02.jpg”（素材参见：光盘\素材文件\项目七\任务二\图片 01.jpg、图片02.jpg），单击插入(S)按钮，效果如图7-28所示，插入图片后在空白处单击，取消两张图片的选中状态。

STEP 4 将鼠标指针移至“图片 02.jpg”上，鼠标指针变为形状时，按住鼠标左键不放，将图片拖曳至工作表的下方，释放鼠标左键，如图7-29所示。

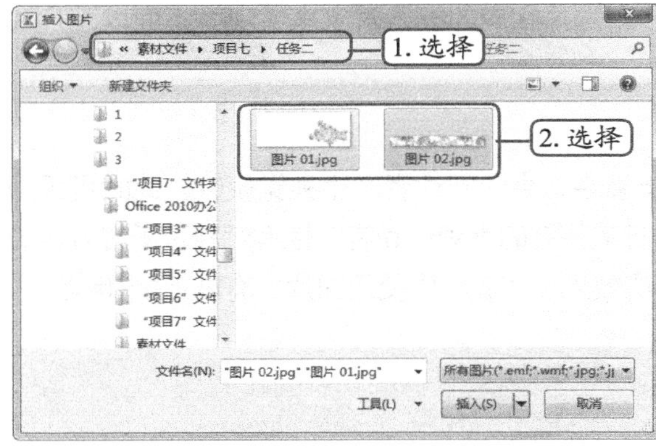

图7-28　插入图片

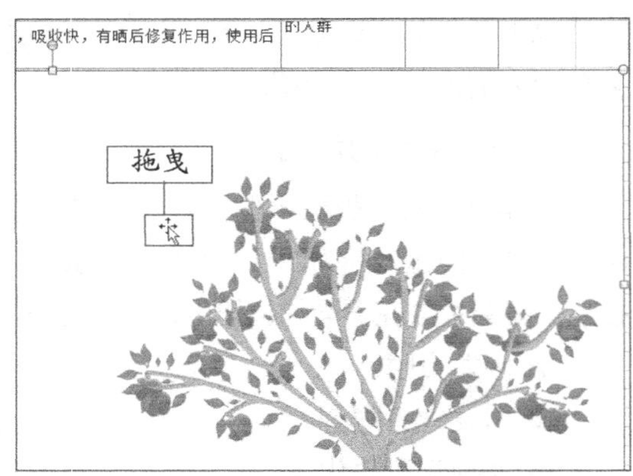

图7-29　调整图片位置

STEP 5 保持“图片 02.jpg”的选择状态，在【图片工具-格式】/【大小】组中单击“裁剪”按钮，此时图片处于裁剪状态。

STEP 6 将鼠标指针移动至图片左侧边缘中间位置，当指针变为形状时，按住鼠标左键不放并向右移动，当图片宽度与表格宽度一样时释放鼠标左键，此时将要被裁剪部分则以灰色显示，再次单击“裁剪”按钮即可，如图7-30所示，调整图片位置，使其与表格对齐。

STEP 7 将“图片 01.jpg”拖曳至A1单元格上，保持其选中状态，在【图形工具-格式】/【大小】组中，单击“形状宽度”数值框右侧的按钮，将图片宽度调整至与表格宽度一致，如图7-31所示。

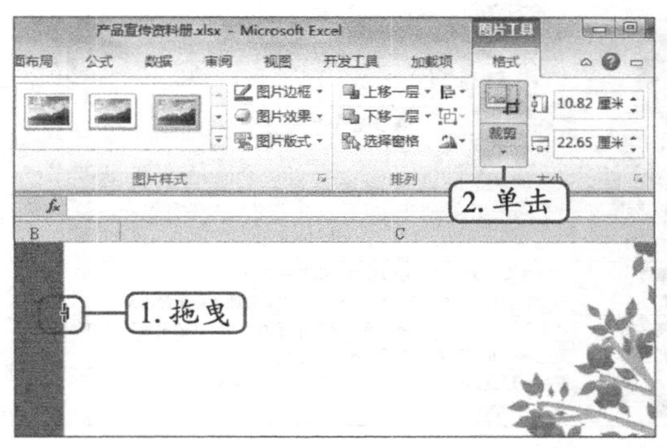

图7-30 裁剪图片

图7-31 调整图片宽度

STEP 8 使用相同的方法通过单击“裁剪”按钮，将图片高度超出的部分裁剪掉，将下面单元格内容全部显示，效果如图7-32所示。

STEP 9 继续保持“图片 01.jpg”的选中状态，在【插入】/【剪贴画】组中单击“剪贴画”按钮，打开“剪贴画”任务窗格。

STEP 10 单击搜索按钮，在列表框中列出搜索结果，通过滑动滚动条或单击按钮，浏览搜索结果，在其中选择图7-33所示的选项，单击该剪贴画即可将其插入到编辑区中。

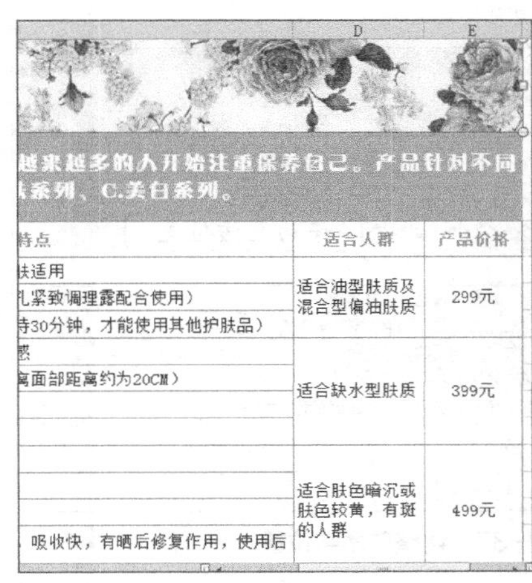

图7-32 调整图片高度

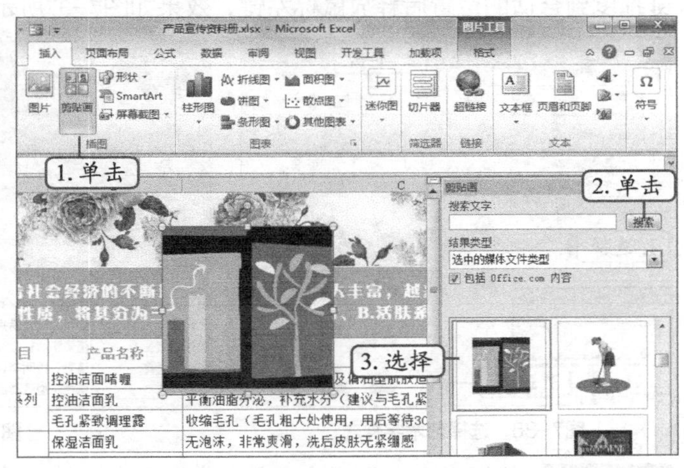

图7-33 插入剪贴画

STEP 11 保持剪贴画的选择状态，然后在【图片工具-格式】/【大小】组中单击“对话框启动器”按钮。

STEP 12 打开“设置图片格式”对话框，在“缩放比例”栏的“高度”数值框中输入30%，由于默认选中“锁定纵横比”复选框，因此宽度也随之变为“30%”，单击关闭按钮，如图7-34所示。

STEP 13 将鼠标指针移动至剪贴画上，当指针变为形状时，按住鼠标左键拖曳图片至A1单元格中，如图7-35所示。

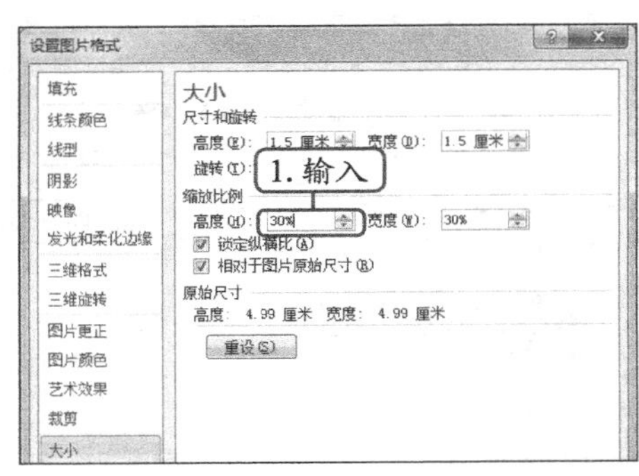

图7-34　设置剪贴画大小

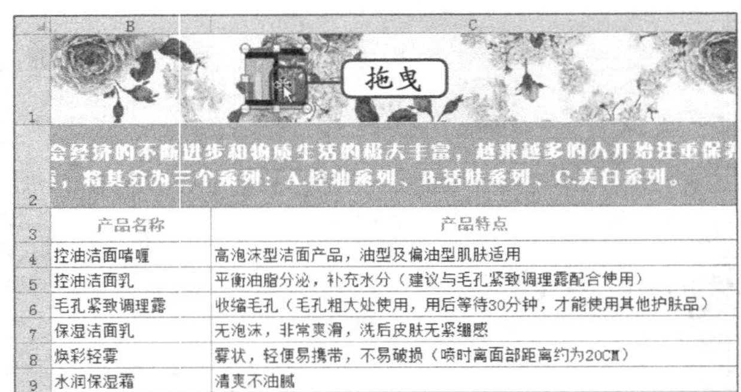

图7-35　调整剪贴画位置

（二）插入艺术字

艺术字即具有特殊效果的文字，用户可根据需要选择不同样式的艺术字插入到表格中，其具体操作如下。（微课：光盘\微课视频\项目七\插入艺术字.swf）

STEP 1 选择A2单元格，在【插入】/【文本】组中单击 艺术字 按钮，在打开的下拉列表中选择如图7-36所示的选项。

STEP 2 将鼠标指针移动到插入的艺术字文本框上，当指针变为形状时，按住鼠标左键拖曳到合适的位置后释放鼠标左键，效果如图7-37所示。

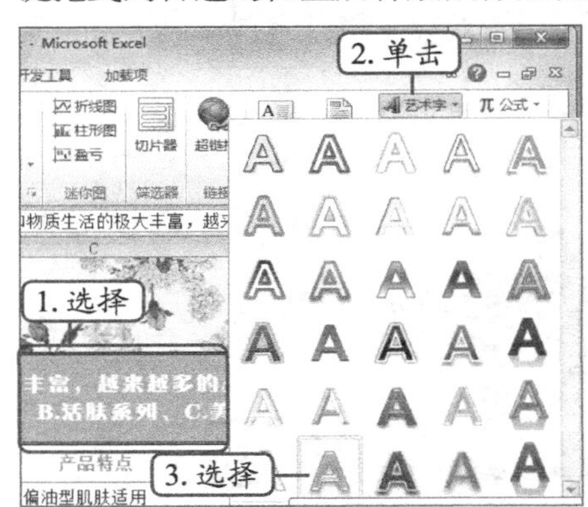

图7-36　选择艺术字样式

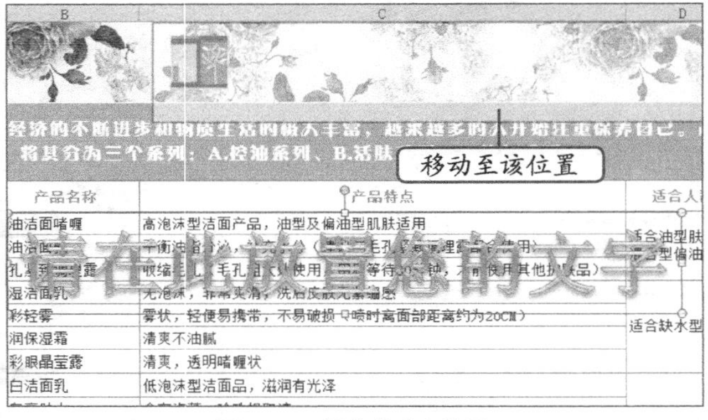

图7-37　调整艺术字位置

STEP 3 将插入点定位到艺术字文本框中，输入“蓉颜产品宣传资料册”，选中艺术字文本框，在【开始】/【字体】组中将字号设置为“40”，效果如图7-38所示。

STEP 4 保持艺术字文本框的选择状态，在【绘画工具-格式】/【形状样式】组中单击按钮，在打开的下拉菜单中选择“彩色轮廓-橄榄色，强调颜色3”选项，如图7-39所示。

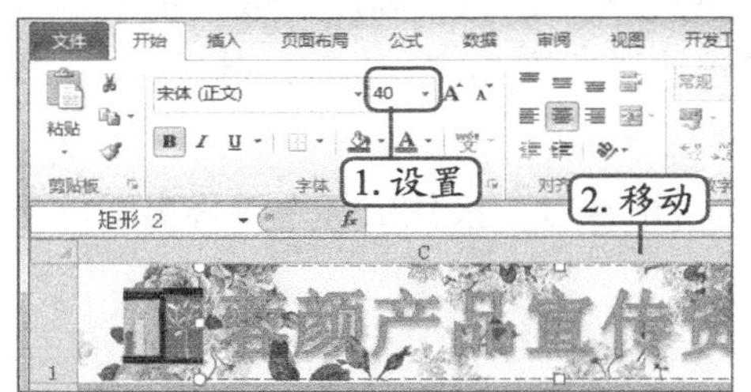

图7-38　设置字体大小和移动位置

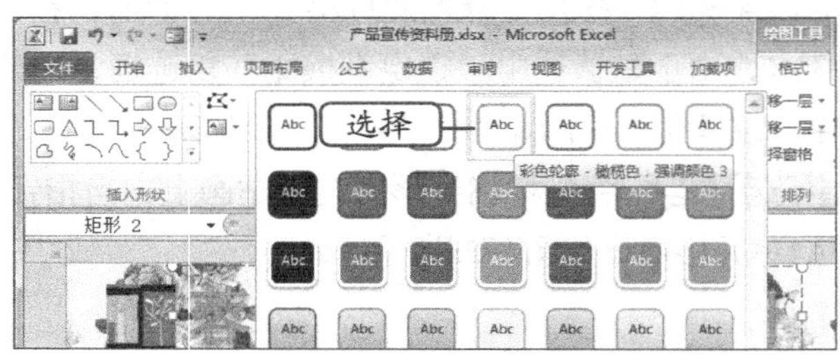

图7-39　选择形状样式

STEP 5 返回操作界面即可查看效果，如图7-40所示，将插入点定位于“蓉”字前，连续按6次空格键，然后将插入点定位到“册”字后，连续敲击2次空格键，此时艺术字的内容变宽，且其左侧剪贴画被遮挡，如图7-41所示。

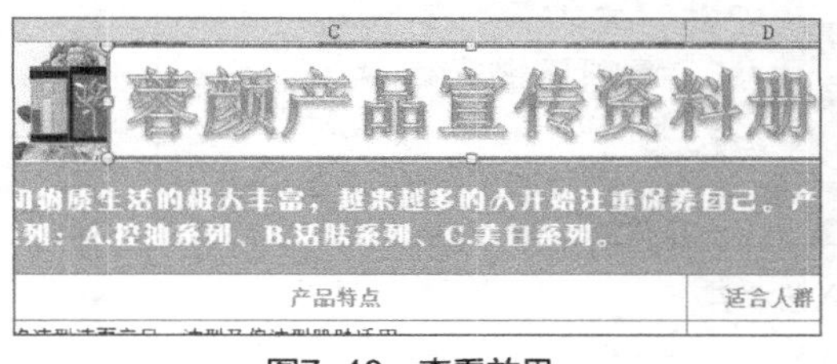

图7-40 查看效果

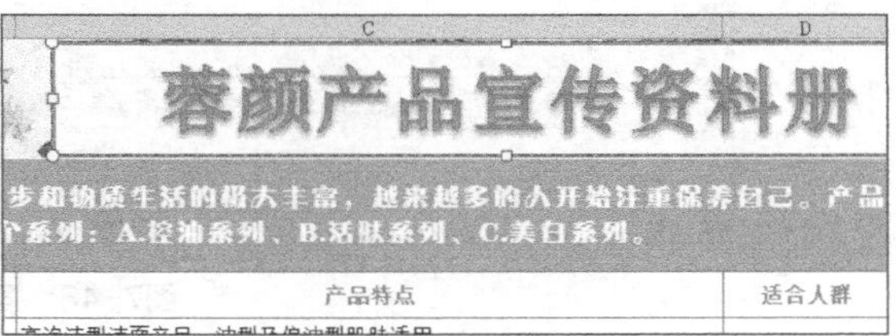

图7-41 输入空格后效果

STEP 6 选择艺术字文本框，单击鼠标右键，在弹出的快捷菜单中选择【置于底层】/【下移一层】命令，被遮挡的剪贴画将显示出来，对其位置进行调整，效果如图7-42所示。

STEP 7 在【插入】/【文本】组中单击 艺术字 按钮，在打开的下拉列表中选择图7-43所示的选项。

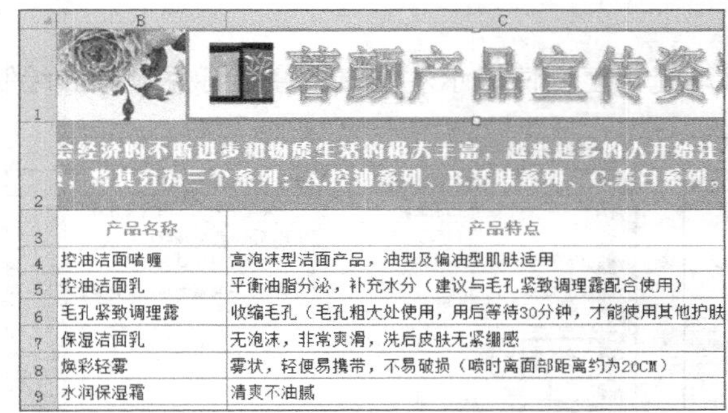

图7-42 调整艺术字和剪贴画的位置

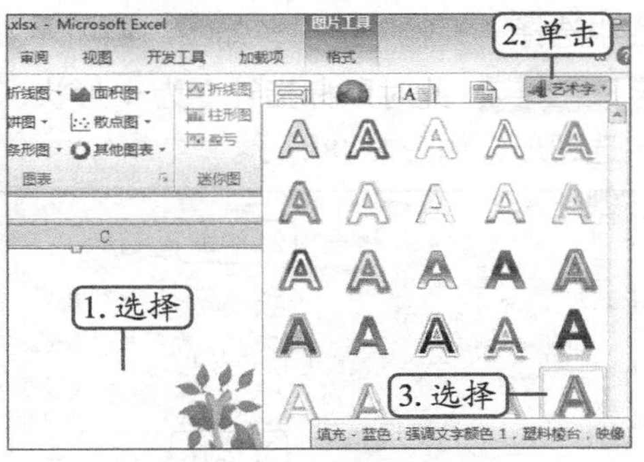

图7-43 选择艺术字样式

STEP 8 在插入的艺术字文本框中输入“产品纯天然、无污染、无刺激、抗氧化，增加皮肤抵抗力！”，设置其字体大小为“24”。

STEP 9 保存其选择状态，在【绘画工具-格式】/【艺术字样式】组中单击“文字效果”按钮，在打开的下拉列表中选【转换】/【上弯弧】选项，如图7-44所示，调整艺术字的位置，最终效果如图7-45所示。

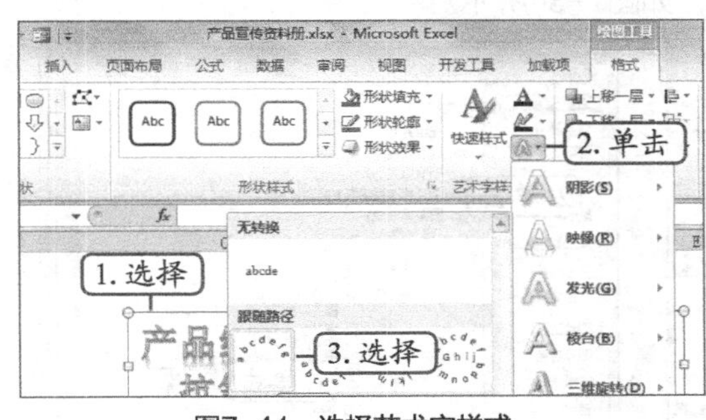

图7-44 选择艺术字样式

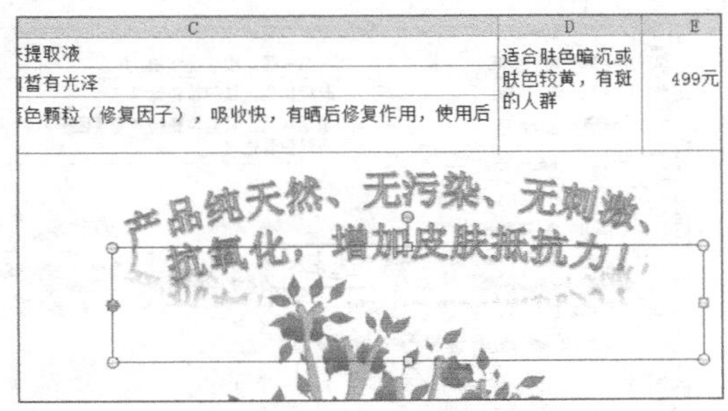

图7-45 查看效果

STEP 10 用相同的方法插入艺术字，输入文本“友情提示：（正确的护肤步骤如下图所示）”，将字体大小设置为“14”，完成后调整其位置，效果如图7-46所示。

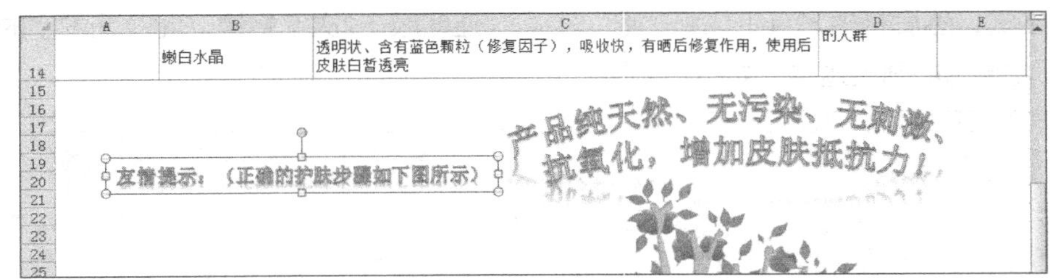

图7-46　插入艺术字

（三）绘制图形

除了可以插入剪贴画和图片外，在Excel中还可以绘制图形，Excel提供了许多简单的几何图形供用户选择，绘制后可对其进行格式设置，其具体操作如下。（微课：光盘\微课视频\项目七\绘制自选图形.swf）

STEP 1 在【插入】/【插图】组中单击形状按钮，在打开的下拉列表中的“基本形状”栏中选择“笑脸”选项，如图7-47所示。

STEP 2 此时鼠标指针变为＋形状，移动光标至友情提示左侧，按住鼠标左键不放绘制自选图形，如图7-48所示。

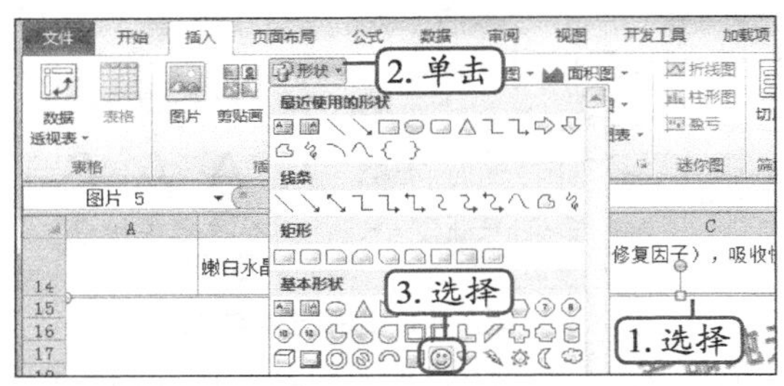

图7-47　插入自选图形

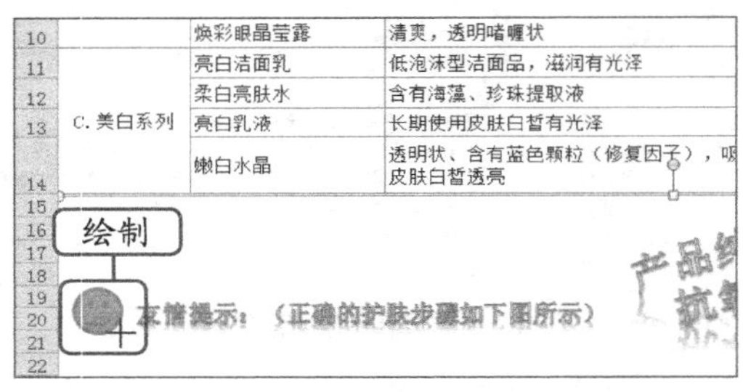

图7-48　绘制自选图形

STEP 3 在绘制的自选图形上单击鼠标右键，在弹出的快捷菜单中选择“设置形状格式”选项，如图7-49所示，打开“形状格式”对话框。

STEP 4 在“填充”选项卡中单击“颜色”按钮，在打开的下拉列表中选择“黄色”选项，单击对话框右侧的“线条颜色”选项卡，如图7-50所示。

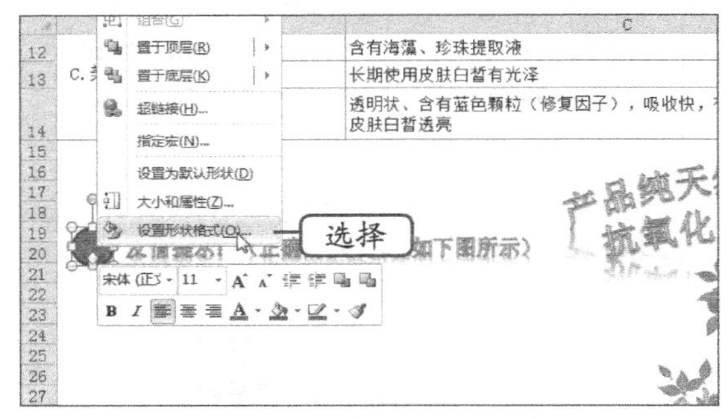

图7-49　选择“设置形状格式”选项

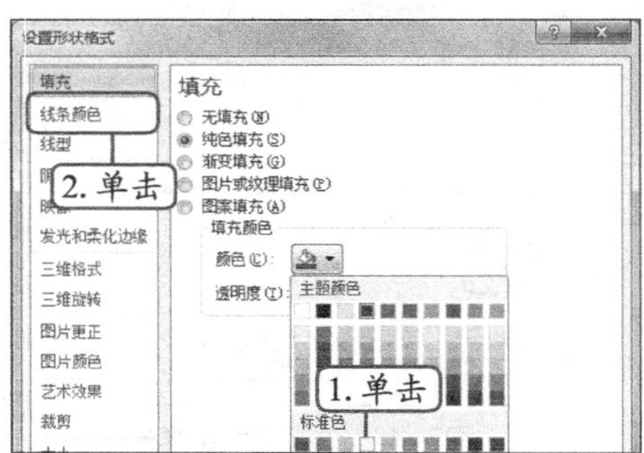

图7-50　设置自选图形的颜色

STEP 5 在打开的“线条颜色”面板中单击“颜色”按钮，在打开的下拉列表中选择

“绿色”选项，单击 关闭 按钮即可。

（四）插入SmartArt图形

SmartArt图形中的类型包括列表、流程、循环、层次结构、关系、矩阵、菱锥图等，用户使用SmartArt图形后可创建出高质的图形效果，其具体操作如下。（微课：光盘\微课视频\项目七\插入SmartArt图形.swf）

STEP 1 在【插入】/【插画】组中单击 SmartArt 按钮，打开“选择SmartArt图形”对话框。

STEP 2 单击“流程”选项卡，在打开面板中选择“互联块流程”选项，在面板的右侧可预览所选选项的效果，如图7-51所示。

STEP 3 单击 确定 按钮，返回操作界面即可查看插入的的SmartArt图形，效果如图7-52所示。

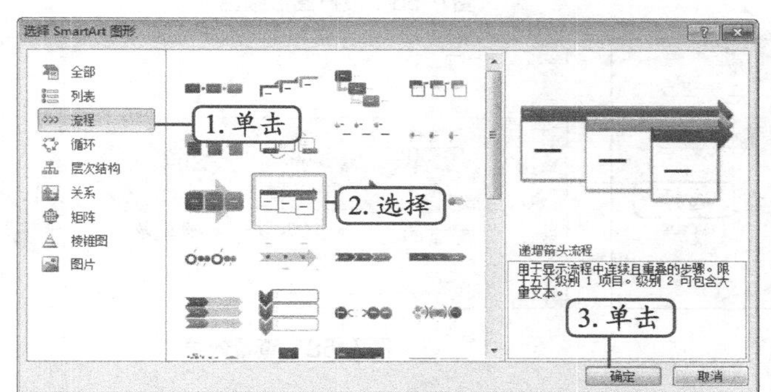

图7-51　选择图形类型

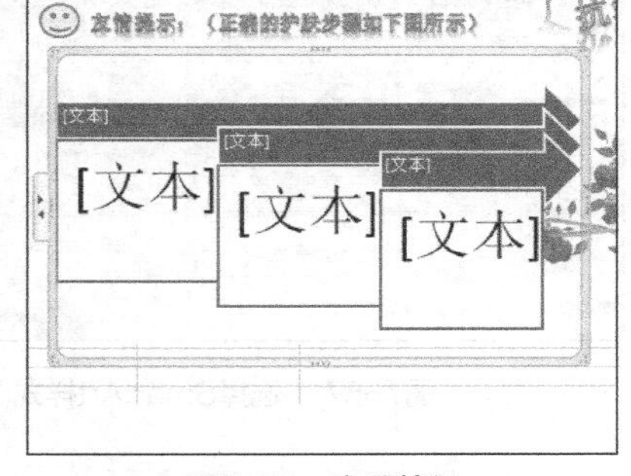

图7-52　查看效果

STEP 4 将插入点定位到相应的文本框中，输入相应内容，效果如图7-53所示。

STEP 5 选中插入的SmartArt图形，在【SmartArt工具-设计】/【布局】组中选择“连续箭头流程”选项，如图7-54所示。

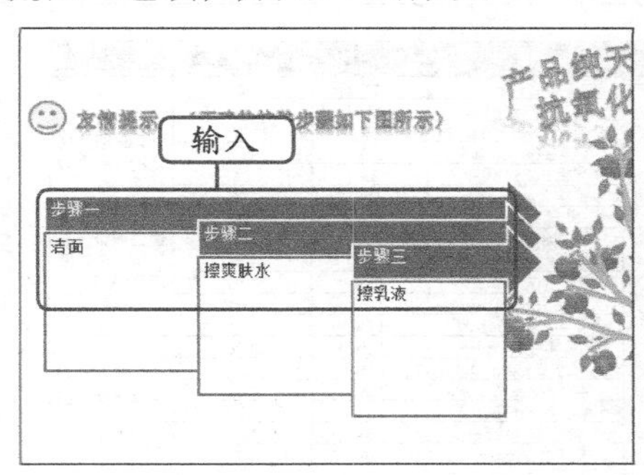

图7-53　输入文本

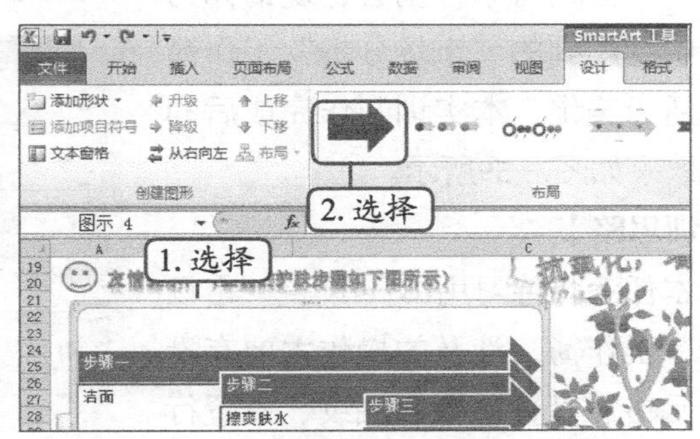

图7-54　选择“连续箭头流程”选项

STEP 6 更换SmartArt图形类型后，将它移动至适当位置，效果如图7-55所示。

STEP 7 在【SmartArt工具-设计】/【SmartArt样式】组中单击“更改颜色”按钮，在打开的下拉列表中选择图7-56所示的选项。

STEP 8 在【SmartArt工具-设计】/【SmartArt样式】组中选择“细微效果”选项，如图7-57所示，查看设置后效果如图7-58所示。至此，完成本任务操作。（最终效果参见：光盘\效果文件\项目七\任务二\产品宣传资料册.xlsx）

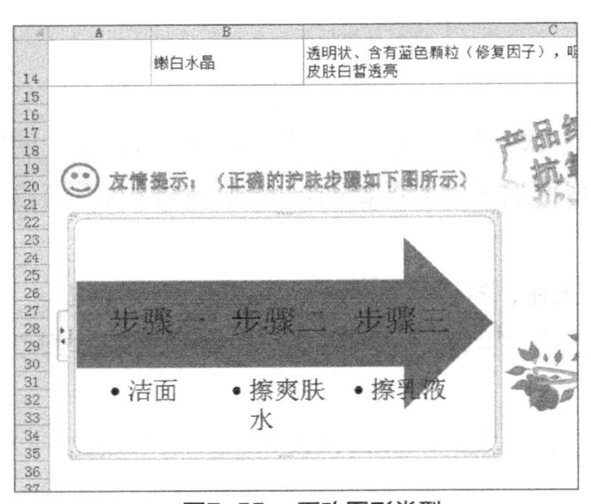

图7-55　更改图形类型

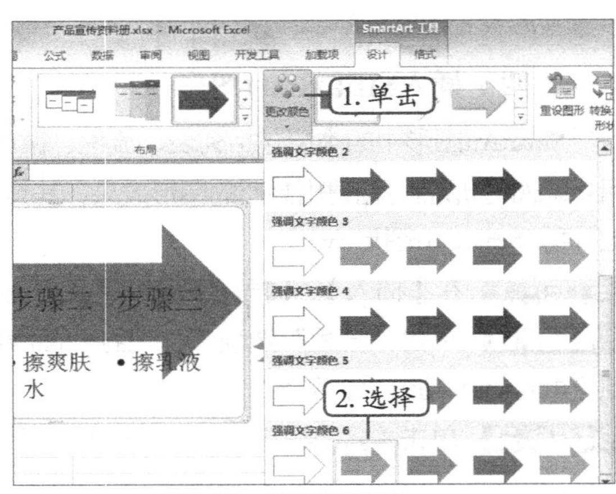

图7-56　设置图形颜色

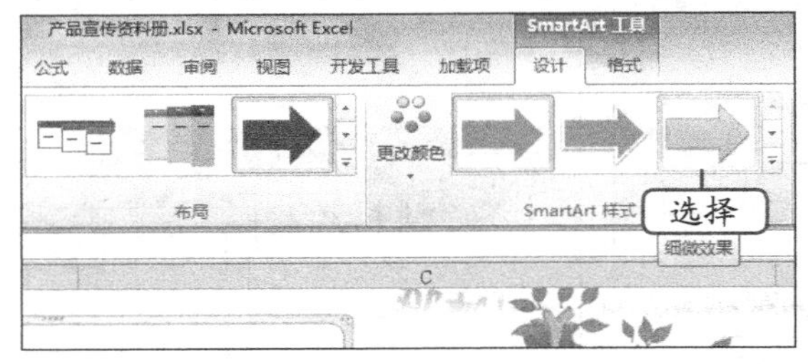

图7-57　选择SmartArt样式

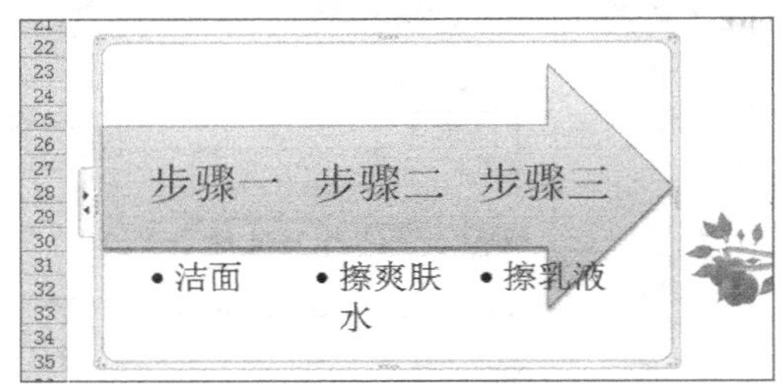

图7-58　查看效果

实训一　设置“市场分析”工作簿

【实训要求】

××公司将举行例会，现请你为例会中要用到的“市场分析”工作簿进行适当美化。本实训制作完成后的最终效果如图7-59所示。

市场占有率分析表				
客户名称	公司产品	总占有率	目标占有率	策略
贝贝书城	《学会Word》	7%	8%	提升广告效力，采取多样化的促销手段
	《学会Excel》	6.50%	7%	
	《学会PowerPoint》	8%	9%	
	《学会Outlook》	15%	18%	
	《学会Publisher》	8%	8%	
	《学会Access》	9%	10%	
花香书城	《学会Word》	7%	8%	适当调整产品价格，注重新产品的创新设计
	《学会Excel》	11%	12%	
	《学会PowerPoint》	9%	13%	
	《学会Outlook》	13%	15%	
	《学会Publisher》	12%	15%	
	《学会Access》	10%	10%	
明日书城	《学会Word》	10%	12%	扩展销售渠道
	《学会Excel》	11%	12%	
	《学会PowerPoint》	12%	13%	
	《学会Outlook》	11%	12%	
	《学会Publisher》	13%	15%	
	《学会Access》	9%	10%	

图7-59　“市场分析”最终效果

【实训思路】

本任务将练习用Excel设置“市场分析”工作簿，涉及的操作主要有设置单元格、设置边框和底纹、设置行高和列宽等。

【步骤提示】

STEP 1　启动Excel 2010，打开素材工作簿“市场分析.xlsx”（素材参见：光盘/素材文件/项目七/实训一/市场分析.xlsx）。

STEP 2　在【开始】/【对齐方式】组中将表格内容设置为“居中”，在【开始】/【字体】组中将标题设置为“宋体、20、加粗、橙色”，表头设置为“宋体、12、加粗”，表头行高设置为“22”。

STEP 3 在【开始】/【字体】中单击“对话框启动器”按钮，打开“设置单元格格式”对话框。

STEP 4 分别在“边框”和“填充”选项卡中进行设置，为表格添加边框和底纹。（最终效果参见：光盘\效果文件\项目七\实训一\市场分析.xlsx）。

实训二 制作“公司结构图”工作簿

【实训要求】

“公司结构图.xlsx”主要简单介绍公司的人员结构。要求除了正确设置格式外，还应结合表格的整体效果设置表格外观，效果如图7-60所示。

图7-60 “公司结构图”最终效果

【实训思路】

打开素材工作簿“公司结构图.xlsx”（素材参见：光盘\素材文件\项目七\实训二\公司结构图.xlsx），首先为其设置单元格格式并添加底纹，然后插入图片和艺术字，最后再插入SmartArt图形等。

【步骤提示】

STEP 1 打开素材工作簿，分别在【开始】/【字体】和【单元格】组中对表格字体和行高进行设置。

STEP 2 分别通过在【插入】/【插图】和【文本】组中插入图片和艺术字，并对其进行相应设置。

STEP 3 通过在【插入】/【插图】组中单击SmartArt按钮，在打开的对话框中选择【层次结构】/【层次结构】选项，插入SmartArt图形，并对其添加形状和删除形状，最后输入文本（最终效果参见：光盘\效果文件\项目七\实训二\公司结构图.xlsx）。

常见疑难解析

问：在Excel中是否有方法快速设置表格格式，应如何操作？

答：有。Excel 2010提供了样式繁多的预设表格样式，在使用时只需将其应用到现有表格中就能轻松高效地制作出既专业又美观的表格。其操作方法为，在【开始】/【样式】组中单击套用表格格式按钮，在打开的下拉列表中选择任意样式，打开“套用表格式”对话框，在表格中选择需要套用格式的单元格区域，单击确定按钮即可。

问：是否有隐藏工作簿的方法，该如何操作？

答：有。在【视图】/【窗口】组中单击隐藏按钮，即可隐藏工作簿。要显示隐藏了的工作簿，在【窗口】组中单击取消隐藏按钮，在打开的“取消隐藏”对话框中选择需要显示的工作簿，单击确定按钮即可。

拓展知识

默认情况下，Excel工作表中的背景呈白底黑字显示，除了为其填充颜色外，还可在Excel 2010中工作表中添加图片作为背景。其操作方法为，在【页面布局】/【页面设置】组中单击背景按钮，在打开的“工作表背景”对话框的“查找范围”下拉列表中选择背景图片保存路径，在中间区域选择背景图片，单击插入(S)按钮，在工作表中即可查看设置的工作表背景效果。设置工作表背景后，【页面设置】组中的背景按钮自动变为删除背景按钮，单击该按钮即可删除已设置的工作表背景。

课后练习

（1）打开素材工作簿“客户拜访计划表.xlsx”（素材参见：光盘\素材文件\项目七\课后练习\客户拜访计划表.xlsx），将表格内容设置为居中显示，设置标题和表头格式，最后为表格添加边框和底纹，完成后效果如图7-61所示（最终效果参见：光盘\效果文件\项目七\课后练习\客户拜访计划表.xlsx）。

（2）打开素材工作簿“档案借阅登记表.xlsx”（素材参见：光盘\素材文件\项目七\课后练习\档案借阅登记表.xlsx），设置标题和表头格式，为表格添加边框和底纹，并插入剪贴画（最终效果参见：光盘\效果文件\项目七\课后练习\档案借阅登记表.xlsx），完成后效果如图7-62所示。

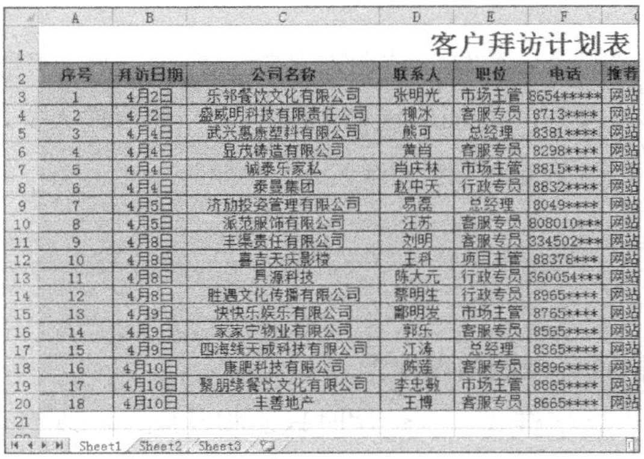

图7-61　“客户拜访计划表”效果

图7-62　“档案借阅登记表”效果

PART 8

项目八 计算Excel表格数据

情景导入

阿秀：小白，本月的员工差旅费统计出来了吗?

小白：各项数据都已经统计出来了，但是没有计算各部门的总额，我打算借用计算器计算数据。

阿秀：不需要用计算器计算数据的，Excel的公式和函数功能能够快捷计算工作中遇到的表格数据，并且需要判断表格中的数据是否符合条件时，可以通过条件函数进行判断。

小白：好的，我知道了，原来Excel有这样的功能。

阿秀：那当然了，赶紧把数据计算出来吧。

学习目标

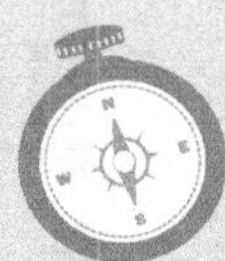

- 熟悉公式和函数的组成及使用方法
- 掌握单元格引用和只保留公式计算结果的操作方法

技能目标

- 能够使用公式计算表格数据
- 能够掌握几种常用函数并计算表格数据

任务一 计算“员工差旅费用统计”工作簿

“员工差旅费用统计”表格主要用于公司员工出差过程中各部门相关费用的统计和计算，从而实现费用的监管和报销。下面将介绍在“员工差旅费用统计”表格中使用公式的具体方法。

一、任务目标

本任务将练习在“员工差旅费用统计”工作簿中，使用公式计算表格中的数据，包括设置单元格引用和只保留公式的计算结果等操作。本任务制作完成后的最终效果如图8-1所示。

员工差旅费统计

部门	住宿费用报销	出行补助	餐补	车费报销	部门合计
总经办	20000	4000	5000	3000	32000
行政部	1000	1000	1000	400	3400
销售部	15000	4000	5000	2000	26000
财务部	3000	2000	2000	1000	8000
设计部	3000	1500	3000	800	8300
工程部	10000	3000	3000	1200	17200
费用平均值	8667	2583	3167	1400	15817
				部门总费用平均值	15817

图8-1 “员工差旅费用统计”表格效果

二、相关知识

（一）公式运算符和语法

在Excel中使用公式前，首先需要对公式中的运算符和公式的语法有大致的了解，下面分别对其进行简单介绍。

1. 运算符

即公式中的运算符号，用于对公式中的元素进行特定计算，如常见的“+、−、×、÷”等。运算符主要用于连接数字并产生相应的计算结果。

2. 语法

Excel中的公式是按照特定的顺序进行数值运算的，这一特定顺序即为语法。Excel中的公式遵循一个特定的语法，最前面是等号，后面是参与计算的元素和运算符。如果公式中同时用到了多个运算符，则需按照运算符的优先级别进行运算，如果公式中包含了相同优先级别的运算符，则先进行括号里面的运算，然后再从左到右依次计算。

（二）单元格引用和单元格引用分类

1. 单元格引用

在Excel中是通过单元格的地址来引用单元格的，单元格地址指单元格的行号与列标组合。如对于6月的总计可输入公式“=193800+123140+146520+152300”，数据“193800”位于B3单元格，其他数据依次位于C3、D3、E3单元格中，通过单元格引用，可以将公式输入为“=B3+C3+D3+E3”，同样可以获得相同的计算结果，如图8-2所示。

F3 =B3+C3+D3+E3

	A	B	C	D	E	F
1	生产统计表					
2	时间	一车间	二车间	三车间	四车间	总计
3	6月	193800	123140	146520	152300	615760
4	7月	115620	115230	130000	145030	
5	8月	125700	154600	154600	165800	
6	9月	135460	126462	234542	164845	
7	10月	152164	145122	152214	121200	
8	11月	154213	154876	13254	152410	
9	平均产量					

Sheet1 Sheet2 Sheet3

图8-2　单元格引用

2. 单元格引用分类

在计算数据表中的数据时，通常会复制或移动公式来实现快速计算，因此会涉及不同的单元格引用方式。Excel中包括相对引用、绝对引用、混合引用3种引用方法，不同的引用方式，得到的计算结果也不相同。

- **相对引用**：相对引用是指输入公式时直接通过单元格地址来引用单元格。相对引用单元格后，如果复制或剪切公式到其他单元格，那么公式中引用的单元格地址会根据复制或剪切的位置而发生相应改变。
- **绝对引用**：绝对引用是指无论引用单元格的公式位置如何改变，所引用的单元格均不会发生变化。绝对引用的形式是在单元格的行列号前加上符号“$”。
- **混合引用**：混合引用是综合相对引用和绝对引用的方式。混合引用有两种，一种是行绝对、列相对，如“B$2”表示行不发生变化，但是列会随着新的位置发生变化；另一种是行相对、列绝对，如“$B2”表示列保持不变，但是行会随着新的位置而发生变化。

三、任务实施

（一）公式的使用

在Excel中，公式是对单元格或单元格区域内的数据进行计算和操作的等式。下面利用公式对“员工差旅费用统计.xlsx”工作簿中的表格数据进行计算，其具体操作如下。（**微课**：光盘\微课视频\项目八\公式的使用.swf）

STEP 1 打开素材工作簿（素材参见：光盘\素材文件\项目八\任务一\员工差旅费用统计.xlsx），在“Sheet1”工作表中选择F3单元格，在编辑栏中输入符号“=”，如图8-3所示。

STEP 2 单击B3单元格，此时该单元格周围出现闪烁的边框，继续在编辑栏中输入算术运算符“+”，如图8-4所示。

STEP 3 单击C3单元格，然后在编辑栏中输入算术运算符“+”，单击D3单元格，然后在编辑栏中输入算术运算符“+”，再单击E3单元格，然后单击编辑区中的“输入”按钮✓，如图8-5所示。

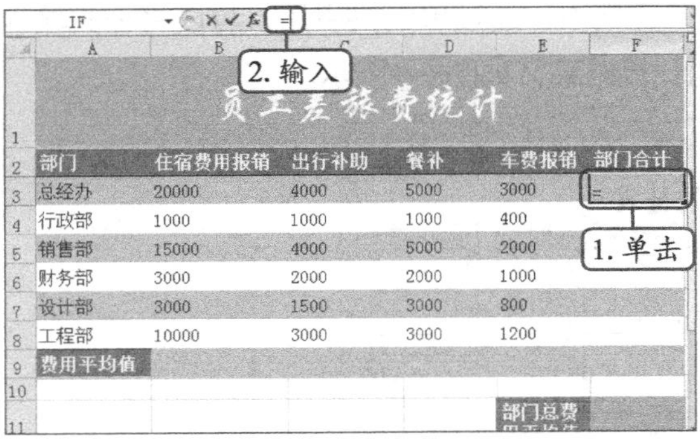

图8-3　输入符号

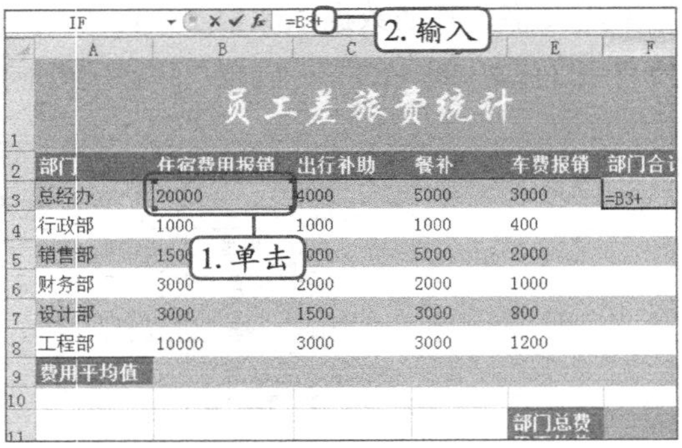

图8-4　引用单元格

STEP 4 在F3单元格中将显示B3、C3、D3、E3单元格的数据之和，如图8-6所示。

图8-5　引用其他单元格

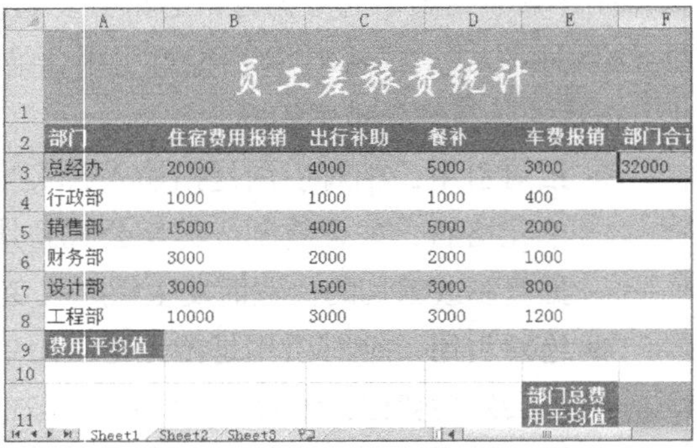

图8-6　查看计算结果

（二）单元格的引用

单元格引用用于标识表格中的单元格或单元格区域，并指明公式中所使用数据的地址。下面将在“员工差旅费用统计.xlsx”工作簿中进行单元格的引用操作，其具体操作如下。（微课：光盘\微课视频\项目八\单元格的引用.swf）

STEP 1 将鼠标指针移至F3单元格右下角，当其变为+形状时，按住鼠标左键向下拖曳，直至F8单元格再释放鼠标左键，如图8-7所示。

STEP 2 释放鼠标左键后自动填充数据，效果如图8-8所示。

图8-7　填充数据

图8-8　查看单元格引用

STEP 3 单击“自动填充选项”按钮右侧的按钮，在打开的下拉菜单中选择“不带格式填充”单选项，如图8-9所示。

STEP 4 释放鼠标左键，应用设置，单击F4单元格，因为公式中使用的是相对引用，所以对应的编辑栏中的单元格引用地址也随之发生了改变，显示为“=B4+C4+D4+E4”，如图8-10所示。

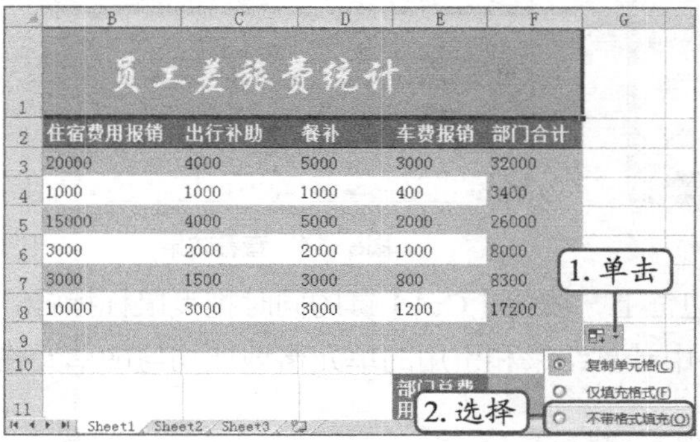

图8-9 设置填充方式

图8-10 查看效果

STEP 5 选择B9单元格，在编辑栏中输入公式“=(B3+B4+B5+B6+B7+B8)/6”，单击编辑区中的“输入”按钮，确认输入得到“办公用品费用”平均值，如图8-11所示。

STEP 6 使用快速填充将B9单元格中的公式复制到C9:F9单元格区域，效果如图8-12所示。

图8-11 输入公式

图8-12 快速填充

STEP 7 在【开始】/【字体】组中单击“对话框启动器”按钮，打开“设置单元格格式”对话框。

STEP 8 单击“数字”选项卡，在“分类”下拉列表框中选择“数值”选项，在“小数位置”数字框中输入“0”，如图8-13所示，单击确定按钮，返回操作界面即可查看设置后的效果，如图8-14所示。

STEP 9 选择F9单元格，将插入点定位到编辑栏中，在单元格引用的行号和列标前添加绝对引用符号“$”，将单元格引用转为绝对引用，单击编辑区中的“输入”按钮，如图8-15所示。

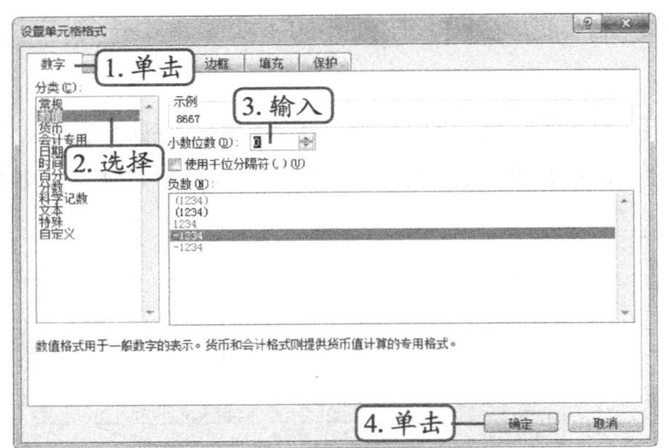

图8-13 设置小数位置

员工差旅费统计

部门	住宿费用报销	出行补助	餐补
总经办	20000	4000	5000
行政部	1000	1000	1000
销售部	15000	4000	5000
财务部	3000	2000	2000
设计部	3000	1500	3000
工程部	10000	3000	3000
费用平均值	8667	2583	3167

图8-14 查看效果

STEP 10 将鼠标指针移至F9单元格四周的边框上，按住【Ctrl】键的同时拖曳鼠标指针，直至F11单元格后再释放鼠标，此时F11单元格中计算结果和引用的单元格地址均与F9单元格相同，如图8-16所示。

IF =($F$3+$F$4+$F$5+$F$6+$F$7+$F$8)/6

3. 单击　2. 输入

员工差旅费统计

部门	住宿费用报销	出行补助	餐补	车费报销	部门合计
总经办	20000	4000	5000	3000	32000
行政部	1000	1000	1000	400	3400
销售部	15000	4000	5000	2000	26000
财务部	3000	2000	2000	1000	8000
设计部	3000	1500	3000	800	8300
工程部	10000	3000	3000	1200	17200
费用平均值	8667	2583	3167	1400	=($F$3+F
				部门总费用平均值	

1. 选择

图8-15 添加绝对引用符号

员工差旅费统计

部门	住宿费用报销	出行补助	餐补	车费报销	部门合计
总经办	20000	4000	5000	3000	32000
行政部	1000	1000	1000	400	3400
销售部	15000	4000	5000	2000	26000
财务部	3000	2000	2000		
设计部	3000	1500	3000		
工程部	10000	3000	3000	1200	17200
费用平均值	8667	2583	3167	1400	15817
				部门总费用平均值	15817

图8-16 复制公式

操作提示

通常情况下公式中包含多个引用单元格，如果依次在每个单元格中添加“￥”符号会比较麻烦，为了使操作更方便、快捷，可将鼠标指针定位到编辑栏的引用单元格中，按【F4】键便可在该单元格的行号和列标之前自动添加“￥”符号。

（三）只保留公式的计算结果

若不希望他人查看工作表中使用的公式，可只保留工作表中的计算结果。下面在“员工差旅费用统计.xlsx”工作簿中采取相应的措施只保留计算结果，其具体操作如下。

STEP 1 选择F11单元格，在【开始】/【剪贴板】组中单击“复制”按钮，如图8-17所示。

STEP 2 将鼠标光标定位F11单元格，单击鼠标右键，在弹出的快捷菜单中选择【粘贴选项】/【数值】命令，如图8-18所示。

STEP 3 返回操作界面，F11单元格所对应的编辑栏中将不再显示公式本身，而显示公式的计算结果，如图8-19所示。至此，完成本任务的操作（最终效果参见：光盘\效果文件\项目八\任务一\员工差旅费用统计.xlsx）。

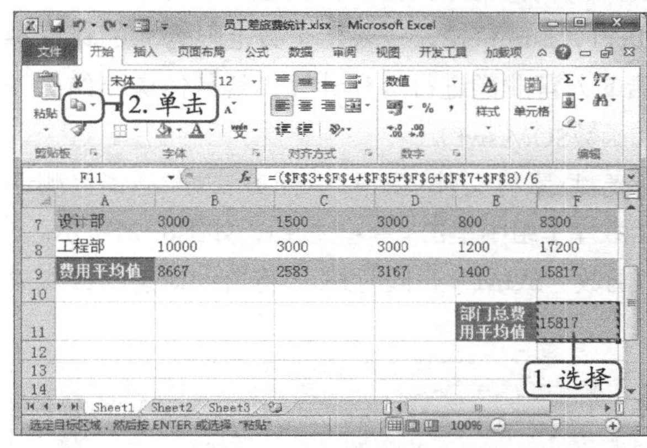

图8-17 单击“复制”按钮

图8-18 进行删除公式设置

图8-19 查看效果

任务二 计算“产品销售测评表”工作簿

公司总结了上半年各门店的营业情况，针对各门店每个月的营业额进行统计，统计后制作一份“产品销售测评表”，以便了解各门店的营业情况，并评出优秀门店并予以奖励。

上半年产品销售测评表										
姓名	营业额（万元）						月营业总额	月平均营业额	名次	是否优秀
	一月	二月	三月	四月	五月	六月				
A店	95	85	85	90	89	84	528	88	1	优秀
B店	92	84	85	85	88	90	524	87	2	优秀
D店	85	88	87	84	84	83	511	85	4	优秀
E店	80	82	86	88	81	80	497	83	6	合格
F店	87	89	86	84	83	88	517	86	3	优秀
G店	86	84	85	81	80	82	498	83	5	合格
H店	71	73	69	74	69	77	433	72	11	合格
I店	69	74	76	72	76	65	432	72	12	合格
J店	76	72	72	77	72	80	449	75	9	合格
K店	72	77	80	82	86	88	485	81	7	合格
L店	88	70	80	79	77	75	469	78	8	合格
M店	74	65	78	77	68	73	435	73	10	合格
月最高营业额	95	89	87	90	89	90	528	88		
月最低营业额	69	65	69	72	68	65	432	72		

查询D店二月营业额	84
查询D店五月营业额	84

图8-20 “产品销售测评表”效果

一、任务目标

本任务将在“产品销售测评表”中利用函数分别对月营业总额、月平均营业额、月最高或最低营业额、名次等进行计算，最后利用函数判断哪些门店可评为优秀门店。本任务制作完成后的最终效果如图8-20所示。

二、相关知识

函数是一种可直接调用的表达式，通过使用一些称为参数的特定数值来按特定的顺序或结构进行计算。函数的表达式为“=函数名（参数1，参数2，…）”，其中函数名是指函数的名称，每个函数都有唯一的函数名，如SUM和AVERAGE等；参数则指函数中用来执行操作或计算的值。Excel中提供了多种函数，每个函数的功能、语法结构、参考的含义各不相同。

三、任务实施

（一）使用求和函数SUM

求和函数主要用于计算某一单元格区域中所有数字之和，其基本语法为“SUM（number1，number2，…）”，其中number1，number2，…表示个数上限为30的计算参数。下面将对“产品销售测评表”中各门店的月营业额进行求和计算，其具体操作如下。（微课：光盘\微课视频\项目八\使用求和函数SUM.swf）

STEP 1 打开素材工作簿（素材参见：光盘\素材文件\项目八\任务二\产品销售测评表.xlsx），选择H4单元格，在【公式】/【函数库】组中单击Σ自动求和按钮，如图8-21所示。

STEP 2 此时，在H4单元格中插入求和函数“SUM”，同时Excel将自动识别函数参数（B4:G4），如图8-22所示。

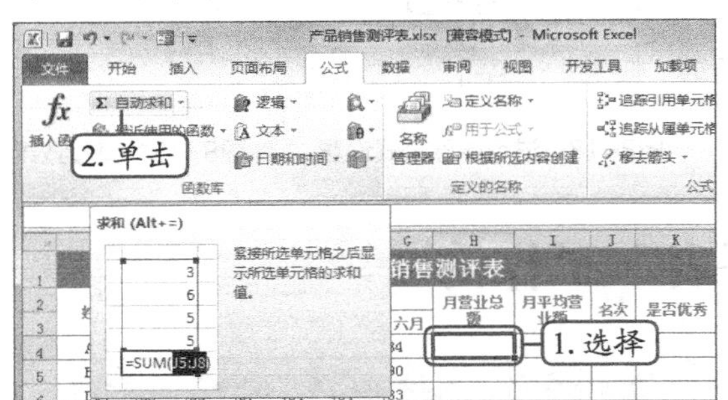

图8-21 自动求和

	A	B	C	D	E	F	G	H	I	J	K
1	上半年产品销售测评表										
2	姓名	营业额（万元）						月营业总额	月平均营业额	名次	是否优秀
3		一月	二月	三月	四月	五月	六月				
4	A店	95	85	85	90	89	84	=SUM(B4:G4)			
5	B店	92	84	85	85	88	90				
6	D店	85	88	87	84	84	83				
7	E店	80	82	86	88	81	80				
8	F店	87	89	86	84	83	88				
9	G店	86	84	85	81	80	82				
10	H店	71	73	69	74	69	77				
11	I店	69	74	76	72	76	65				
12	J店	76	72	72	77	72	80				
13	K店	72	77	80	82	86	88				

INDEX =SUM(B4:G4)　插入函数　SUM(number1, [number2], ...)

图8-22 插入求和函数

STEP 3 单击编辑区中的“输入”按钮✓，应用函数的计算结果，如图8-23所示。

STEP 4 将鼠标指针移动到H4单元格右下角，当其变为+形状时，按住鼠标左键不放向下拖曳，直至H15单元格再释放鼠标左键，系统将自动填充各店月营业总额，如图8-24所示。

H4 =SUM(B4:G4)

	A	B	C	D	E	F	G	H	I	J	K
1	上半年产品销售测评表										
2	姓名	营业额（万元）						月营业总额	月平均营业额	名次	是否优秀
3		一月	二月	三月	四月	五月	六月				
4	A店	95	85	85	90	89	84	528			
5	B店	92	84	85	85	88	90				
6	D店	85	88	87	84	84	83				
7	E店	80	82	86	88	81	80				
8	F店	87	89	86	84	83	88				
9	G店	86	84	85	81	80	82				
10	H店	71	73	69	74	69	77				
11	I店	69	74	76	72	76	65				
12	J店	76	72	72	77	72	80				
13	K店	72	77	80	82	86	88				
14	L店	88	70	80	79	77	75				

图8-23 计算求和

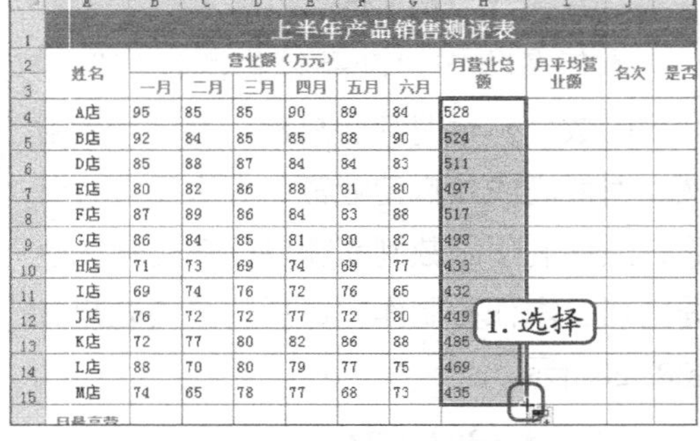

	A	B	C	D	E	F	G	H	I	J
1	上半年产品销售测评表									
2	姓名	营业额（万元）						月营业总额	月平均营业额	名次
3		一月	二月	三月	四月	五月	六月			
4	A店	95	85	85	90	89	84	528		
5	B店	92	84	85	85	88	90	524		
6	D店	85	88	87	84	84	83	511		
7	E店	80	82	86	88	81	80	497		
8	F店	87	89	86	84	83	88	517		
9	G店	86	84	85	81	80	82	498		
10	H店	71	73	69	74	69	77	433		
11	I店	69	74	76	72	76	65	432		
12	J店	76	72	72	77	72	80	449		
13	K店	72	77	80	82	86	88	485		
14	L店	88	70	80	79	77	75	469		
15	M店	74	65	78	77	68	73	435		

图8-24 自动填充营业额

“自动求和”功能只能识别同行或同列中连续的单元格数据并自动产生函数参数。如参数“B4:G4”表示计算B4与G4单元格之间所有单元格数据之和，即B4+C4+D4+E4+F4+G4。如计算的数据是非连续的单元格数据，或非Excel自动识别的单元格数据，则可手动修改函数或以在编辑栏中输入SUM函数公式的方式计算出结果。

（二）使用平均值函数AVERAGE

AVERAGE函数用来计算某一单元格区域中的数据平均值，即先将单元格区域中的数据相加再除以单元格个数。其语法结构为“AVERAGE（number1，number2，…）”，其中number1，number2，…表示个数上限为30的计算参数。下面计算“产品销售测评表”中各门店月平均营业额，其具体操作如下。（微课：光盘\微课视频\项目八\使用平均值函数AVERAGE.swf）

STEP 1 选择I4单元格，在【公式】/【函数库】组中单击Σ自动求和·按钮右侧·按钮，在打开的下拉列表中选择“平均值”选项，如图8-25所示。

STEP 2 此时，系统自动在I4单元格中插入平均值函数“AVERGE”，同时Excel将自动识别函数参数“B4:H4”。

STEP 3 将自动识别函数参数手动更改为“B4:G4”，如图8-26所示。

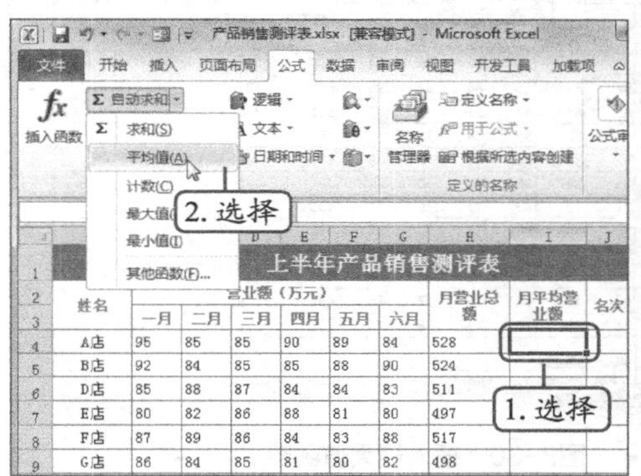

图8-25 选择“平均值”选项

INDEX =AVERAGE(B4:G4)

姓名	一月	二月	三月	四月	五月	六月	月营业总额	月平均营业额	名次	是否优秀
A店	95	85	85	90	89	84	528	=AVERAGE(B4:G4)		
B店	92	84	85	85	88	90	524			
D店	85	88	87	84	84	83	511			
E店	80	82	86	88	81	80	497			
F店	87	89	86	84	83	88	517			
G店	86	84	85	81	80	82	498			
H店	71	73	69	74	69	77	433			
I店	69	74	76	72	76	65	432			
J店	76	72	72	77	72	80	449			
K店	72	77	80	82	86	88	485			
L店	88	70	80	79	77	75	469			
M店	74	65	78	77	68	73	435			
月最高营业额										

上半年产品销售测评表；营业额（万元）；修改；AVERAGE(number1, [number2], ...)

图8-26 更改函数参数

STEP 4 单击编辑区中的“输入”按钮✓，应用函数的计算结果，如图8-27所示。

STEP 5 将鼠标指针移动到I4单元格右下角，当其变为+形状时，按住鼠标左键向下拖曳，直至I15单元格再释放鼠标左键，系统将自动填充各店月平均营业额，如图8-28所示。

I4 =AVERAGE(B4:G4)

姓名	一月	二月	三月	四月	五月	六月	月营业总额	月平均营业额
A店	95	85	85	90	89	84	528	88
B店	92	84	85	85	88	90	524	
D店	85	88	87	84	84	83	511	
E店	80	82	86	88	81	80	497	
F店	87	89	86	84	83	88	517	
G店	86	84	85	81	80	82	498	
H店	71	73	69	74	69	77	433	
I店	69	74	76	72	76	65	432	
J店	76	72	72	77	72	80	449	
K店	72	77	80	82	86	88	485	
L店	88	70	80	79	77	75	469	
M店	74	65	78	77	68	73	435	

图8-27 计算平均值

姓名	一月	二月	三月	四月	五月	六月	月营业总额	月平均营业额	名次	是否优秀
A店	95	85	85	90	89	84	528	88		
B店	92	84	85	85	88	90	524	87		
D店	85	88	87	84	84	83	511	85		
E店	80	82	86	88	81	80	497	83		
F店	87	89	86	84	83	88	517	86		
G店	86	84	85	81	80	82	498	83		
H店	71	73	69	74	69	77	433	72		
I店	69	74	76	72	76	65	432	72		
J店	76	72	72	77	72	80	449	75		
K店	72	77	80	82	86	88	485	81		
L店	88	70	80	79	77	75	469	78		
M店	74	65	78	77	68	73	435	73		
月最高营业额										

图8-28 自动填充月平均营业额

（三）使用最大值函数MAX和最小值函数MIN

MAX函数或MIN函数用于返回一组数据中的最大值或最小值，它们的语法结构分别为“MAX（number1，number2，…）”和“MIN（number1，number2，…）”，其中number1，number2，…表示个数上限为30的数值或引用，引用的单元格区域中包含的文本、逻辑值或空白单元格都将被忽略。下面将在“产品销售测评表”中查找各门店的月最高和最低营业额，其具体操作如下。（微课：光盘\微课视频\项目八\使用最大值函数MAX和最小值函数MIN.swf）

STEP 1 选择B16单元格，在【公式】/【函数库】组中单击Σ 自动求和·按钮右侧的·按钮，在打开的下拉列表中选择“最大值”选项，如图8-29所示。

STEP 2 此时，系统自动在B16单元格中插入最大值函数“MAX”，同时Excel将自动识别函数参数“B4:B15”。

STEP 3 单击编辑区中的“输入”按钮✓，确认函数的应用计算结果，如图8-30所示。

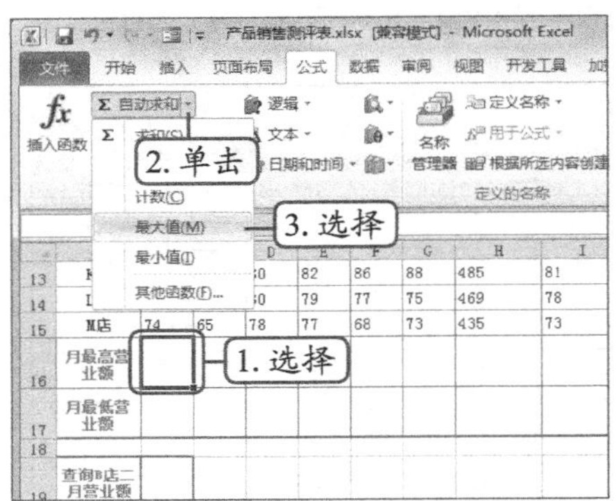

图8-29 选择“最大值”选项

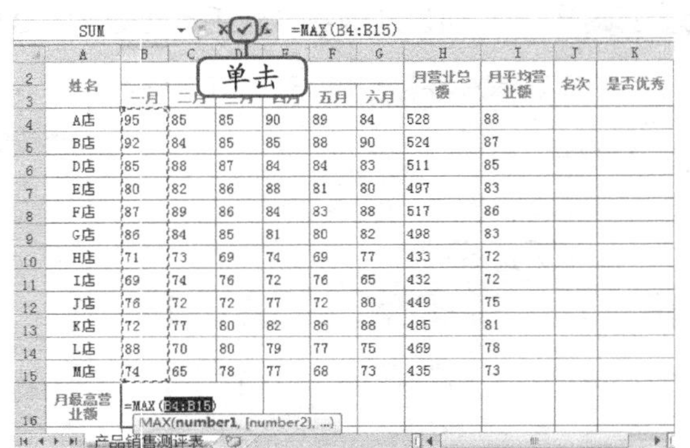

图8-30 插入最大值函数

STEP 4 将鼠标指针移动到B16单元格右下角，当其变为+形状时，按住鼠标左键向右拖曳，如图8-31所示。

STEP 5 直至I16单元格，释放鼠标左键，将自动计算出各门店月最高营业额、月最高营业总额、月最高平均营业额，如图8-32所示。

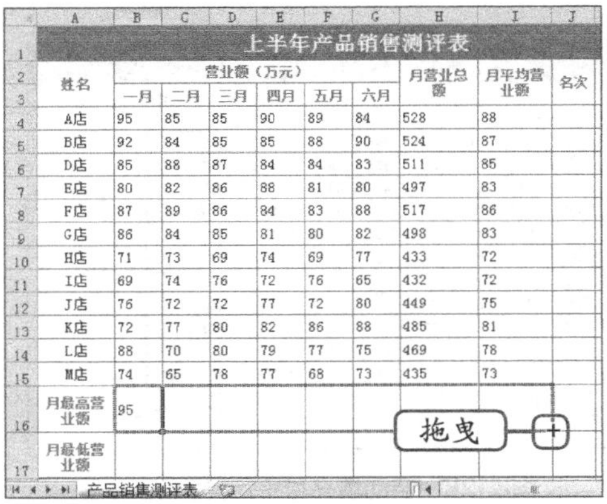

图8-31 自动填充最高营业额

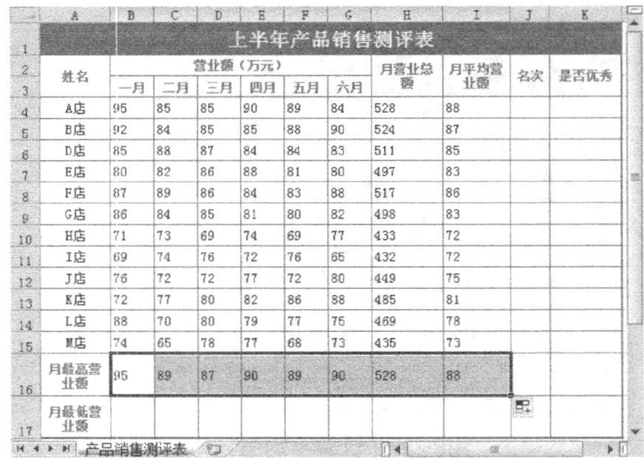

图8-32 查看效果

STEP 6 选择B17单元格，在【公式】/【函数库】组中单击Σ 自动求和·按钮右侧的·按钮，在打开的下拉列表中选择“最小值”选项，如图8-33所示。

STEP 7 此时，系统自动在B16单元格中插入最小值函数“MIN”，同时Excel将自动识别函数参数“B4:B16”，手动将其更改为“B4:B15”，如图8-34所示。

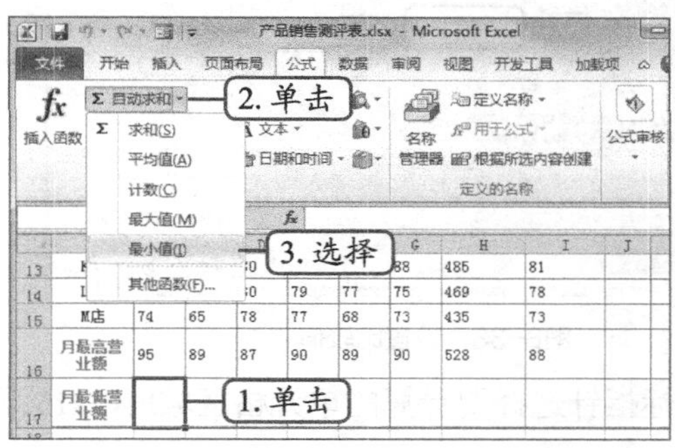

图8-33 选中“最小值”选项

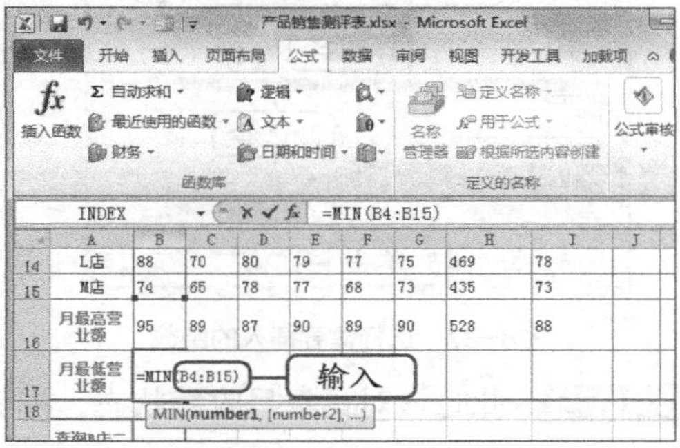

图8-34 更改函数参数

STEP 8 单击编辑区中的“输入”按钮✓，应用函数的计算结果，如图8-35所示。

STEP 9 将鼠标指针移动到B16单元格右下角，当其变为+形状时，按住鼠标左键向右拖曳，直至I16单元格，释放鼠标左键，将自动计算出各门店月最低营业额、月最低营业总额、月最低平均营业额，如图8-36所示。

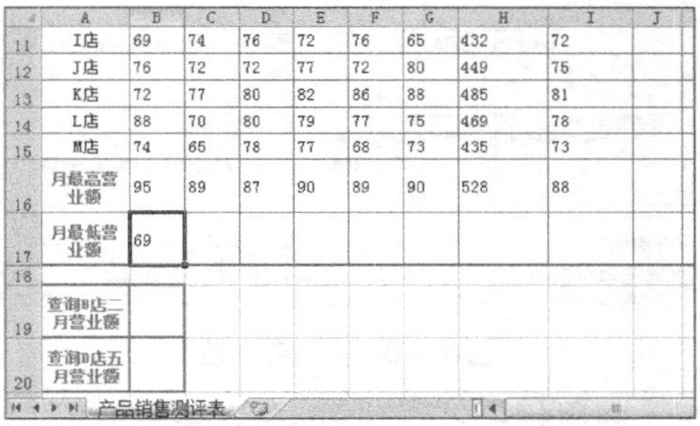

图8-35 插入最小值

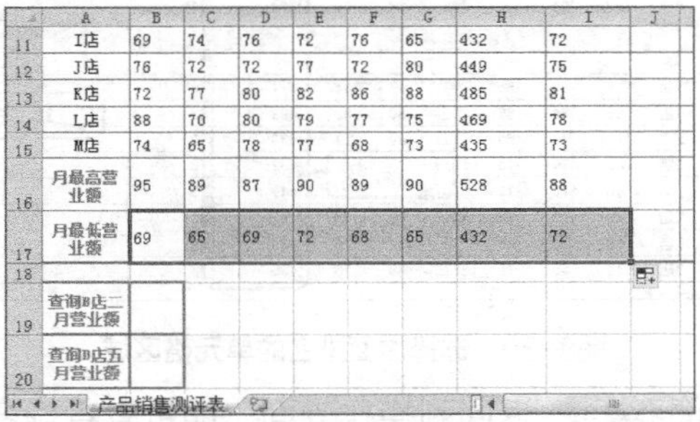

图8-36 查看效果

（四）使用排名函数RANK

RANK函数用来返回某个数字在数字列表中的排位。其语法结构为：RANK（number, ref, order），其中number表示进行比较的数字，ref表示数字列表数组或对数字列表的引用，order表示对ref进行排位的方式。下面使用RANK函数对“产品销售测评表”中的各个员工进行排名，其具体操作如下。（微课：光盘\微课视频\项目八\使用排名函数RANK.swf）

STEP 1 选择J4单元格，在【公式】/【函数库】组中单击“插入函数”按钮fx或按【Shift+F3】组合键，打开“插入函数”对话框。

STEP 2 在“或选择类别”下拉列表框中选择“常用函数”选项，在“选择函数”列表框中选择“RANK”选项，单击确定按钮，如图8-37所示。

STEP 3 打开“函数参数”对话框，在“Number”文本框中输入“H4”，单击“Ref”文本框右侧“收缩”按钮，如图8-38所示。

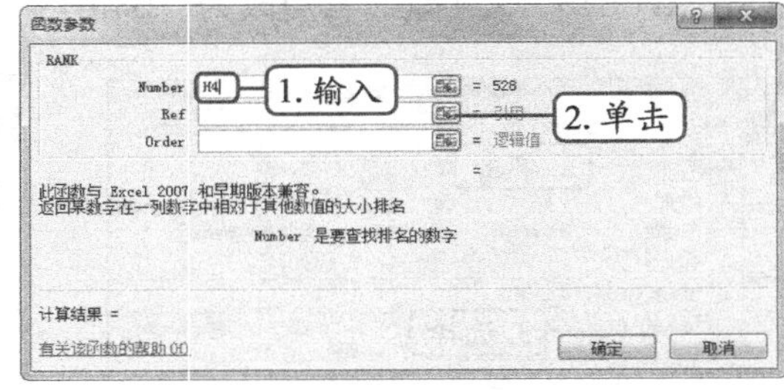

图8-37 选择需要插入的函数　　图8-38 设置比较值

STEP 4 此时该对话框呈收缩状态，拖曳鼠标指针选择要计算的单元格区域H4:H15，单击右侧“拓展”按钮，如图8-39所示。

STEP 5 返回到“函数参数”对话框，利用【F4】键将"Ref"文本框中的单元格引用地址转换为绝对引用，单击 确定 按钮，如图8-40所示。

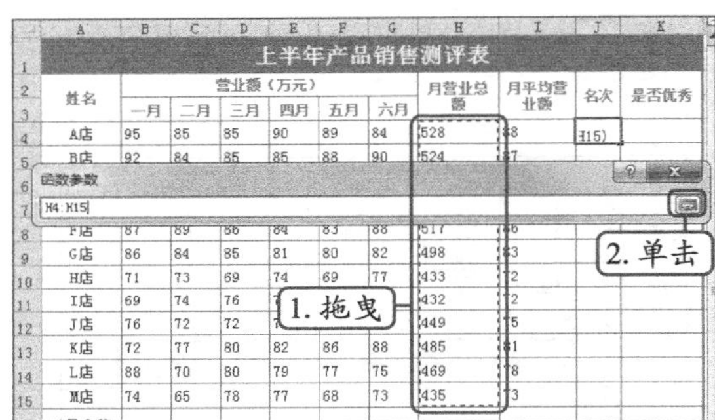

图8-39 选择需要排名的单元格区域

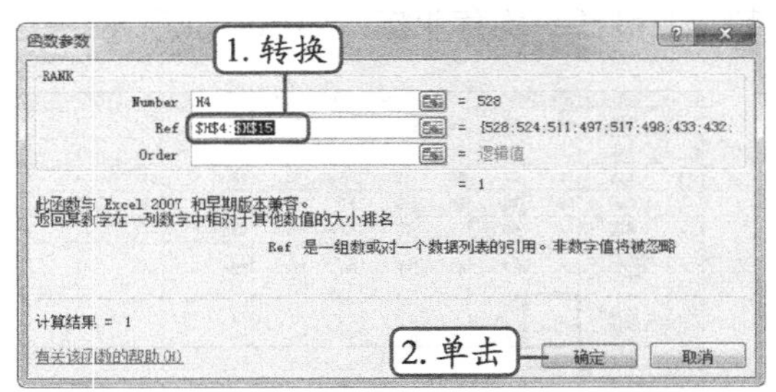

图8-40 查看参数范围

STEP 6 返回到操作界面，即可查看排名情况，将鼠标指针移动到J4单元格右下角。当其变为+形状时，按住鼠标左键向下拖曳，直至J15单元格，如图8-41所示，释放鼠标左键，显示出每个门店的名次，如图8-42所示。

上半年产品销售测评表

姓名	营业额（万元）						月营业总额	月平均营业额	名次
	一月	二月	三月	四月	五月	六月			
A店	95	85	85	90	89	84	528	88	1
B店	92	84	85	85	88	90	524	87	
D店	85	88	87	84	84	83	511	85	
E店	80	82	86	88	81	80	497	83	
F店	87	89	86	84	83	88	517	86	
G店	86	84	85	81	80	82	498	83	
H店	71	73	69	74	69	77	433	72	
I店	69	74	76	72	76	65	432	72	
J店	76	72	72	77	72	80	449	75	
K店	72	77	80	82	86	88	485	81	
L店	88	70	80	79	77	75	469	78	
M店	74	65	78	77	68	73	435	73	

图8-41 自动填充名次

上半年产品销售测评表

姓名	营业额（万元）						月营业总额	月平均营业额	名次
	一月	二月	三月	四月	五月	六月			
A店	95	85	85	90	89	84	528	88	1
B店	92	84	85	85	88	90	524	87	2
D店	85	88	87	84	84	83	511	85	4
E店	80	82	86	88	81	80	497	83	6
F店	87	89	86	84	83	88	517	86	3
G店	86	84	85	81	80	82	498	83	5
H店	71	73	69	74	69	77	433	72	11
I店	69	74	76	72	76	65	432	72	12
J店	76	72	72	77	72	80	449	75	9
K店	72	77	80	82	86	88	485	81	7
L店	88	70	80	79	77	75	469	78	8
M店	74	65	78	77	68	73	435	73	10

图8-42 查看效果

（五）使用IF嵌套函数

嵌套函数IF用于判断数据表中的某个数据是否满足指定条件，如果满足则返回特定值，不满足则返回其他值。下面使用IF函数判断“产品销售测评表”中各个门店的月营业总额是否达到评定优秀门店的标准“510”，其具体操作如下。（微课：光盘\微课视频\项目八\使用IF嵌套函数.swf）

STEP 1 选择K4单元格，单击编辑栏中的“插入函数”按钮f_x或按【Shift+F3】组合键，打开“插入函数”对话框。

STEP 2 在“或选择类别”下拉列表框中选择“逻辑”选项，在“选择函数”列表框中选择“IF”选项，单击 确定 按钮，如图8-43所示。

STEP 3 打开“函数参数”对话框，分别在3个文本框中输入判断条件和返回逻辑值，单击 确定 按钮，如图8-44所示。

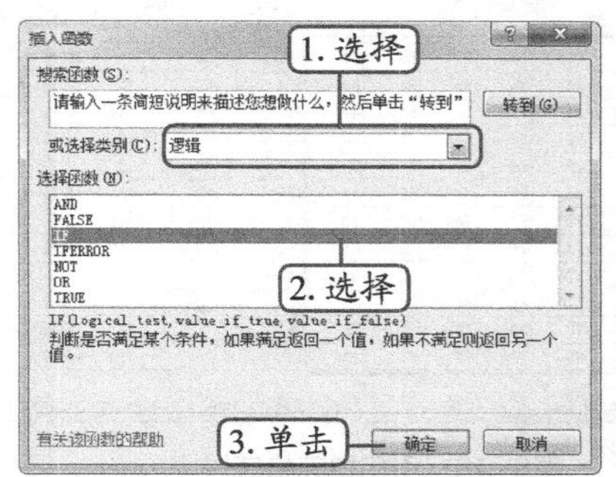

图8-43 选择需要插入的函数

图8-44 设置判断条件和返回逻辑值

STEP 4 返回到操作界面，由于H4单元格中的值大于“510”，因此在K4单元格中显示“优秀”，将鼠标指针移动到K4单元格右下角，当其变为+形状时，按住鼠标左键向下拖曳，如图8-45所示。

STEP 5 直至K15单元格再释放鼠标左键，分析其他门店是否满足评为优秀门店条件，若低于“510”则返回“合格”，如图8-46所示。

上半年产品销售测评表										
姓名	营业额（万元）						月营业总额	月平均营业额	名次	是否优秀
	一月	二月	三月	四月	五月	六月				
A店	95	85	85	90	89	84	528	88	1	优秀
B店	92	84	85	85	88	90	524	87	2	
D店	85	88	87	84	84	83	511	85	4	
E店	80	82	86	88	81	80	497	83	6	
F店	87	89	86	84	83	88	517	86	3	
G店	86	84	85	81	80	82	498	83	5	
H店	71	73	69	74	69	77	433	72	11	
I店	69	74	76	72	76	65	432	72	12	
J店	76	72	72	77	72	80	449	75	9	
K店	72	77	80	82	86	88	485	81	7	
L店	88	70	80	79	77	75	469	78	8	
M店	74	65	78	77	68	73	435	73		
月最高营业额	95	89	87	90	89	90	528	88		
月最低营业额	69	65	69	72	68	65	432	72		

图8-45 自动填充判断结果

上半年产品销售测评表										
姓名	营业额（万元）						月营业总额	月平均营业额	名次	是否优秀
	一月	二月	三月	四月	五月	六月				
A店	95	85	85	90	89	84	528	88	1	优秀
B店	92	84	85	85	88	90	524	87	2	优秀
D店	85	88	87	84	84	83	511	85	4	优秀
E店	80	82	86	88	81	80	497	83	6	合格
F店	87	89	86	84	83	88	517	86	3	优秀
G店	86	84	85	81	80	82	498	83	5	合格
H店	71	73	69	74	69	77	433	72	11	合格
I店	69	74	76	72	76	65	432	72	12	合格
J店	76	72	72	77	72	80	449	75	9	合格
K店	72	77	80	82	86	88	485	81	7	合格
L店	88	70	80	79	77	75	469	78	8	合格
M店	74	65	78	77	68	73	435	73	10	合格
月最高营业额	95	89	87	90	89	90	528	88		
月最低营业额	69	65	69	72	68	65	432	72		

图8-46 查看结果

（六）使用INDEX函数

INDEX函数是返回表或区域中的值或对值的引用。函数INDEX有两种形式：数组形式和引用形式。下面使用连接区域中的INDEX函数查询“产品销售测评表”中“B店二月营业额”和“D店五月营业额”，其具体操作如下。（微课：光盘\微课视频\项目八\使用INDEX函数.swf）

STEP 1 选择B19单元格，编辑栏中输入“=INDEX(”，编辑栏下方将自动提示INDEX函数的参数输入规则，如图8-47所示。

STEP 2 拖曳鼠标指针选择A4:G15单元格区域，编辑栏中将自动录入“A4:G15”，如图8-48所示。

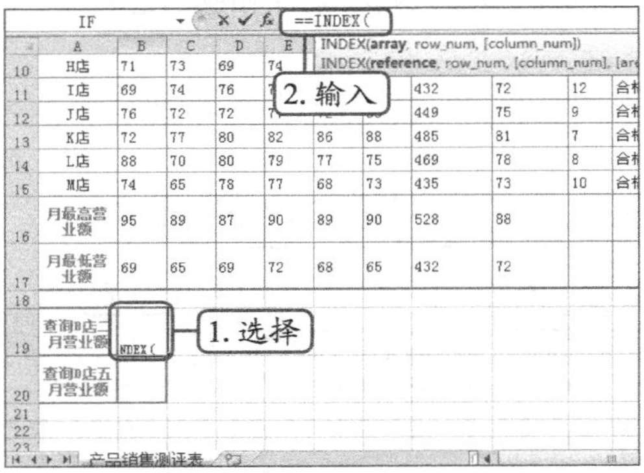

图8-47 输入函数

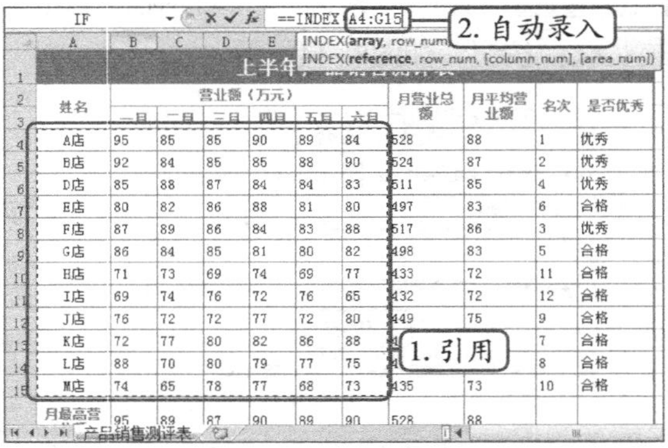

图8-48 引用单元格区域

STEP 3 继续在编辑栏中输入参数“,2,3)”，单击编辑栏中的“输入”按钮，如图8-49所示。

STEP 4 确认函数的应用并计算结果，如图8-50所示。

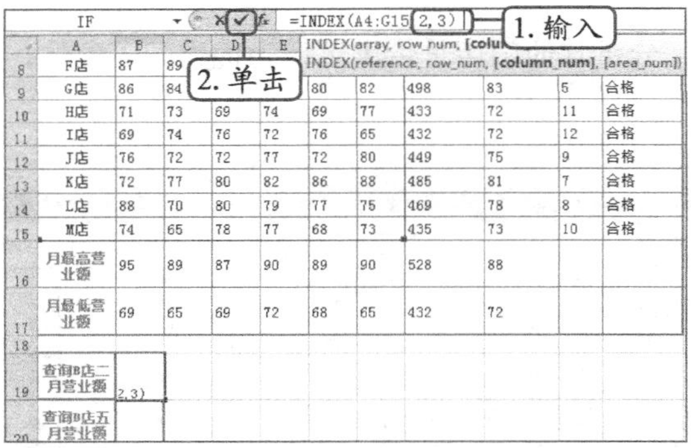

图8-49 确认函数的应用

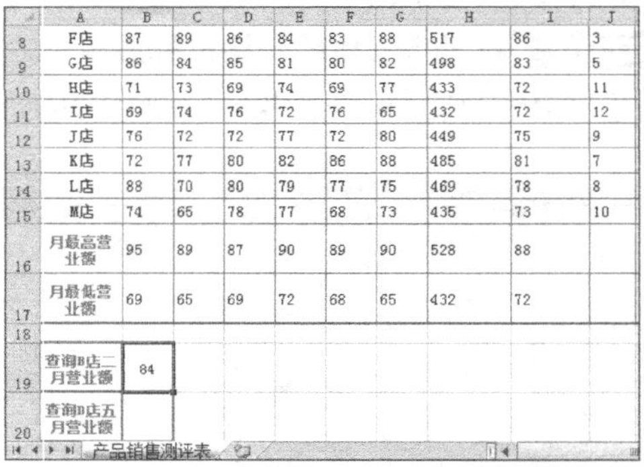

图8-50 查看结果

STEP 5 选择B20单元格，编辑栏中输入“=INDEX(”，拖曳鼠标指针选择“A4:G15”单元格区域，编辑栏中将自动录入“A4:G15”，如图9-51所示。

STEP 6 继续在编辑栏中输入参数“,3,6)”，如图8-52所示，按【Ctrl+Enter】组合键确认函数的应用并计算结果。至此，完成本例的操作（最终效果参见：光盘\效果文件\项目八\任务二\产品销售测评表.xlsx）。

IF =INDEX(A4:G15

	A	B	C	D	E	F	G	H	I	J	K
9	G店	86	84	85	81	80	82	498	83	5	合格
10	H店	71	73	69	74	2. 输入		33	72	11	合格
11	I店	69	74	76	72			32	72	12	合格
12	J店	76	72	72	77	72	80	449	75	9	合格
13	K店	72	77	80	82	86	88	485	81	7	合格
14	L店	88	70	80	79	77	75	469	78	8	合格
15	M店	74	65	78	77	68	73	435	73	10	合格
16	月最高营业额	95	89	87	90	89	90	528	88		
17	月最低营业额	69	65	69	72	68	65	432	72		
18											
19	查询B店二月营业额	84									
20	查询B店五月营业额	4:G15	1. 选择								

图8-51 输入参数

B20 =INDEX(A4:G15,3,6)

	A	B	C	D	E	F	G	H	I	J
9	G店	86	84	85	81	80	82	498	83	5
10	H店	71	73	69	74	69	77	433	72	11
11	I店	69	74	76	72	76	65	432	72	12
12	J店	76	72	72	77	72	80	449	75	9
13	K店	72	77	80	82	86	88	485	81	7
14	L店	88	70	80	79	77	75	469	78	8
15	M店	74	65	78	77	68	73	435	73	10
16	月最高营业额	95	89	87	90	89	90	528	88	
17	月最低营业额	69	65	69	72	68	65	432	72	
18										
19	查询B店二月营业额	84								
20	查询B店五月营业额	84								

图8-52 查看结果

连续区域中INDEX函数的公式格式是“=INDEX(array,row_num,column_num)”，其中array表示要引用的区域，row_num表示要引用的行数，column_num表示要引用的列数，最终结果就是引用区域内行与列交叉处的内容。

实训一 计算“经销商记录统计表”工作簿

【实训要求】

现有一份经销商记录统计表，已经统计了营业成本和营业毛利润等相关数据，现请你将其营业收入计算出来。

【实训思路】

本任务将练习在“经销商记录统计表”工作簿中，使用公式计算表格中的数据，包括公式的使用和设置单元格引用等操作。本实训制作完成后的最终效果如图8-53所示。

经销商记录统计表

编号	姓名	经营行业	省份	从业经验	营业成本（元）	营业毛利润（元）	营业收入（元）
20140810	白×	休闲装品牌	四川	新手	17224	16456	33680
20140811	王××	休闲装品牌	四川	新手	16825	13752	30577
20140812	唐××	休闲装品牌	四川	新手	15214	17556	32770
20140813	黄××	休闲装品牌	四川	新手	16425	14252	30677
20140814	郭××	休闲装品牌	四川	新手	14234	15687	29921
20140815	刘××	休闲装品牌	四川	新手	16722	13746	30468
20140816	杨××	休闲装品牌	四川	新手	14256	16753	31009
20140817	何××	休闲装品牌	四川	新手	16694	14578	31272
20140818	贾××	休闲装品牌	四川	新手	17820	15574	33394
20140819	黄××	休闲装品牌	四川	新手	16589	16740	33329

Sheet1 Sheet2 Sheet3

图8-53 “经销商记录统计表”最终效果

【步骤提示】

STEP 1 启动Excel 2010，打开素材工作簿“经销商记录统计表.xlsx”（素材参见：光盘/素材文件/项目八/实训一/经销商记录统计表.xlsx），在“Sheet1”工作表中选择H3单元格，在编辑栏中输入符号“=”。

STEP 2 单击F3单元格，此时该单元格周围出现闪烁的边框，继续在编辑栏中输入算术运算符“+”，单击G3单元格，然后单击编辑区中的“输入”按钮✓，在H3单元格中将显示F3和G3单元格中的数据之和。

STEP 3 将鼠标指针移至H3单元格右下角，当其变为+形状时，按住鼠标左键向下拖曳，直至H12单元格，释放鼠标左键，系统将自动填充数据（最终效果参见：光盘\效果文件\项目八\实训一\经销商记录统计表.xlsx）。

实训二　制作“办公费用记录表”工作簿

【实训要求】

办公费用记录表主要用于记录办公费用的开销情况，现要求你将其中还未计算出来的项目使用函数计算出来。

【实训思路】

打开素材工作簿“办公费用记录表.xlsx”（素材参见：光盘/素材文件/项目八/实训二/办公费用记录表.xlsx），分别利用SUM函数计算费用合计、部门合计，AVERAGE函数求平均值，IF函数判断是否超支，最终效果如图8-54所示。

办公费用记录表

部门	办公用品费用	餐补	节日福利	清洁费	交通费	部门合计	是否超支
行政部	125.50	350.00	800.00	150.00	200.00	1,625.50	超支
设计部	100.00	200.00	400.00	75.00	100.00	875.00	未超支
销售部	79.00	300.00	400.00	80.00	100.00	959.00	未超支
财务部	85.00	240.00	400.00	90.00	100.00	915.00	未超支
企划部	75.00	180.00	400.00	40.00	100.00	795.00	未超支
技术研发部	92.00	350.00	400.00	150.00	100.00	1,092.00	未超支
费用合计	556.50	1,620.00	2,800.00	585.00	700.00	6,261.50	
平均值	159.00	462.86	800.00	167.14	200.00	1,789.00	

Sheet1 Sheet2 Sheet3

图8-54　“办公费用记录表”最终效果

【步骤提示】

STEP 1 选择G3单元格，在【公式】/【函数库】组中单击Σ 自动求和·按钮，在G3单元格中插入求和函数“SUM”，同时Excel会自动识别函数参数，单击编辑区中的“输入”按钮✓，确认函数的应用计算结果。

STEP 2 将鼠标指针移至G3单元格右下角，当其变为+形状时，按住鼠标左键向下拖曳至G8单元格，然后释放鼠左键，即可自动填充数据。

STEP 3 选择B9单元格，使用上面相同方法计算“费用合计”。选择B10单元格，单击Σ 自动求和·按钮右侧的·按钮，在打开的下拉列表中选择“平均值”选项。

STEP 4 单击“输入”按钮✓，确认函数的应用计算结果，通过复制函数的方法计算余下部门以及部门合计项的平均值。

STEP 5 选择H3单元格，按【Shift+F3】组合键，打开“插入函数”对话框，在“选择函数”列表框中选择“IF”选项，单击确定按钮。

STEP 6 打开“函数参数”对话框，分别在3个文本框中输入G3>1500.00、"超支""未超支"，应用设置并复制公式（最终效果参见：光盘/效果文件/项目八/实训二/办公费用记录表.xlsx）。

常见疑难解析

问：如何快速将单元格或单元格区域中的数据转换为两位小数位的“科学记数”数字格式？

答：选择需要转换的单元格或单元格区域，按【Ctrl+Shift+6】组合键即可。

问：在Excel中，【F4】键是各种引用的切换键，它是如何进行引用切换的？

答：在引用的单元格地址前后按【F4】键可在相对引用与绝对引用之间相互切换，如将鼠标指针定位到公式中的A1元素前后，第1次按【F4】键将变为绝对引用“¥A¥1”；第2次按【F4】键将变为“A¥1”；第3次按【F4】键将变为“¥A1”；第4次按【F4】键将变为相对引用“A1”。

拓展知识

在Excel表格中输入公式或函数后，其运算结果有时会显示为错误的值，要纠正这些错误值，需先了解出现错误的原因，才能找到解决方法。下面将对常见的错误值进行介绍。

- **####错误**：如果单元格中所含的数字、日期或时间超过单元格宽度或者单元格的日期、时间产生了一个负值，就会出现####错误。解决的方法是增加单元格列宽、应用不同的数字格式、保证日期与时间公式的正确性。
- **#N/A错误**：当公式中没有可用数值，以及HLOOKUP、LOOKUP、MATCH或VLOOKUP工作表函数的lookup_value参数不能赋予适当的值时，将产生该错误值。遇到此情况时可在单元格中输入“#N/A”，公式在引用这类单元格时将不进行数值计算，而是返回#N/A或检查lookup_value参数值的类型是否正确。
- **#NULL！错误**：当指定两个不相交的区域的交集时，将出现该错误值，产生错误值的原因是使用了不正确的区域运算符，交集运算符是分隔公式中引用的空格字符。解决方法是检查在引用连续单元格时，是否用英文状态下冒号分隔引用的单元格区域中的第一个单元格和最后一个单元格，如未分隔或引用不相交的两个区域，则一定使用联合运算符（即逗号“,”）将其分隔开来。
- **#VALUE！错误**：当使用的参数或操作数值类型错误，以及公式自动更正功能无法更正公式时会出现错误值。解决方法是确认公式或函数所需的运算符和参数是否正确，并查看公式引用的单元格中是否为有效数值。

- **#REF！错误：**当单元格引用无效时就会产生该错误值，出错原因是删除了其他公式所引用的单元格，或将已移动的单元格粘贴到其他公式所引用的单元格中。解决方法是更改公式，或在删除和粘贴单元格后恢复工作表中的单元格。

课后练习

（1）打开素材工作簿“物料采购清单.xlsx”（素材参见：光盘\素材文件\项目八\课后练习\物料采购清单.xlsx），通过公式和单元格引用的方式计算出本期采购量、合计金额、总金额，完成后的效果如图8-55所示（最终效果参见：光盘\效果文件\项目七\课后练习\物料采购清单.xlsx）。

（2）打开素材工作簿“产品销售情况统计表.xlsx”（素材参见：光盘\素材文件\项目八\课后练习\产品销售情况统计表.xlsx），使用函数公式将空白的单元格补充完整，完成后的效果如图8-56所示（最终效果参见：光盘\效果文件\项目八\课后练习\产品销售情况统计表.xlsx）。

物料采购清单

物品名称	生产所需用量	预定库存量	本期采购量	采购单价（元/吨）	合计金额
生铁-Xn012	825	62	887	1246	1105202
生铁-Xn013	836	84	920	1204	1107680
生铁-Xn014	915	37	952	1234	1174768
生铁-Xn015	847	95	942	1243	1170906
生铁-Xn016	890	64	954	1125	1073250
生铁-Xn017	870	85	955	1263	1206165
生铁-Xn018	850	84	934	1254	1171236
活性炭-X02	862	76	938	2046	1919148
活性炭-X03	745	68	813	2064	1678032
活性炭-X04	863	91	954	2025	1931850
活性炭-X05	825	82	907	2032	1843024
活性炭-X06	869	75	944	2405	2270320
活性炭-X07	870	68	938	2632	2468816
活性炭-X08	840	74	914	2041	1865474
活性炭-X09	861	68	929	1068	992172
总金额	22978043				

图8-55 “物料采购清单”效果

产品销售情况统计表 单位（元）

时间	A店	B店	C店	D店
1月	100024	108947	110074	109060
2月	90752	95761	89360	95760
3月	110074	128270	118250	120050
4月	100870	116325	136350	119870
5月	120075	134850	115209	120680
6月	138740	149520	149320	138990
总计	660535	733673	718563	704410
每月平均销售情况	110089	122279	119761	117402
最高销售额	138740	149520	149320	138990
最低销售额	90752	95761	89360	95760
名次	4	1	2	3

图8-56 “产品销售情况统计表”效果

PART 9

项目九 分析与管理Excel表格数据

情景导入

阿秀：小白，你能将这份“销售人员提成表”工作簿进行数据管理吗？

小白：之前有针对性地自学过。我会尽力完成的。

阿秀：这样就好，完成后再制作一份“销售业绩表”工作簿，这里需要创建图表，如果有什么不懂可以问我或者查阅资料。

小白：好的，我马上去做。

学习目标

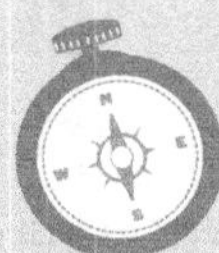

- 掌握删除重复项、排序、筛选、分类汇总的操作方法
- 掌握创建图表、数据透视表、数据透视图的操作方法

技能目标

- 能够管理表格数据
- 能够通过创建图表、数据透视表、数据透视图对数据进行分析

任务一 管理“销售人员提成表”数据

“销售人员提成表”主要用于公司对销售人员的销售提成进行统计和计算。下面将介绍在“销售人员提成表”中管理表格数据的具体方法。

一、任务目标

本任务将练习在“销售人员提成表”中管理表格数据，包括删除重复项、数据排序、筛选数据、分类汇总等操作。本任务制作完成后的最终效果如图9-1所示。

销售人员提成表					
姓名	商品名称	商品型号	合同金额	商品销售底价	商品提成（差价的60%）
李玉	凤华顺空调（变频）	1.5P	¥3,050.0	¥2,600.0	¥270.0
李玉 汇总					¥270.0
郭明亮	凤华顺空调（变频）	1.5P	¥3,050.0	¥2,600.0	¥270.0
郭明亮 汇总					¥270.0
沈亮	凤华顺空调（变频）	1.5P	¥2,680.0	¥2,000.0	¥408.0
沈亮 汇总					¥408.0
王顺友	凤华顺空调	1P	¥1,823.0	¥1,500.0	¥193.8
王顺友 汇总					¥193.8
李倩	凤华顺空调	1P	¥2,000.0	¥1,200.0	¥480.0
李倩 汇总					¥480.0
钱锐	凤华顺空调	2P	¥4,500.0	¥3,900.0	¥360.0
钱锐 汇总					¥360.0
郭晓诗	凤华顺空调	2P	¥3,690.0	¥3,000.0	¥414.0
郭晓诗 汇总					¥414.0
肖明亮	凤华顺空调（变频）	2P	¥2,880.0	¥2,100.0	¥468.0
肖明亮 汇总					¥468.0
韩永强	凤华顺空调（变频）	2P	¥2,880.0	¥2,100.0	¥468.0
韩永强 汇总					¥468.0
林伟	凤华顺空调（变频）	3P	¥4,900.0	¥4,200.0	¥420.0
林伟 汇总					¥420.0
童丽君	凤华顺空调（无氟）	3P	¥6,800.0	¥5,600.0	¥720.0
童丽君 汇总					¥720.0
黄明敏	凤华顺空调（无氟）	3P	¥8,520.0	¥7,200.0	¥792.0
黄明敏 汇总					¥792.0
李倩	凤华顺空调	3P	¥6,880.0	¥5,200.0	¥1,008.0
李倩 汇总					¥1,008.0
李炜丰	凤华顺空调（无氟）	大1P	¥3,210.0	¥2,000.0	¥726.0
李炜丰 汇总					¥726.0
孙祥	凤华顺空调	大2P	¥7,000.0	¥6,100.0	¥540.0
孙祥 汇总					¥540.0
彭小佳	凤华顺空调	大2P	¥3,900.0	¥3,000.0	¥540.0
彭小佳 汇总					¥540.0
总计					¥8,077.8

图9-1 “销售人员提成表”表格效果

二、相关知识

（一）数据排序

数据排序是统计工作中的一项重要内容，Excel中可将数据按照指定的顺序有规律地进行排序。一般情况下，数据排序分为3种情况：单列数据排序、多列数据排序、自定义排序，下面分别介绍。

- **单列数据排序**：单列数据排序是指在工作表中以一列单元格中的数据为依据，对工作表中的所有数据进行排序。
- **多列数据排序**：在多列数据排序时，需要某个数据进行排列，该数据则称为“关键字”。以关键字进行排序，对其他列中的单元格数据将随之发生变化。对多列数据进行排序时，首先需要选择多列数据对应的单元格区域，且先选择关键字所在的单元格，排序时就会自动以该关键字进行排序，未选择的的单元格区域将不参与排序。

- **自定义排序**：使用自定义排序可以通过设置多个关键字对数据进行排序，并可以其他关键字对相同排序的数据进行排序。

（二）数据筛选

数据筛选功能是对数据进行分析时常用的操作之一。数据排序分为3种情况：自动筛选、高级筛选、自定义筛选，下面分别介绍。

- **自动筛选**：自动筛选数据即根据用户设定的筛选条件，自动将表格中符合条件的数据显示出来，而表格中的其他数据将隐藏。
- **自定义筛选**：自定义筛选是在自动筛选的基础上进行操作的，即在自动筛选后的需自定义的字段名右侧单击▾按钮，在打开的下拉列表中选择相应的选项，即确定筛选条件后在打开的“自定义筛选方式”对话框中进行相应的设置。
- **高级筛选**：若需要根据自己设置的筛选条件对数据进行筛选，则需要使用高级筛选功能。高级筛选功能可以筛选出同时满足两个或两个以上约束条件的记录。

三、任务实施

（一）删除重复项

重复值是行中的所有值与另一个行中的所有值完全匹配的值。删除重复项后将在工作表中永久删除其重复值，下面以在“销售人员提成表”中删除重复项为例进行介绍，其具体操作如下。（微课：光盘\微课视频\项目八\删除重复项.swf）

STEP 1 打开素材文件“销售人员提成表.xlsx”（素材参见：光盘\素材文件\项目九\任务一\销售人员提成表.xlsx），在工作表中选择任意一个有数据的单元格，这里选择B3。

STEP 2 在【数据】/【数据工具】组中单击“删除重复项”按钮，如图9-2所示。

STEP 3 在打开的“删除重复项”对话框中设置一个或多个包含重复值的列，这里保持它们的选中状态，单击确定按钮，如图9-3所示。

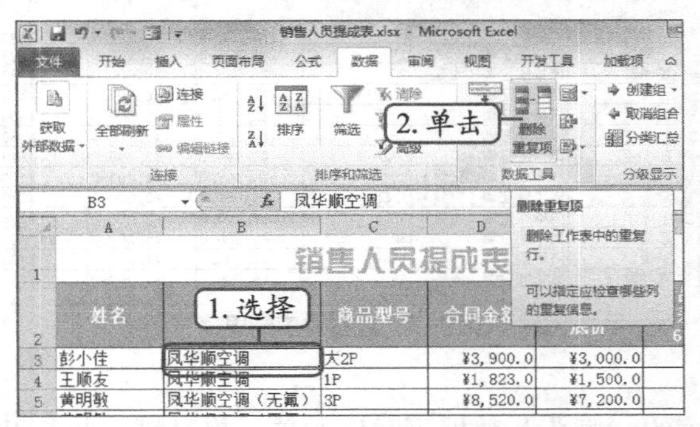

图9-2　单击“删除重复项”按钮

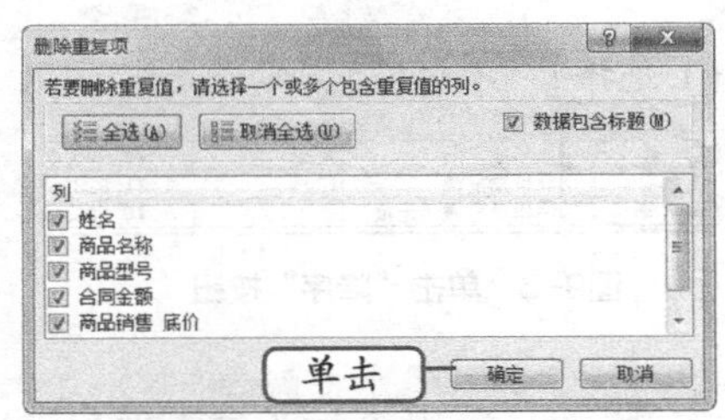

图9-3　设置包含重复值的列

STEP 4 在打开的提示对话框中将提示已删除重复项，单击确定按钮关闭对话框，如图9-4所示。

STEP 5 返回工作表，可看到具有重复值的数据全部被删除，如图9-5所示。

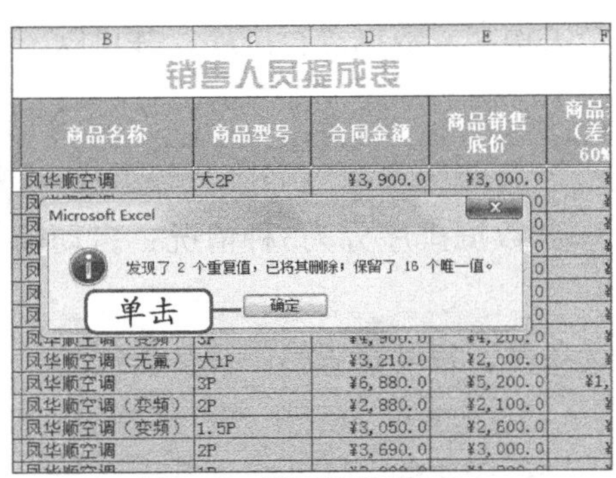

图9-4　提示删除重复项

	A	B	C	D	E	F
1	销售人员提成表					
2	姓名	商品名称	商品型号	合同金额	商品销售底价	商品提成（差价的60%）
3	彭小佳	凤华顺空调	大2P	¥3,900.0	¥3,000.0	¥540.0
4	王顺友	凤华顺空调	1P	¥1,823.0	¥1,500.0	¥193.8
5	黄明敏	凤华顺空调（无氟）	3P	¥8,520.0	¥7,200.0	¥792.0
6	童丽君	凤华顺空调（无氟）	3P	¥6,800.0	¥5,600.0	¥720.0
7	孙祥	凤华顺空调	大2P	¥7,000.0	¥6,100.0	¥540.0
8	沈亮	凤华顺空调（变频）	1.5P	¥2,680.0	¥2,000.0	¥408.0
9	钱锐	凤华顺空调	2P	¥4,500.0	¥3,900.0	¥360.0
10	林伟	凤华顺空调（变频）	3P	¥4,900.0	¥4,200.0	¥420.0
11	李炜丰	凤华顺空调（无氟）	大1P	¥3,210.0	¥2,000.0	¥726.0
12	李倩	凤华顺空调	3P	¥6,880.0	¥5,200.0	¥1,008.0
13	肖明亮	凤华顺空调（变频）	2P	¥2,880.0	¥2,100.0	¥468.0
14	李玉	凤华顺空调（变频）	1.5P	¥3,050.0	¥2,600.0	¥270.0
15	郭晓诗	凤华顺空调	2P	¥3,690.0	¥3,000.0	¥414.0

图9-5　查看效果

知识补充

删除重复值时只有单元格区域或表中的值会受影响，除此之外的其他任何值都不会更改或移动。

（二）数据排序

对数据进行排序有助于快速直观地显示数据并更好地理解数据、组织并查找所需数据。下面将在“销售人员提成表”中先后进行单列数据排列和自定义排列，其具体操作如下。

（微课：光盘\微课视频\项目九\数据排序.swf）

STEP 1 选择需要排序列中“表头”数据下对应的任意单元格，这里选择A3，在【数据】/【排序和筛选】组中单击“降序”按钮，如图9-6所示。

STEP 2 在A3:F18单元格区域中的数据将按首个字母的先后顺序排列，且其他与之对应的数据将自动排列，如图9-7所示。

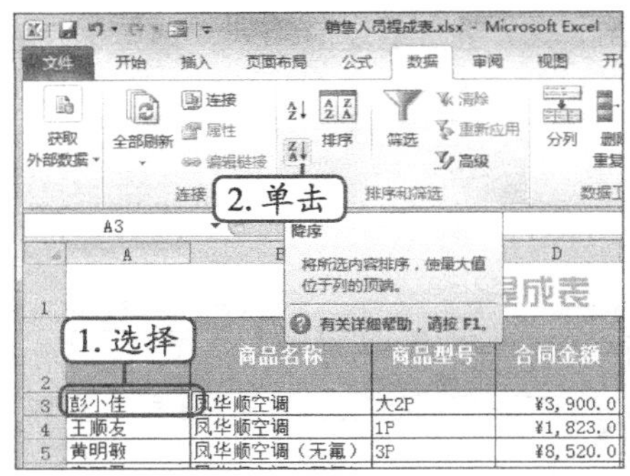

图9-6　单击“降序”按钮

	A	B	C	D	E	F
1	销售人员提成表					
2	姓名	商品名称	商品型号	合同金额	商品销售底价	商品提成（差价的60%）
3	肖明亮	凤华顺空调（变频）	2P	¥2,880.0	¥2,100.0	¥468.0
4	王顺友	凤华顺空调	1P	¥1,823.0	¥1,500.0	¥193.8
5	童丽君	凤华顺空调（无氟）	3P	¥6,800.0	¥5,600.0	¥720.0
6	孙祥	凤华顺空调	大2P	¥7,000.0	¥6,100.0	¥540.0
7	沈亮	凤华顺空调（变频）	1.5P	¥2,680.0	¥2,000.0	¥408.0
8	钱锐	凤华顺空调	2P	¥4,500.0	¥3,900.0	¥360.0
9	彭小佳	凤华顺空调	大2P	¥3,900.0	¥3,000.0	¥540.0
10	林伟	凤华顺空调（变频）	3P	¥4,900.0	¥4,200.0	¥420.0
11	李玉	凤华顺空调（变频）	1.5P	¥3,050.0	¥2,600.0	¥270.0
12	李炜丰	凤华顺空调（无氟）	大1P	¥3,210.0	¥2,000.0	¥726.0
13	李倩	凤华顺空调	3P	¥6,880.0	¥5,200.0	¥1,008.0
14	李倩	凤华顺空调	1P	¥2,000.0	¥1,200.0	¥480.0
15	黄明敏	凤华顺空调（无氟）	3P	¥8,520.0	¥7,200.0	¥792.0

图9-7　查看排序结果

操作提示

若在工作簿中选择需排序的“表头”数据下对应的单元格区域，将打开“排序提醒”对话框，提示需要扩展选定区域或只对当前选定区域进行排序。若选择只对当前选定区域进行排序，其他与之对应的数据将不自动排序。

STEP 3 选择需排序的单元格区域，这里选择A2:F18单元格区域，在【数据】/【排序和筛选】组中单击“排序”按钮，如图9-8所示。

STEP 4 打开“排序”对话框，在“主要关键词”下拉列表中选择“商品型号”选项，在“次序”下拉列表中选择“升序”选项，单击添加条件(A)按钮，如图9-9所示。

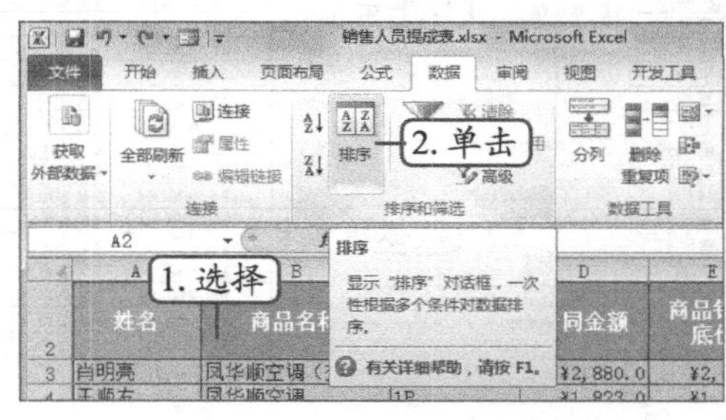

图9-8　单击“排序”按钮

图9-9　设置主要关键词

STEP 5 在“次要关键词”下拉列表中选择“商品提成（差价的60%）”选项，其他保持默认，单击确定按钮，如图9-10所示。

STEP 6 返回操作界面，即可看到“商品型号”列的数据将按升序进行排列，且其中值相同的数据，将按“商品提成（差价的60%）”列的数据进行升序排列，效果如图9-11所示。

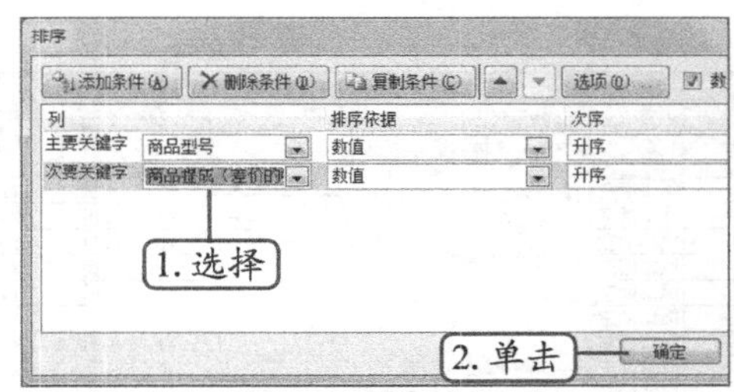

图9-10　设置次要关键词

销售人员提成表

姓名	商品名称	商品型号	合同金额	商品销售底价	商品提成（差价的60%）
李玉	凤华顺空调（变频）	1.5P	¥3,050.0	¥2,600.0	¥270.0
郭明亮	凤华顺空调（变频）	1.5P	¥3,050.0	¥2,600.0	¥270.0
沈亮	凤华顺空调（变频）	1.5P	¥2,680.0	¥2,000.0	¥408.0
王顺友	凤华顺空调	1P	¥1,823.0	¥1,500.0	¥193.8
李倩	凤华顺空调	1P	¥2,000.0	¥1,200.0	¥480.0
钱锐	凤华顺空调	2P	¥4,500.0	¥3,900.0	¥360.0
郭晓诗	凤华顺空调	2P	¥3,690.0	¥3,000.0	¥414.0
肖明亮	凤华顺空调（变频）	2P	¥2,880.0	¥2,100.0	¥468.0
韩永强	凤华顺空调（变频）	2P	¥2,880.0	¥2,100.0	¥468.0

图9-11　查看效果

在“排序”对话框中默认只有一个主要关键字，单击添加条件(A)按钮，可以添加次要关键字；在“排序依据”下拉列表框中可以选择数值、单元格颜色、字体颜色、单元格图标等对数据进行排序；单击删除条件(D)按钮，可删除添加的关键字。

（三）筛选数据

数据筛选功能是对数据进行分析时常用的操作之一。下面以“销售人员提成表”为例介绍自动筛选、自定义筛选、高级筛选的使用方法，其具体操作如下。（**微课**：光盘\微课视频\项目九\筛选数据.swf）

STEP 1 选中数据表中的任意单元格，这里选择B3单元格，在【数据】/【排序和筛选】组中单击“筛选”按钮，进入筛选状态，列标题单元格右侧显示出“筛选”下拉按钮，如图9-12所示。

STEP 2 单击“商品型号”单元格中的“筛选”下拉按钮，在展开的下拉列表中撤销选中“1.5P”复选框，单击[确定]按钮，如图9-13所示。

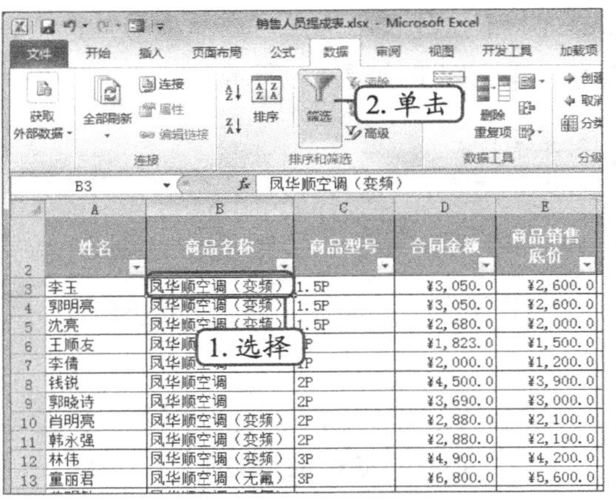

图9-12　单击“筛选”按钮

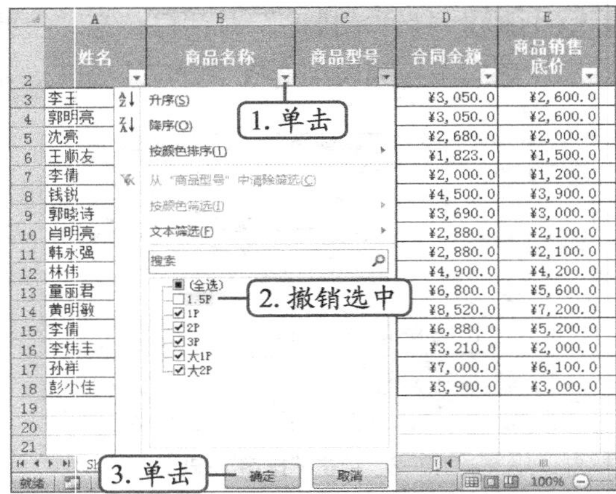

图9-13　选择筛选条件

STEP 3 此时在数据表中可查看自动筛选后的效果，商品型号为“1.5P”的相关数据被隐藏，效果如图9-14所示。

STEP 4 单击“合同金额”单元格中的筛选下拉按钮，在打开的下拉列表中选择【数字筛选】/【大于或等于】选项，如图9-15所示。

	姓名	商品名称	商品型号	合同金额	商品销售底价
6	王顺友	凤华顺空调	1P	¥1,823.0	¥1,500.
7	李倩	凤华顺空调	1P	¥2,000.0	¥1,200.
8	钱锐	凤华顺空调	2P	¥4,500.0	¥3,900.
9	郭晓诗	凤华顺空调	2P	¥3,690.0	¥3,000.
10	肖明亮	凤华顺空调（变频）	2P	¥2,880.0	¥2,100.
11	韩永强	凤华顺空调（变频）	2P	¥2,880.0	¥2,100.
12	林伟	凤华顺空调（变频）	3P	¥4,900.0	¥4,200.
13	董丽君	凤华顺空调（无氟）	3P	¥6,800.0	¥5,600.
14	黄明敏	凤华顺空调（无氟）	3P	¥8,520.0	¥7,200.
15	李倩	凤华顺空调	3P	¥6,880.0	¥5,200.
16	李炜丰	凤华顺空调（无氟）	大1P	¥3,210.0	¥2,000.
17	孙祥	凤华顺空调	大2P	¥7,000.0	¥6,100.
18	彭小佳	凤华顺空调	大2P	¥3,900.0	¥3,000.

图9-14　查看效果

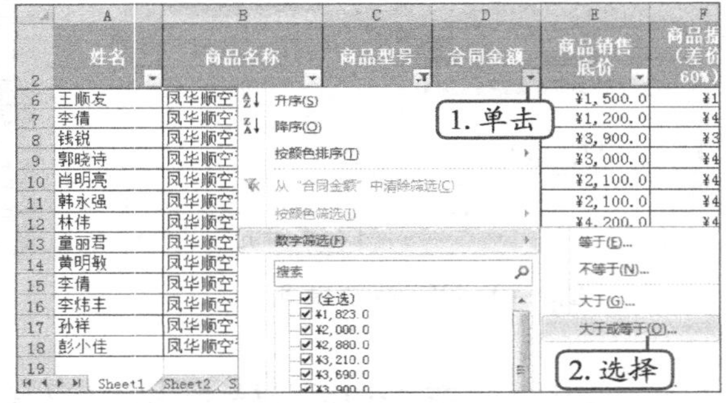

图9-15　选择筛选条件

STEP 5 打开“自定义自动筛选方式”对话框，在“大于或等于”数值框中输入“2000”，单击[确定]按钮，如图9-16所示。

STEP 6 此时在数据表中显示的都是合同金额“大于或等于2000”的相关数据，而合同金额“小于2000”的相关数据全部隐藏，如图9-17所示。

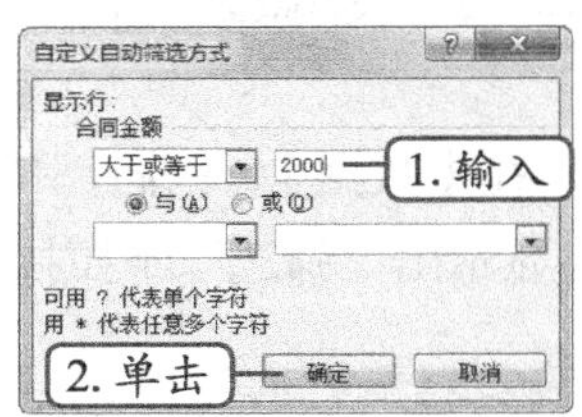

图9-16　设置筛选条件

	姓名	商品名称	商品型号	合同金额	商品销售底价	商品提成（差价的60%）
7	李倩	凤华顺空调	1P	¥2,000.0	¥1,200.0	¥480.0
8	钱锐	凤华顺空调	2P	¥4,500.0	¥3,900.0	¥360.0
9	郭晓诗	凤华顺空调	2P	¥3,690.0	¥3,000.0	¥414.0
10	肖明亮	凤华顺空调（变频）	2P	¥2,880.0	¥2,100.0	¥468.0
11	韩永强	凤华顺空调（变频）	2P	¥2,880.0	¥2,100.0	¥468.0
12	林伟	凤华顺空调（变频）	3P	¥4,900.0	¥4,200.0	¥420.0
13	董丽君	凤华顺空调（无氟）	3P	¥6,800.0	¥5,600.0	¥720.0
14	黄明敏	凤华顺空调（无氟）	3P	¥8,520.0	¥7,200.0	¥792.0
15	李倩	凤华顺空调	3P	¥6,880.0	¥5,200.0	¥1,008.0
16	李炜丰	凤华顺空调（无氟）	大1P	¥3,210.0	¥2,000.0	¥726.0
17	孙祥	凤华顺空调	大2P	¥7,000.0	¥6,100.0	¥540.0

图9-17　查看效果

在筛选状态下，对一列数据进行筛选后，还可以继续对其他序列进行筛选，筛选并查看数据后，单击“清除”按钮清除，可清除筛选结果，但仍保持筛选状态；单击“筛选”按钮，可直接退出筛选状态，返回带筛选前的数据表。

STEP 7 在B22单元格中输入筛选序列“合同金额”，在B23单元格中输入条件“>3000”，在C22单元格中输入筛选序列“商品提成（差价的60%）”，在C23单元格中输入条件“<700”，如图9-18所示。

STEP 8 选择数据表中任意一个单元格，单击“排序和筛选”组中的“高级筛选”按钮高级，如图9-19所示，打开“高级筛选”对话框。

	A	B	C	D	E
8	钱锐	凤华顺空调	2P	¥4,500.0	¥3,900.0
9	郭晓诗	凤华顺空调	2P	¥3,690.0	¥3,000.0
10	肖明亮	凤华顺空调（变频）	2P	¥2,880.0	¥2,100.0
11	韩永强	凤华顺空调（变频）	2P	¥2,880.0	¥2,100.0
12	林伟	凤华顺空调（变频）	3P	¥4,900.0	¥4,200.0
13	童丽君	凤华顺空调（无氟）	3P	¥6,800.0	¥5,600.0
14	黄明敏	凤华顺空调（无氟）	3P	¥8,520.0	¥7,200.0
15	李倩	凤华顺空调	3P	¥6,880.0	¥5,200.0
16	李炜丰	凤华顺空调（无氟）	大1P	¥3,210.0	¥2,000.0
17	孙祥	凤华顺空调	大2P	¥7,000.0	¥6,100.0
18	彭小佳	凤华顺空调	大2P	¥3,900.0	¥3,000.0
19					
20					
21					
22		合同金额	商品提成（差价的60%）		
23		>3000	<700		

输入

图9-18 输入筛选条件

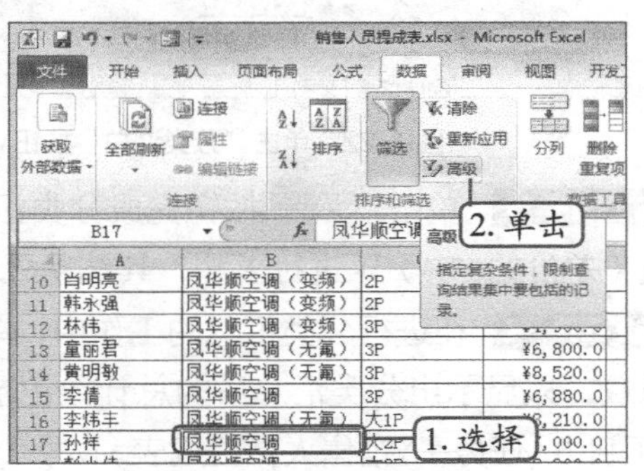

图9-19 单击“高级筛选”按钮

STEP 9 单击选中“将筛选结果复制到其他位置”单选项，在“列表区域”文本框中已经自动录入“$A$2:$F$18”，分别在“条件区域”“复制到”文本框中输入“$B$22:$C$24”“$A$25:$F$41”，如图9-20所示。

STEP 10 单击确定按钮，此时即可在原数据表下方的A24:F31单元格区域中单独显示出筛选结果，效果如图9-21所示。

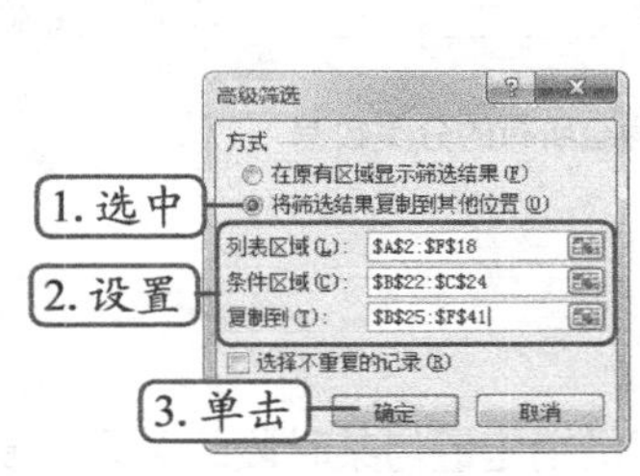

图9-20 设置筛选条件

	A	B	C	D	E	F
22		合同金额	商品提成（差价的60%）			
23		>3000	<700			
24	姓名	商品名称	商品型号	合同金额	商品销售底价	商品提成（差价的60%）
25	李玉	凤华顺空调（变频）	1.5P	¥3,050.0	¥2,600.0	¥270.0
26	郭明亮	凤华顺空调（变频）	1.5P	¥3,050.0	¥2,600.0	¥270.0
27	钱锐	凤华顺空调	2P	¥4,500.0	¥3,900.0	¥360.0
28	郭晓诗	凤华顺空调	2P	¥3,690.0	¥3,000.0	¥414.0
29	林伟	凤华顺空调（变频）	3P	¥4,900.0	¥4,200.0	¥420.0
30	孙祥	凤华顺空调	大2P	¥7,000.0	¥6,100.0	¥540.0
31	彭小佳	凤华顺空调	大2P	¥3,900.0	¥3,000.0	¥540.0
32						
33						

图9-21 查看筛选结果

（四）分类汇总

数据的分类汇总是指当表格中的记录越来越多，且出现相同类别的记录时，可按某一字段进行排序，然后将相同项目的记录集合在一起，分门别类地进行汇总，其具体操作如下。（微课：光盘\微课视频\项目九\分类汇总.swf）

STEP 1 在工作表中选择需要进行分类汇总单元格区域中的任意一个单元格，这里选择D3，在【数据】/【分级显示】组中单击“分类汇总”按钮，如图9-22所示。

STEP 2 打开“分类汇总”对话框，在“汇总方式”下拉列表框中选择“求和”选项，在“选定汇总项”下拉列表框中选中“商品提成（差价的60%）”复选框，如图9-23所示。

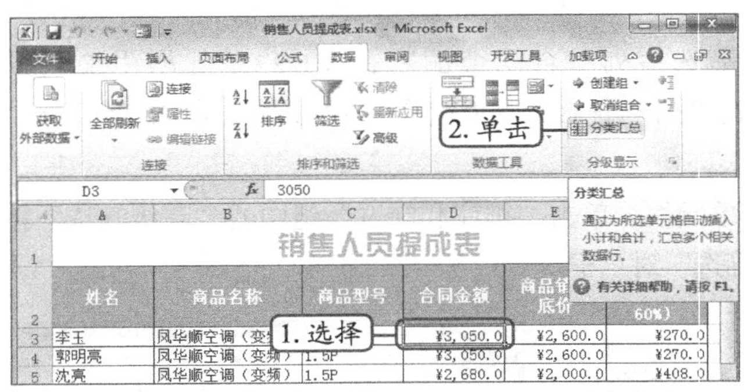

图9-22　单击“分类汇总”按钮

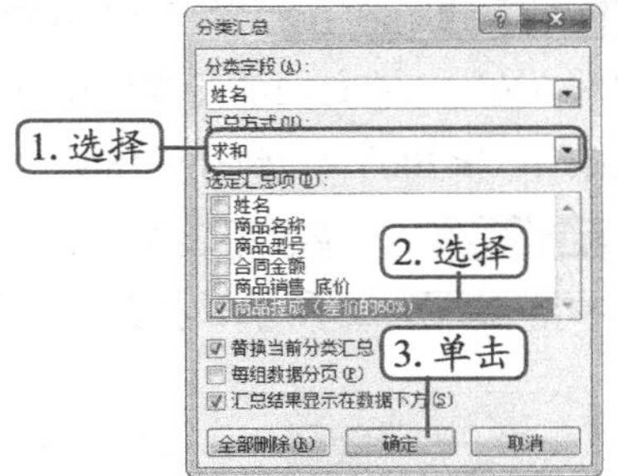

图9-23　设置分类汇总的条件

STEP 3 单击“确定”按钮完成分类汇总后，将对相同“合同金额”列的数据的“商品提成（差价的60%）”进行求和，其结果显示在相应的科目数据下方，效果如图9-24所示。

STEP 4 在进行分类汇总的工作中，单击左上角的“1”按钮，工作表中的所有分类数据将被隐藏，只显示出分类汇总后的总计数记录，如图9-25所示（最终效果参见：光盘\效果文件\项目九\任务一\销售人员提成表.xlsx）。

	A	B	C
1	销售人员提成表		
2	姓名	商品名称	商品型号
3	李玉	风华顺空调（变频）	1.5P
4	李玉 汇总		
5	郭明亮	风华顺空调（变频）	1.5P
6	郭明亮 汇总		
7	沈亮	风华顺空调（变频）	1.5P
8	沈亮 汇总		
9	王顺友	风华顺空调	1P
10	王顺友 汇总		
11	李倩	风华顺空调	1P
12	李倩 汇总		
13	钱锐	风华顺空调	2P
14	钱锐 汇总		

图9-24　查看分类汇总效果

	A	B	C	D	E	F
1	销售人员提成表					
2	姓名	商品名称	商品型号	合同金额	商品销售底价	商品提成（差价的60%）
35	总计					¥8,077.8
36						
37						
38						
39		合同金额	商品提成（差价的60%）			
40		>3000	<700			
41	姓名	商品名称	商品型号	合同金额	商品销售底价	商品提成（差价的60%）
42	李玉	风华顺空调（变频）	1.5P	¥3,050.0	¥2,600.0	¥270.0
43	郭明亮	风华顺空调（变频）	1.5P	¥3,050.0	¥2,600.0	¥270.0

图9-25　隐藏所有的分类数据

任务二　分析“销售业绩表”工作簿

销售业绩表主要用于记录销售人员销售情况，体现了销售人员销售量与某时段的关系，制作完成“销售业绩表”后，通常还需要对其中的数据进行分析。下面具体介绍分析“销售业绩表”数据的方法。

一、 任务目标

本任务将练习在“销售业绩表”中分析数据的方法。首先创建图表并编辑图表，设置坐标轴格式等，然后创建数据透视表和数据透视图等。通过本任务的学习，可以掌握在Excel 2010工作簿中插入图表和美化图表的方法。本任务完成后的最终效果如图9-26所示。

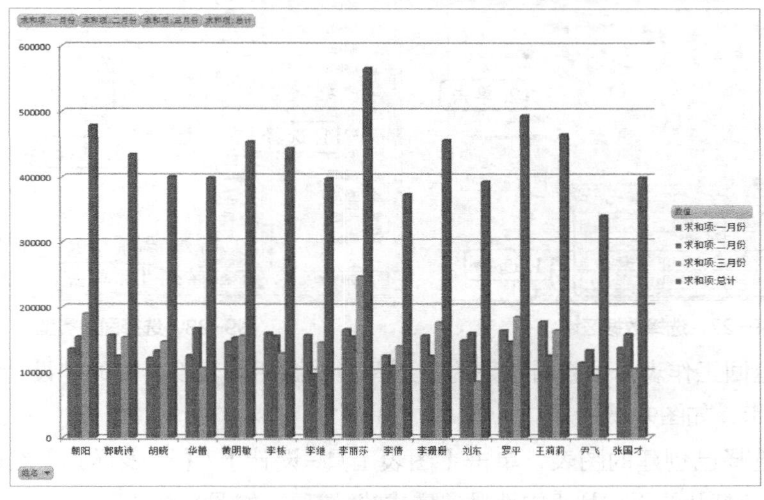

图9-26　“销售业绩表”图表效果

二、相关知识

图表是Excel重要的数据分析工具，在Excel中提供了多种图表类型，包括柱形图、条形图、折线图、饼图等，根据不同的情况选用不同类型的图表。下面介绍几种常用图表的类型及其适用情况。

- **柱形图**：常用于进行几个项目之间数据的对比。
- **条形图**：与柱形图的用法相似，但数据位于*y*轴，值位于*x*轴，位置与柱形图相反。
- **折线图**：多用于显示等时间间隔数据的变化趋势，它强调数据的时间性和变动率。
- **饼图**：用于显示一个数据系列中各项的大小与各项总和的比例。
- **面积图**：用于显示每个数值的变化量，强调数据随时间变化的幅度，还能直观地体现整体和部分的关系。

三、任务实施

（一）创建图表

在创建图表时，用户可根据需要选择合适的图表类型创建所需的图表，可对其进行编辑，突出显示数据信息，使数据显示更加直观。下面以在“销售业绩表”中创建图表为例进行讲解，其具体操作如下。（**微课**：光盘\微课视频\项目九\创建图表.swf）

STEP 1 打开素材工作簿“销售业绩表.xlsx”（素材参见：光盘\素材文件\项目九\任务二\销售业绩表.xlsx）。选择需要创建图表的A2:D17单元格区域，单击【插入】/【图表】组中的“对话框启动器”按钮，如图9-27所示。

STEP 2 在打开的“插入图表”对话框左侧单击“条形图”选项卡，在右侧的“条形图”列表框中选择“三维簇状条形图”选项，单击确定按钮，如图9-28所示。

图9-27 选择数据区域

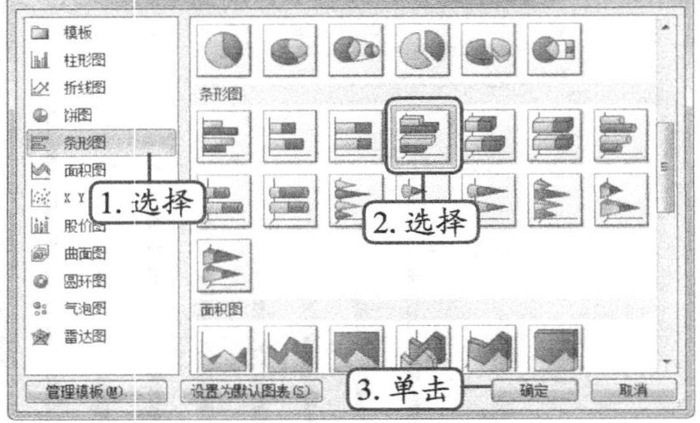

图9-28 选择图表类型

STEP 3 返回工作表，可查看创建的条形图，并激活图表工具中的“设计”“布局”和“格式”选项卡，如图9-29所示。

STEP 4 选择已创建的图表，单击【图表工具-设计】/【图表样式】组中的“快速样式”按钮，在打开的下拉列表中选择“样式3”选项，如图9-30所示。

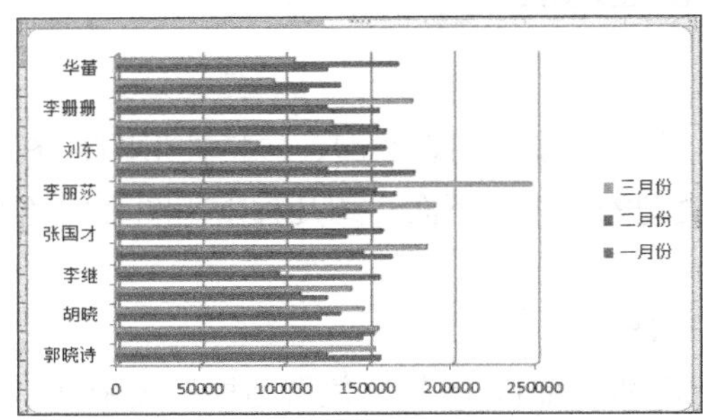

图9-28 查看图表

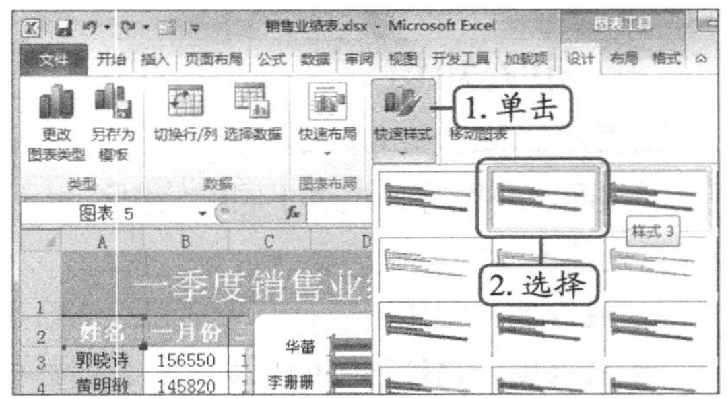

图9-30 选择命令

STEP 5 选择图表区，单击【图表工具-布局】/【标签】组中的“图表标题”按钮，在打开的下拉列表中选择“其他标题选项”，如图9-31所示。

STEP 6 在打开的“设置图表标题格式”对话框左侧单击“填充”选项卡，在右侧的“填充”栏中单击选中“渐变填充”单选项，其他保持默认，单击关闭按钮，如图9-32所示。

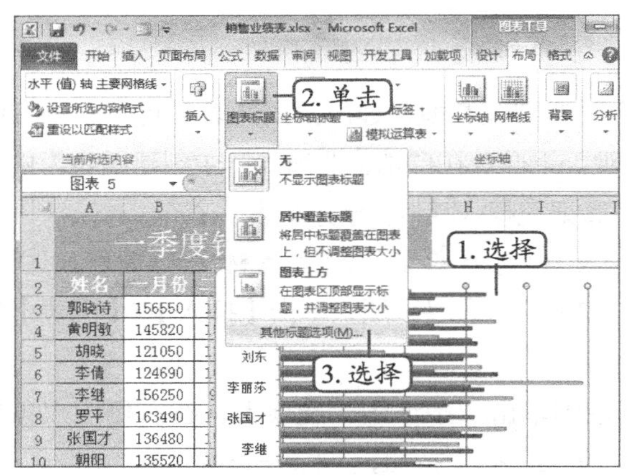

图9-31 选择命令

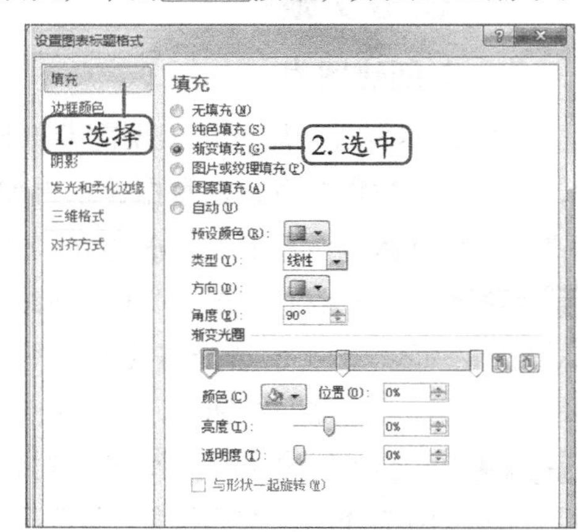

图9-32 设置图表标题格式

STEP 7 返回工作簿调整绘图区大小，并在文本框中输入“一季度销售业绩表”文本，如图9-33所示。

STEP 8 在【图表工具-布局】/【标签】组中单击“图例”按钮，在打开的下拉列表中选择“在底部显示图例”选项，返回工作表，即可查看对图表进行编辑后的效果，如图9-34所示。

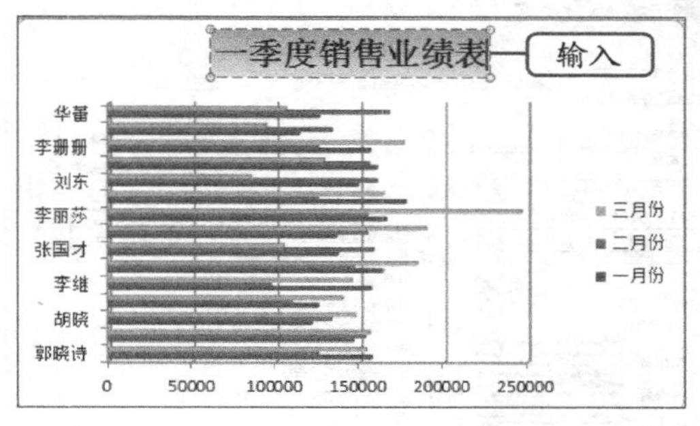

图9-33 输入图表标题

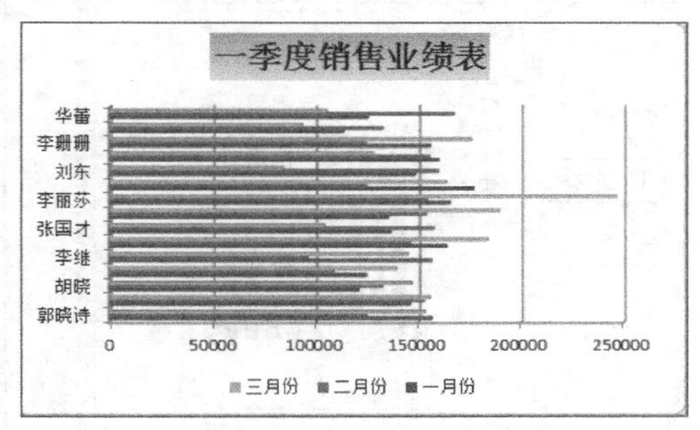

图9-34 查看效果

（二）设置坐标轴格式

坐标轴可分为数值轴和分类轴，在对图表进行编辑时，可根据需要对图表的坐标轴进行设置，包括设置刻度、字体、数字、图案等。下面在“销售业绩表”工作簿中设置坐标轴的格式，其具体操作如下。（**微课**：光盘\微课视频\项目九\设置坐标轴格式.swf）

STEP 1 选择“销售业绩表”工作簿中已创建的图表，单击【图表工具-布局】/【坐标轴】组中的“坐标轴”按钮，在打开的下拉列表中选择【主要横坐标轴】/【其他主要横坐标轴选项】，如图9-35所示。

STEP 2 打开“设置坐标轴格式”对话框，单击“坐标轴选项”选项卡，在“主要刻度线类型”下拉列表框中选择“内部”选项，如图9-36所示。

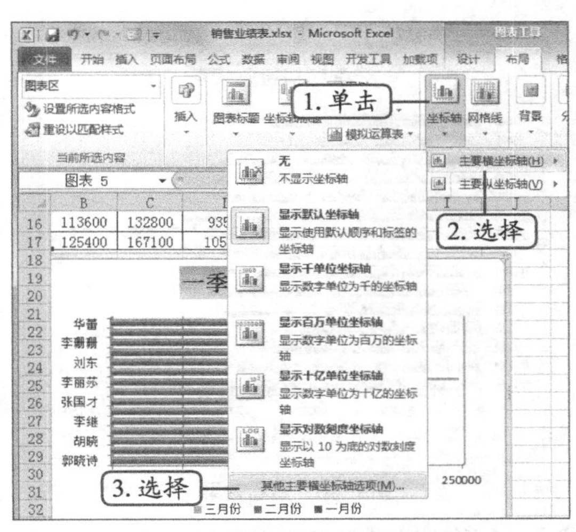

图9-35 单击“坐标轴”按钮

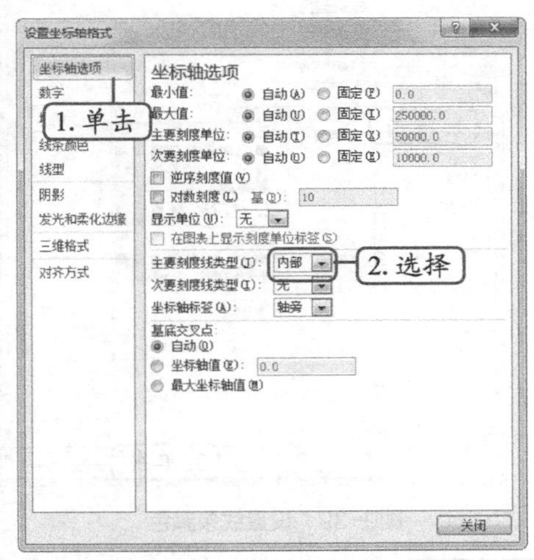

图9-36 设置刻度线类型

STEP 3 单击“线条颜色”选项卡，在右侧的“线条颜色”栏中选中“实线”单选项，单击“颜色”按钮，在打开的下拉列表中选择“绿色”选项，单击关闭按钮，如图9-37所示。

STEP 4 选择已创建的图表，单击【布局】/【坐标轴】组中的“坐标轴”按钮，在打开的下拉列表中选择【主要纵坐标轴】/【其他主要纵坐标轴选项】选项，如图9-38所示。

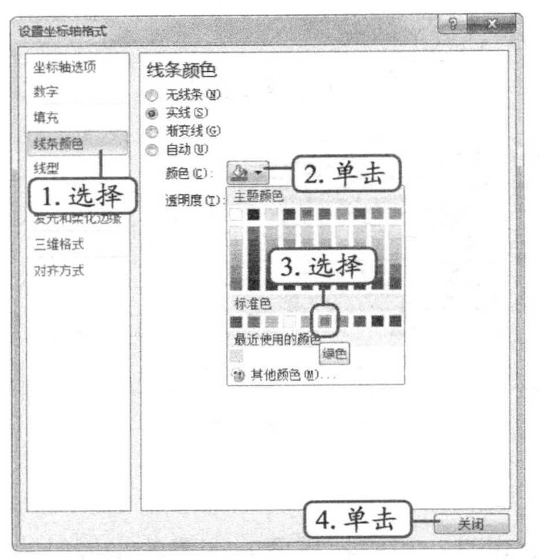

图9-37 设置线条颜色

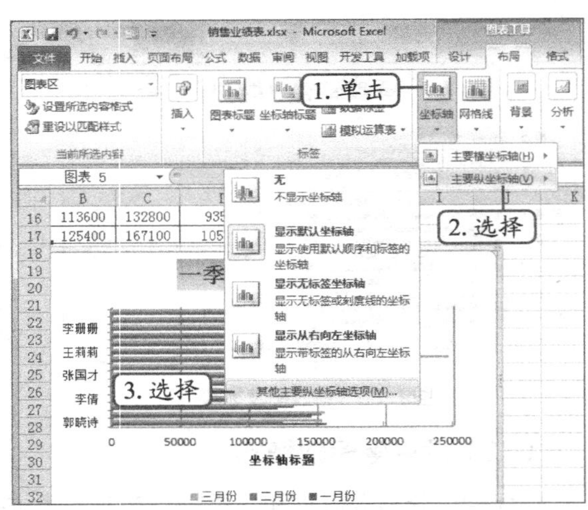

图9-38 单击“坐标轴”按钮

STEP 5 打开“设置坐标轴格式”对话框，单击“线条颜色”选项卡，在右侧的“线条颜色”栏中选中“实线”单选项，单击“颜色”按钮，在打开的下拉列表框中选择“橙色”选项，单击关闭按钮，如图9-39所示。

STEP 6 单击关闭按钮，即可查看设置后的坐标轴格式，调整图表至适当大小，效果如图9-40所示。

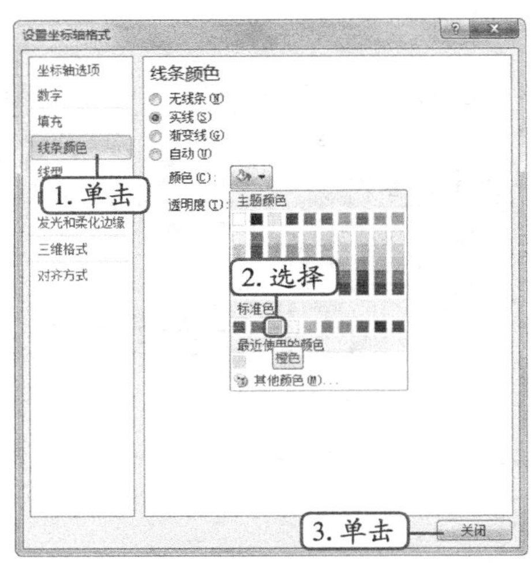

图9-39 设置线条颜色

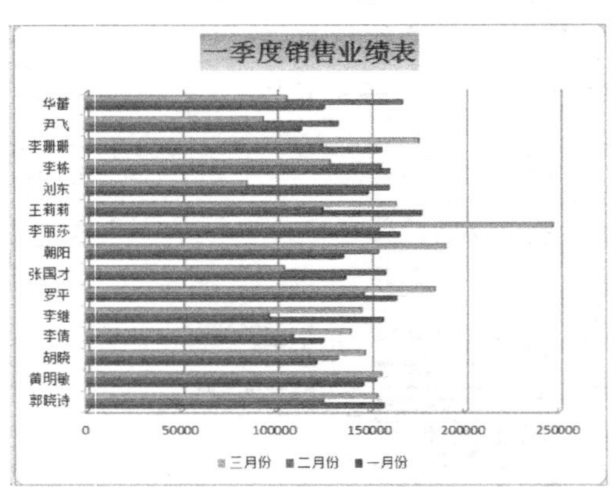

图9-40 查看效果

STEP 7 选择图表区，在【图表工具-格式】/【形状样式】组的列表框中单击按钮，在打开的下拉列表框中选择“细微效果-紫色，强调颜色4”选项，如图9-41所示，返回操作界面即可查看设置后的效果，将图标移至与表格平行的右侧区域，效果如图9-42所示。

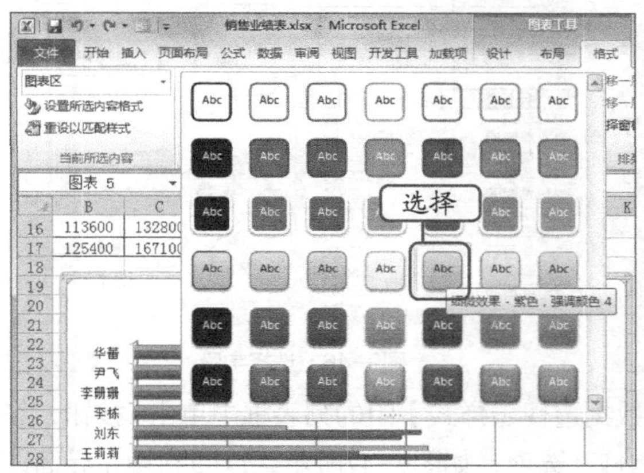

图9-41 设置形状样式

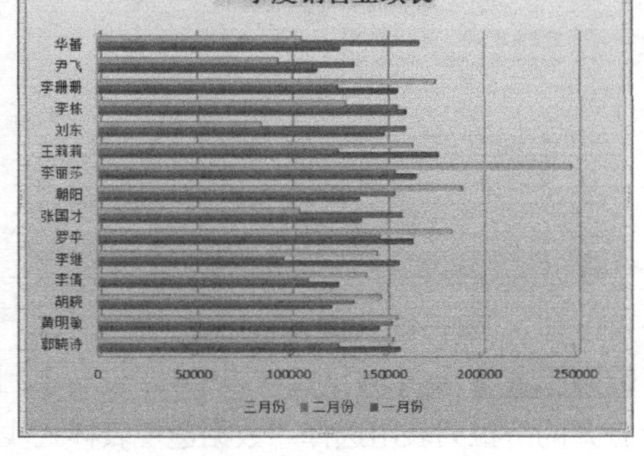

图9-42 查看效果

（三）创建数据透视表

数据透视表是一种查询并快速汇总大量数据的交互式方式，使用数据透视表可以深入分析数值数据。下面在“销售业绩表”工作簿中创建数据透视表并进行适当编辑与美化操作，其具体操作如下。（微课：光盘\微课视频\项目九\创建数据透视表.swf）

STEP 1 选择工作表中任意一个单元格，这里选择B3单元格，在【插入】/【表格】组中单击“数据透视表”按钮下方的按钮，在打开的下拉列表中选择“数据透视表”选项，如图9-43所示。

STEP 2 打开“创建数据透视表”对话框，单击选择“现有工作表”单选项，在工作表中选择A19单元格设置数据透视表的存放位置，单击确定按钮，如图9-44所示。

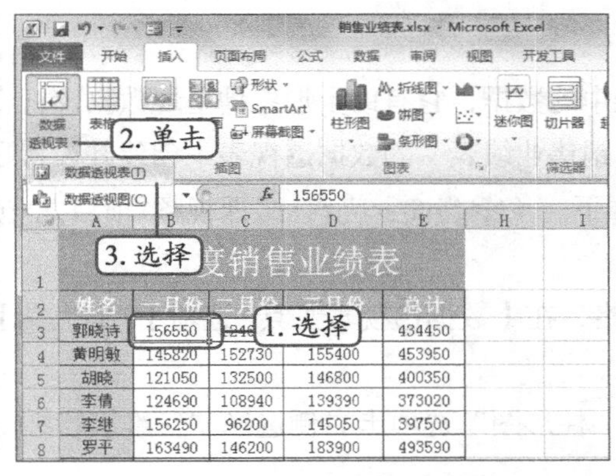

图9-43 选择“数据透视表”选项

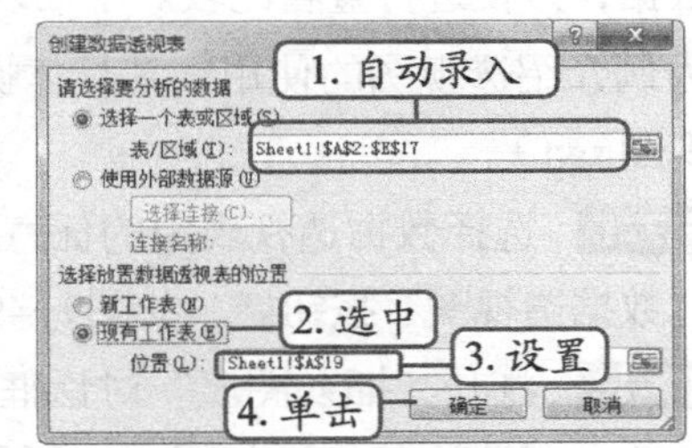

图9-44 设置创建数据透视表的位置

STEP 3 此时系统会自动创建一个空白的数据透视表，并激活数据透视表工具的“选项”和“设计”两个选项卡，同时打开“数据透视表字段列表”任务窗格，如图9-45所示。

STEP 4 在“数据透视表字段列表”任务窗格的“选择要添加到报表的字段”列表框中选中所有字段对应的复选框，创建出带有数据的数据透视表，如图9-46所示。

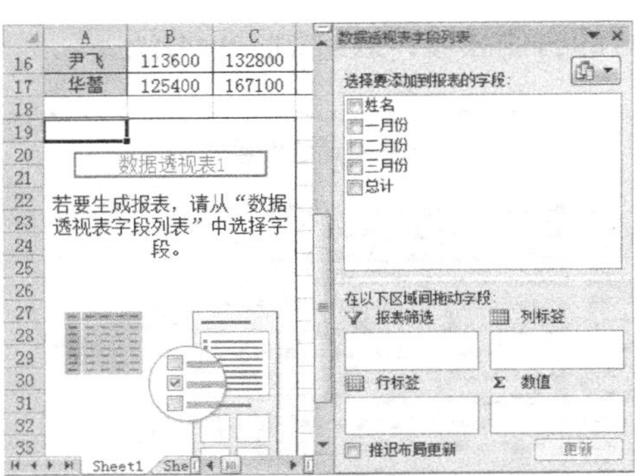

图9-45　创建数据透视表

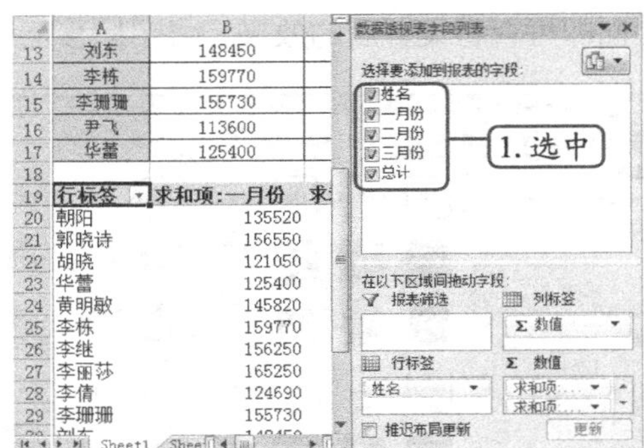

图9-46　选择字段

STEP 5 在【数据透视表工具-设计】/【数据透视表样式】组的列表框中单击按钮，在打开的下拉列表中选择“数据透视表样式浅色11”选项，如图9-47所示，返回到操作界面即可查看设置后的效果，如图9-48所示。

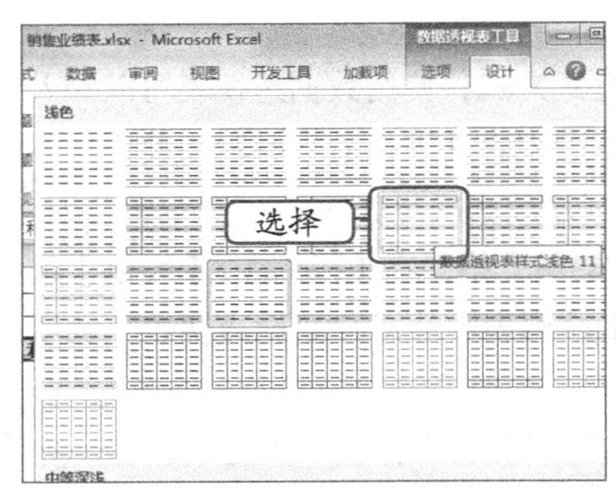

图9-47　设置数据透视表样式

行标签	求和项:一月份	求和项:二月份	求和项:三月份	求和项:总计
朝阳	135520	153890	189360	478770
郭晓诗	156550	124650	153250	434450
胡晓	121050	132500	146800	400350
华蕾	125400	167100	105650	398150
黄明敏	145820	152730	155400	453950
李栋	159770	155220	128360	443350
李继	156250	96200	145050	397500
李丽莎	165250	154200	246250	565700
李倩	124690	108940	139390	373020
李珊珊	155730	124500	175620	455850
刘东	148450	159500	84520	392470
罗平	163490	146200	183900	493590
王莉莉	176800	124600	163530	464930
尹飞	113600	132800	93520	339920
张国才	136480	157620	104230	398330
总计	2184850	2090650	2214830	6490330

图9-48　查看数据透视表效果

（四）创建数据透视图

数据透视图以图的形式表示数据透视表中的数据，它有助于形象地呈现数据透视表中的汇总数据，方便进行查看比较。下面以在“销售业绩表”的数据透视表中创建并设置数据透视图为例介绍透视图的使用，其具体操作如下。（**微课**：光盘\微课视频\项目九\创建数据透视图.swf）

STEP 1 选择数据透视表中的任意单元格，在【数据透视表工具-选项】/【工具】组中单击“数据透视图”按钮，如图9-49所示。

STEP 2 打开“插入图表”对话框，在“柱形图”选项卡右侧选择“三维簇状柱形图”选项，单击确定按钮，如图9-50所示。

若数据透视图是基于现有数据透视表创建的，则将该数据透视表称为关联数据透视表。数据透视图和与其关联的数据透视表具有彼此相对应的字段，如果数据透视表中的布局和数据发生了变化，将立即在与之对应的数据透视图的布局和数据中显示出来。

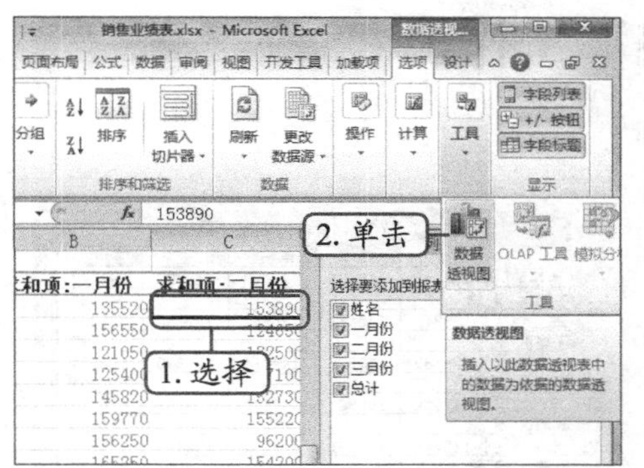

图9-49 单击“数据透视图”按钮

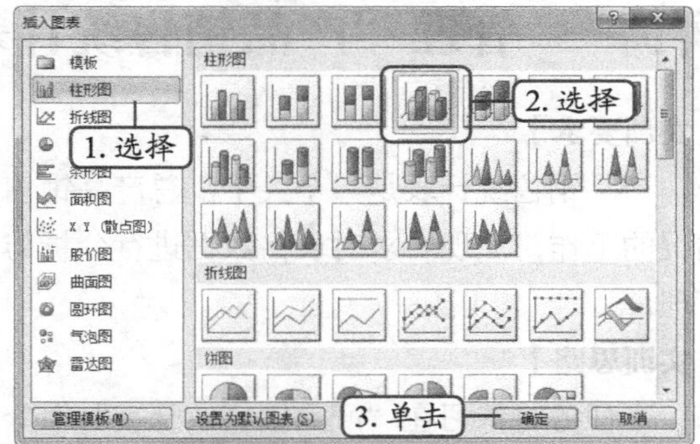

图9-50 选择图表类型

STEP 3 在工作表中将创建数据透视图，且激活数据透视图工具的“设计”“布局”“格式”“分析”选项卡。

STEP 4 选择数据透视图，在【数据透视图工具】/【设计】/【位置】组中单击“移动图表”按钮，如图9-51所示。

STEP 5 打开“移动图表”对话框，单击选择“新工作表”单选项，在文本框中保持默认设置，单击 确定 按钮，如图9-52所示。

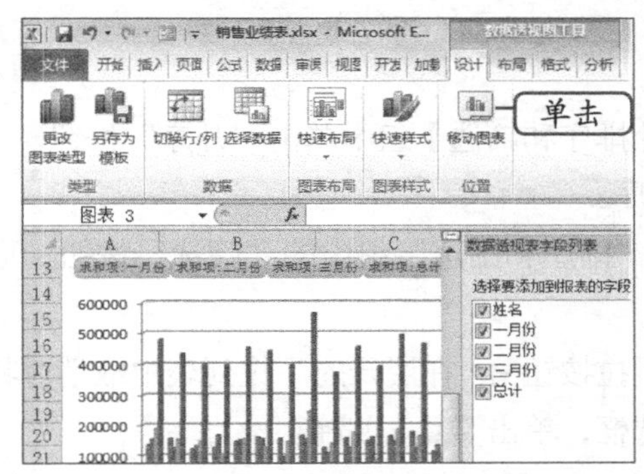

图9-51 单击“移动图表”按钮

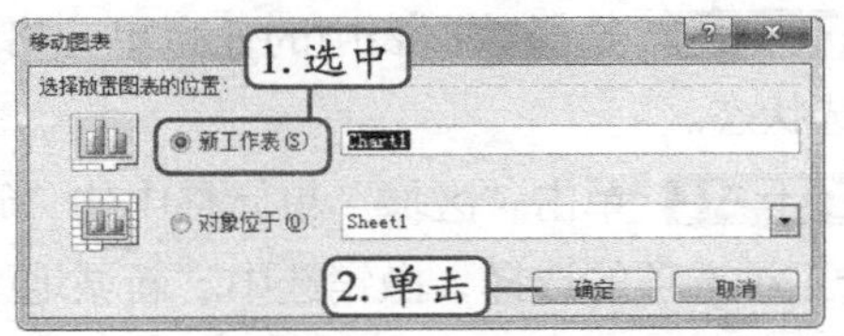

图9-52 选择数据透视图的存放位置

STEP 6 “Sheet1”工作表中新创建的图表将存放到新建名为“Chart1”的工作表中，效果如图9-53所示（最终效果参见：光盘\效果文件\项目九\任务二\销售业绩表.xlsx）。

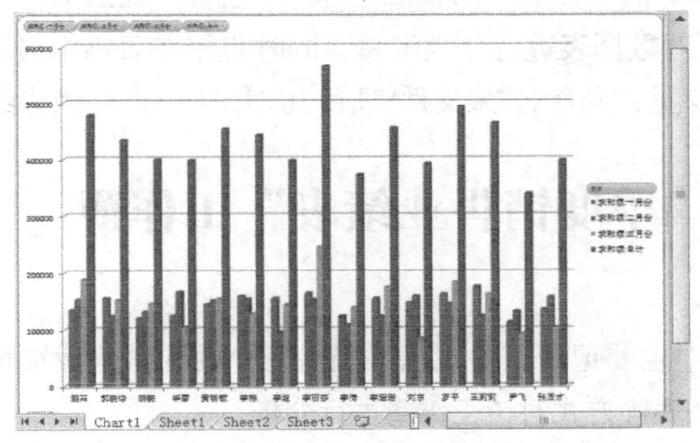

图9-53 新建图表的效果

实训一 管理“产品销售统计表”工作簿

【实训要求】

产品销售统计表是一个关于汇总产品销售情况的工作簿。现要求对表格数据进行分析与管理。

【实训思路】

本任务将练习在“产品销售统计表”中分析表格数据，包括删除重复项、数据排序、筛选数据、分类汇总等操作。本任务制作完成后的最终效果如图9-54所示。

产品销量统计表

区域	第1季	第2季	第3季	第4季	总计
金牛地区	124741	155861	118642	145753	544997
牛地区 汇总					544997
靖江地区	125341	155861	128642	169753	579597
江地区 汇总					579597
老城地区	124789	157896	144414	171895	598994
城地区 汇总					598994
东城地区	147514	155861	147142	169753	620270
城地区 汇总					620270
东坝地区	145741	155861	201042	136427	639071
坝地区 汇总					639071
东河地区	141341	155861	227642	145753	670597
河地区 汇总					670597
金沙地区	184789	157896	174214	175785	692684
沙地区 汇总					692684
为民地区	30041	365214	274123	274112	943490
民地区 汇总					943490
北河地区	34187	298634	334671	367410	1034902
河地区 汇总					1034902
里屯地区	359841	365214	275723	284712	1285490
屯地区 汇总					1285490
南河地区	342841	365214	298723	284612	1291390
河地区 汇总					1291390
光荣地区	304687	298634	334671	356407	1294399
荣地区 汇总					1294399
名为地区	324487	298634	345671	347279	1316071
为地区 汇总					1316071
总计					11511952

Sheet1 Sheet2 Sheet3

图9-54 “产品销售统计表”最终效果

【步骤提示】

STEP 1 打开素材工作簿“产品销售统计表.xlsx”（素材参见：光盘\素材文件\项目九\实训一\产品销售统计表.xlsx），通过在【数据】/【数据工具】组中单击“删除重复项”按钮，删除重复项。

STEP 2 选择F列任意单元格，在【数据】/【排序和筛选】组中单击“升序”按钮，此时即可将数据表按照“总计”值大小由低到高排序。

STEP 3 选择数据表中的任意单元格，单击“排序和筛选”组中的“筛选”按钮，进入筛选状态。

STEP 4 单击“区域”单元格中的“筛选”下拉按钮，在展开的下拉列表中取消对其他3个工种选项的选择，撤销选中“新城地区”复选框，单击 确定 按钮。

STEP 5 选择A列的任意一个单元格，在【数据】/【分级显示】组中单击 分类汇总 按钮，打开“分类汇总”对话框。

STEP 6 在“分类字段”下拉列表中选择“区域”选项，在“汇总方式”下拉列表框中选择“求和”选项，在“选定汇总”列表框中选择“总计”复选框，单击 确定 按钮。

STEP 7 此时即可对数据表进行分类汇总，同时直接在表格中显示汇总结果，效果如图9-54所示（最终效果参见：光盘\效果文件\项目九\实训一\产品销售统计表.xlsx）。

实训二 制作“季度销售业绩表”工作簿

【实训要求】

季度销售业绩表中主要记录了各销售人员前三个月的销售业绩情况，以及各种销售总计，现要求通过创建图表等方式对该工作簿进行分析。

【实训思路】

本实训主要根据素材工作簿中的表格数据进行创建图表和修改图表数据等操作来分析表格数据，最终效果如图9-55所示。

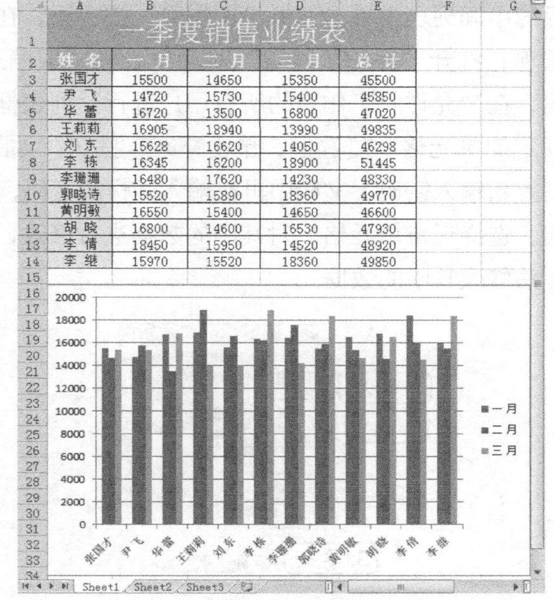

一季度销售业绩表				
姓 名	一 月	二 月	三 月	总 计
张国才	15500	14650	15350	45500
尹 飞	14720	15730	15400	45850
华 蕾	16720	13500	16800	47020
王莉莉	16905	18940	13990	49835
刘 东	15628	16620	14050	46298
李 栋	16345	16200	18900	51445
李珊珊	16480	17620	14230	48330
郭晓诗	15520	15890	18360	49770
黄明敏	16550	15400	14650	46600
胡 晓	16800	14600	16530	47930
李 倩	18450	15950	14520	48920
李 继	15970	15520	18360	49850

图9-55 “季度销售业绩表”最终效果

【步骤提示】

STEP 1 打开素材工作簿“季度销售业绩表.xlsx”（素材参见：光盘/素材文件/项目九/实训二/季度销售业绩表.xlsx），选中A1:E14单元格区域，在【插入】/【图表】组中单击“柱形图”按钮，在打开的下拉列表中选择“簇状柱形图”选项。

STEP 2 在当前工作表中插入柱形图，图表中显示了各销售人员各月以及一季度的销售总计情况，调整好图表在表格中的位置。

STEP 3 单击选中整个图表，在【图表工具-设计】/【数据】组中单击“选择数据”按钮，打开“选择数据源”对话框。

STEP 4 在“图例项（系列）”栏中选择“一季度销售业绩表总计”选项，单击 删除(R) 按钮，单击“图表数据区域”框中的“缩放”按钮。

STEP 5 选择A2:D14单元格区域，单击按钮，返回“选择数据源”对话框，单击 确定 按钮，即可看到图表发生的变化（最终效果参见：光盘\效果文件\项目八\实训二\季度销售业绩.xlsx）。

常见疑难解析

问：如何快速选择图表对象？

答：快速选择图表中各个对象的方法有两种，一是直接在图表中单击对象；二是在【布局】/【当前所选内容】组或【格式】/【当前所选内容】组的下拉列表框中选择相应的对象。

问：在数据表中创建图表后，可以将图表单独打印吗？

答：可以。选中数据表中的图表，选择【文件】/【打印】选项，在打开的面板中自动设置为打印选择的图表，设置打印选项后单击“打印”按钮即可。

拓展知识

当不希望其他用户对工作簿中的数据或表格格式等进行修改，但允许被查看的情况下，可使用Excel中的保护工作表功能。其操作方法为：选择【文件】/【信息】选项，在打开面板的中间列表中单击“保护工作簿”按钮，在打开的下拉列表中选择“保护当前工作表”选项；打开“保护工作表”对话框，在“取消工作表保护时使用的密码”文本框中输入密码，在“允许此工作表的所有用户进行”列表框中单击选择“选定锁定单元格”和“选定未锁定的单元格”复选框，单击确定按钮，如图9-56所示；打开“确认密码”对话框，在“重新输入密码”文档中再次输入同样的密码，单击确定按钮，如图9-57所示。返回工作表，选择任意单元格，对其中的数据进行修改，将打开对话框提示工作表为“只读”模式，无法修改其中的数据。

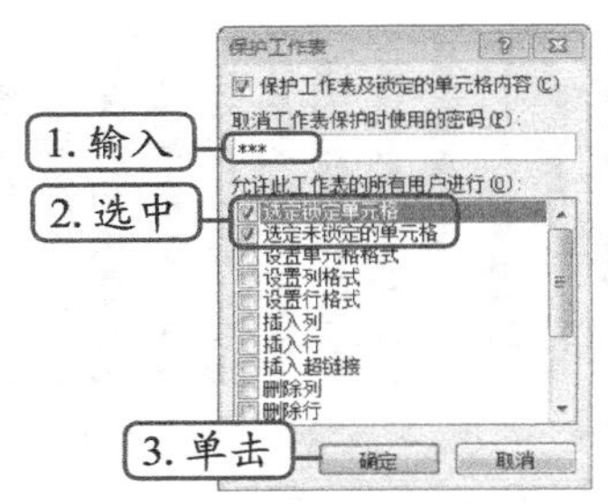

图9-56　“保护工作簿”对话框

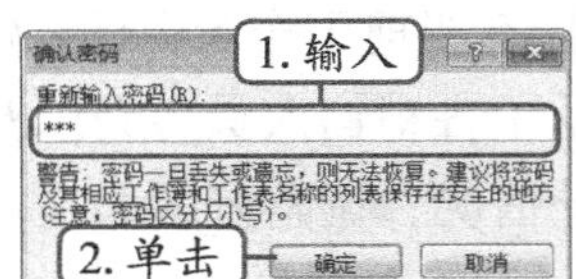

图9-57　“确认密码”对话框

课后练习

打开素材工作簿“楼房销售情况表.xlsx”（素材参见：光盘\素材文件\项目九\课后练习\楼房销售情况表.xlsx），然后进行以下操作。

- 按照C户型销售数量高低对表格进行降序排序。
- 创建图表并设置坐标轴格式。
- 创建数据透视表。

“楼房销售情况表”工作簿的最终效果如图9-58所示（最终效果参见：光盘\效果文件\项目九\课后练习\楼房销售情况为表.xlsx）。

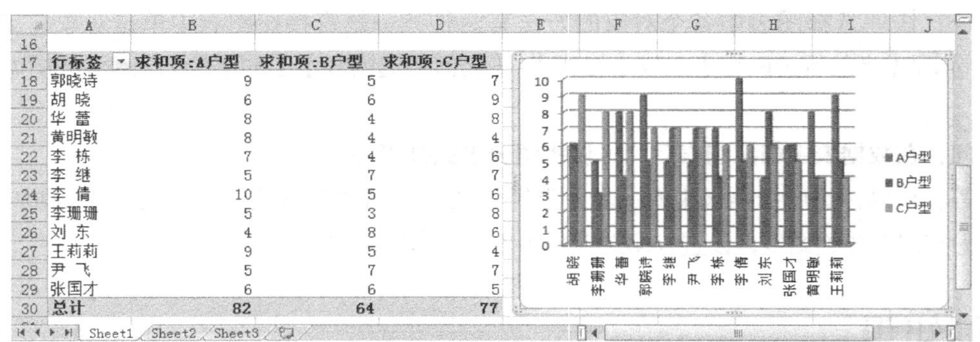

行标签	求和项:A户型	求和项:B户型	求和项:C户型
郭晓诗	9	5	7
胡 晓	6	6	9
华 蕾	8	4	8
黄明敏	8	4	4
李 栋	7	4	6
李 继	5	7	7
李 倩	10	5	6
李珊珊	5	3	8
刘 东	4	8	6
王莉莉	9	5	4
尹 飞	5	7	7
张国才	6	6	5
总计	82	64	77

图9-58　“楼房销售情况表”最终效果

PART 10

项目十 PowerPoint 2010的基本操作

情景导入

阿秀：小白，人事部主任想让你对最近新招聘的几位新员工进行针对企业文化、制度、业务等的培训。

小白：我知道了，那我得好好准备。

阿秀：你可以先准备下培训的相关资料，然后自己做一个新员工培训PPT演示文稿，做的时候如果有什么不懂的，可以来问我。

小白：谢谢你，阿秀，我现在先去准备了。

学习目标

- 熟悉PowerPoint 2010工作界面的组成
- 掌握PowerPoint演示文稿的新建、移动、复制等基本操作

技能目标

- 能够通过字体和段落设置编辑演示文稿
- 掌握“员工培训”和“年度财务报告”演示文稿的制作方法

任务一　美化“培训新员工”演示文稿

员工培训类演示文稿主要用于公司开展业务及培育人才，通过此类演示文稿，使新员工能快速融入公司环境，了解公司文化并掌握相关规章制度和业务内容。

一、 任务目标

本任务可利用内容提示向导来创建专业的演示文稿，然后对演示文稿进行移动、复制、删除、插入幻灯片等操作。本任务制作完成后的最终效果如图10-1所示。

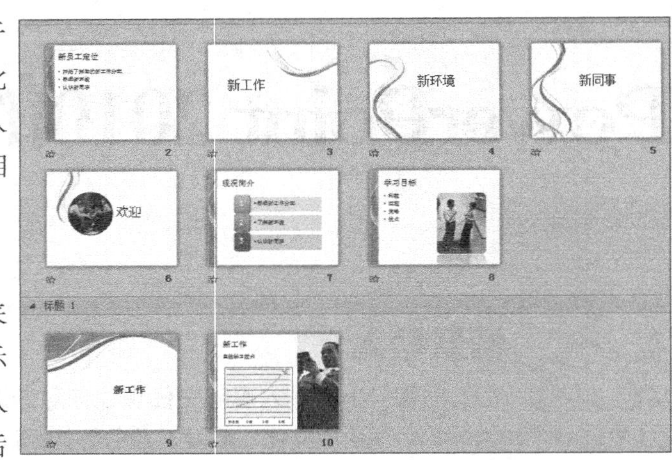

图10-1　“培训新员工”演示文稿最终效果

二、相关知识

启动PowerPoint 2010后，将进入PowerPoint的工作界面，它的工作界面与其他Office组件类似，由标题栏、功能区选项卡、功能区、幻灯片编辑窗口、“幻灯片/大纲”窗格、“备注”窗格、状态栏等部分组成，如图10-2所示。下面主要对PowerPoint 2010的特有组成部分进行介绍。

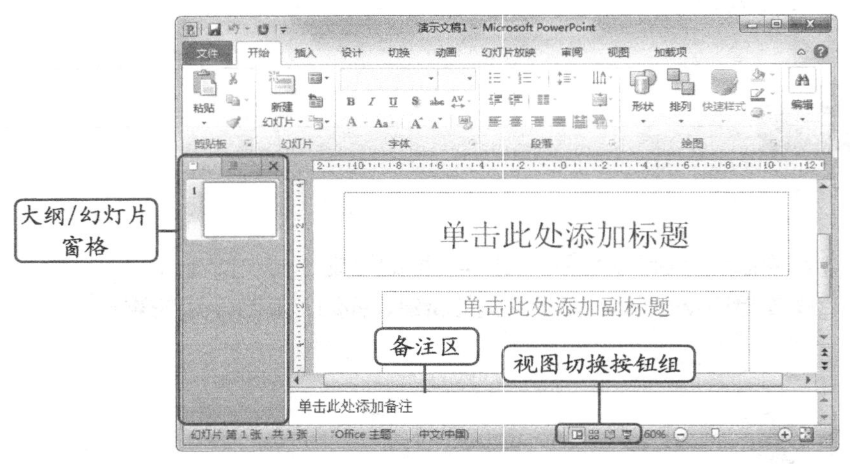

图10-2　PowerPoint 2010的操作界面

1.　“幻灯片/大纲”窗格

“幻灯片/大纲”窗格中包含“幻灯片”和“大纲”两个选项卡，单击任一选项卡便可在两者间进行切换。

- **“幻灯片”窗格：**创建或打开有多张幻灯片的演示文稿后，在“幻灯片/大纲”窗格中单击“幻灯片”选项卡便可切换至“幻灯片”窗格。在其中可以看到所有幻灯片的缩略图，单击某张幻灯片的缩略图，该幻灯片便会在编辑区中显示。

- **"大纲"窗格**：在"幻灯片/大纲"窗格中单击"大纲"选项卡，在其中可直接对幻灯片的内容进行编辑。

2. "备注"窗格

"备注"窗格的功能是显示幻灯片的相关信息，以及在播放演示文稿时对幻灯片添加说明和注释，它位于幻灯片编辑区的下方，定位插入点便可输入备注。

3. 视图切换按钮组

视图切换按钮组位于状态栏的右侧，包括"普通视图"按钮、"幻灯片浏览"按钮、"阅读视图"按钮、"幻灯片放映"按钮4个按钮，单击相应的按钮可以切换到各视图模式。

三、任务实施

（一）新建幻灯片

一个演示文稿往往由多张幻灯片组成，用户可根据需要在演示文稿的任意位置新建幻灯片，其具体操作如下。（**微课**：光盘\微课视频\项目十\新建幻灯片.swf）

STEP 1 单击"开始"按钮，选择【所有程序】/【Microsoft Office】/【Microsoft PowerPoint 2010】命令，启动PowerPoint 2010。

STEP 2 此时将自动创建一个空白演示文稿，选择【文件】/【新建】选项，在打开的面板的"可用模板和主题"下拉列表框中单击"样本模板"按钮，然后双击"培训"选项，如图10-3所示。

STEP 3 新建演示文稿，将其以"培训新员工"为名进行保存，如图10-4所示。

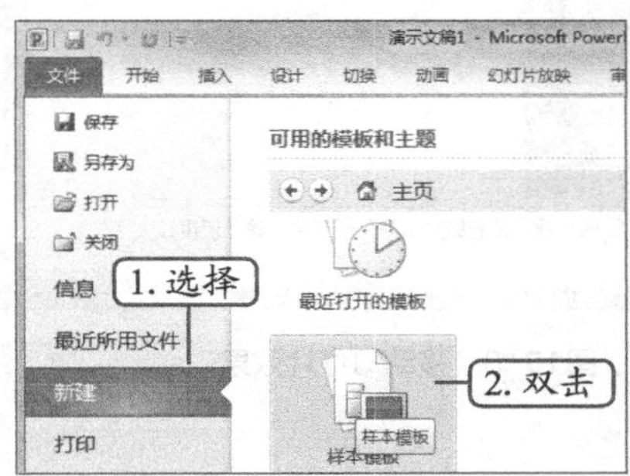

图10-3　根据样本模板新建

图10-4　新建演示文稿效果

STEP 4 选择要新建幻灯片的位置，如果要在第1张幻灯片后面新建幻灯片，则单击第1张幻灯片，在【开始】/【幻灯片】组中单击"新建幻灯片"按钮，如图10-5所示。

STEP 5 系统自动新建并插入一张默认版式的幻灯片，如图10-6所示。

操作提示

在"幻灯片"窗格中选择某张幻灯片后，按【Enter】键或【Ctrl+M】组合键将在该幻灯片下方插入一张默认版式的幻灯片。若需要其他版式，可单击"新建幻灯片"按钮，在打开的下拉列表中选择需要的版式即可创建。

图10-5 自动新建幻灯片

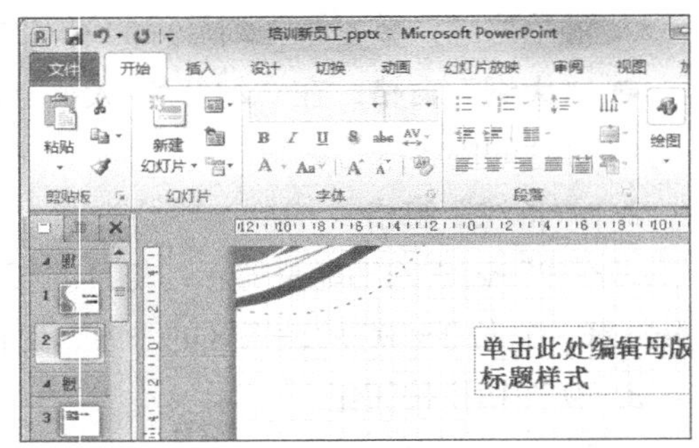

图10-6 新建幻灯片

（二）移动幻灯片

幻灯片的位置决定了它在整个演示文稿中的播放顺序，在插入或制作幻灯片后，有时会需要重新调整某些幻灯片的位置，使其重新排列，其具体操作如下。（**微课**：光盘\微课视频\项目十\移动幻灯片.swf）

STEP 1 在“培训新员工”演示文稿的“幻灯片”窗格中，选择第12张幻灯片。

STEP 2 按住鼠标左键不放，将其拖曳到第14张幻灯片下方，这时将有一条横线随之移动，如图10-7所示。

STEP 3 当到达目标位置时释放鼠标左键即可完成幻灯片的移动，这时原来第12张幻灯片的编号将自动变为第14张，如图10-8所示。

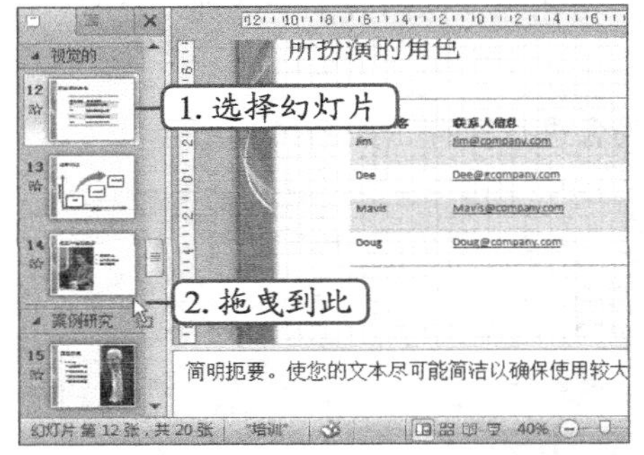

图10-7 选择并拖曳幻灯片

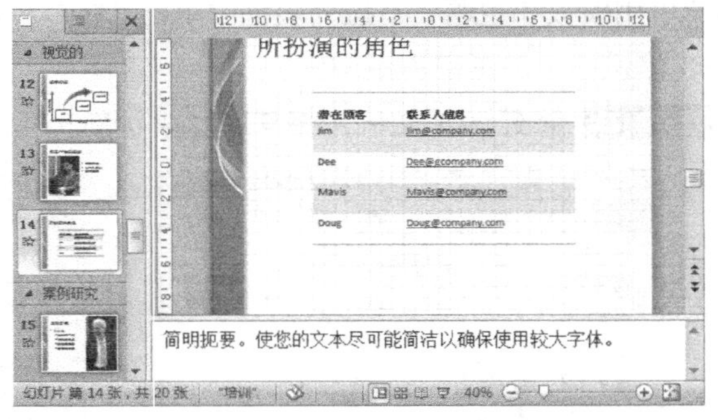

图10-8 移动幻灯片效果

（三）复制幻灯片

为了能够减少制作时间，在制作幻灯片时，如制作的新幻灯片和已制作完成的幻灯片内容相同或只需进行小的改动时，可将已完成的幻灯片复制一份，再在复制的幻灯片的基础上对其内容进行修改，其具体操作如下。（**微课**：光盘\微课视频\项目十\复制幻灯片.swf）

STEP 1 在“幻灯片”窗格中选中第19张幻灯片，在其上单击鼠标右键，在弹出的快捷菜单中选择“复制”命令，或按【Ctrl+C】组合键复制幻灯片，如图10-9所示。

STEP 2 将鼠标光标定位于第19张幻灯片下方，单击鼠标右键，在弹出的快捷菜单中选择【粘贴选项】/【保留源格式】命令，或按【Ctrl+V】组合键粘贴幻灯片，如图10-10所示。

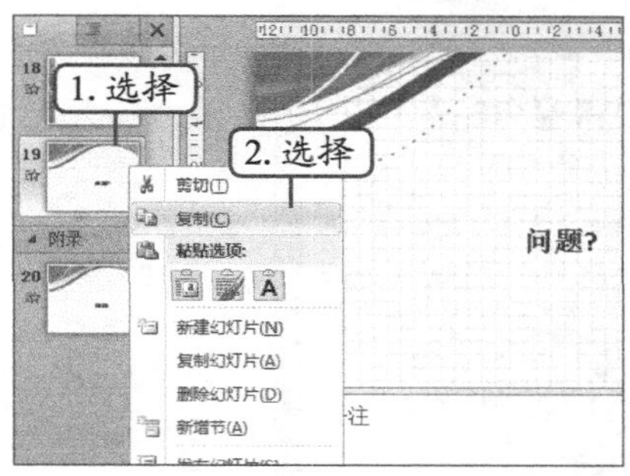

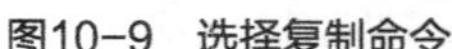

图10-9 选择复制命令

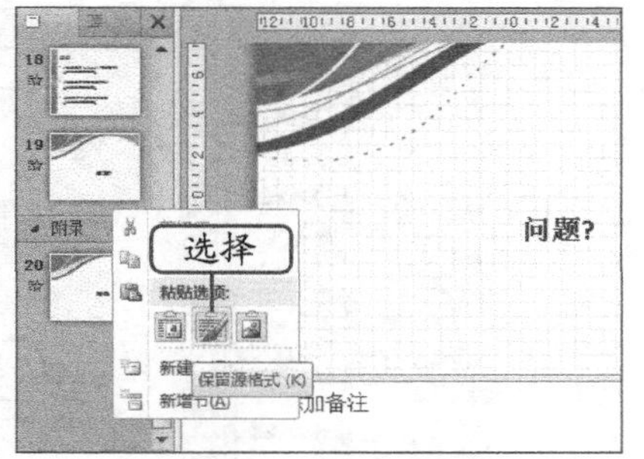

图10-10 选择粘贴命令

STEP 3 此时在第19张幻灯片之后将显示1张新幻灯片，即为复制的第19张幻灯片。

（四）删除幻灯片

对于不需要的幻灯片，可将其删除，下面将在“培训新员工”演示文稿中进行删除幻灯片操作，其具体操作如下。（**微课**：光盘\微课视频\项目十\删除幻灯片.swf）

STEP 1 在“幻灯片”窗格中选择第2张幻灯片，单击鼠标右键，在弹出的快捷菜单中选择“删除幻灯片”选项，如图10-11所示。

STEP 2 这时即可删除选择的第2张幻灯片，如图10-12所示。至此，完成本任务的操作（最终效果参见：光盘\效果文件\项目十\任务一\培训新员工.pptx）。

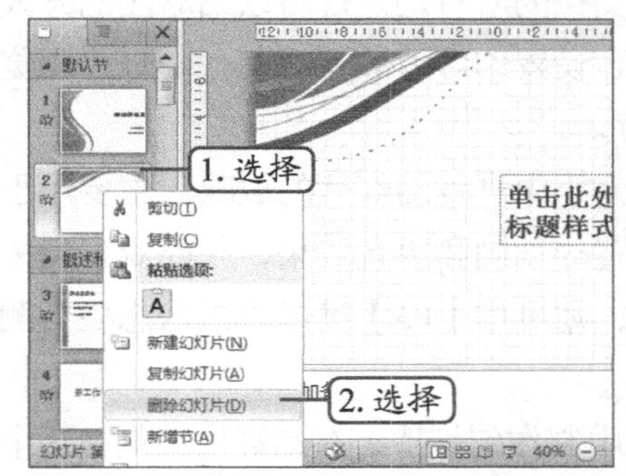

图10-11 选择命令

图10-12 完成删除

任务二 制作“年度财务报告”演示文稿

“年度财务报告”演示文稿主要用于对公司过去一年的年度利润、收入、成本费用、现金流量状况的分析进行总结报告，以便对现今的工作有所帮助。

一、 任务目标

本任务制作“年度财务报告”演示文稿，其主要涉及的操作有创建演示文稿大纲、插入并编辑文本框、输入并编辑文本内容、设置段落格式、项目符号等。本任务制作完成后的最终效果如图10-13所示。

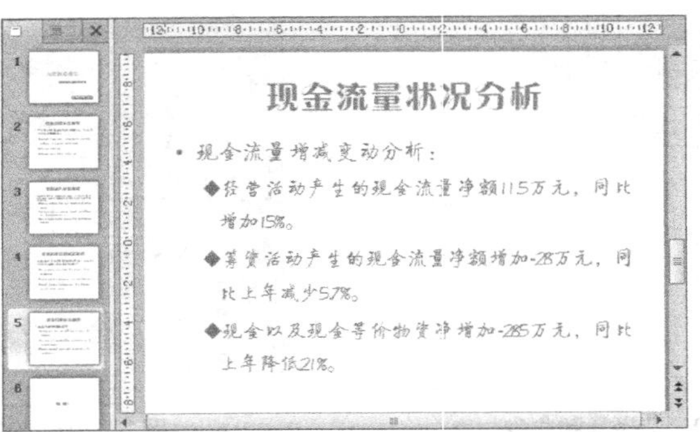

图10-13 “年度财务报告”演示文稿最终效果

二、相关知识

视图方式是指在制作幻灯片过程中，PowerPoint程序显示幻灯片的方式。在制作幻灯片过程中，合理切换不同的视图方式，能够让幻灯片的制作更加直观与方便。下面将对各种视图方式进行简单介绍。

- **普通视图：** PowerPoint的默认视图，启动程序后直接进入该视图模式。幻灯片内容的编辑、调整、格式设置等操作，都是在该视图下进行的，普通视图主要用于编排幻灯片内容。
- **幻灯片浏览视图：** 幻灯片浏览视图下，演示文稿的所有幻灯片将以缩略图的方式排列在窗口中，用户可以重新排列幻灯片顺序、设置幻灯片放映时间。幻灯片浏览视图主要用于调整幻灯片的整体结构和放映顺序。
- **阅读视图：** 阅读视图的作用是在适当的窗口大小中进行幻灯片的放映。主要用于查看演示文稿的效果，从而体验演示文稿中设置的动画和声音效果，并能观察到每张幻灯片的切换效果。如果要全屏放映幻灯片，则可按【F5】键或单击状态栏右侧的“幻灯片放映”按钮。

在制作PowerPoint演示文稿时，通常在普通视图中制作幻灯片，在幻灯片浏览视图中查看演示文稿的结构并进行调整，在阅读视图中预览放映效果。

三、任务实施

（一）创建演示文稿大纲

在确定好财务报告的体系和内容后，即可制作简单的幻灯片大纲，再按照大纲结构完善每一张幻灯片的内容，其具体操作如下。（**微课**：光盘\微课视频\项目十\创建演示文稿大纲.swf）

STEP 1 启动PowerPoint 2010，程序默认创建一个空白演示文稿，其中只包含1张标题幻灯片，将其以“年度财务报告”为名保存，单击“幻灯片”组中的“新建幻灯片”按钮。

操作提示

在PowerPoint 2010中保存演示文稿的方法与Word 2010和Excel 2010保存文档和工作簿的方法相似。

STEP 2 按相同的方法，继续单击“新建幻灯片”按钮，再连续创建4张空白幻灯片。

在对幻灯片进行创建和编排时，不必采用固定的模式，用户可根据自己的制作习惯决定创建顺序。如有的用户习惯先创建好空白幻灯片，然后分别对每一张幻灯片的内容进行编排；也有一些用户习惯对创建的幻灯片进行编排后，再继续逐张创建其他幻灯片。

STEP 3 在“幻灯片/大纲”窗格中单击“大纲”选项卡，将插入点定位到第一张幻灯片图标的右侧，如图10-14所示。

STEP 4 在插入点处输入第一张幻灯片的大纲内容“标题”，此时输入的内容会同时显示在幻灯片的标题占位符中，依次为下方5张幻灯片输入相应的大纲标题内容，如图10-15所示。

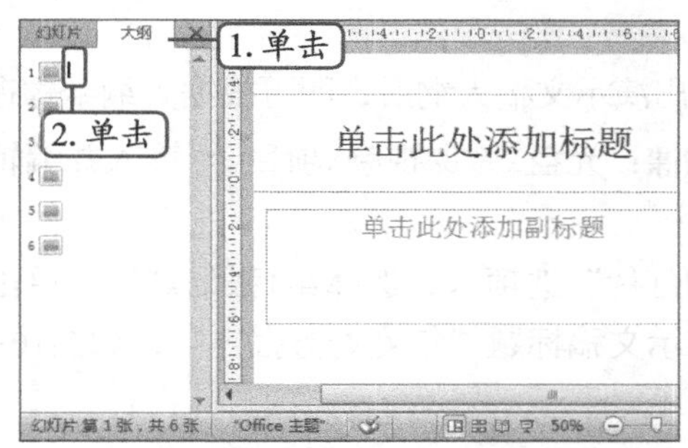

图10-14　切换大纲选项卡

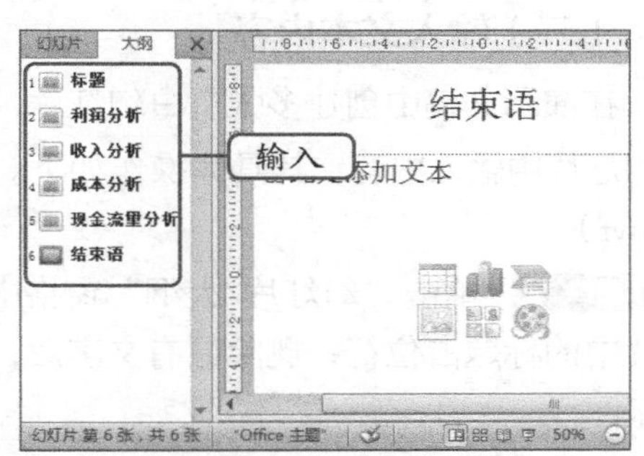

图10-15　输入大纲标题

（二）插入并编辑文本框

在PowerPoint中，文本框是已经存在的，可以直接在文本框内编辑文字，同时也可以不使用既有的文本框而是插入新的文本框并编辑，其具体操作如下。（微课：光盘\微课视频\项目十\插入并编辑文本框.swf）

STEP 1 在【插入】/【文本】组中单击“文本框”按钮下方的按钮，在打开的下拉列表中选择“横排文本框”选项，如图10-16所示。

STEP 2 鼠标指针变为↓形状，将其移动到第1张幻灯片右下角，按住鼠标左键并向右拖曳，即可绘制出文本框，如图10-17所示。

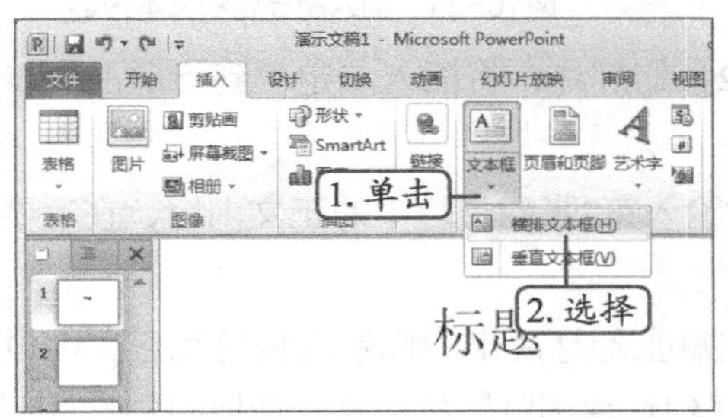

图10-16　选择“横排文本框”选项

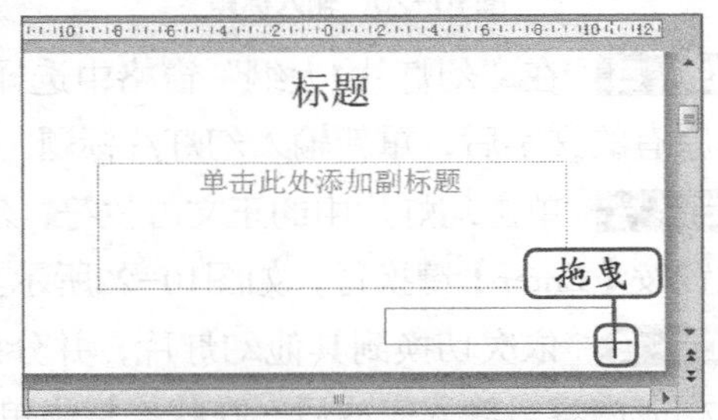

图10-17　绘制文本框

STEP 3 保存该文本框的选中状态，在【格式】/【形状样式】组中单击按钮，在打开的下拉列表中选择“细微效果–橄榄色，强调颜色3”选项，如图10–18所示。

STEP 4 返回操作界面即可查看添加了样式的文本框，效果如图10–19所示。

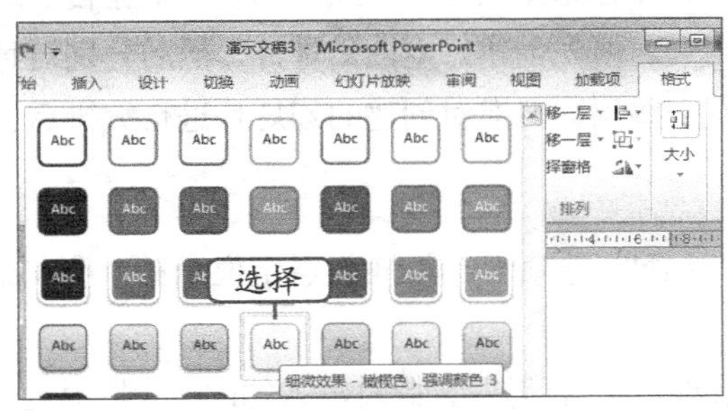

图10–18　选择形状样式

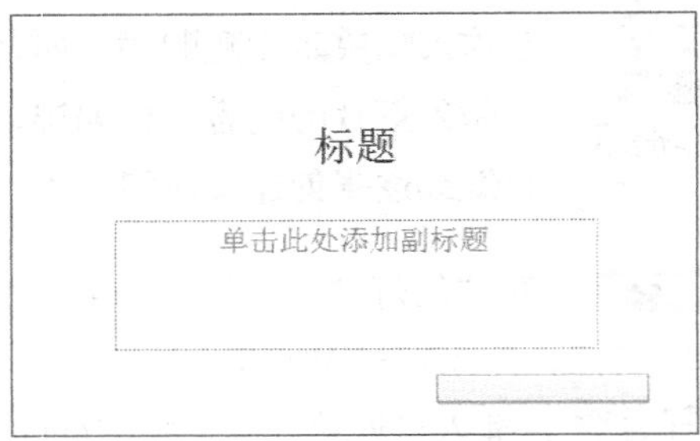

图10–19　查看效果

（三）输入文本内容

在演示文稿中创建多张空白幻灯片，并制作出演示文稿大纲后，即可根据大纲结构在每张幻灯片中输入内容，其具体操作如下。（**微课**：光盘\微课视频\项目十\输入并编辑文本.swf）

STEP 1 单击“幻灯片/大纲”窗格中的“幻灯片”选项卡，选择第1张幻灯片，单击幻灯片中的标题占位符，删除原有文字后，输入演示文稿标题“年度财务报告”，如图10–20所示。

STEP 2 单击幻灯片中的副标题占位符，在其中输入副标题内容“财务部2013年度报告”，在右下角文本框中输入“2014年×月×日”，效果如图10–21所示。

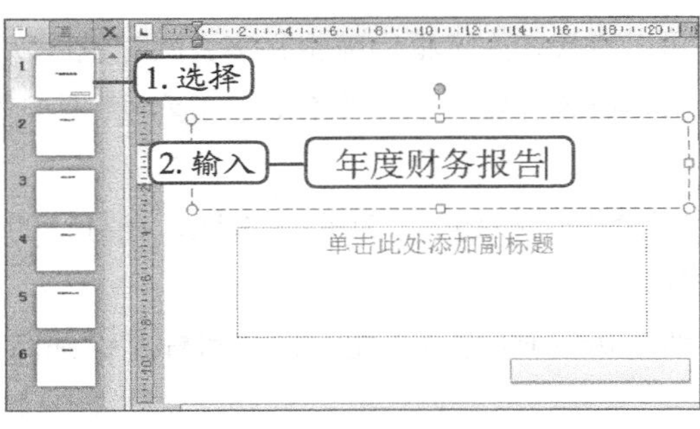

图10–20　输入标题

图10–21　输入副标题和文本内容

STEP 3 在“幻灯片/大纲”窗格中选择第2张幻灯片，将插入点定位到标题占位符中，删除原有的文字后，重新输入幻灯片标题。

STEP 4 单击幻灯片中的正文占位符，然后输入第2张幻灯片中的正文内容，在需要换行的位置按【Enter】键换行，如图10–22所示。

STEP 5 依次切换到其他幻灯片，并分别在每张幻灯片中的标题占位符和正文占位符中输入相应内容，输入完成后，在状态栏中单击“幻灯片浏览”按钮，切换到幻灯片浏览视图查看每张幻灯片中的内容，如图10–23所示。

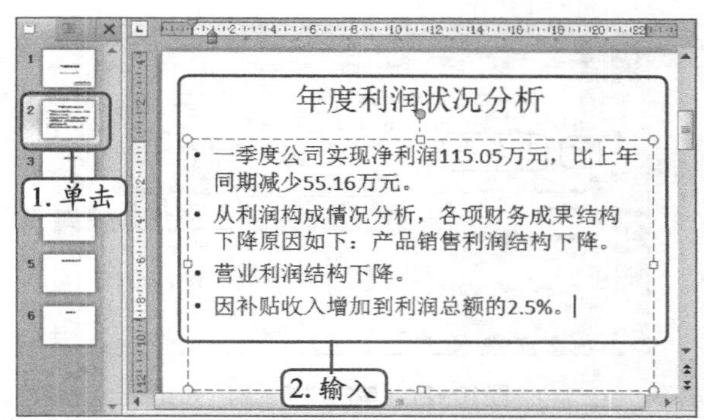

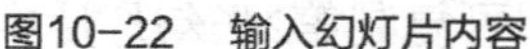
图10-22 输入幻灯片内容

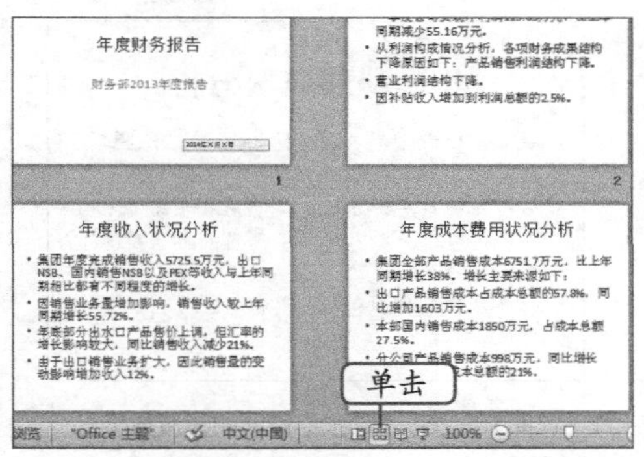

图10-23 查看效果

（四）设置文本格式

在占位符和文本框中输入的文本字体默认为宋体，幻灯片具有很高的观赏性，所以一般都需要设置文本格式，主要针对其字体、字号、字体颜色、特殊效果等进行设置，其具体操作如下。（微课：光盘\微课视频\项目十\设置文本格式.swf）

STEP 1 选择第1张幻灯片中标题占位符内的文本，分别在【开始】/【字体】组中单击“字体”列表框、“字号”列表框、“字体颜色”按钮右侧的按钮，在打开的下拉列表中分别选择“方正粗活意简体”选项、“60”选项、“橙色”选项，如图10-24所示。

STEP 2 用相同的方法将副标题设置为“方正粗活意简体、32号字体、绿色”，将右下角日期设置为“宋体、24号、加粗、‘茶色，背景2，深色50%’”，效果如图10-25所示。

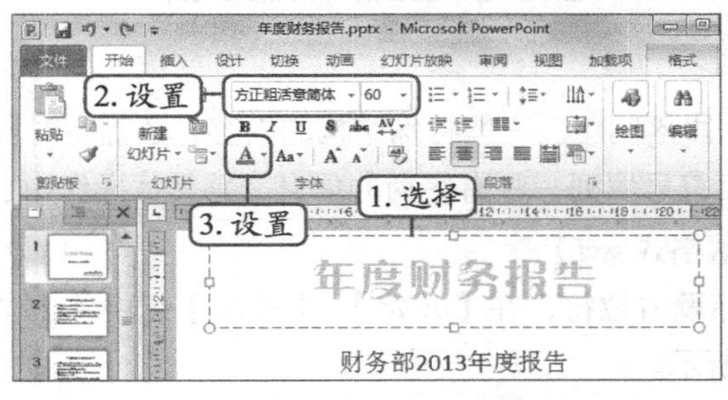

图10-24 设置标题格式

图10-25 设置副标题和日期的效果

STEP 3 在“幻灯片/大纲”窗格中选择第2张幻灯片，选择标题文本，将其格式设置为“方正粗活意简体、48号字体、绿色”。

STEP 4 选择正文文本，将其格式设置为“方正启体简体、32号、‘茶色，背景2，深色50%’”，效果如图10-26所示。

STEP 5 切换到第6张幻灯片，单击选中正文占位符，并按【Delete】键将占位符删除，选中包含文字的标题占位符，将其移动到幻灯片水平居中位置。

STEP 6 选择第2张幻灯片中的标题占位符，单击【开始】/【剪贴板】组中的“格式刷”按钮，如图10-27所示。

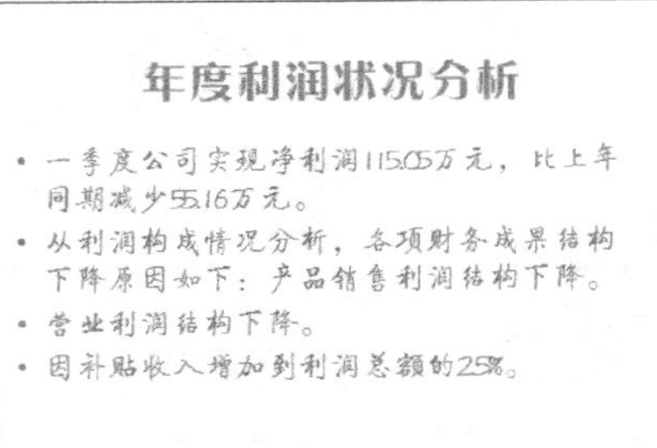

图10-26　第2张幻灯片的设置效果

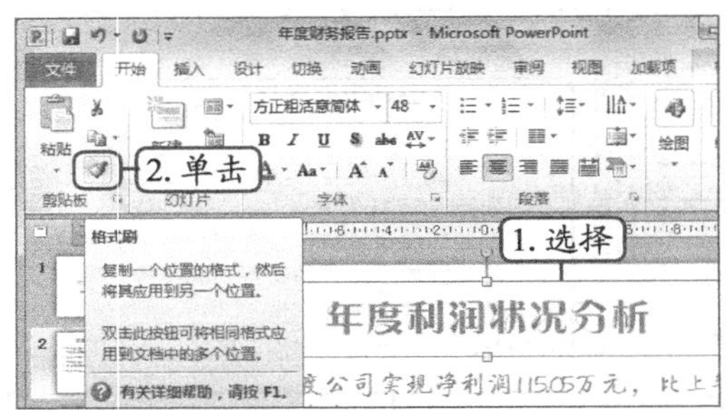

图10-27　单击“格式刷”按钮

STEP 7 切换到第3张幻灯片，单击标题占位符，即可复制第2张幻灯片中的标题格式，利用格式刷，分别为第4、5张幻灯片应用第2张幻灯片的标题与正文格式，然后切换到浏览视图查看，效果如图10-28所示。

当选择幻灯片中的文本后，在文本的旁边会出现一个浮动“字体”工具栏，在其中也可对文本格式进行设置。

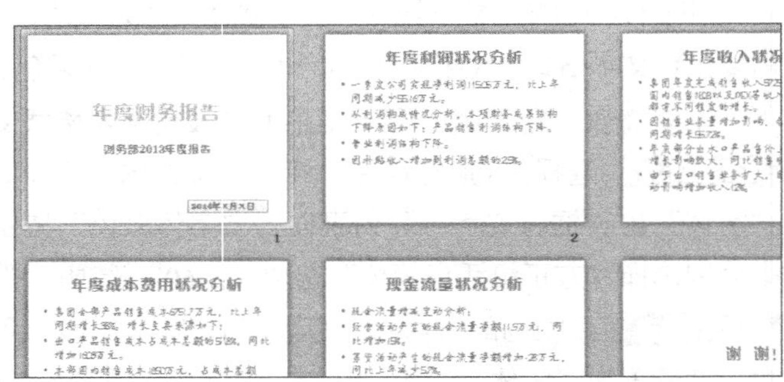

图10-28　查看格式刷的复制效果

（五）设置段落格式

常用的段落格式包括对齐方式、行距、段落间距。一些特殊结构的内容，还需要对段落缩进（级别）进行调整，或使用编号或项目符号罗列一些有序列的信息，其具体操作如下。（微课：光盘\微课视频\项目十\设置段落格式.swf）

STEP 1 切换到第1张幻灯片，选中副标题占位符，在【开始】/【段落】组中单击“右对齐”按钮，使文本右对齐，如图10-29所示。

STEP 2 切换到第2张幻灯片，选中正文占位符，在【开始】/【段落】组中的“两端对齐”按钮，将正文两端对齐，如图10-30所示，并对第3、第4、第5张幻灯片进行相同的调整。

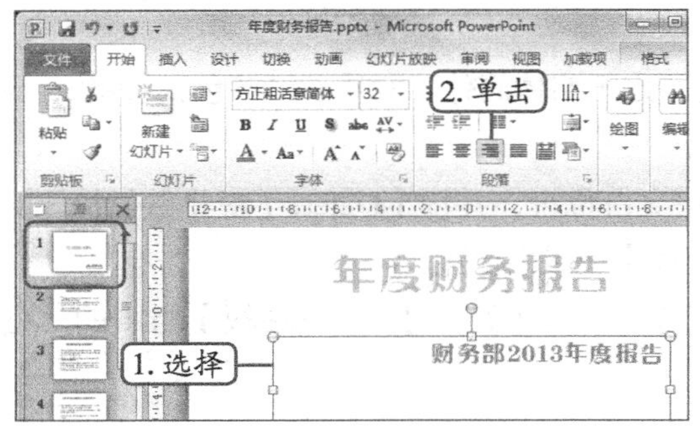

图10-29　更改副标题对齐方式

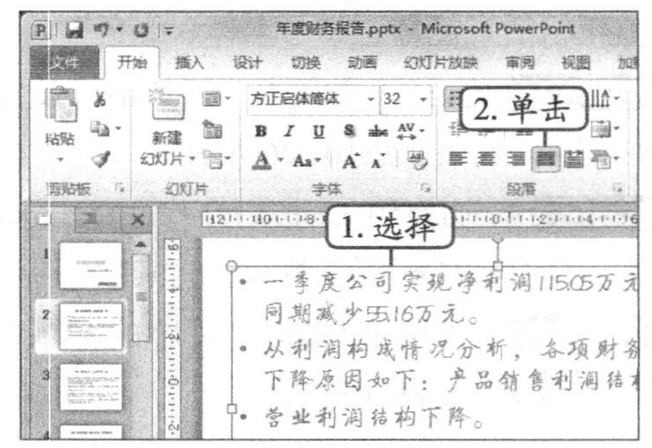

图10-30　更改正文对齐方式

STEP 3 在第2张幻灯片中选中正文占位符中的第2、第3、第4段落，在【开始】/【段落】组中单击“项目符号”按钮右侧按钮，在打开的下拉列表中选择“带填充效果的钻石形项目符号”选项，如图10-31所示。

STEP 4 保持文本的选中状态，在【开始】/【段落】组中的“提高列表级别”按钮，此时即可调整项目符号列表级别，同时项目符号列表字号会发生改变，从而将项目符号列表与正文直观地区分开，如图10-32所示。

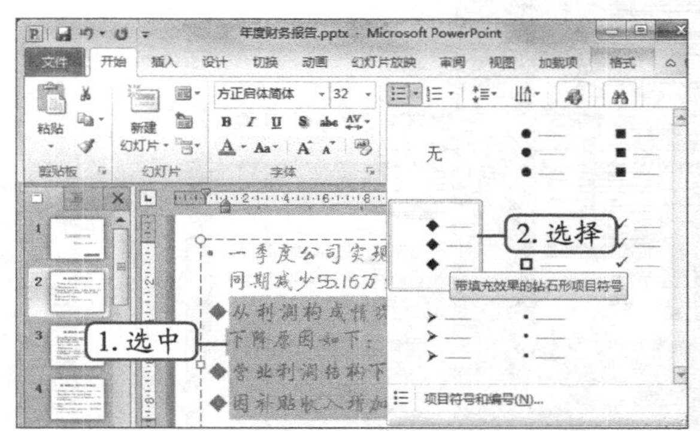

图10-31 选择项目符号样式

图10-32 创建项目符号列表

STEP 5 调整项目符号列表的缩进后，继续选中该段落，在【开始】/【段落】组中的“行距”按钮，在打开的列表中选择“1.5”选项，如图10-33所示。

STEP 6 利用“格式刷”按钮复制格式，为其中的列表内容复制第2张幻灯片中的项目符号格式，效果如图10-34所示（最终效果参见：光盘\效果文件\项目十\任务二\年度财务报告.pptx）。

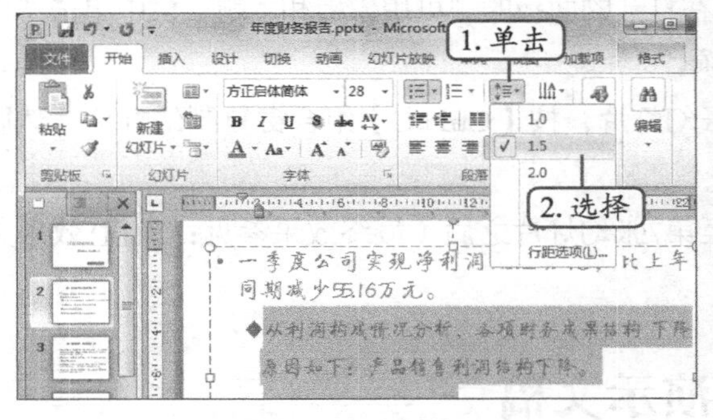

图10-33 调整行间距

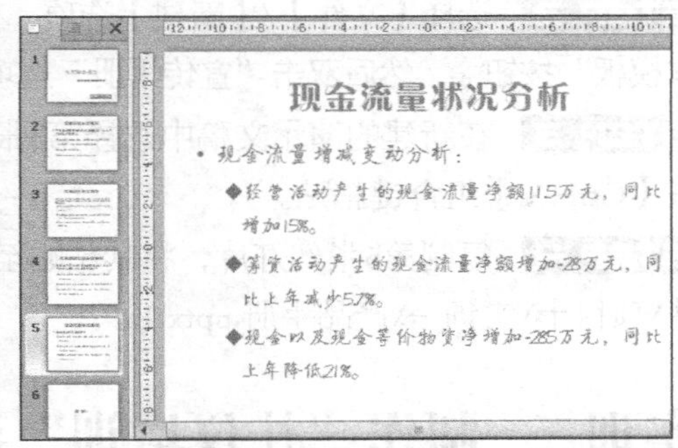

图10-34 查看效果

实训一 制作“产品手册”演示文稿

【实训要求】

产品手册类演示文稿主要用于对产品使用方法等进行相关介绍，可直接利用PowerPoint 2010自带的样本模板进行创建。

【实训思路】

本实训将在“产品手册”演示文稿中进行新建、移动、复制幻灯片等操作，首先根据模板创建包含某一主题的演示文稿，然后进行调整幻灯片的位置，并删除多余幻灯片等操作，最终效果如图10-35所示。

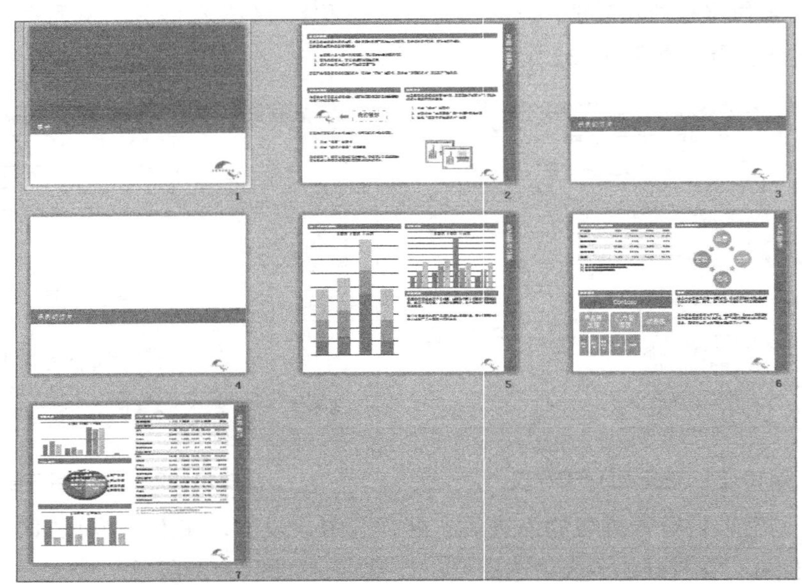

图10-35 “产品手册”演示文稿最终效果

【步骤提示】

STEP 1 启动PowerPoint 2010，将演示文稿以“产品手册”为名进行保存。

STEP 2 选择【文件】/【新建】选项，在打开的面板的“可用模板和主题”栏中单击“样本模板”按钮，然后双击“宣传手册”选项。

STEP 3 在新建的演示文稿中选择第3张幻灯片，按【Ctrl+C】组合键复制幻灯片，然后按【Ctrl+V】组合键粘贴。

STEP 4 复制第5张幻灯片，将其粘贴至第7张幻灯片之后（最终效果参见：光盘\效果文件\项目十\实训一\产品手册.pptx）。

实训二 制作“礼仪培训”演示文稿

【实训要求】

礼仪培训类演示文稿主要用于对员工着装及行为规范等方面的培训。此类文档需要对幻灯片文本格式、段落格式等进行适当设置。

【实训思路】

本实训制作过程中先对文本格式和段落格式等进行设置，然后通过格式刷工具为剩下的其他张幻灯片复制格式。本实训制作完成的效果如图10-36所示。

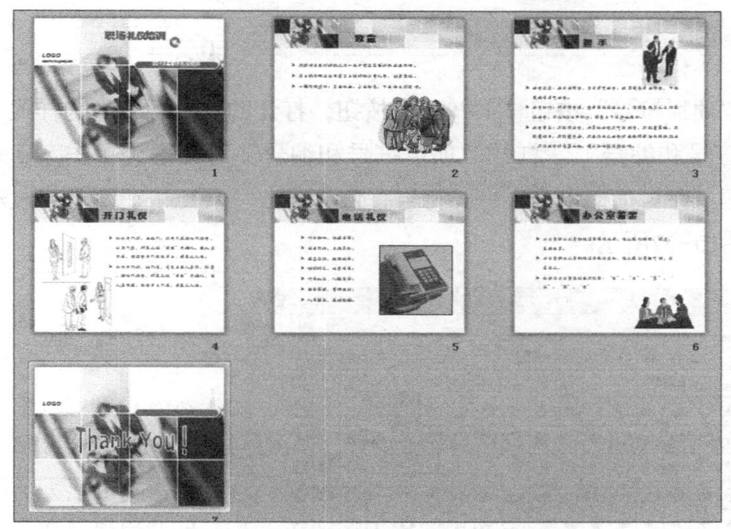

图10-36 "礼仪培训"演示文稿最终效果

【步骤提示】

STEP 1 打开素材演示文稿"礼仪培训.pptx"（素材详见：光盘：\素材文件\项目十\实训二\礼仪培训.pptx），在"幻灯片/大纲"窗格中的"幻灯片"选项卡中选择幻灯片1。

STEP 2 在【开始】/【字体】组中将标题格式设置为"方正兰亭大黑_GBK、36号、蓝色"，副标题格式设置为"方正兰亭大黑_GBK、18号、白色"。

STEP 3 选择第2张幻灯片，将标题格式设置为"方正兰亭大黑_GBK、32号、深蓝"，正文格式设置为"方正舒体、20号、紫色"。

STEP 4 保持正文内容的选中状态，在【开始】/【段落】组中单击"项目符号"按钮，在打开的下拉列表中选择"箭头项目符号"选项。

STEP 5 在【开始】/【段落】组中单击"行距"按钮，在打开的下拉列表中选择"1.5"选项。

STEP 6 利用"格式刷"工具为其他幻灯片复制格式（最终效果参见：光盘\效果文件\项目十\实训二\礼仪培训.pptx）。

常见疑难解析

问：PowerPoint 2010的帮助功能是什么？如何使用？

答：在使用PowerPoint 2010的过程中，如果遇到困难便可使用"帮助"功能来获取帮助信息，操作方法为：单击工作界面中选项卡右侧的按钮，在打开的窗口的下拉列表框中输入需要获取帮助的关键字，单击搜索按钮进行搜索；在打开的窗口中找到需要详细查看的帮助标题超链接后单击，在打开的窗口中即可查看该帮助内容，单击按钮关闭帮助窗口。

问：在PowerPoint中进行移动、复制、删除操作时，如何才能同时选择多张幻灯片？

答：按住【Ctrl】键不放，在"大纲"或"幻灯片"选项卡中依次单击可选择多张幻灯片。

拓展知识

如果单击“项目符号”按钮右侧的按钮，打开的下拉列表中的样式不能满足需要，可选择“项目符号和编号”。打开“项目符号和编号”对话框，单击自定义(U)...按钮，打开“符号”对话框。在对话框中选择一种符号，依次单击确定按钮即可为段落文本应用自定义的符号，如图10-37所示。

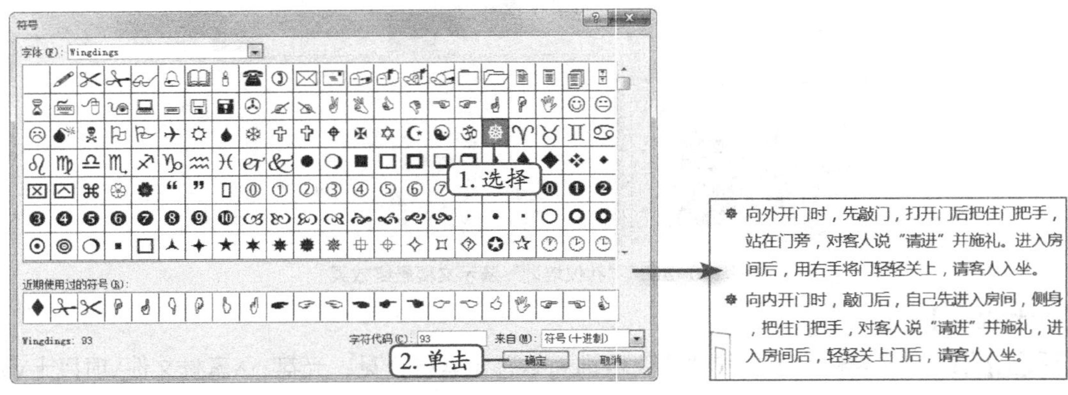

图10-37　添加自定义项目符号

课后练习

打开“装修投标方案”演示文稿（素材参见：光盘\素材文件\项目十\习题\装修投标方案.pptx），然后进行以下操作。

- 设置幻灯片1标题格式为“汉仪综艺体简、60号、黄色”，副标题格式为“汉仪综艺体简、28、绿色”。
- 设置幻灯片2标题文本格式为“汉仪综艺体简、32、绿色”，正文文本格式设置为“方正宋一简体、28、加粗、‘黑色，文字1，淡色50%’”。
- 幻灯片2中正文文本添加“带填充效果的大圆形项目符号”的项目符号，并将行距设置为“2”。
- 使用格式刷，将幻灯片2的标题格式以及正文文本格式，复制到幻灯片3、4、5的标题中，且适当调整幻灯片4中正文占位符的宽度及位置，使其在幻灯片中完全显示。

“装修投标方案”演示文稿效果如图10-38所示（最终效果参见：光盘\效果文件\项目十一\课后练习\装修投标方案.pptx）。

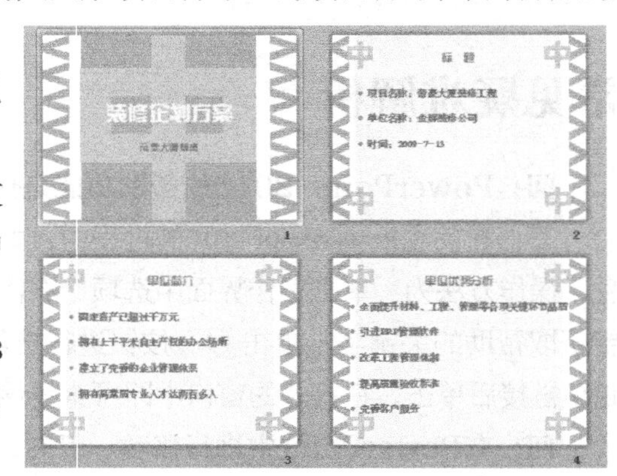

图10-38　“装修投标方案”演示文稿效果

PART 11

项目十一 美化PowerPoint演示文稿

情景导入

阿秀：小白，最近公司要组织外出旅游，我们部门想让你做一个景点介绍的演示文稿，推荐国内几个你觉得还不错的景点。

小白：那我得做好准备。

阿秀：当然了，最好准备一下各景点的相关资料，包括文字和图片等，然后做成PPT演示文稿交给我看。

小白：好的，我会尽力去完成的。

学习目标

- 掌握幻灯片中插入图片、剪贴画、SmartArt图片、艺术字等的方法
- 掌握幻灯片中插入声音、影片文件，添加并设置动画效果的操作
- 熟悉应用切换效果以及设置切换声音和速度的操作

技能目标

- 能够通过增添视听效果美化演示文稿
- 掌握“景点介绍”和“新品上市营销策略”演示文稿的制作

任务一 制作“景点介绍”演示文稿

景点介绍类演示文稿主要用于对相关风景区的简单介绍，通过此类演示文稿，使观赏幻灯片的人对景区有一个大致了解，此类演示文稿需要文字与图片相辅相成。

一、 任务目标

本任务将介绍如何在幻灯片中插入并编辑剪贴画、图片、SmartArt图形、艺术字。本任务制作完成后的最终效果如图11-1所示。

图11-1 “景点介绍”演示文稿最终效果

二、相关知识

插入幻灯片中的图片，其位置、大小、旋转角度等属性还可以根据幻灯片整体效果的需要进行调整，以符合演示文稿的风格。

- **图片大小的修改**：用鼠标左键单击插入幻灯片中的图片，此时图片四角和四条边线中点将出现八个空心圆点，称为图片的控制点，利用它们可以用鼠标调整图片大小。
- **设置图片样式**：用户可根据需要自定义图片样式。选择需要设置样式的图片后，在“图片样式”组中单击图片边框按钮可设置图片边框的颜色、粗细和虚实，单击图片效果按钮可设置图片的阴影、映像、棱台等效果。
- **图片的裁剪**：图片裁剪用于隐藏或修剪图片的边缘，删除图片中不需要的部分，以突出图片主体，单击【图片工具-格式】/【大小】组中的“裁剪”工具按钮，此时图片边框有黑色粗线段标明的控制点显示，通过调整控制点裁剪图片。在图片裁剪效果中，图片并没有真正被裁剪，而是将其隐藏了，单击重设图片按钮即可恢复。
- **改变图片形状**：在PowerPoint中除了能对图片进行裁剪，还可以实行图形化的修改，改变图片形状。
- **调整图片亮度和对比度**：在PowerPoint中插入的图片效果不一定符合要求，在画质方面有时难免存在问题，通过使用PowerPoint中自带的工具调整图片的亮度和对比度，不仅能提升图片的质量，还能省去使用Photoshop等图片处理软件处理图片花费的时间。

三、任务实施

（一）插入剪贴画

剪贴画是PowerPoint 2010中自带的图片。下面以“景点介绍”演示文稿为例进行插入剪贴画的讲解，具体操作如下。（微课：光盘\微课视频\项目十一\插入剪贴画.swf）

STEP 1 打开素材演示文稿“景点介绍.pptx”（素材详见：光盘\素材文件\项目十一\任务一\景点介绍.ppt），选择第1张幻灯片，在【插入】/【图像】组中单击剪贴画按钮，打开“剪贴画”任务窗格。

STEP 2 单击“结果类型”列表框右侧的按钮，在弹出的下拉列表中只单击选中“插图”复选框，单击搜索按钮，如图11-2所示。

STEP 3 在“搜索结果”列表框中选择需要的剪贴画，单击即可插入到幻灯片中，如图11-3所示。

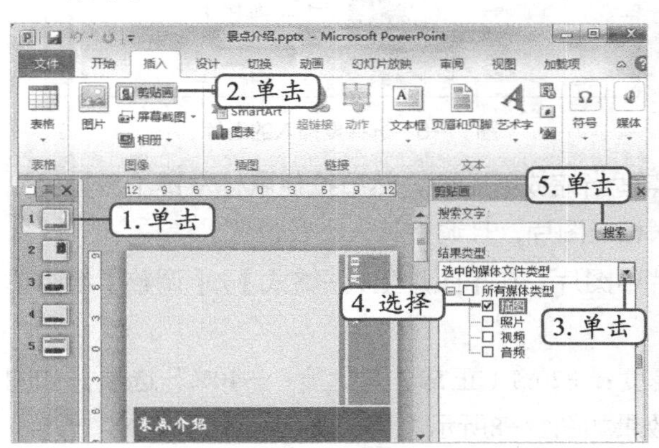

图11-2　搜索剪贴画

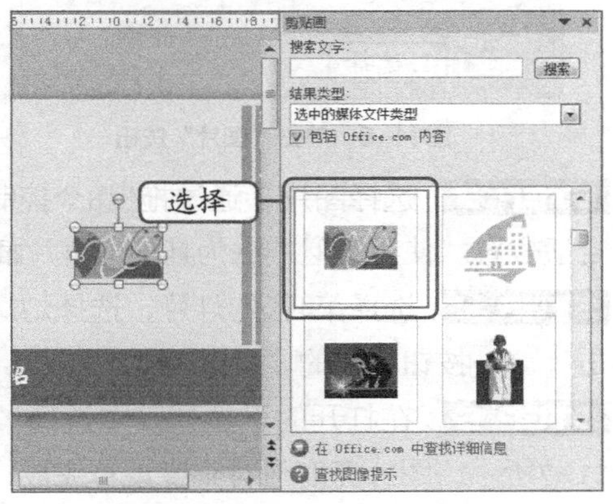

图11-3　插入剪贴画

STEP 4 选中插入的剪贴画，按住鼠标左键不放拖曳到合适的位置，并通过拖曳8个控制点适当缩放剪贴画，效果如图11-4所示。

①在“剪贴画”任务窗格中选中“Office.com内容”复选框，将搜索Office.com网站中的剪贴画。

②单击“剪贴画”任务窗格底部的“在Office.com查找详细信息”超链接，将打开浏览器获取更多的剪贴画。

③不需要使用“剪贴画”任务窗格时，单击其右上方的×按钮可将其关闭。

图11-4　调整剪贴画后的效果

（二）插入图片和编辑图片

当PowerPoint中自带的剪贴画不能满足用户的需求时，用户可插入外部图片以达到想要的效果。下面以“景点介绍”演示文稿为例进行插入图片的讲解，其具体操作如下。（微课：光盘\微课视频\项目十一\插入图片和编辑图片.swf）

STEP 1 选择第2张幻灯片，在【插入】/【图像】组中单击“图片”按钮，如图11-5所示。

STEP 2 在打开的“插入图片”对话框的地址栏中选择图片所在的位置，选择需要插入的图片“九寨沟.jpg”（素材参见：光盘\素材文件\项目十一\任务一\九寨沟.jpg），单击 插入(S) 按钮，如图11-6所示。

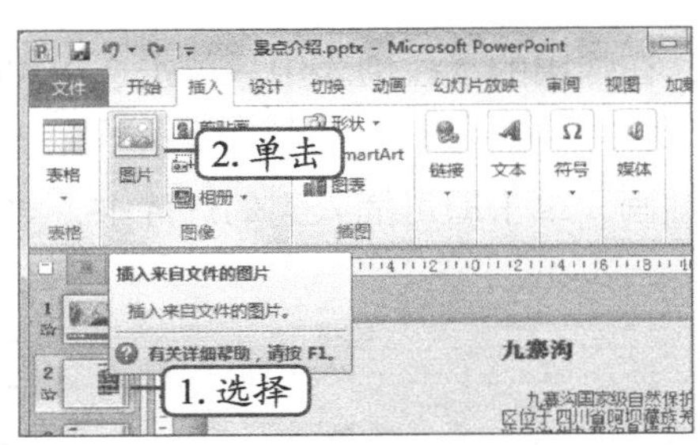

图11-5 单击“图片”按钮

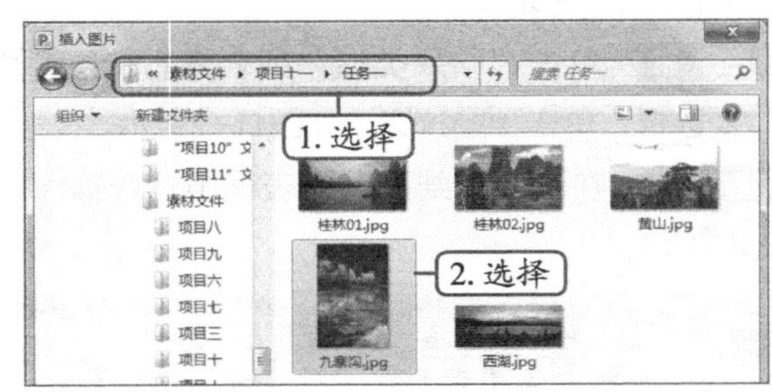

图11-6 选择要插入的图片

STEP 3 选择图片，通过拖曳8个控制点适当缩放剪贴画，然后按住鼠标左键不放拖曳到合适位置。使用类似方法为其他幻灯片插入相应图片，且调整其大小及位置。

STEP 4 选择第4张幻灯片，选择幻灯片中图片，在【图片工具-格式】/【调整】组中单击 更正 按钮右侧的按钮。

STEP 5 在打开的下拉列表中选择“亮度：+20%（正常）对比度：-40%”选项，如图11-7所示，图片亮度与对比度设置完成，效果如图11-8所示。

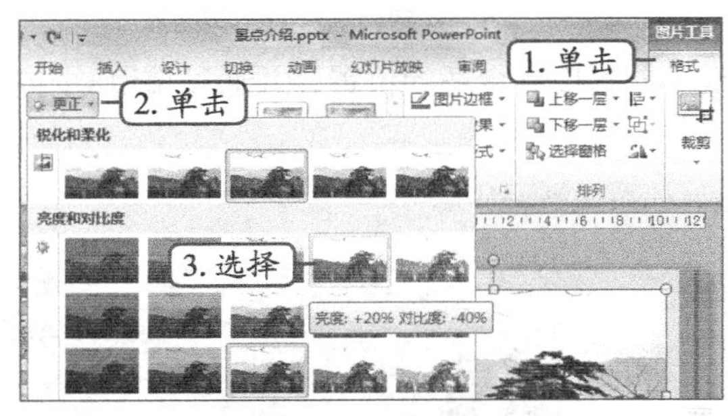

图11-7 设置 图片亮度和对比度

图11-8 图片调整后的效果

STEP 6 保持图片的选中状态，在【格式】/【图片样式】组中单击“快速样式”按钮下方的下拉按钮，在打开的下拉列表中选择“映像棱台，黑色”选项，如图11-9所示，返回操作界面即可查看设置后的效果，如图11-10所示。

STEP 7 选择第5张幻灯片，选择编辑区右侧的图片，在【格式】/【大小】组中单击“裁剪”按钮下方的按钮，在打开的列表框中选择【裁剪为形状】/【对角圆角矩形】选项，如图11-11所示。

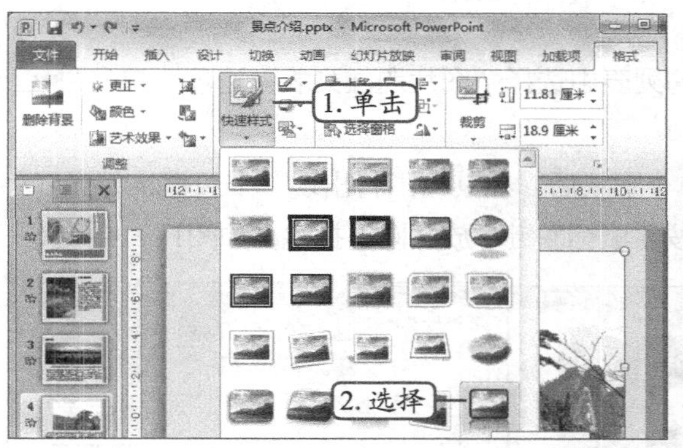

图11-9　设置图片样式

图11-10　设置样式后效果

STEP 8 对左侧的图片做同样的操作，并调整好图片在幻灯片中的位置，效果如图11-12所示。

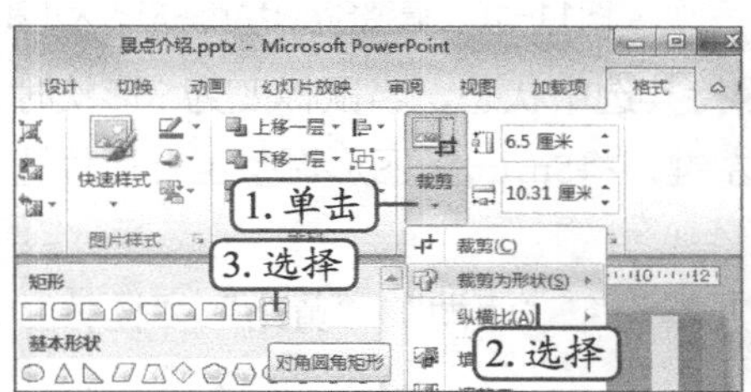

图11-11　选择命令

图11-12　裁剪形状后的效果

STEP 9 选择右侧的图片，在【格式】/【调整】组中单击"颜色"按钮，在打开的下拉列表框中选择【颜色饱和度】/【饱和度：400%】选项，如图11-13所示，返回即可查看设置后的效果，如图11-14所示。

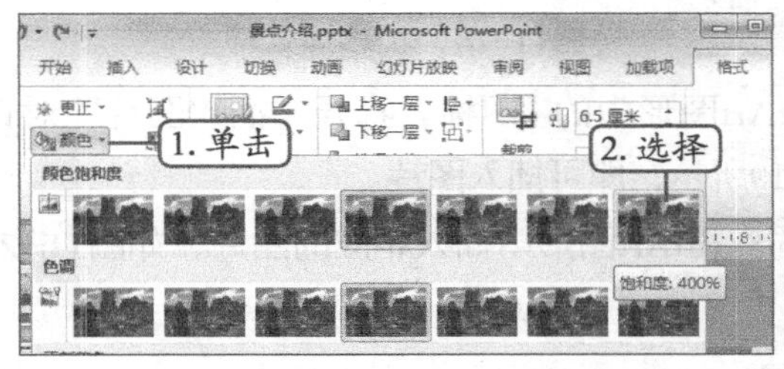

图11-13　改变图片颜色

图11-14　改变颜色后的效果

（三）插入SmartArt图形

在幻灯片中用户可根据需要插入各种类型的SmartArt图形，虽然这些SmartArt图形的样式有所区别，但其操作方法类似，其具体操作如下。（**微课**：光盘\微课视频\项目十一\插入SmartArt图形.swf）

STEP 1 选择第1张幻灯片，在【开始】/【幻灯片】组中单击"新建幻灯片"按钮，创建幻灯片，删除标题和正文占位符。

STEP 2 选择新插入的幻灯片，在【插入】/【插图】组中单击"SmartArt"按钮，打开"选择

SmartArt图形”对话框。

STEP 3 单击“列表”选项卡，在中间的列表中选择“图片题注列表”选项，单击确定按钮，如图11-15所示。

STEP 4 选择插入的SmartArt图形中的单个形状后，在其周围将出现一个边框，将光标移到边框右下角，当鼠标光标变为↘形状时，按住鼠标左键不放并向上拖曳，如图11-16所示。

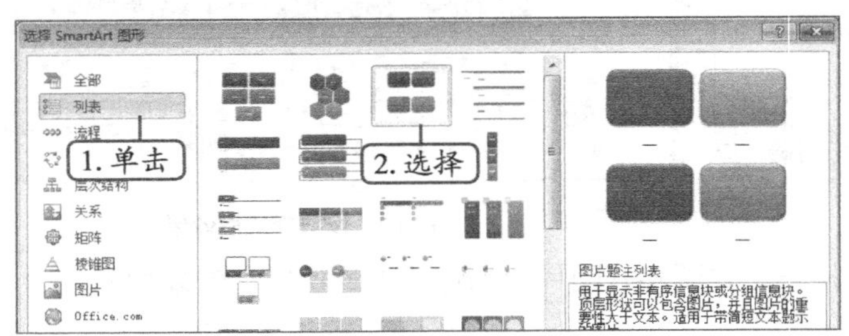

图11-15 选择图形

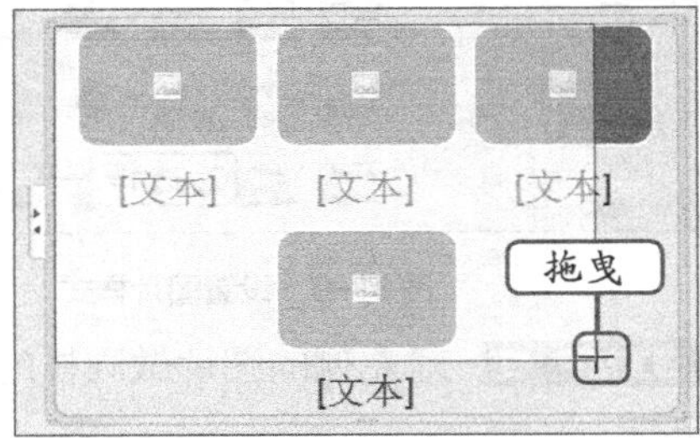

图11-16 调整SmartArt图形的大小和布局

STEP 5 将SmartArt图形调整至合适大小后，保持其选中状态，当鼠标变为✥形状时，按住鼠标左键不放进行拖曳，至适当位置后释放鼠标左键，将SmartArt图形调整至合适位置，效果如图11-17所示。

STEP 6 在其中的文本占位符依次输入文本“九寨沟”“西湖”“黄山”“桂林”，效果如图11-18所示。

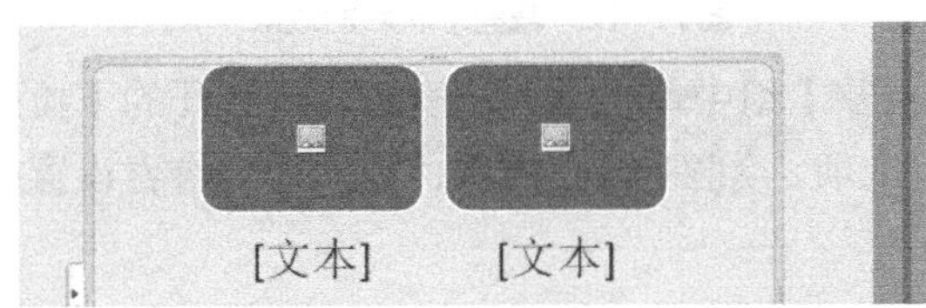

图11-17 调整图形位置效果

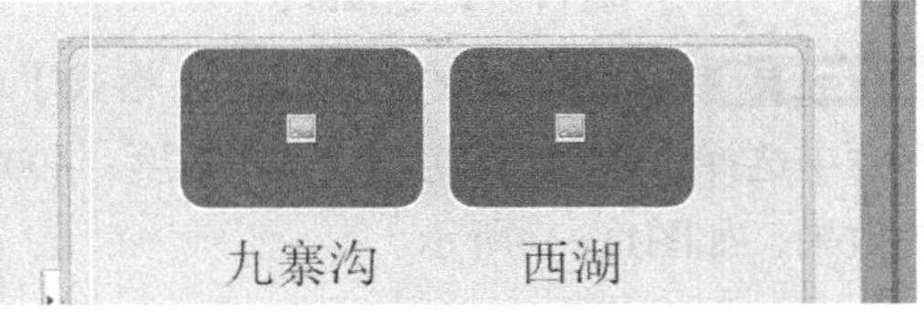

图11-18 输入文本效果

STEP 7 单击“九寨沟”文本对应的SmartArt图形中的图标，打开“插入图片”对话框，找到目标图片，单击插入(S)按钮，如图11-19所示，即可插入图片。

STEP 8 使用相同方法，为其他文本对应的SmartArt图形中插入相应的图片，如图11-20所示。

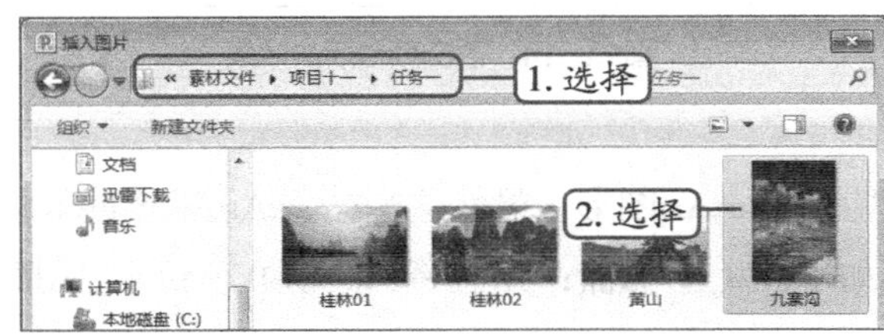

图11-19 插入图片

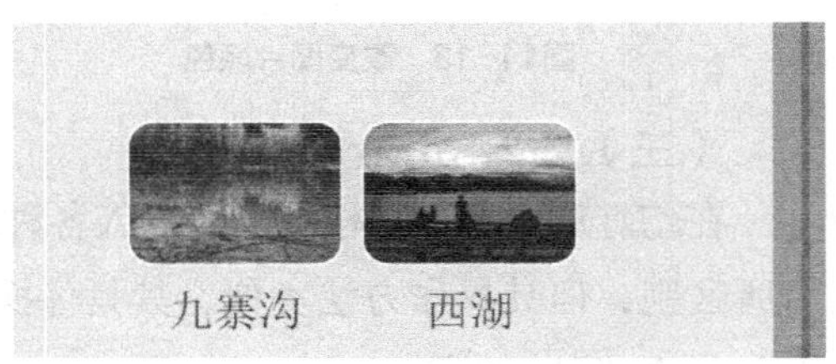

图11-20 插入相应的图片

STEP 9 保持SmartArt图形的选中状态，在【SmartArt工具-设计】/【SmartArt样式】组中单击“更改颜色”按钮，在打开的下拉列表中选择“彩色轮廓-强调文字颜色3”选项，如图11-21所示，即可为SmartArt图形设置浅绿色边框。

STEP 10 调整好SmartArt图形的大小及位置，并将其中的文本格式设置为“方正康体简体、32号”，效果如图11-22所示。

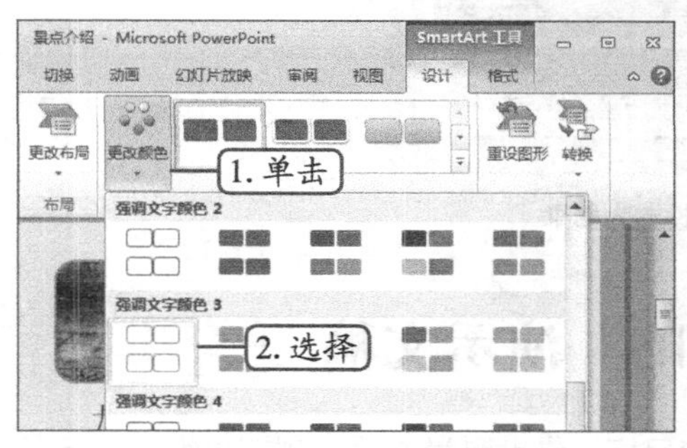

图11-21 选择颜色

图11-22 设置其他图片和字体

（四）插入艺术字

艺术字在演示文稿中的使用范围比较广泛，常用于幻灯片标题，使标题更加醒目。下面在“景点介绍”演示文稿中插入艺术字，其具体操作如下。（**微课**：光盘\微课视频\项目十一\插入艺术字.swf）

STEP 1 选择第4张幻灯片，在【插入】/【文本】组中单击“艺术字”按钮，在打开的下拉列表中选择第4行第1个，如图11-23所示。

STEP 2 在幻灯片中插入的艺术字文本框中输入文本“黄山”，将文本移至适当位置，字体大小设置为“40号”。

STEP 3 在【开始】/【段落】组中单击“文字方向”按钮，在打开的下拉列表中选择“竖排”选项，如图11-24所示。

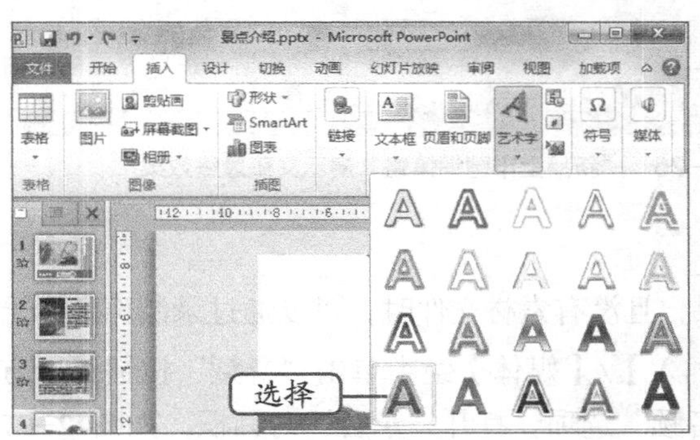

图11-23 选择艺术字

图11-24 设置文字方向

STEP 4 删除第5张幻灯片中的原标题“桂林”，复制艺术字“黄山”至该幻灯片右上角位置，选中艺术字“黄山”，将其修改为“桂林”。

STEP 5 利用相同方法为第2、3张幻灯片替换标题，通过单击“文字方向”按钮，在打开的下拉列表中选择“横排”选项，将艺术字设置为横排，最终效果如图11-25所示。至此，完成本任务的操作（最终效果参见：光盘\效果文件\项目十一\任务一\景点介绍.pptx）。

图11-25　将艺术字设置为横排

任务二　制作“新品上市营销策略”演示文稿

新品上市营销策略是为了推广新产品，完成营销目标，借助科学方法与创新思维，立足于企业现有营销状况，对企业新品的营销发展做出战略性的决策和指导，此类演示文稿可为其插入声音和视频，添加动画效果等。

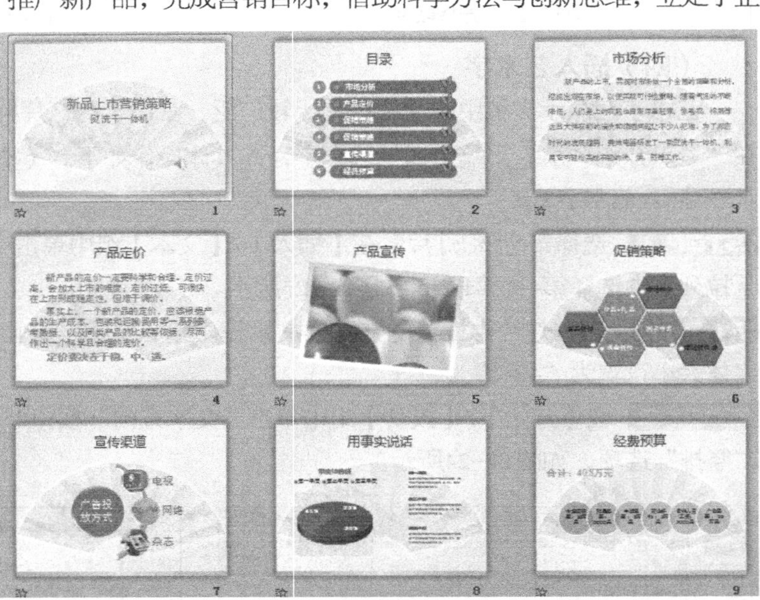

图11-26　“新品上市营销策略”演示文稿最终效果

一、任务目标

本任务制作“新品上市营销策略”其主要操作包括插入声音文件和视频文件、添加并设置动画效果、应用切换效果、设置切换声音和速度等。本任务制作完成后的最终效果如图11-26所示。

二、相关知识

在演示文稿中如果需要为其添加声音效果，且没有素材文件时，可以通过录制声音用于演示文稿的播放的目的，具体操作为选择【插入】/【媒体】组中单击“音频”按钮下方的按钮，在打开的下拉列表中选择“录制音频”选项，打开“录音”对话框，如图12-27所示。“录音”对话框中的相关按钮作用介绍如下。

- **“名称”文本框**：在其中可输入该段录音的名称。
- **“开始”按钮**：单击该按钮将开始录制声音。
- **“播放”按钮**：单击该按钮将播放录制的声音。
- **“停止”按钮**：单击该按钮将停止录制声音。

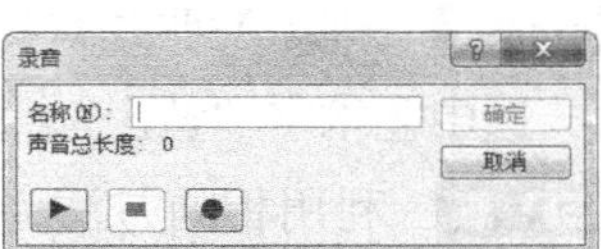

图11-27　“录音”对话框

三、任务实施

（一）插入声音文件

在放映幻灯片过程中同时播放背景音乐，或播放针对演示文稿的讲解音频，可以大幅度增强演示文稿的放映效果。下面在“新品上市营销策略”演示文稿中插入声音，其具体操作如下。（微课：光盘\微课视频\项目十一\插入声音文件.swf）

STEP 1 打开素材演示文稿“新品上市营销策略.pptx”（素材参见：光盘\素材文件\项目十一\任务二\新品上市营销策略.pptx），选择第1张幻灯片，在【插入】/【媒体】组中单击“音频”按钮，如图11-28所示。

STEP 2 打开“插入音频”对话框，找到声音文件所在的路径，选择“背景音乐.mp3”（素材参见：光盘\素材文件\项目十一\任务二\背景音乐.mp3），单击 插入(S) 按钮，如图11-29所示。

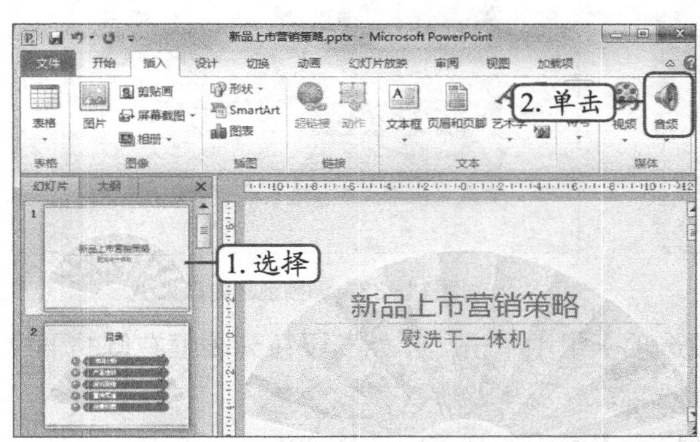

图11-28 单击“音频”按钮

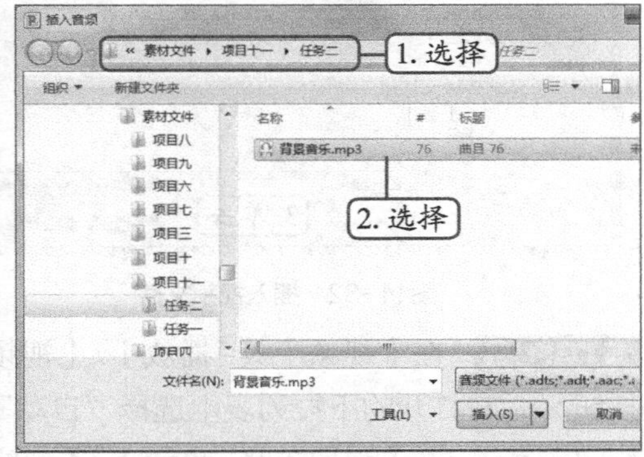

图11-29 插入声音文件

STEP 3 在幻灯片中插入音频图标，按住鼠标左键不放拖曳，调整音频图标至适当位置，放开鼠标左键即可，如图11-30所示。

STEP 4 在【音频工具-播放】/【音频选项】组中，单击“开始”下拉列表框右侧的按钮，在打开的下拉列表中选择“自动”选项，然后选中“循环播放，直到停止”复选框，如图11-31所示。

图11-30 调整音频图标位置

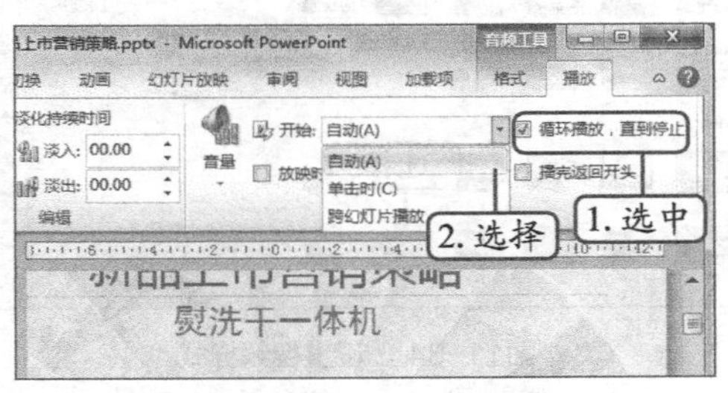

图11-31 设置音频选项

（二）插入视频文件

在幻灯片中插入视频，可以在幻灯片播放的同时放映视频内容，从而增强演示文稿的感染力与说服力。下面在“新品上市营销策略”演示文稿中插入视频，其具体操作如下。（微课：光盘\微课视频\项目十一\插入视频文件.swf）

STEP 1 选择第5张幻灯片，在【插入】/【媒体】组中单击“视频”按钮。

STEP 2 打开“插入视频文件”对话框，找到视频文件所在的路径，选择“宣传视频.wmv”（素材参见：光盘\素材文件\项目十一\任务二\宣传视频.wmv），单击插入(S)按钮，如图11-32所示。

STEP 3 拖曳视频区域四周的控点调整视频区域大小，再拖曳视频区域调整视频位置，如图11-33所示。

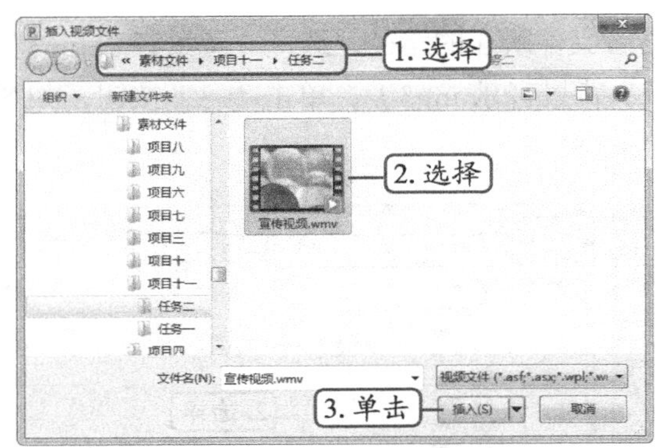

图11-32　插入视频文件

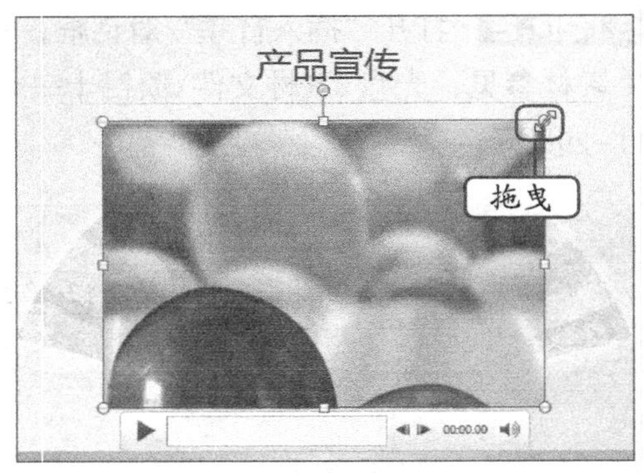

图11-33　调整视频窗口大小

STEP 4 在【视频工具-播放】/【视频选项】组中单击“开始”下拉列表框右侧的下拉按钮，在打开的下拉列表中选择“自动”选项。

STEP 5 在【视屏工具-格式】/【视频样式】组中的列表中选择“旋转，渐变”选项，如图11-34所示。

STEP 6 单击视频区域下方浮动框中的“播放”按钮，即可预览播放视频，如图11-35所。

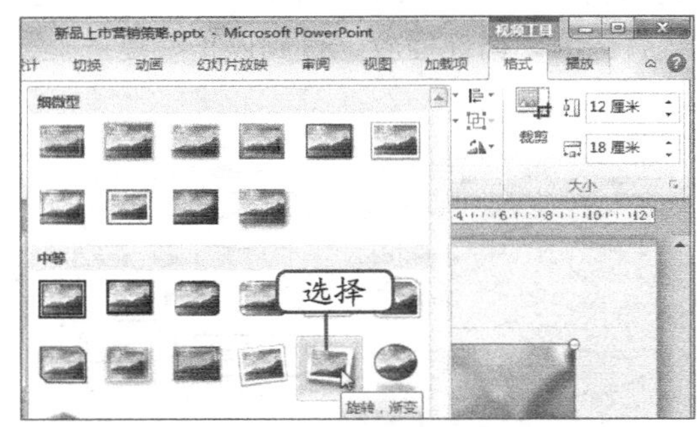

图11-34　设置视频样式

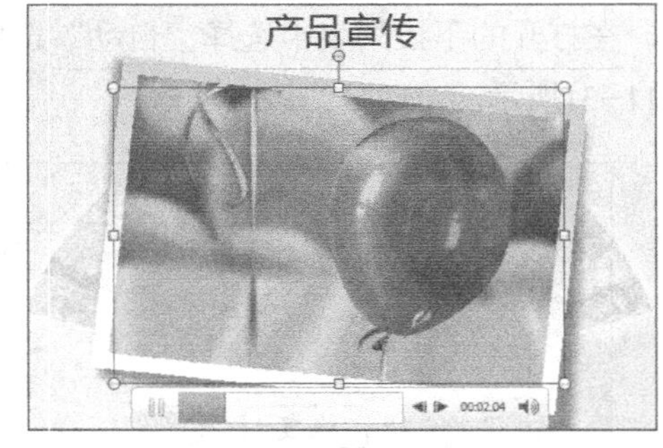

图11-35　播放视频

（三）应用切换效果

为方便设置幻灯片切换效果，PowerPiont 2010为幻灯片切换提供了多种预设的方法，下面在“新品上市营销策略”演示文稿中应用切换效果，其具体操作如下。（微课：光盘\微

课视频\项目十一\应用切换效果.swf）

STEP 1 选择第1张幻灯片，在【切换】/【切换到此幻灯片】组中单击“切换方案”按钮，在打开的下拉列表框中选择“华丽型”栏下的“碎片”选项，如图11-36所示。

STEP 2 选择第2张幻灯片，单击“切换方案”按钮，在打开的下拉列表框中选择“华丽型”栏下的“百叶窗”选项，如图11-37所示。

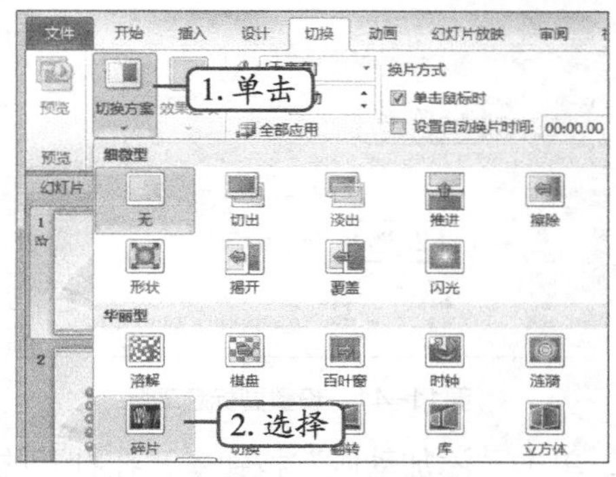

图11-36 设置第1张幻灯片

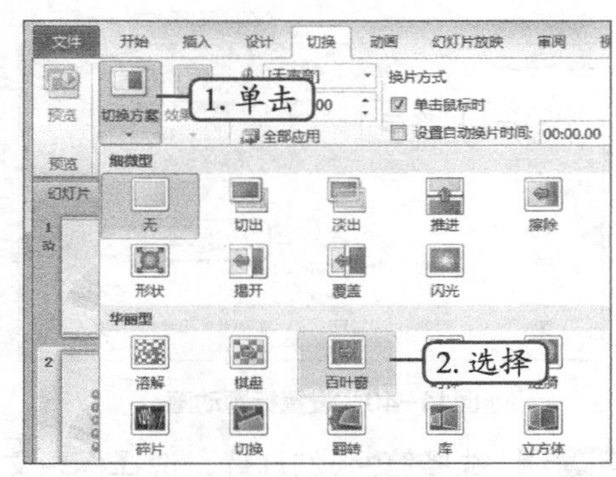

图11-37 设置第2张幻灯片

STEP 3 选择第3～第9张幻灯片，单击“切换方案”按钮，在打开的下拉列表框中选择“华丽型”栏下的“摩天轮”选项。

（四）设置切换声音和速度

为幻灯片设置切换效果后，还可对切换的声音和速度进行调整。下面将在“新品上市营销策略”演示文稿中设置切换声音和速度进行讲解，其具体操作如下。（**微课**：光盘\微课视频\项目十一\设置文本格式.swf）

STEP 1 选择第1张幻灯片，在【切换】/【计时】组中的“声音”下拉列表中选择“风声”选项，如图11-38所示。

STEP 2 在“持续时间”数值框中输入“0.175”秒，如图11-39所示。

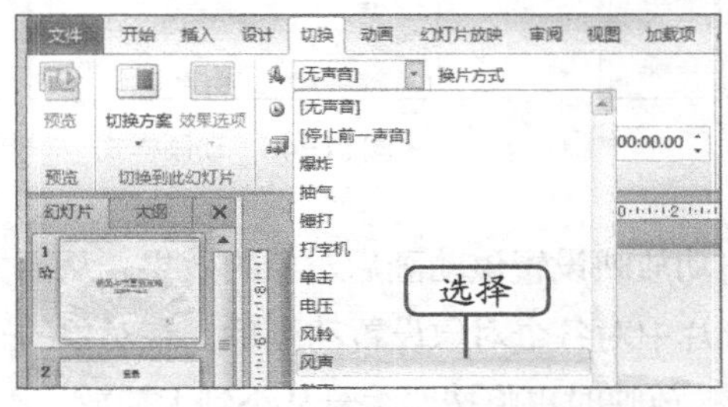

图11-38 设置切换声音

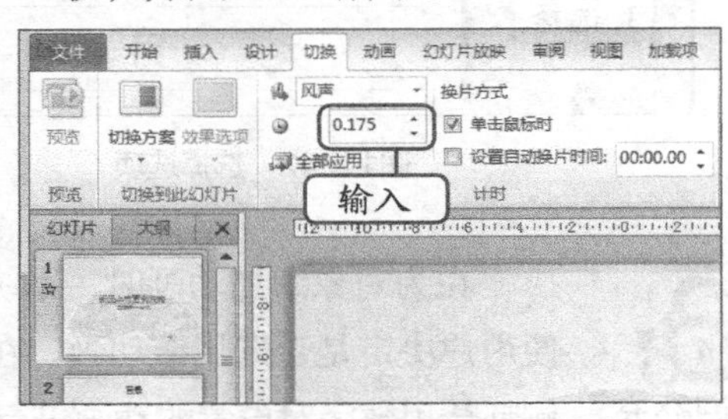

图11-39 设置速度

（五）添加并设置动画效果

动画效果是指放映幻灯片时，其中的内容对象进行的一系列动作。为其中的对象设置动画效果，使幻灯片更加生动活泼，更具吸引力，下面将在“新品上市营销策略”演示文稿中添加并设置动画效果，其具体操作如下。（**微课**：光盘\微课视频\项目十一\添加并设置动画效果.swf）

STEP 1 选择第1张幻灯片，将文本框插入点定位到标题幻灯片的标题文本框中，在【动画】/【高级动画】组中单击“添加动画”按钮，在打开的下拉列表中的“进入”栏选择“飞入”选项，如图11-40所示。

STEP 2 将文本插入点定位到标题幻灯片的副标题文本框中，单击“添加动画”按钮，在打开的下拉列表中的“进入”栏选择“浮入”选项，如图11-41所示。

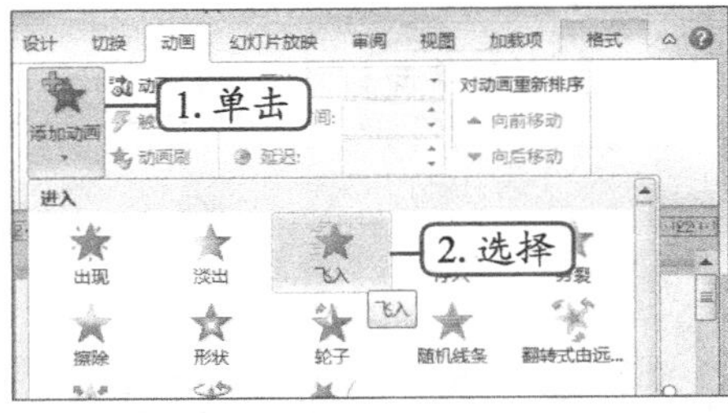

图11-40 设置标题动画

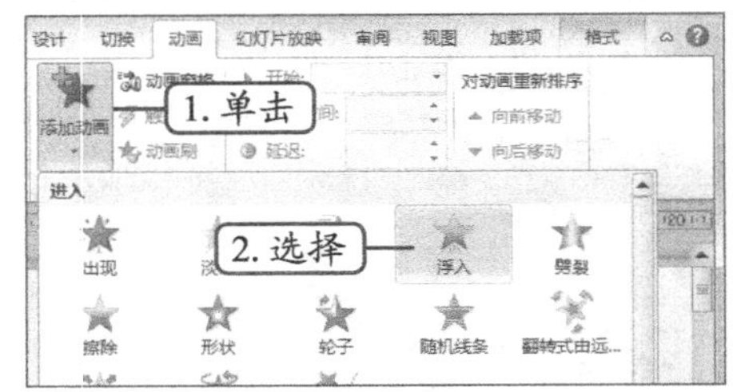

图11-41 设置副标题动画

STEP 3 选择第2张幻灯片，选择标题文本框，单击“添加动画”按钮，在打开的下拉列表中选择“更多进入效果”选项，如图11-42所示。

STEP 4 打开“添加进入效果”对话框，在“基本型”中选择“向内溶解”选项，单击 确定 按钮，如图11-43所示。利用相同的方法为其他幻灯片自定义动画效果。

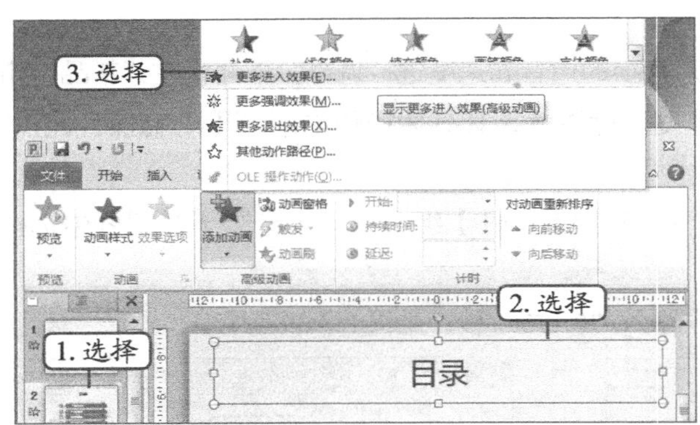

图11-42 选择选项

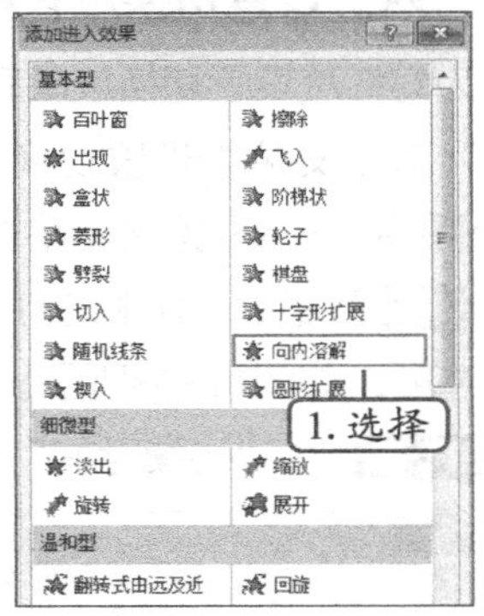

图11-43 动画样式

在为对象添加动画时，系统将自动放映设置该动画后对象的效果，从而方便用户决定是否选用该动画。在幻灯片中对各个对象设置动画后，在对象的一侧都会用数字对设置的动画进行编号，放映时也将按照编号从小到大播放。

STEP 5 在幻灯片中选择第3张幻灯片，在【动画】/【高级动画】组中的 动画窗格 按钮，打开“动画窗格”任务窗格，在动画效果列表框中选择第一个选项，单击出现的按钮，在打开的下拉列表中选择“从上一项之后开始”选项，如图11-44所示。

STEP 6 在动画窗格中的第2个选项上单击鼠标右键，在打开的快捷菜单中选择“效果选项”命令，如图11-45所示。

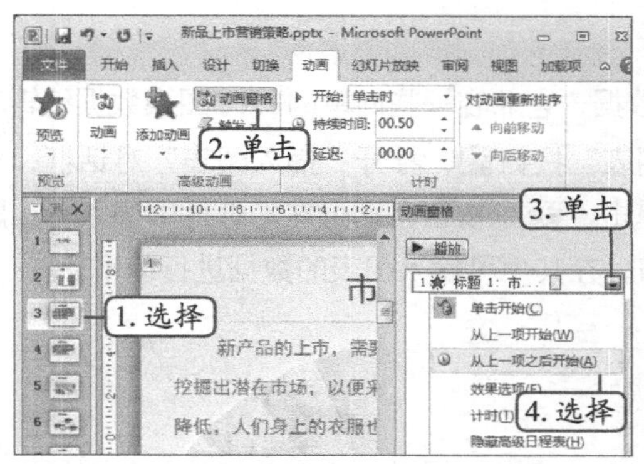

图11-44 设置第1个动画效果

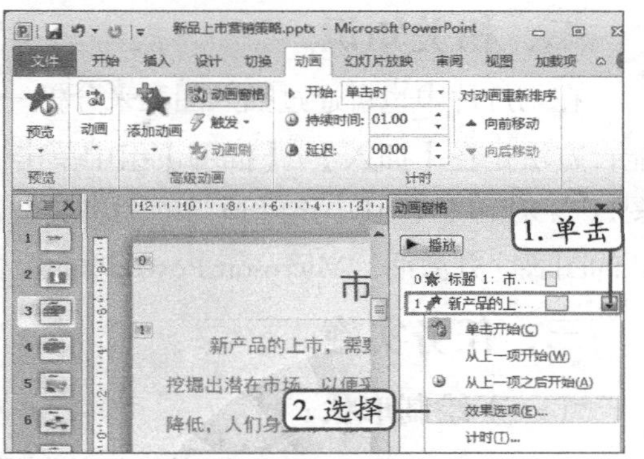

图11-45 设置第2个动画效果

STEP7 单击“计时”选项卡，在“期间”下拉列表框中选择“中速（2秒）”选项，单击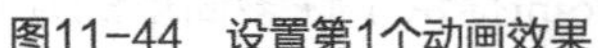按钮展开相关选项，选中“单击下列对象时启动效果”单选项，在其后的下拉列表框中选择“内容占位符2：新产品的上市”选项，单击 确定 按钮，如图11-46所示（最终效果参见：光盘\效果文件\项目十一\任务二\新品上市营销策略.pptx）。

操作提示

选择的动画不同，默认的播放速度也不相同，但均可根据需要进行设置。添加的动画效果不同，设置选项时，打开的对话框也不同，对话框的名称为添加的动画效果的名称。为对象设置动画后，单击对象左侧的数字编号，也可在动画窗格中选择其动画选项。

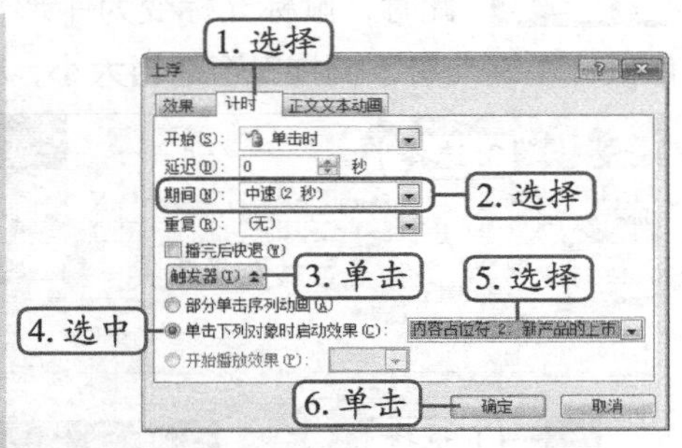

图 11-46 “上浮”对话框

任务三 美化“年终总结”演示文稿

年终总结类演示文稿主要用于公司或部门年末会议的总结，是总结性演示文稿，主要内容根据业务情况决定，应重点突出全年各季度数据的变化，并制订第二年的工作计划。

一、任务目标

本任务制作“年终总结”演示文稿，其主要的操作为绘制自选图形、绘制表格、插入图表等。本任务制作完成后的最终效果如图11-47所示。

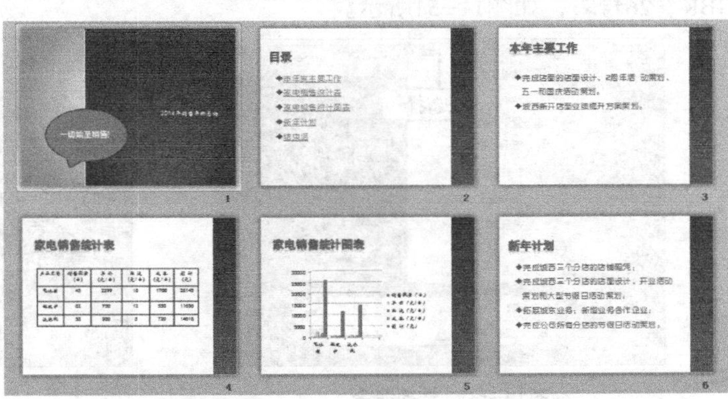

图11-47 “年终总结”演示文稿最终效果

二、相关知识

在幻灯片中也可通过插入图表来分析一些数据，它兼容一些简单的Excel图表数据编辑功能，方法是在【插入】/【插图】组中单击“图表”按钮，打开“插入图表”对话框，如图11-45所示，在其中选择适当的图表类型，单击确定按钮，即可在幻灯片中插入一个默认的图表，并激活“Microsoft PowerPiont”窗口，在其中可输入图表的数据进行编辑。

三、任务实施

（一）绘制形状

在PowerPoint 2010中还可以自己绘制图形，PowerPoint提供了许多简单的几何图形供用户选择。下面在“年终总结”演示文稿绘制形状，其具体操作如下。（**微课**：光盘\微课视频\项目十一\绘制自选图形.swf）

STEP 1 打开“年终总结”演示文稿，选择第1张幻灯片，在【插入】/【插画】组中单击按钮形状，在打开的下拉列表中的“标注”栏下选择“椭圆形标注”，如图11-48所示。

STEP 2 此时，鼠标光标变为+形状，将鼠标光标移动至要绘制图形的左上侧单击，按住鼠标左键向右下侧拖曳至适当大小，释放鼠标左键，如图11-49所示。

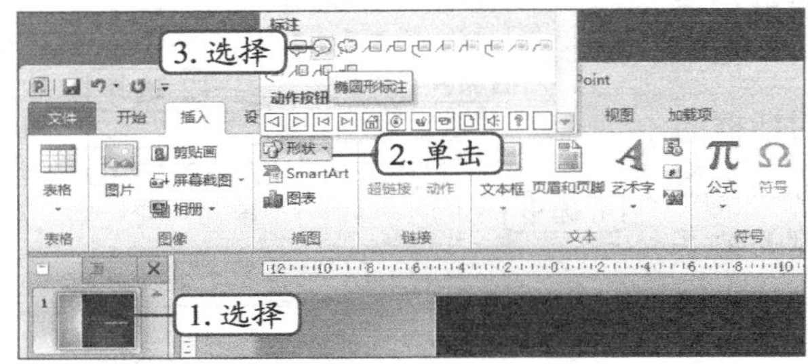

图11-48　选择形状

图11-49　绘制图形

STEP 3 保持图形的选中状态，单击鼠标右键，在弹出的快捷菜单中选择“编辑文字”命令，如图11-50所示。

STEP 4 将插入点定位到其中，输入需要的文本，并将文本格式设置为“方正兰亭大黑_GBK、26号”，如图11-51所示。

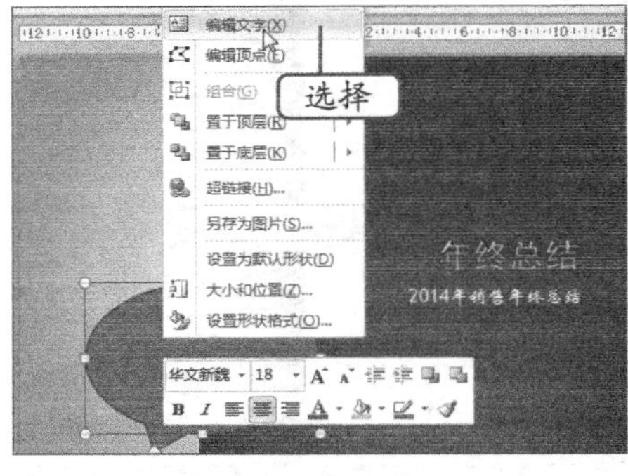

图11-50　选择命令

图11-51　输入文本

STEP 5 选择图形，单击鼠标右键，在弹出的快捷菜单中选择“设置形状格式”命令，如图11-52所示。

STEP 6 打开“设置形状格式”对话框，单击“填充”单选项，在“填充”栏中选中“纯色填充”单选项，单击“颜色”按钮，在打开的下拉列表中选择“绿色”选项，如图11-53所示。

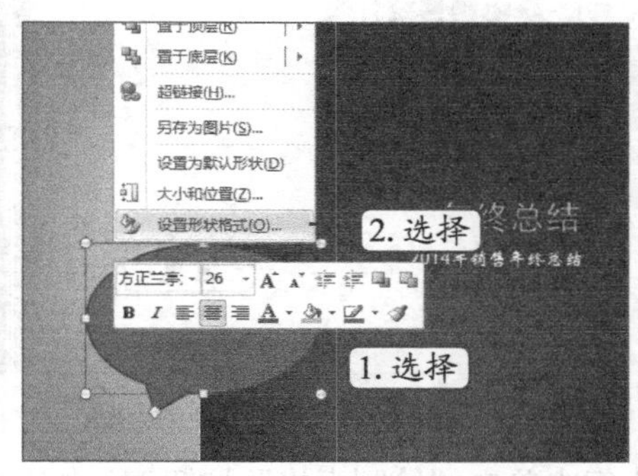

图11-52 选择命令

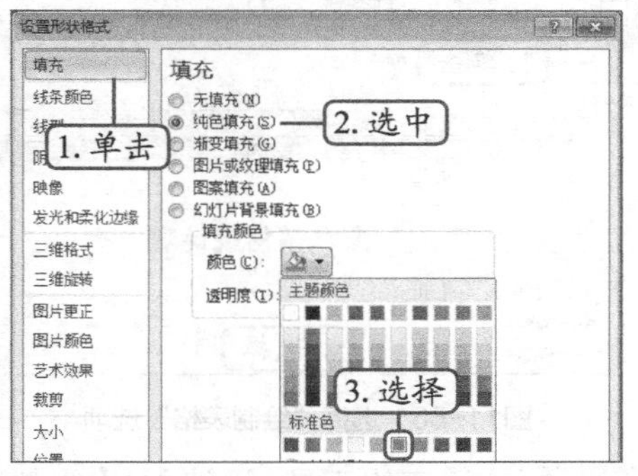

图11-53 设置填充样式

STEP 7 单击“线条颜色”选项卡，在“线条颜色”栏中选中“实线”单选项，单击“颜色”按钮，在打开的下拉列表中选择“红色，文字2，深色50%”选项，如图11-54所示。

STEP 8 单击 关闭 按钮，返回操作界面即可查看设置后的效果，如图11-55所示。

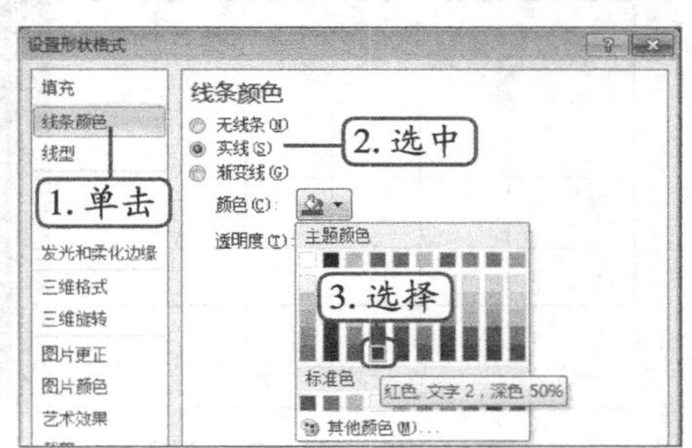

图11-54 设置线条颜色

图11-55 查看设置效果

操作提示

绘制的图形经过调整基本图形外观后如不能达到理想的效果，此时可通过编辑顶点的方式修改图形。其方法为，选择需要编辑的基本图形，单击鼠标右键，在打开的下拉列表中选择“编辑顶点”选项，通过调整出现的黑色顶点就可以任意改变图形的形状和大小。

（二）绘制表格

通过“绘制表格”命令，可以快速在幻灯片中添加表格，但最多只能添加8行10列的表格。下面将在“年终总结”演示文稿中绘制表格，其具体操作如下。（**微课**：光盘\微课视频\项目十一\绘制表格.swf）

STEP 1 选择第3张幻灯片，在【插入】/【表格】组中单击“表格”按钮，在打开的下拉列表中选择“绘制表格”选项，如图11-56所示。

STEP 2 鼠标指针变为✎形状时，按住鼠标左键不放拖曳，绘制整个表格的外框，如图11−57所示。

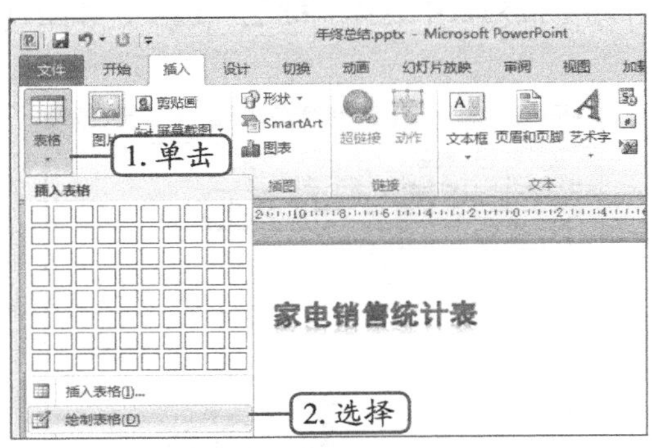

图11−56　选择“绘制表格”选项

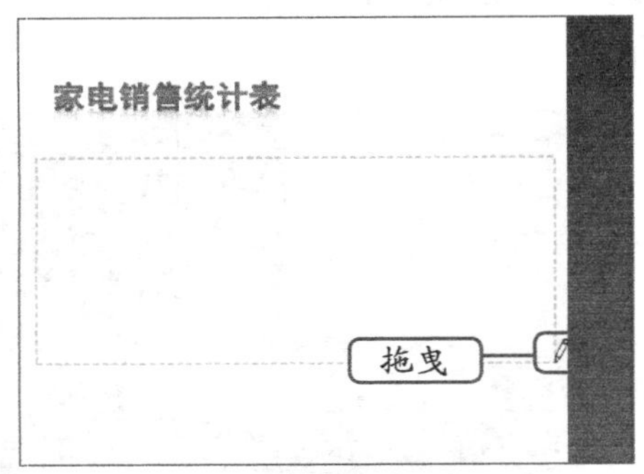

图11−57　绘制表格的外框

STEP 3 在【表格工具−设计】/【绘制边框】组中单击“绘制表格”按钮▦，如图11−58所示。

STEP 4 将鼠标指针移至表格外框上，当鼠标指针变为✎形状时，拖曳鼠标即可绘制横线或竖线，如图11−59所示。

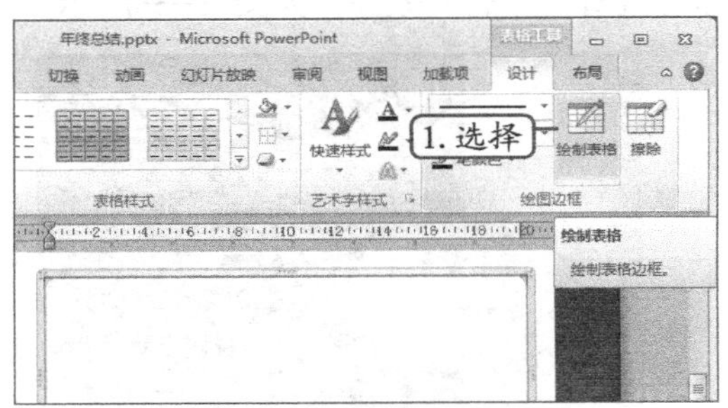

图11−58　单击“绘制表格”按钮

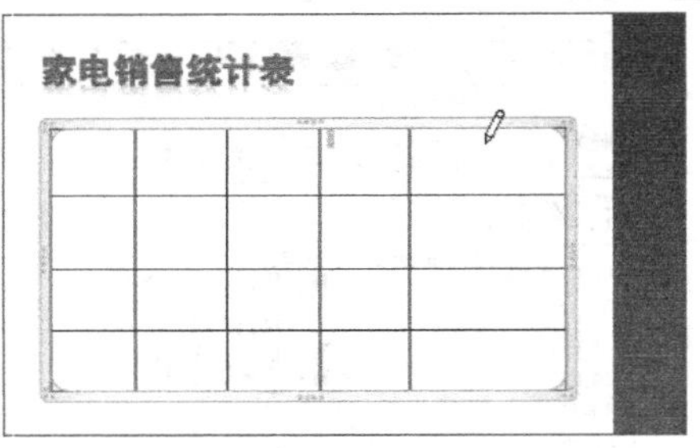

图11−59　绘制横、竖线

STEP 5 将插入点定位到第一行的单元格中，输入文本“产品名称”，用同样的方法在表格中输入其他文本，并将表格数据设置为“居中”，如图11−60所示。

STEP 6 将鼠标指针移动至表格中需要调整行高的单元格内部线上，当鼠标指针变为÷形状时，按住鼠标左键不放向上拖曳，此时虚线随鼠标指针的移动而移动。使用相同方法逐个调整行高至合适位置，效果如图11−61所示。

家电销售统计表

产品名称	销售数量（台）	单价（元/台）	物流（元/台）	成本（元/台）	利润（元）
电冰箱	45	2299	18	1700	26145
微波炉	62	750	12	550	11656
洗衣机	58	980	8	720	14616

图11−60　输入表格内容

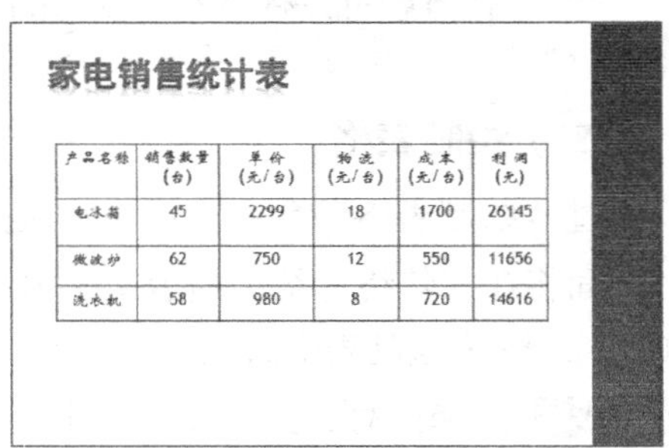
家电销售统计表

产品名称	销售数量（台）	单价（元/台）	物流（元/台）	成本（元/台）	利润（元）
电冰箱	45	2299	18	1700	26145
微波炉	62	750	12	550	11656
洗衣机	58	980	8	720	14616

图11−61　调整行高

若要调整列框则将鼠标指针移动至表格中需要调整列宽的单元格内部线上，当鼠标指针变为+|+形状时，按住鼠标左键不放向右拖曳即可；若要调整整个表格的宽度和高度，则需先选择整个表格，将鼠标光标移至表格边框上或四角上，当光标变成⇔和⇕或⤡时拖曳鼠标即可放大或缩小整个表格的大小。

（三）插入图表

图表是以数据对比的方式来显示数据，可简单地体现出数据之间的关系，下面以在“年终总结”演示文稿中插入图表为例进行讲解，具体操作如下。（微课：光盘\微课视频\项目十一\插入图表.swf）

STEP 1 选择第4张幻灯片，在【插入】/【插画】组中单击“图表”按钮，如图11-62所示。

STEP 2 打开“插入图表”对话框，单击“柱形图”选项卡，在柱形图栏中选择“三维簇状柱形图”选项，单击 确定 按钮，如图11-63所示。

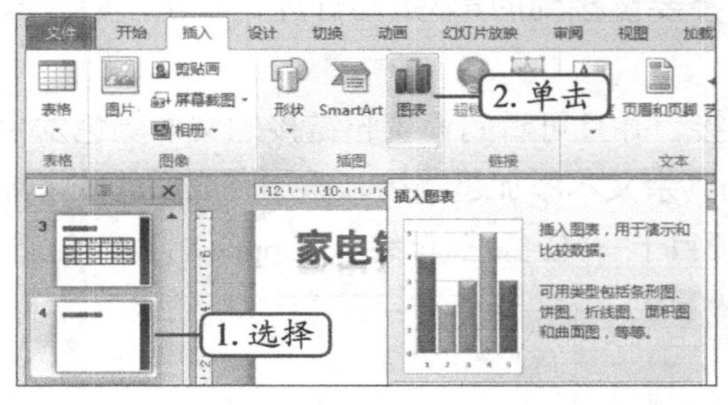

图11-62 单击“图表”按钮

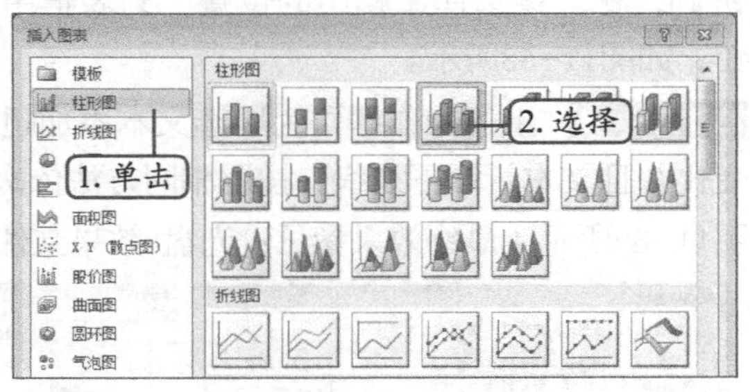

图11-63 选择图表类型

STEP 3 此时在幻灯片中插入一个默认的图表，并激活“Microsoft PowerPiont”窗口，其中的表格和Excel中的表格类似，在该数据表中输入第3张幻灯片中表格的数据，将光标移动至区域右下角，拖曳至合适的区域范围释放鼠标左键，如图11-64所示。

STEP 4 单击“关闭”按钮，关闭“Microsoft PowerPiont”窗口，返回幻灯片窗口即可完成图表的插入，调整图表至适当位置，效果如图11-65所示。

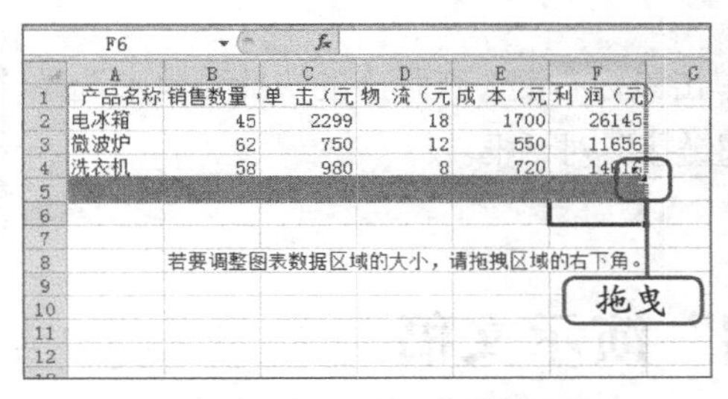

产品名称	销售数量	单 击（元	物 流（元	成 本（元	利 润（元）
电冰箱	45	2299	18	1700	26145
微波炉	62	750	12	550	11656
洗衣机	58	980	8	720	14[illegible]16

图11-64 调整图表数据区域

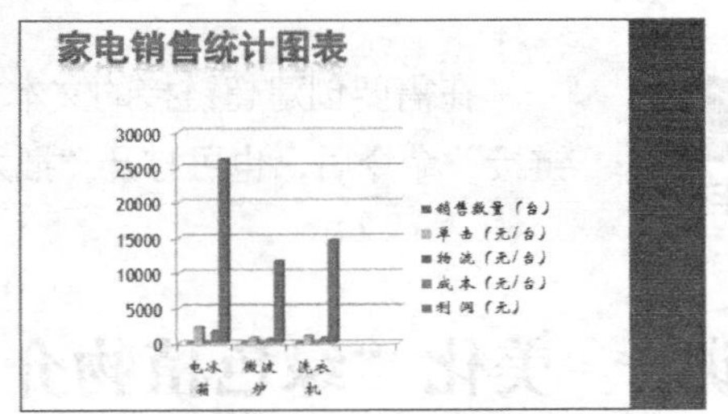

图11-65 查看图表效果

（四）创建超链接

在幻灯片中创建超链接，不仅可以扩充幻灯片的内容，还可以实现幻灯片页面的快速跳转，让演讲者对演讲进程的控制更加流畅，下面以在“年终总结”演示文稿中创建超链接为例进行讲解，具体操作如下。（微课：光盘\微课视频\项目十一\创建超链接.swf）

STEP 1 选择第1张幻灯片，在【开始】/【幻灯片】组中单击“新建幻灯片”按钮，创建幻灯片，并在其中输入图11-66所示内容，制作目录。

STEP 2 选择该幻灯片中的“本年度主要工作”文本，在【插入】/【链接】组中，单击“超链接”按钮，如图11-67所示。

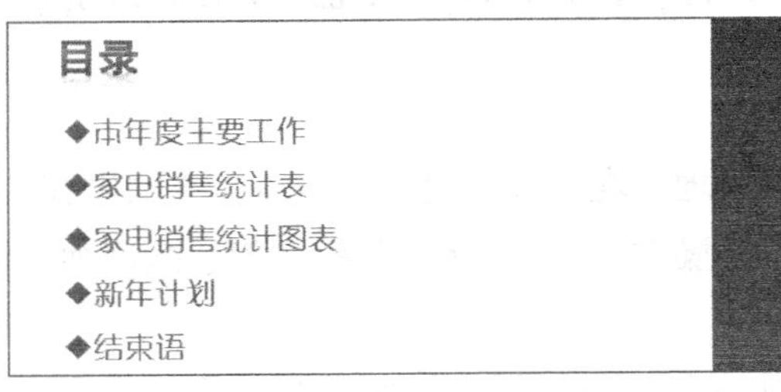

图11-66 输入目录文本

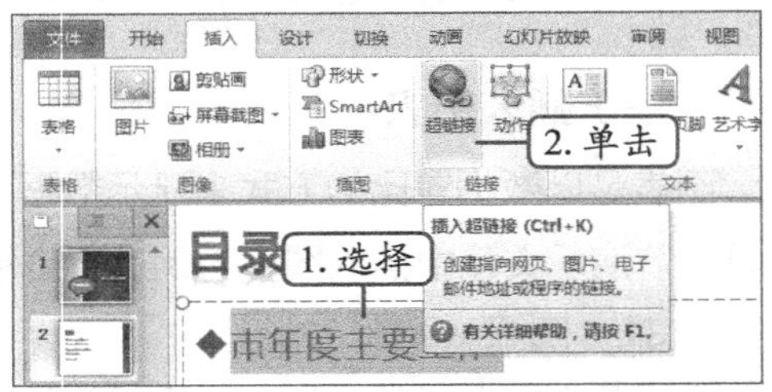

图11-67 单击“超链接”按钮

STEP 3 打开“插入超链接”对话框，单击“链接到”列表框中的“文档中的位置”按钮，在“请选择文档中的位置”列表框中选择要链接到的第3张幻灯片，单击确定按钮，如图11-68所示。

STEP 4 上述操作即可为所选文本添加超链接，并且可看到设置超链接的文本颜色发生变化并且文本新增下划线，按照相同方法依次为其余文本添加超链接，添加完成后的效果如图11-69所示（最终效果参见：光盘\效果文件\项目十一\任务三\年终总结.pptx）。

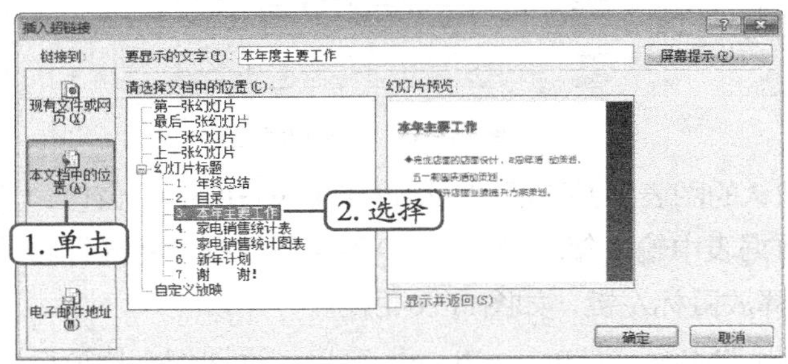

图11-68 插入超链接

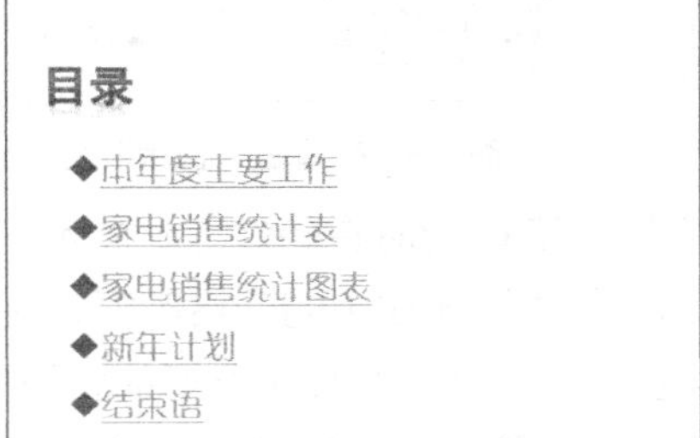

图11-69 插入超链接后的效果

在需要创建超链接的文本上单击鼠标右键，在弹出的快捷菜单中选择“超链接”命令后，也可打开“插入超链接”对话框。

实训一 美化“绿色植物介绍”演示文稿

【实训要求】

绿色植物介绍主要是一个关于绿色植物的简介演示文稿。现要求在其中插入图片、剪贴画、艺术字等完善演示文稿。

【实训思路】

本任务首先打开素材演示文稿“绿色植物介绍.pptx”（素材参见：光盘\素材文件\项目

十一\实训一\绿色植物介绍.pptx），首先为每个幻灯片插入对应的图片使其完整，然后插入艺术字、剪贴画等进行美化，本任务制作完成后的最终效果如图11-70所示。

图11-70 “绿色植物介绍”演示文稿最终效果

【步骤提示】

STEP 1 启动PowerPoint 2010，打开“绿色植物介绍”演示文稿，选择第1张幻灯片，在【插入】/【图像】组中单击“图片”按钮。

STEP 2 打开“插入图片”对话框，选中相应的图片，单击插入(S)按钮，通过图片控制点调整图片大小。

STEP 3 在【图片工具-格式】/【图片样式】组的列表中选择“中等复杂框架，白色”选项，利用相同方法为后面幻灯片插入对应图片并设置图片样式。

STEP 4 选择第1张幻灯片，在【插入】/【图像】组中单击剪贴画按钮，打开“剪贴画”窗格，单击搜索按钮，在列表中选择目标剪贴画，单击即可插入，调整其大小及位置即可。

STEP 5 选择第4张幻灯片，在【插入】/【文本】组中单击“艺术字”按钮，在打开的下拉列表框中选择一种样式，并输入“亲近自然！”。

STEP 6 在【绘图工具-格式】/【段落】组中单击“文字方向”按钮，在打开的下拉列表中选择“竖排”选项（最终效果参见：光盘\效果文件\项目十一\实训一\绿色植物介绍.pptx）。

实训二 制作“某化妆品市场调查”演示文稿

【实训要求】

打开提供的演示文稿“某化妆品市场调查.pptx”（素材参见：光盘\素材文件\项目十一\实训二\某化妆品市场调查.pptx），美化演示文稿并设置动画效果。

【实训思路】

本实训制作主要通过为演示文稿插入声音文件、视频文件等操作进行美化，并为其添加和设置动画效果。本实训制作完成的效果如图11-71所示。

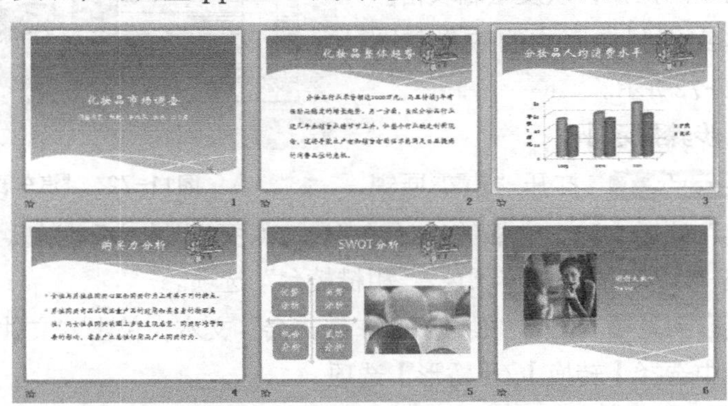

图11-71 “某化妆品市场调查”演示文稿最终效果

【步骤提示】

STEP 1 打开“某化妆品市场调查.pptx”演示文稿，选择第1张幻灯片，在【插入】/【媒体】组中单击“音频”按钮下的按钮，在打开的下拉列表中选择“文件中的音频”选项。

STEP 2 在打开的“插入音频”对话框中，找到音频文件“音乐.mp3”，单击插入(S)按钮即可插入到幻灯片中，调整其位置。

STEP 3 选择第6张幻灯片，在【媒体】组中单击“视频”按钮下的按钮，在打开的下拉列表中选择“文件中的视频”选项。

STEP 4 在打开的“插入视频”对话框，找到视频文件“视频.wmv”，单击插入(S)按钮即可插入到幻灯片中，调整其大小和位置。

STEP 5 在第1张幻灯片中先后选择标题和副标题占位符，在【动画】/【动画】组的列表框中选择要添加的动画样式，为其添加动画效果。

STEP 6 利用相同的方法为其他幻灯片添加动画效果，完成本例操作（最终效果参见：光盘/效果文件/项目十一/实训二/某化妆品市场调查.pptx）。

实训三　美化“汽车展销会”演示文稿

【实训要求】

打开提供的“汽车展销会”演示文稿（素材参见：光盘\素材文件\项目十一\实训三\汽车展销会.pptx），美化演示文稿。

【实训思路】

本实训制作主要对演示文稿进行插入艺术字、图片、剪贴画操作，以及绘制表格。本实训制作完成的效果如图11-72所示。

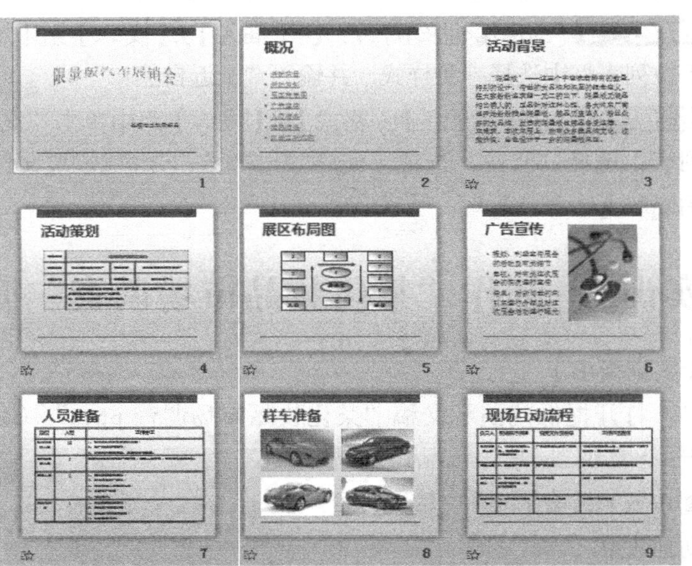

图11-72　“汽车展销会”演示文稿最终效果

【步骤提示】

STEP 1 打开“汽车展销会”演示文稿，选择第1张幻灯片，单击“艺术字”按钮，在打开的下拉列表中选择“填充-褐色，强调文字颜色2，粗糙棱台”选项。

STEP 2 输入“限量版汽车展销会”文本，单击“文件效果”按钮，在打开的下拉列表中选择【转换】/【桥形】选项。

STEP 3 选择第7张幻灯片，单击“表格”按钮，在打开的下拉列表中选择【绘制表格】选项，绘制一个3列5行的表格并输入表格内容。选择第9张幻灯片，利用相同的方法为其绘制表格并输入表格内容。

STEP 4 选择第6张幻灯片，单击[剪贴画]按钮，在打开的“剪贴画”窗格中单击[搜索]按钮，在列表中选择满意的插画选项单击插入，调整其大小和位置。

STEP 5 选择第8张幻灯片，单击“图片”按钮，在打开的对话框中选择目标图片，单击[插入(S)]按钮，调整大小和位置，并用相同的方法插入其余3张图片。

STEP 6 选择第2张幻灯片，选择“活动背景”文本，单击“超链接”按钮，在打开的对话框中进行相应的设置，为文本添加超链接，完成本例操作（最终效果参见：光盘\效果文件\项目十一\实训二\汽车展销会.pptx）。

常见疑难解析

问：在PowerPiont 2010中除了绘制表格外还可以插入表格吗？如果可以该如何操作？

答：可以。操作方法为在【插入】/【表格】组中单击“表格”按钮，在打开的下拉列表中拖曳鼠标选择表格行数与列数，释放鼠标左键即可将表格插入到幻灯片，拖曳表格四周的控制点调整表格大小。

问：当对插入的图片设置图片样式过程中，若对设置后的效果不满意，还可更改吗？

答：可以。操作方法为单击【图片工具-格式】/【调整】组中的[重设图片]按钮取消图片的所有样式，然后重新设置样式即可。

问：在PowerPiont 2010中可以将SmartArt图形转化为形状或文本吗？

答：可以。其操作方法很简单，选择SmartArt图形，选择【设计】/【重置】组中，单击“转换”按钮，在打开的下拉列表中选择“转换为文本”或“转换为形状”选项即可。

拓展知识

超级链接用于将幻灯片中的对象与网页、外部文件、电子邮件链接起来。这样在放映幻灯片过程中，通过单击链接就可以快速跳转到对应的网页、文件、电子邮箱新建界面。

- **超链接到网址地址**：网络是一个巨大的资料库，在PowerPoint 2010中，可以灵活利用网络资源，将其中的内容链接到幻灯片中。选择需要链接网址地址的幻灯片，在【插入】/【链接】组中单击“超链接”按钮，打开“插入超链接”对话框，在“链接到”列表框中单击“现有文件或网页”按钮，并单击“浏览 Web”按钮，在打开的浏览器中找到需链接到的页面，然后将该网页的网址复制到“地址”文本框中，单击[确定]按钮，即可建立超链接。
- **超链接到电子邮件**：在链接互联网时，使用PowerPoint 2010可将幻灯片链接到电子邮箱。其操作方法为，选择需要设置超链接的对象，打开“插入超链接”对话框，在“链接到”列表框中单击“电子邮件地址”按钮，在右侧的“电子邮件地址”

文本框中输入电子邮件地址，在“主题”文本框中输入所需的文本，单击确定按钮，放映时只需单击该链接对象，便可启动电子邮件软件Outlook 2010，并自动填写收件人和主题，单击“发送”按钮即可发送邮件。

- **超链接到文件**：将幻灯片对象与计算机中的文件建立链接时，只需在“插入超链接”对话框中选择链接的文件即可。需要注意的是，如果演示文稿制作完成后，需复制到其他计算机中播放，那么最好将链接文件与演示文稿放置在相同文件夹中，再建立超链接，同时在复制演示文稿时，还应连同链接文件一起复制。
- **超链接到其他演示文稿**：将幻灯片中的文本、图片等对象链接到其他演示文稿，可以在放映当前幻灯片的同时直接切换到指定的演示文稿中并进行放映。其操作方法为，选择链接对象，打开“插入超链接”对话框，单击“现有文件或网页”按钮，在“查找范围”下拉列表框中选择要链接的外部演示文稿的位置，在其下方的列表框中选择目标演示文稿，单击确定按钮，即可将其他演示文稿链接到当前演示文稿中。放映演示文稿时，单击该链接图片，即可打开被链接的演示文稿。

课后练习

打开素材演示文稿“2013年销售报告.pptx”（素材参见：素材文件\项目十一\课后练习\2013年销售报告.pptx），然后进行以下操作。

- 在第1张幻灯片中绘制形状且输入文本。
- 在第2张幻灯片中插入表格并输入数据。
- 在第3张幻灯片中插入图表。

最终效果如图11-73所示（最终效果参见：光盘\效果文件\项目十一\课后练习\2013年销售报告.pptx）。

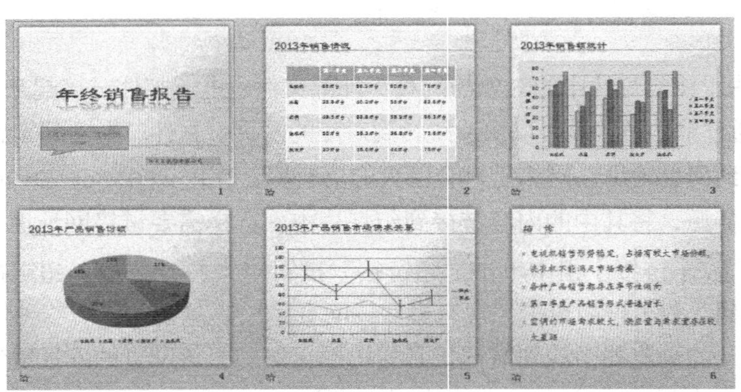

图11-73　“2013年销售报告”最终效果

PART 12

项目十二 设计母版和模板

情景导入

阿秀：小白，下个月公司新研发的产品即将上市，你制作一个关于产品展示的演示文稿，要注意幻灯片风格的统一。

小白：统一风格？有没有什么便捷的方法？

阿秀：你可以使用母版来操作，通过设置幻灯片母版能快速设置统一的幻灯片风格，特别是需要在演示文稿中的每一页幻灯片中的同一个位置添加同一个对象时，省去了重复编辑的麻烦。

小白：好的，我会努力完成任务的。

学习目标

- 掌握进入并设置幻灯片母版、备注母版、讲义母版的方法
- 掌握设置幻灯片主题、背景、页面、版式的方法

技能目标

- 能够通过幻灯片母版和模板统一版式
- 掌握“产品展示”和“促销活动策划”演示文稿的制作方法

任务一 制作“产品展示”演示文稿

产品展示演示文稿主要针对产品推广和公司招标等情况，通过此类演示文稿，可以使观众对产品有一个大致了解，此类演示文稿需要整体风格的统一。

一、 任务目标

本任务将介绍如何在幻灯片中进入并设置幻灯片母版、讲义母版、备注母版等操作。本任务制作完成后的最终效果如图12-1所示。

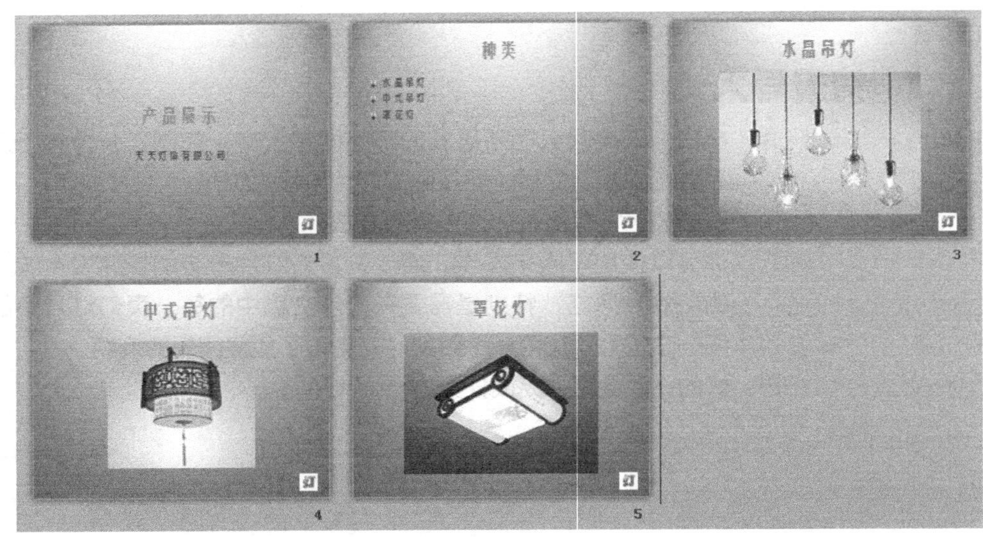

图12-1 “产品展示”演示文稿最终效果

二、相关知识

母版包括幻灯片母版、讲义母版、备注母版。幻灯片母版用于定义演示文稿中标题幻灯片以及正文幻灯片的布局样式，而备注母版与讲义母版，分别用于定义幻灯片备注及幻灯片讲义的模板样式。下面对3种母版视图进行介绍。

- **幻灯片母版视图：**幻灯片母版视图，用于对演示文稿中的标题幻灯片、通用幻灯片以及所有版式幻灯片的布局、结构、格式进行设定。用户所制作的演示文稿母版，也就是在“幻灯片母版”视图中对各个幻灯片进行重新设定，从而制作出演示文稿模板。
- **备注母版视图：**单幻灯片备注用来说明或延伸幻灯片包含的信息。通常幻灯片中的内容都是通过精简梳理出来的，用户在讲解幻灯片时可以为每张幻灯片制作备注页，而备注母版视图即用于设定幻灯片备注页的格式。
- **讲义母版视图：**幻灯片讲义相当于演示文稿的信息总览，其中包含演示文稿中每张幻灯片的缩略图。通过讲义即可大致了解演示文稿的构架，以及演讲的大致内容。在课件制作过程中，讲义的使用比较多。讲义母版则用于设定幻灯片与讲义内容之间的布局方式，以及讲义区域的内容格式。

三、任务实施

（一）进入并设置幻灯片母版

幻灯片母版中包含有每种幻灯片版式的设置区域，通过它可快速设置统一的幻灯片风格。下面将进入并设置“产品展示”演示文稿的幻灯片母版，其具体操作如下。（微课：光盘\微课视频\项目十二\进入并设置幻灯片母版.swf）

STEP 1 打开素材演示文稿“产品展示.pptx”（素材详见：光盘\素材文件\项目十二\任务一\产品展示.pptx），在【视图】/【母版视图】组中单击幻灯片母版按钮，如图12-2所示。

STEP 2 进入幻灯片母版视图，左侧为“幻灯片版式选择”窗口，右侧为幻灯片母版编辑窗口，如图12-3所示

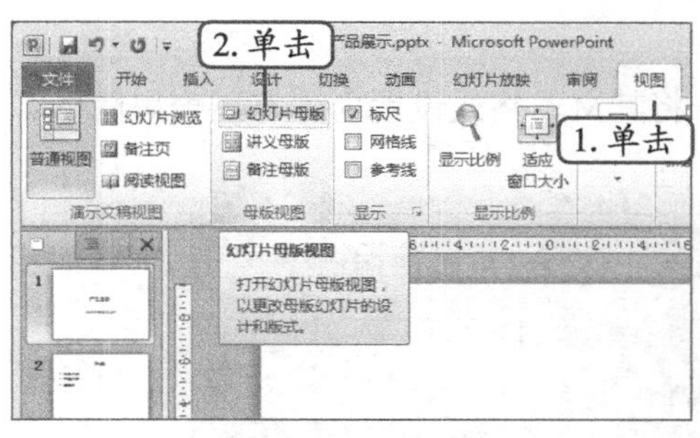

图12-2 单击选项卡

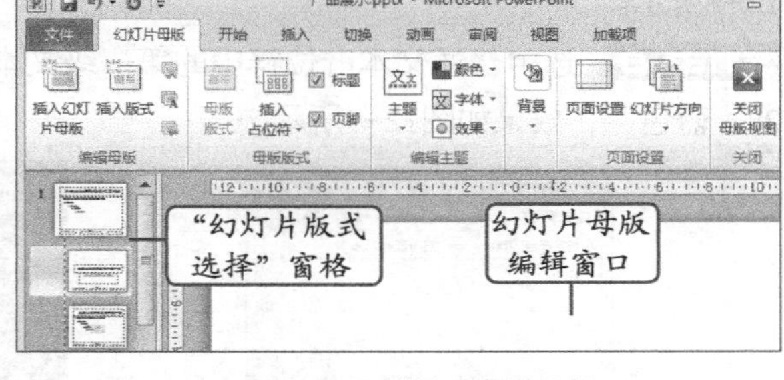

图12-3 进入幻灯片母版

STEP 3 在“幻灯片版式选择”窗口中选择第一种幻灯片版式，单击【幻灯片母版】/【背景】组中的“背景”按钮，在打开的下拉列表中选择【背景样式】/【样式6】选项，如图12-4所示。

STEP 4 选择第二种幻灯片版式，选择母版标题占位符中的文本，在【开始】/【字体】组中将字体格式设置为“方正美黑简体、48、浅蓝”，选择母版标题占位符中的文本，将字体格式设置为“方正美黑简体、32、蓝色”，如图12-5所示。

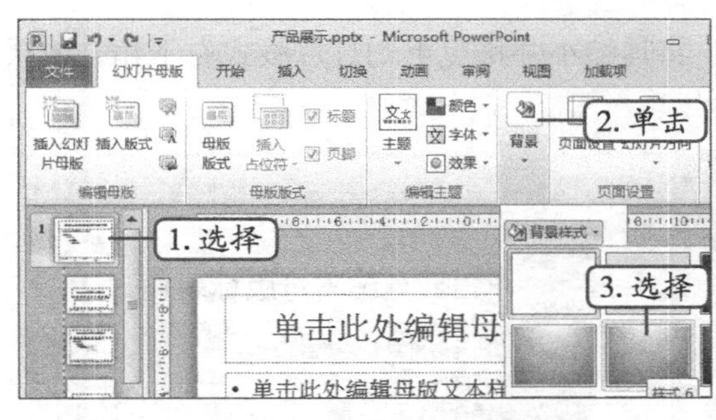

图12-4 设置一般幻灯片的背景

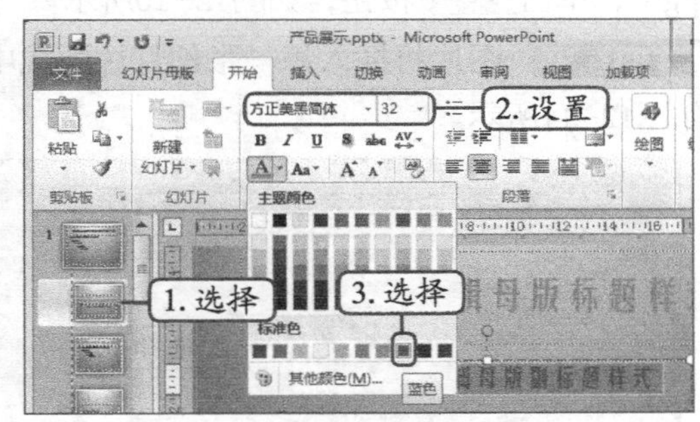

图12-5 设置标题字体

STEP 5 选择第一种幻灯片版式，将插入点定位到普通文本占位符的第一级文本中，在【开始】/【段落】组中单击“项目符号”按钮右侧的按钮，在打开的下拉列表中选择“项目符号和编号”选项，如图12-6所示。

STEP 6 打开“项目符号和编号”对话框，单击图片(P)...按钮，如图12-7所示。

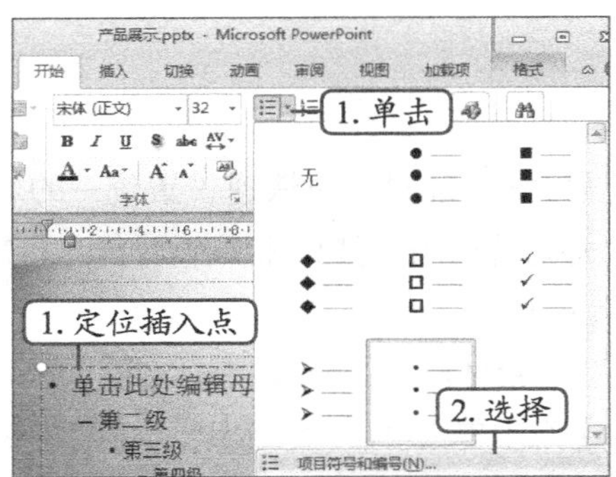

图12-6 设置普通文本样式

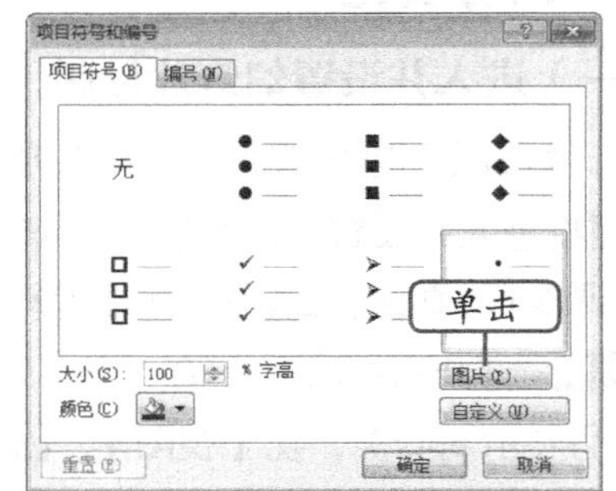

图12-7 单击“图片”按钮

STEP 7 打开“图片项目符号”对话框，在其中选择所需选项，单击 确定 按钮，如图12-8所示。

STEP 8 选中普通文本占位符中的第一级文本，将其文本格式设置为“方正美黑简体、28、蓝色”，效果如图12-9所示。

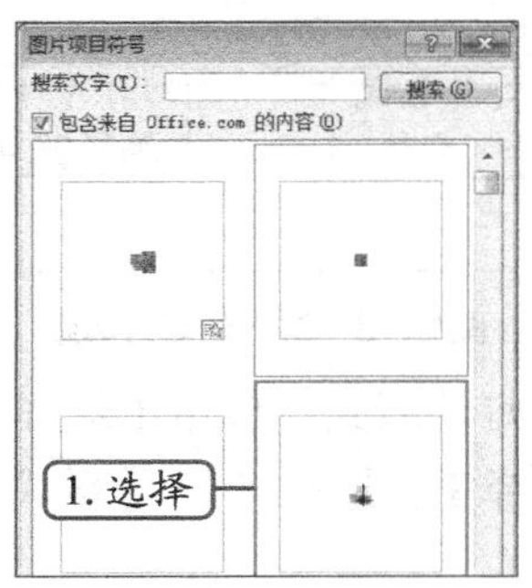

图12-8 选择项目符号

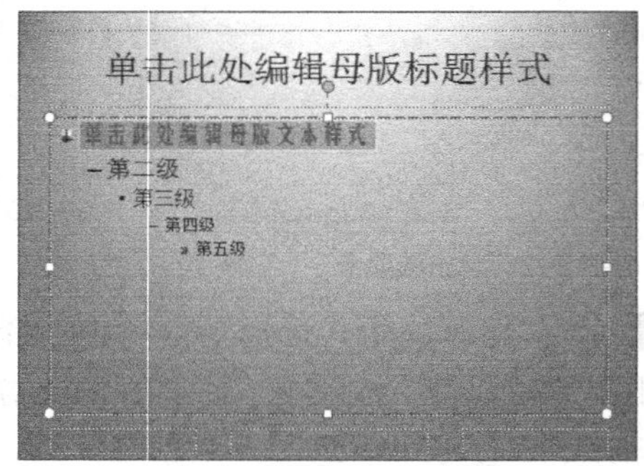

图12-9 设置第一级文本

STEP 9 在【插入】/【图像】组中单击“图片”按钮，打开“插入图片”对话框，找到图片保存位置，选择图片“logo.jpg”（素材详见：光盘\素材文件\项目十二\任务一\logo.jpg），单击 插入(S) 按钮，如图12-10所示。

STEP 10 图片将插入每一张幻灯片版式中，将其缩小并拖曳至幻灯片版式右下角，效果如图12-11所示。

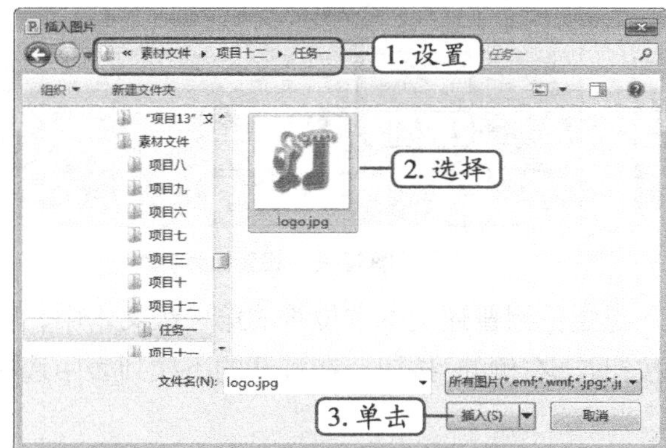

图12-10 选择图片

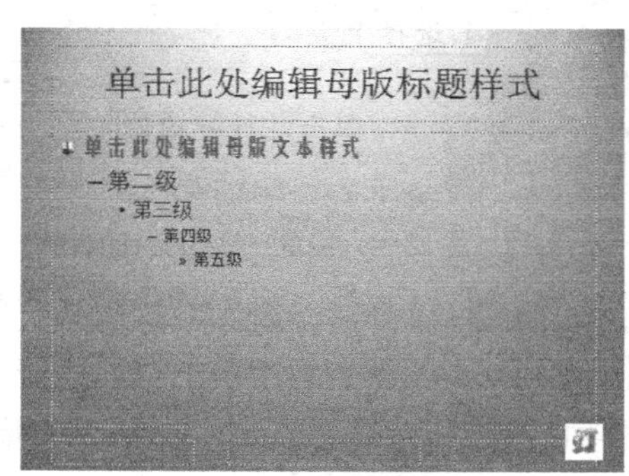

图12-11 拖曳图片

在幻灯片母版中设置各版式的效果后，新建幻灯片时选择相应版式的幻灯片将应用该效果。并且在对幻灯片母版的第一种版式中设置样式后，默认将该效果应用于所有版式。

（二）退出幻灯片母版

设置完幻灯片母版后，应退出其编辑状态，这样才能将幻灯片母版中设置的效果应用于当前颜色文稿的所有幻灯片。其具体操作如下。（**微课**：光盘\微课视频\项目十二\退出幻灯片母版.swf）

STEP 1 在【幻灯片母版】/【关闭】组中单击“关闭母版视图”按钮，如图12-12所示。

STEP 2 母版设置效果将应用到各幻灯片中，如图12-13所示。

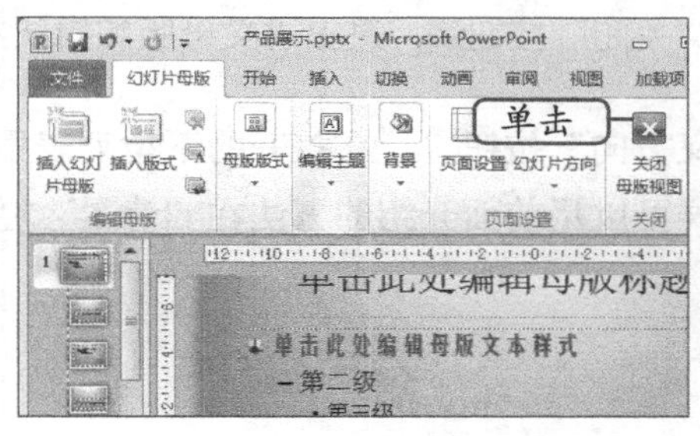

图12-12 关闭幻灯片母版视图

图12-13 版式设置效果

（三）进入并设置讲义母版

制作讲义母版是为了在会议中使用方便，也可以按讲义的格式打印或将手稿发给观众，下面将在“产品展示”演示文稿中设置讲义母版，其具体操作如下。（**微课**：光盘\微课视频\项目十二\进入并设置讲义母版.swf）

STEP 1 在【视图】/【母版视图】组中单击讲义母版按钮，如图12-14所示，进入讲义母版编辑状态。

STEP 2 撤销选中【讲义母版】/【占位符】组中的“日期”和“页脚”复选框，拖动页眉和页码文本框，使其居中，如图12-15所示。

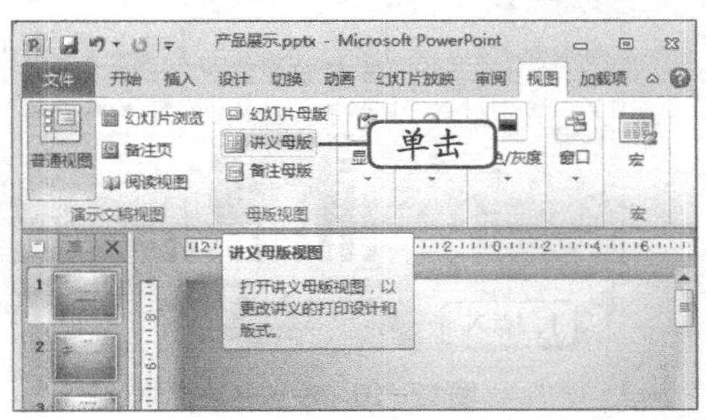

图12-14 单击“讲义母版”按钮

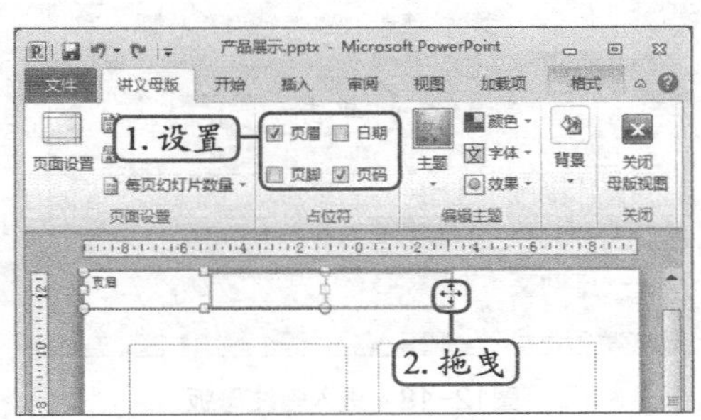

图12-15 设置页眉和页码

STEP 3 在页眉文本框中输入演示文稿的名称，并将其选中，在【开始】/【字体】组中将字体格式设置为“方正兰亭大黑_GBK、14、蓝色”，在【段落】组中单击“居中”按钮，如图12-16所示。

STEP 4 在页码文本框中输入数值“1”，在【讲义母版】/【页面设置】组中单击“每页幻灯片数量”按钮，在打开的下拉列表中选择“6张幻灯片”选项，如图12-17所示。

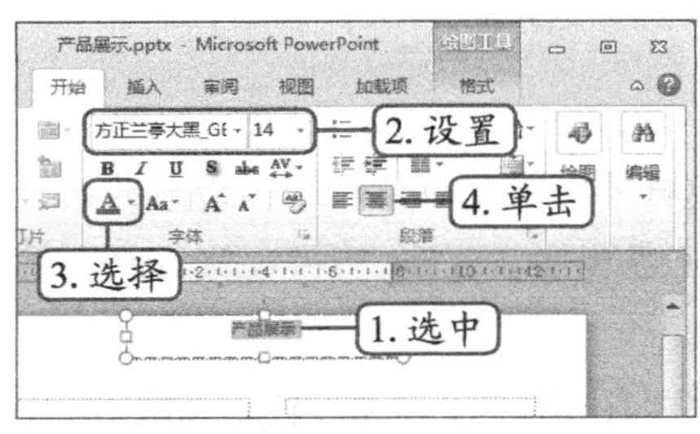

图12-16　设置字体格式

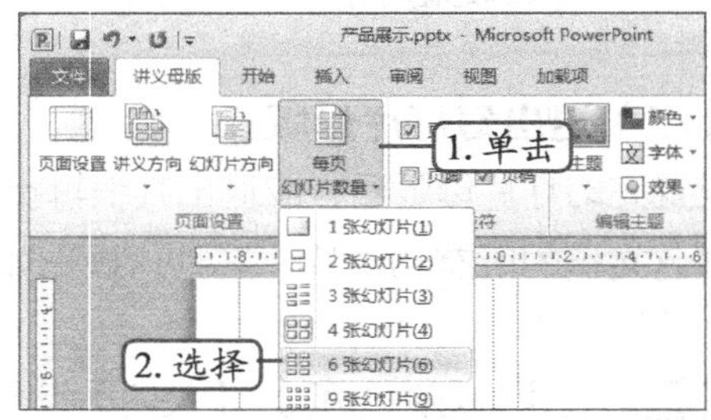

图12-17　选择选项

STEP 5 单击【讲义母版】/【关闭】组中的“关闭”按钮，退出讲义母版编辑状态。

操作提示

在【页面设置】组中单击“讲义方向”按钮，在打开的下拉列表中选择讲义的样式是横向还是纵向。同样可以用前面介绍的方法在“背景”栏中为讲义母版设置背景。

（四）进入并设置备注母版

备注母版是指演讲者在幻灯片下方输入的内容，包含幻灯片的缩小画面及一个设置备注文本的版面设置区。下面在“产品展示”演示文稿中设置备注母版，其具体操作如下。（**微课**：光盘\微课视频\项目十二\进入并设置备注母版.swf）

STEP 1 在【视图】/【母版视图】组中单击 备注母版 按钮，如图12-18所示，进入备注母版视图。

STEP 2 选中备注页面的第一级文本，输入备注文本“关于价格、型号等具体内容，请参考打印稿‘附表1’”在【开始】/【字体】组中将其字体格式设置为“方正宋三简体、14、红色”，如图12-19所示。

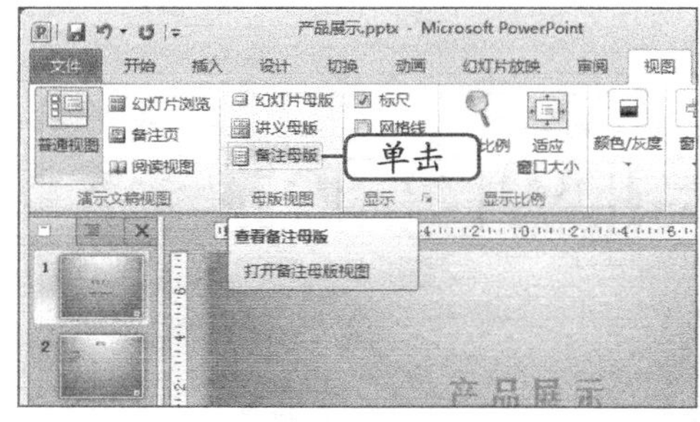

图12-18　进入备注母版

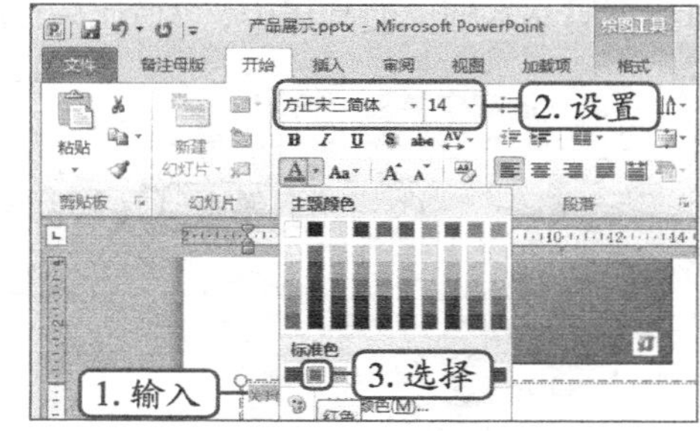

图12-19　设置备注字体

STEP 3 在【讲义母版】/【关闭】组中单击“关闭”按钮，退出备注母版编辑状态。

STEP 4 在【视图】/【演示文稿视图】组中单击 备注页 按钮，如图12-20所示，这时将看到输入的备注内容显示在幻灯片的下方，如图12-21所示。至此，完成本任务的操作（最终效果参见：光盘\效果文件\项目十二\任务一\产品展示.pptx）。

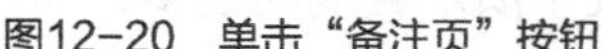

图12-20　单击“备注页”按钮

图12-21　显示备注内容

任务二　设计“促销活动策划”演示文稿

促销活动策划是针对企业开展促销活动而写的活动方案，通过促销的方法使消费者了解和注意企业的产品，激发消费者的购买欲望，并促使其实现最终的购买行为。

一、 任务目标

本任务制作“促销活动策划”演示文稿，其主要的操作为使用幻灯片主题，以及设置幻灯片背景、页面、版式等。本任务制作完成后的最终效果如图12-22所示。

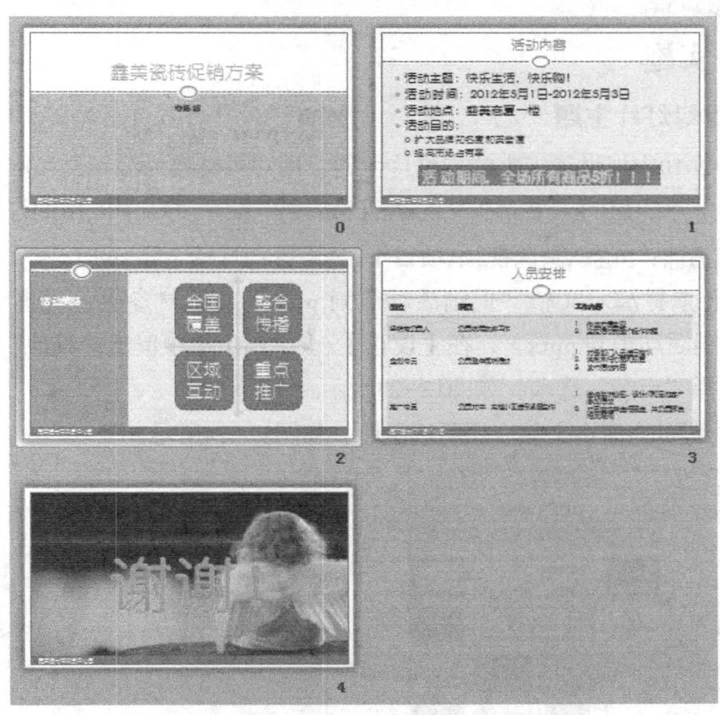

图12-22　“促销活动策划”演示文稿最终效果

二、相关知识

（一）选择模板的注意事项

选择模板对于演示文稿来说至关重要，一个好的模板可以让幻灯片的制作事半功倍。下面将对选择模板时应注意的几个方面进行简单介绍。

- **页面的功能布局：** 选择模板时应考虑到首页、概述页、内容页、过渡页，以及介绍页的布局特征。
- **概述页和过渡页的重要性：** 合理利用概述页和过渡页可以让演示文稿的结构变得更加灵活，所以选择模板时应注意概述页和过渡页的布局。
- **内容页完整、清晰：** 首页、概述页、过渡页构成了演示文稿的框架，而内容页就是在这些构架里填入有声有色的内容。
- **结束页：** 结束页主要用来感谢观看者或者项目同仁等。虽然看起来不太起眼，但是却很重要，选择模板时一定要注意。

（二）获得模板的方法

模板除了可以自己制造外，还可以在Internet中下载的模板基础上进行修改，从而获得适合的模板。修改模板主要从以下几个方面着手。

- 字体、字号、颜色、段落格式等。
- 增加设计元素，如文本框、自形状等。
- 用图片做背景。

三、任务实施

（一）设置幻灯片主题

PowerPoint 2010中提供了丰富的幻灯片主题，用户可直接为演示文稿应用幻灯片主题，达到快速设计幻灯片的目的。下面在“促销活动策划”演示文稿中应用幻灯片主题，其具体操作如下。（**微课：**光盘\微课视频\项目十二\设置幻灯片主题.swf）

STEP 1 打开素材演示文稿“促销活动策划.pptx”（素材参见：光盘\素材文件\项目十二\任务二\促销活动策划.pptx），在【设计】/【主题】组中单击“其他”按钮，在打开的下拉列表中选择“市镇”选项，如图12-23所示。

STEP 2 此时即可为演讲文稿应用所选主题，如图12-24所示。

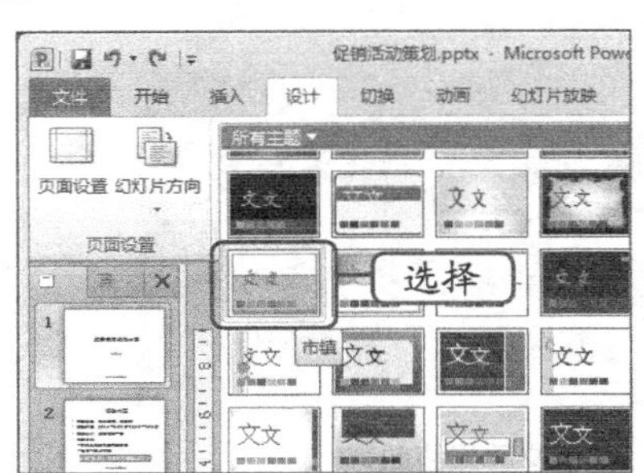

图12-23 选择幻灯片主题

图12-24 应用幻灯片主题

STEP 3 在【主题】组中单击[颜色]按钮，在打开的下拉列表中选择“奥斯汀”选项，如图12-25所示。

STEP 4 在【主题】组中单击[字体]按钮，在打开的下拉列表中选择“奥斯汀幼圆”选项，如图12-26所示。

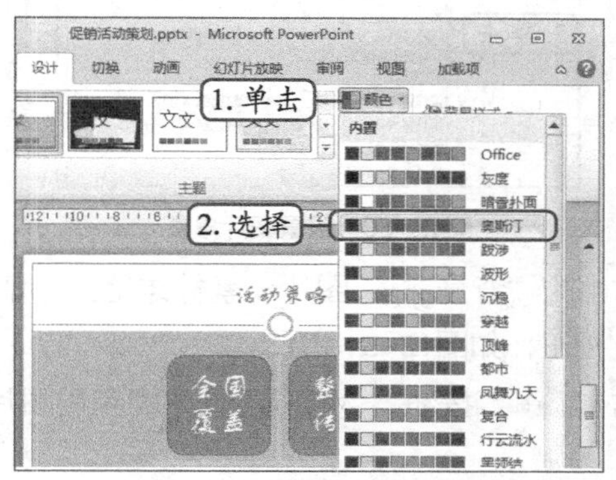

图12-25 更该主题颜色

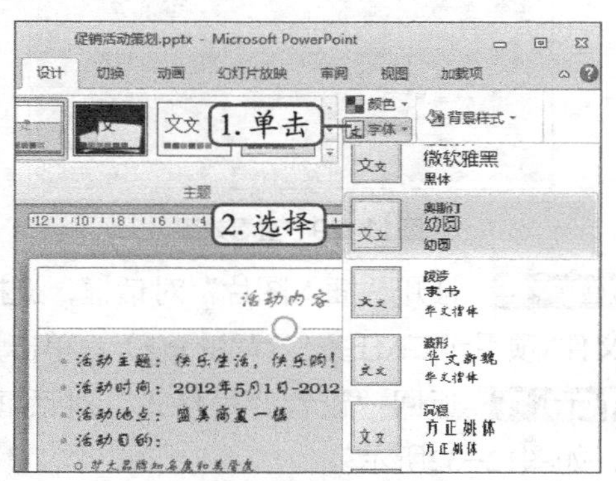

图12-26 更改主题效果

（二）设置幻灯片背景

幻灯片背景是指演示文稿中每张幻灯片的填充效果，PowerPoint 2010提供了多种不同的背景效果。下面在“促销活动策划”演示文稿中为各张幻灯片设置不同背景，其具体操作如下。（**微课**：光盘\微课视频\项目十二\设置幻灯片背景.swf）

STEP 1 选择第2张幻灯片，在【设计】/【背景】组中单击[背景样式]按钮，在打开的下拉列表中选择“样式5”选项，如图12-27所示。

STEP 2 选择第1张幻灯片，在【设计】/【背景】组中单击[背景样式]按钮，在打开的下拉列表中选择“设置背景格式”选项。

STEP 3 打开“设置背景格式”对话框，选中“图案或纹理填充”单选项，在打开的纹理下拉列表中选择“画布”选项，如图12-28所示。

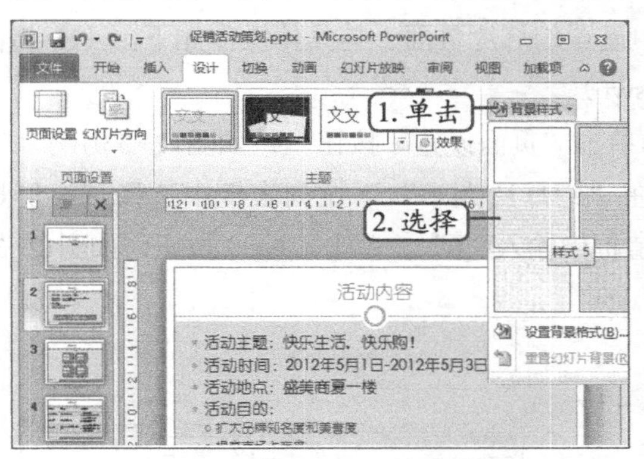

图12-27 预设背景样式

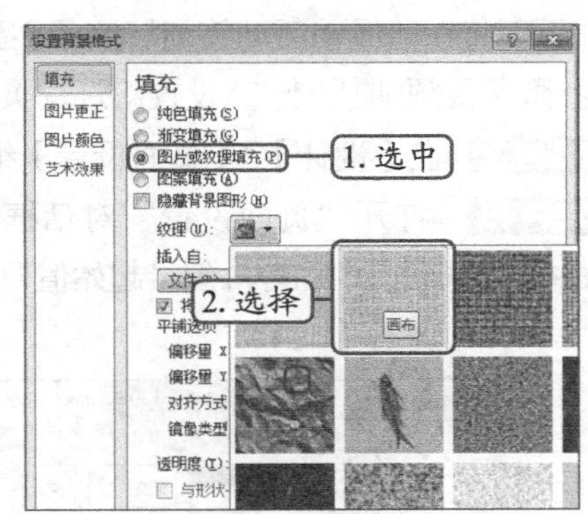

图12-28 设置纹理

STEP 4 单击[关闭]按钮，返回操作界面即可查看设置后的效果，如图12-29所示。

STEP 5 选择第5张幻灯片，打开“设置背景格式”对话框，选中“图案或纹理填充”单选项，单击下方的[文件(F)...]按钮，如图12-30所示。

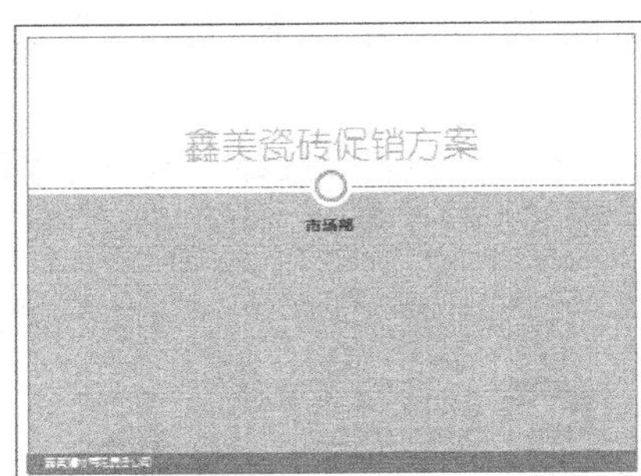

图11-29　查看效果

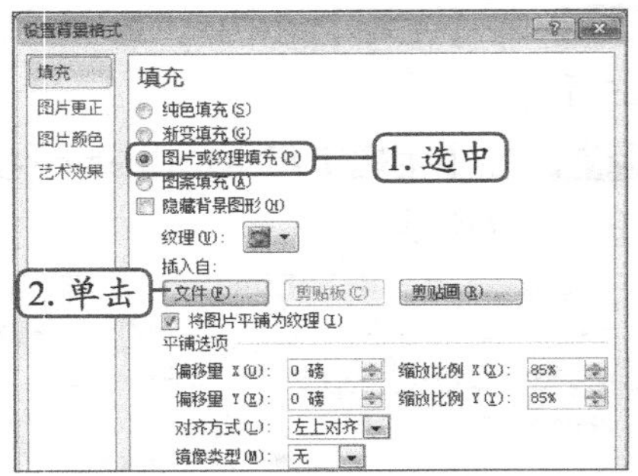

图12-30　设置图片背景

STEP 6 打开“插入图片”对话框，选择素材中的“背景.jpg”图片（素材详见：光盘\素材文件\项目十二\任务二\背景.jpg），单击插入(S)按钮，如图12-31所示。

STEP 7 返回“设置背景格式”对话框，单击关闭按钮，为第6张幻灯片应用图片背景，如图12-32所示。

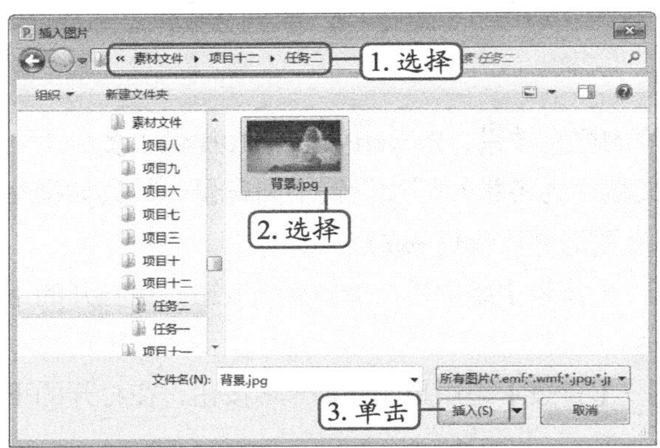

图12-31　选择图片背景

图12-32　为幻灯片应用图片背景

（三）设置幻灯片页面

下面将在“促销活动策划”演示文稿中设置幻灯片页面，其具体操作如下。（微课：光盘\微课视频\项目十二\设置幻灯片页面.swf）

STEP 1 在【设计】/【页面设置】组中单击“页面设置”按钮，如图12-33所示。

STEP 2 打开“页面设置”对话框，在“幻灯片大小”下拉列表框中选择“全屏显示（16:9）”选项，“幻灯片编号起始值”数值框中输入“0”，单击确定按钮，如图12-34所示。

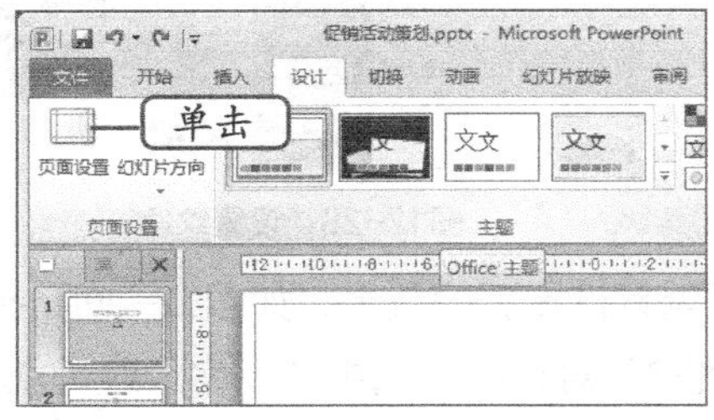

图12-33　单击“页面设置”按钮

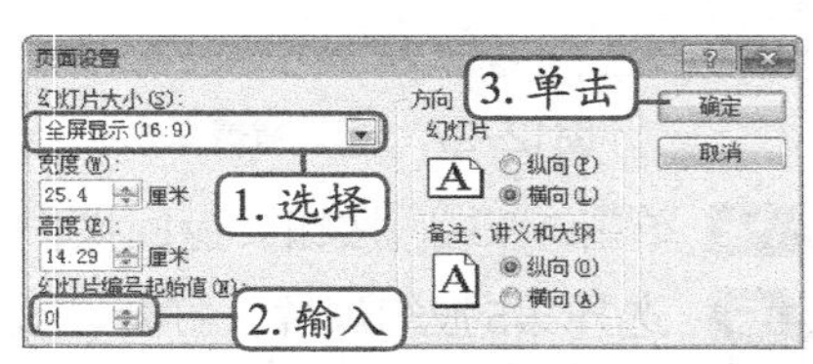

图12-34　页面设置

（四）更改幻灯片版式

下面将在“促销活动策划”演示文稿中以更改幻灯片版式为例进行讲解，其具体操作如下。（微课：光盘\微课视频\项目十二\更改幻灯片版式.swf）

STEP 1 选择第2张幻灯片，在幻灯片内的空白处单击鼠标右键，在弹出的快捷菜单中选择【版式】/【内容与标题】命令，如图12-35所示。

STEP 2 返回即可查看更改版式后的效果，删除多余的占位符，效果如图12-36所示（最终效果参见：光盘\效果文件\项目十二\任务二\促销活动策划.pptx）。

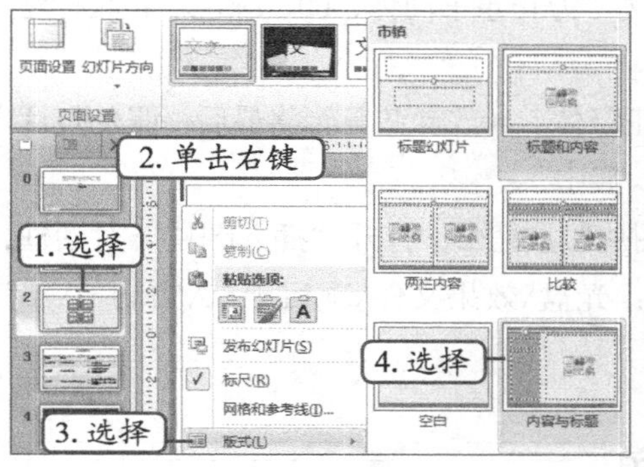

图12-35 选择选项

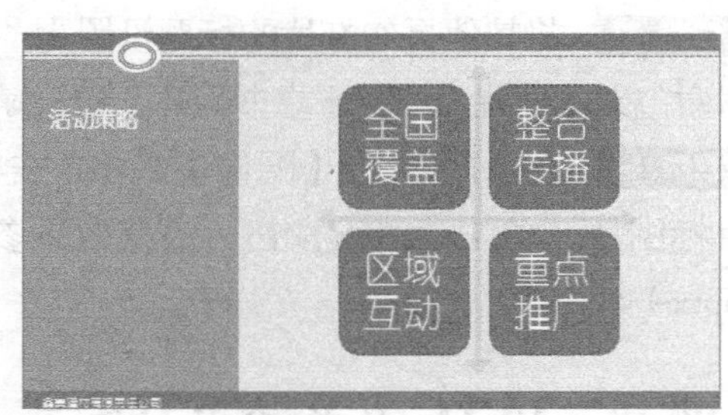

图12-36 删除多余占位符

实训一 设置“部门职责”演示文稿

【实训要求】

部门职责演示文稿主要对各部门职能进行简单的介绍。设计部门职责演示文稿时可以使用幻灯片主题，参考效果如图12-37所示。

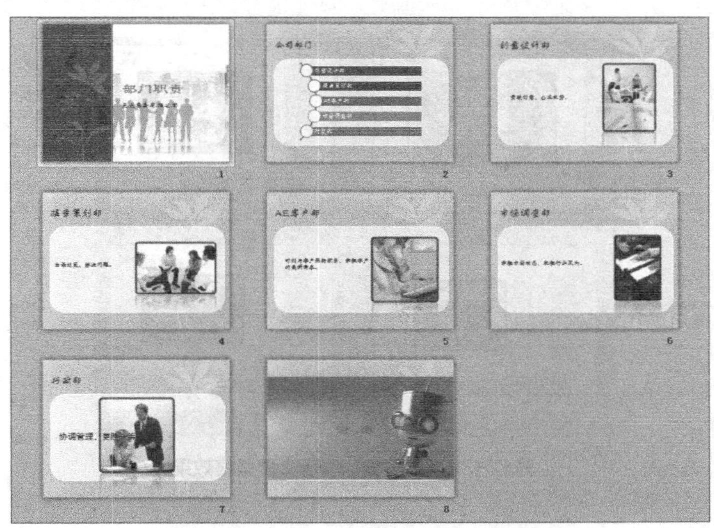

图12-37 “部门职责”演示文稿最终效果

【实训思路】

本实训主要通过对“部门职责”演示文稿的设计，练习配色方案和幻灯片主题的应用，可先设置颜色文稿的主题，然后更改主题样式、设置幻灯片背景等。

【步骤提示】

STEP 1 打开素材演示文稿“部门职责.pptx”（素材详见：光盘\素材文件\项目十二\实训一\部门职责.pptx），在【设计】/【主题】组中单击“其他”按钮，在打开的下拉列表中的“来自Office.com”栏中选择“小型办公室或家庭式办公室”选项。

STEP 2 选择第1张幻灯片，将标题文本设置为“方正隶书简体、60、绿色”，副标题文本设置为“方正舒体、28、深蓝”。

STEP 3 将其他页幻灯片的标题设置为“方正舒体、40、深蓝”，将最后一张幻灯片中的“谢谢”文本设置为“方正隶书简体、60、绿色、居中”。

STEP 4 在【插入】/【图像】组中单击“图片”按钮，打开“插入图片”对话框，找到目标图片，单击插入(S)按钮（最终效果参见：光盘\效果文件\项目十二\实训一\部门职责.pptx）。

实训二　设计“美食”演示文稿

【实训要求】

“美食”演示文稿主要对各种菜式进行展示和介绍，要求对幻灯片应用主题，并设置幻灯片母版等。

【实训思路】

本实训练习应用主题及幻灯片片母版和讲义母版的相关设置。本实训制作完成的效果如图12-38所示。

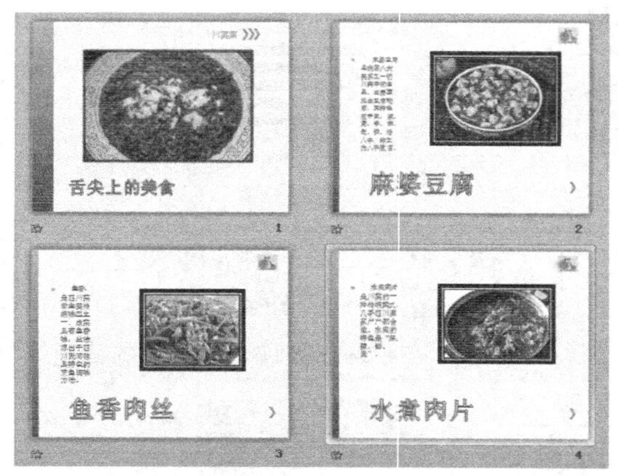

图12-38　“美食”演示文稿最终效果

【步骤提示】

STEP 1 打开素材演示文稿“美食.pptx”（素材参见：光盘\素材文件\项目十二\实训二\美食.pptx），在【设计】/【主题】组中单击“其他”按钮，在打开的下拉列表中的“来自

Office.com”栏中选择“热”选项。

STEP 2 在【视图】/【母版视图】组中单击幻灯片母版按钮，进入幻灯片母版视图状态下，在【插入】/【图像】组中单击“图片”按钮。

STEP 3 打开“插入图片”对话框，找到目标图片，插入“Logo.jpg”图片（素材参见：光盘\素材文件\项目十二\实训二\Logo.jpg）。

STEP 4 调整图片大小后移至幻灯片右上角位置，单击“关闭母版视图”按钮。

STEP 5 在【视图】/【母版视图】组中单击讲义母版按钮，进入幻灯片讲义母版编辑状态下。

STEP 6 在【讲义母版】/【占位符】组中取消选中“页眉”、“日期”、“页脚”复选项，拖曳“页码”文本框，使其居中，输入“1”，对齐方式为居中。

STEP 7 在【讲义母版】\【关闭】组中单击“关闭母版视图”按钮，退出讲义母版编辑状态（最终效果参见：光盘\效果文件\项目十二\实训二\美食.pptx）。

常见疑难解析

问：为什么在讲义母版和备注母版中设置效果后在普通视图中看不到?

答：通常讲义母版和备注母版的设置效果只能在打印时才能表现出来。

问：如果要为所有幻灯片设置相同背景，该如何操作?

答：方法为在选择背景后单击“设置背景格式”对话框中的全部应用(L)按钮，即可为所有幻灯片应用相同背景。

问：带有大量图片的演示文稿通常都很大，有没有什么方法能够压缩演示文稿呢?

答：选择【文件】/【另存为】选项，打开“另存为”对话框，单击工具(L)按钮，在打开的下拉列表中选择“压缩图片”选项，在打开的“压缩图片”对话框中设置压缩选项，单击确定，返回“另存为”对话框进行保存即可。

拓展知识

对于一些包含商业信息的演示文稿，为了防止被他人复制或查看，可以对演示文稿进行加密。其操作方法为，选择【文件】/【信息】选项，在展开的面板中单击“保护演示文稿”按钮，在打开的下拉列表中选择“用密码进行加密”选项，打开“加密文档”对话框，在“密码”文本框中输入密码，如“123456”，单击确定按钮，如图12-39所示。在打开的“确认密码”对话框中再次重复输入密码，单击确定按钮，如图12-40所示。加密演示文稿后将文稿保存，以后再打开该演示文稿时会打开提示框，只有输入正确的密码才能打开。

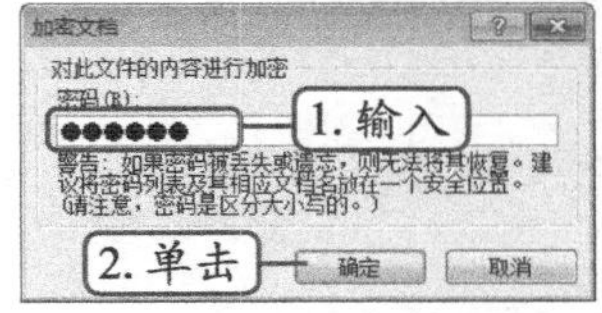

图12-39 “加密文档”对话框

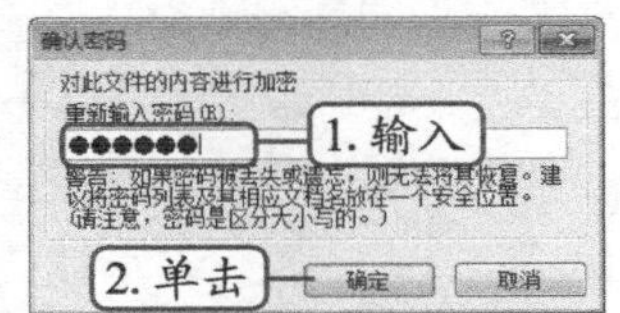

图12-40 “确认密码”对话框

课后练习

（1）打开素材演示文稿“餐具系列.pptx”（素材参见：光盘\素材文件\项目十二\课后练习\餐具系列.pptx），要求为其使用主题样式、更改主题样式，并在最后一张幻灯片中插入幻灯片背景，完成后的效果如图12-41所示（最终效果参见：光盘\效果文件\项目五\课后练习\餐具系列.pptx）。

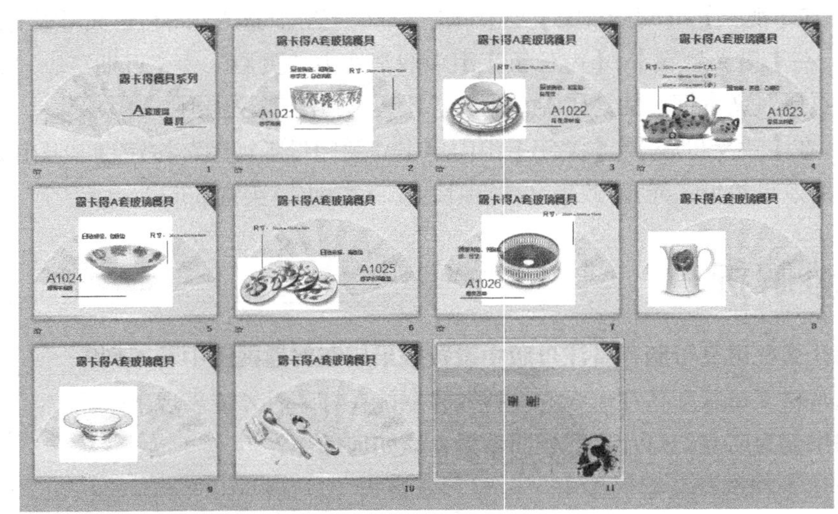

图12-41 “餐具系列”演示文稿最终效果

（2）打开素材演示文稿“成功很简单.pptx”（素材参见：光盘\素材文件\项目十二\课后练习\成功很简单.pptx），要求为其设置主题样式，进入幻灯片母版，在幻灯片右下角插入“Logo.jpg”（素材参见：光盘\素材文件\项目十二\课后练习\Logo.jpg），并更改幻灯片样式，完成后的效果如图12-42所示（最终效果参见：光盘\效果文件\项目十二\课后练习\成功很简单.pptx）。

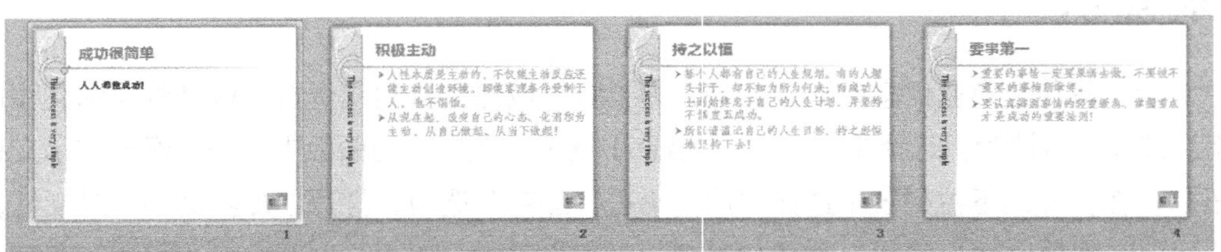

图12-42 “成功很简单”演示文稿最终效果

PART 13

项目十三 放映与输出演示文稿

情景导入

阿秀：小白，前段时间时间学习了演示文稿的制作，相信你对演示文稿有了全新的理解吧。

小白：是的，我现在才知道，以前了解得只是PowerPoint的一些皮毛。

阿秀：有进步就好。接下来你应该了解关于幻灯片的放映和输出操作，演示文稿的最终目的是放映，所以放映与输出演示文稿也很重要。

小白：好的，我这就去学习。

学习目标

- 掌握打包演示文稿的操作
- 掌握打印演示文稿的操作
- 掌握放映演示文稿的操作

技能目标

- 能够打印、打包和放映演示文稿
- 掌握输出“新品上市营销策略”和“年终总结”演示文稿的制作

任务一 放映“新品上市营销策略”演示文稿

新品上市营销策略是为了推广新产品，完成营销目标，对企业新产品的营销发展做出战略性的决策和指导，其内容包括市场分析、产品定价、促销策略、宣传渠道、经费预算等。

一、 任务目标

本任务将放映“新品上市营销策略”演示文稿，首先为演示文稿设置放映类型、排练计时，并添加动作按钮，最后控制演示文稿的放映。本任务制作完成后的最终效果如图13–1所示。

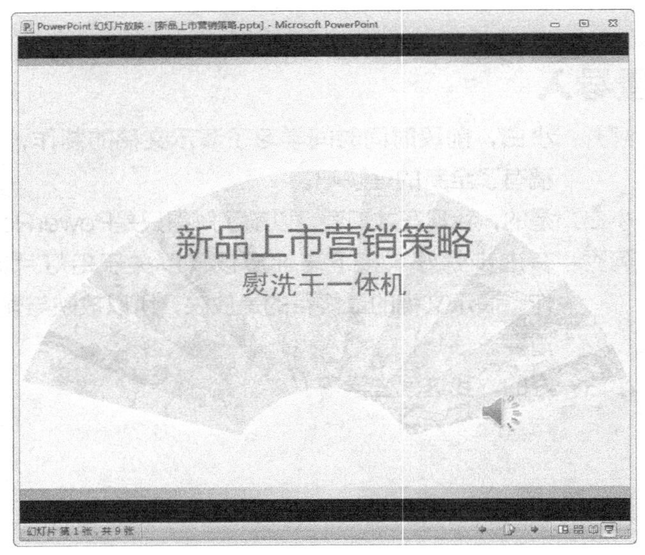

图13–1 “新品上市营销策略”演示文稿最终效果

二、相关知识

一份完整的演示文稿就制作完成后，接下来可以放映整个演示文稿。放映演示文稿主要分为普通放映方式及自定义放映方式。

- **普通放映方式：**普通放映方式主要用以检查放映设置是否合理。在播放过程中，通过单击鼠标可以控制动画的放映和幻灯片的切换；将鼠标指针指向屏幕左下角并单击对应的动作按钮，还可以在幻灯片中添加墨迹或切换到指定幻灯片等；当所有幻灯片放映完毕后，会自动退出放映模式。
- **自定义放映方式：**自定义放映方式主要适用于一些在不同场合播放的幻灯片和特殊的演示文稿。对于设置好自定义放映的演示文稿，单击“自定义幻灯片放映”按钮，在打开的下拉列表中即可选择并放映创建的自定义放映。

三、任务实施

（一）设置放映类型

幻灯片放映类型包括演讲者放映（全屏幕）、观众自行浏览（窗口）、展台浏览（全屏幕）3种方式，它们分别适合于不同场合，下面将对“新品上市营销策略”演示文稿进行放映设置，其具体操作如下。（微课：光盘\微课视频\项目十三\设置放映类型.swf）

STEP 1 打开素材演示文稿“新品上市营销策略.pptx”（素材详见：光盘\素材文件\项目十三\任务一\新品上市营销策略.pptx），在【幻灯片放映】/【设置】组中单击按钮，如图13-2所示。

STEP 2 打开“设置放映方式”对话框，在“放映类型”栏中选中“观众自行浏览（窗口）”单选项，在“放映选项”栏中单击选中“放映时不加旁白”复选框，在“换片方式”栏中单击选中“如果存在排练时间，则选择它”单选项，单击 确定 按钮，如图13-3所示。

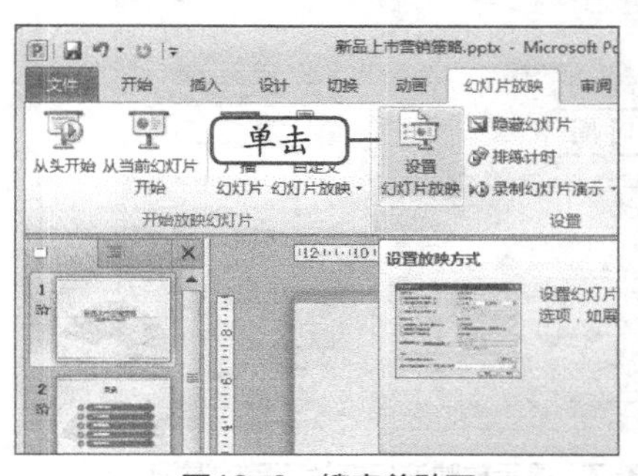

图13-2 搜索剪贴画

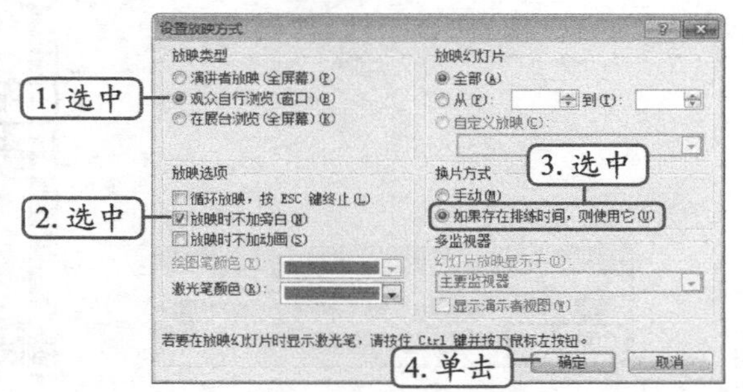

图13-3 插入剪贴画

STEP 3 完成放映方式的设置后，按【F5】键播放幻灯片，观看设置放映方式后的效果，在放映幻灯片的过程中如需退出放映，按【Esc】键或单击鼠标右键，在打开的快捷菜单中选择“结束放映”命令。

（二）设置排练计时

使用排练计时可以为每一张幻灯片中的对象设置具体播放时间，开始放映演示文稿时，就可按照设置好的时间和顺序进行放映，无需用户单击鼠标，从而实现演示文稿的自动放映，下面在“新品上市营销策略”演示文稿中设置排练计时并添加动作按钮，其具体操作如下。（微课：光盘\微课视频\项目十三\设置排练计时.swf）

STEP 1 在【幻灯片放映】/【设置】组中单击 排练计时 按钮，如图13-4所示。

STEP 2 进入放映排练状态，幻灯片将全屏放映，同时打开“录制”工具栏并自动为该幻灯片计时，此时可单击鼠标左键或按钮【Enter】键放映下一个对象，如图13-5所示。

图13-4 单击“排练及计时”按钮

图13-5 计时放映时间

STEP 3 单击或单击“录制”栏中的➡按钮，切换到第2张幻灯片后，“录制”栏中的时间又将从头开始为该张幻灯片的放映进行计时。

STEP 4 按照相同的方法对演示文稿中的每张幻灯片放映时间进行计时，放映完毕后将打开提示对话框，提示总共的排练计时时间，并询问是否保留幻灯片的排练时间，单击[是(Y)]按钮进行保存，如图13-6所示。

STEP 5 PowerPoint自动切换到“幻灯片浏览”视图中，并在每张幻灯片的左下角显示放映该幻灯片所需的时间，如图13-7所示。

图13-6 保存计时时间

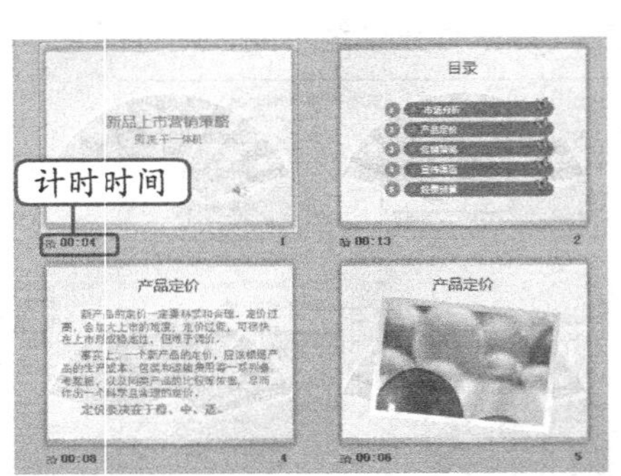

图13-7 显示放映该幻灯片所需的时间

在排练计时的过程中，如果对某个对象的时间安排觉得不合理，可单击“录制”工具栏中↺按钮，重新开始从0s计时；若要暂停排练则单击⏸按钮。在排练过程中用户还可直接在中间的时间框中输入当前对象放映所需的时间。

（三）自定义放映

自定义放映时指选择演示文稿中的某些幻灯片作为当前要放映的内容，并将其保存为一个名称，这样用户可根据需要选择性放映这些幻灯片，下面对“新品上市营销策略”演示文稿进行自定义放映，其具体操作如下。（**微课**：光盘\微课视频\项目十三\自定义放映.swf）

STEP 1 在【幻灯片放映】/【开始放映幻灯片】组中单击“自定义幻灯片放映”按钮，在打开的下拉列表中选择“自定义放映”选项，如图13-8所示。

STEP 2 打开“自定义放映”对话框，此时“自定义放映”的列表框中无任何内容，单击[新建(N)...]按钮，如图13-9所示。

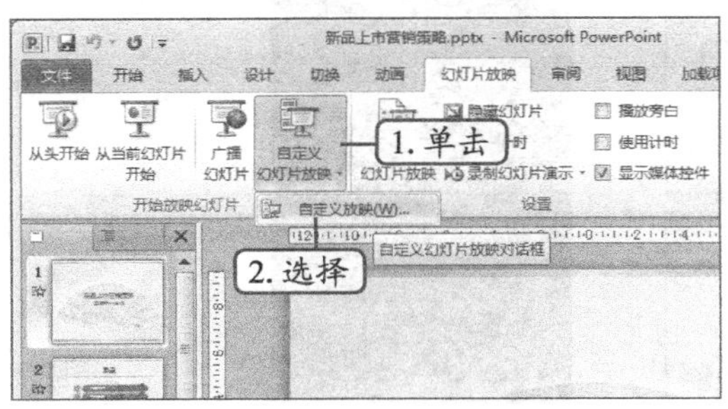

图13-8 选择命令

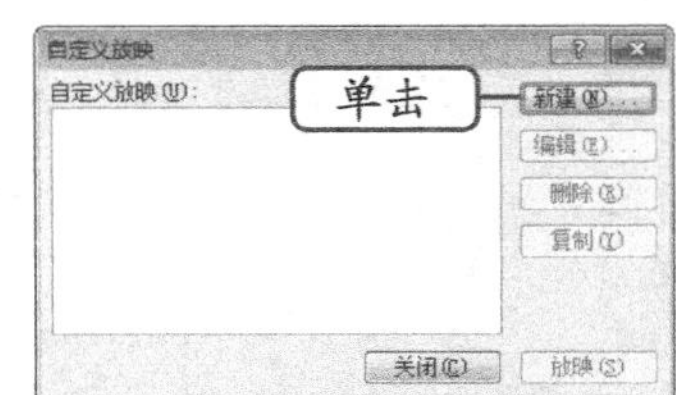

图13-9 单击“新建”按钮

STEP 3 打开"定义自定义放映"对话框，在"幻灯片放映名称"文本框中输入文本"产品定价"，在"演示文稿中的幻灯片"列表框中按住【Ctrl】键不放选择第4张和第5张幻灯片，单击添加(A) >>按钮，将其添加到"在自定义放映中的幻灯片"列表中，单击确定按钮，如图13-10所示。

STEP 4 返回"自定义放映"对话框，此时"自定义放映"列表框中已显示出刚创建的自定义放映名称，如图13-11所示。

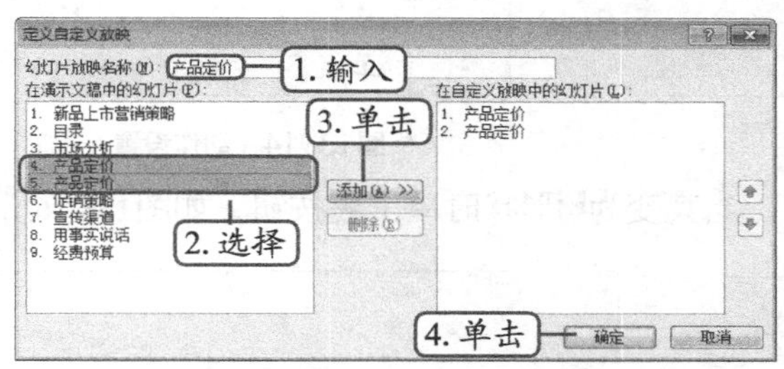

图13-10 设置自定义放映

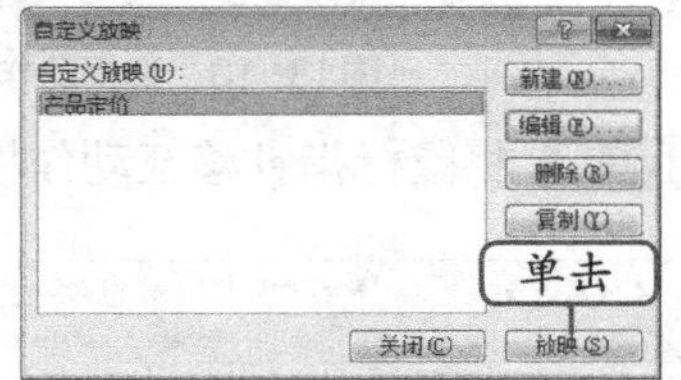

图13-11 放映幻灯片

STEP 5 单击放映(S)按钮即可进入幻灯片放映状态，将自动放映选择的2张幻灯片，如图13-12所示。

操作提示

在"自定义放映"对话框中选择所需的自定义放映项后，单击编辑(E)...按钮可编辑当前自定义放映的幻灯片内容和位置；单击删除(R)按钮可删除该自定义放映；单击复制(Y)按钮将复制一个该自定义放映的副本，用户可在该副本基础上编辑新的自定义放映以避免重复操作。

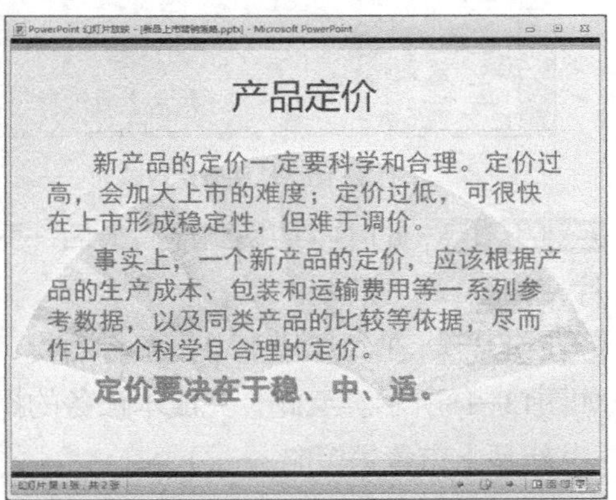

图13-12 放映效果

（四）控制幻灯片的放映

下面在"新品上市营销策略"演示文稿中为每张幻灯片添加动作按钮来控制幻灯片的放映进程，其具体操作如下。（**微课**：光盘\微课视频\项目十三\控制幻灯片的放映.swf）

STEP 1 在【插入】/【插画】组中单击形状按钮，在打开的下拉列表中的"动作按钮"栏中选择"动作按钮：前进或下一项"选项，如图13-13所示。

STEP 2 在幻灯片左下角绘制动作按钮，自动打开"动作设置"对话框，保持默认设置，单击确定按钮，如图13-14所示，利用类似方法为每张幻灯片添加动作按钮。

STEP 3 在【幻灯片放映】/【开始放映幻灯片】组中的"从头开始"按钮，如图13-15所示，开始放映幻灯片。

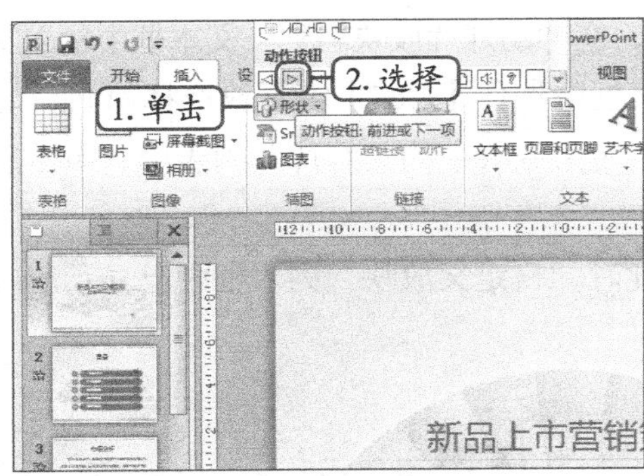

图13-13　选择动作按钮

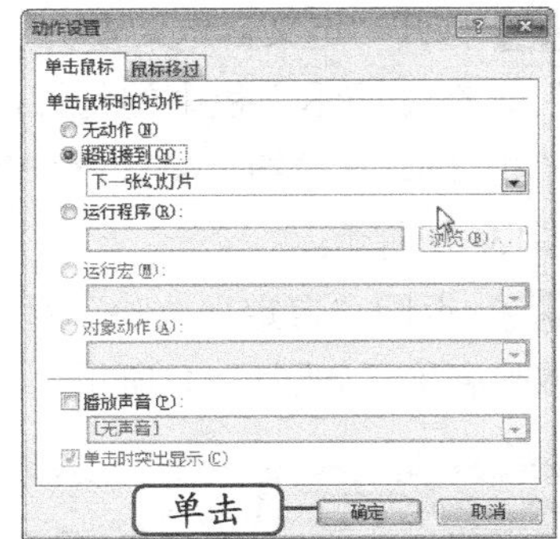

图13-14　动作设置

STEP 4 将鼠标指针移至动作按钮上，当其变为形状时单击按钮，如图13-16所示。

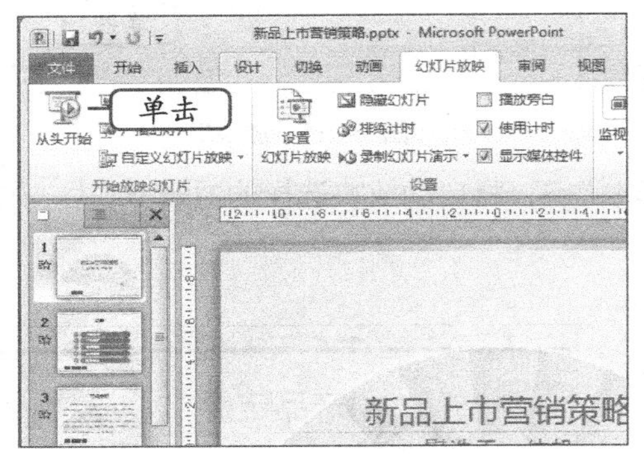

图13-15　从头开始放映

图13-16　单击动作按钮

STEP 5 此时将切换到最后最后一张幻灯片，然后单击按钮，即可切换至上一张幻灯片，如图13-17所示。

STEP 6 在幻灯片上单击鼠标右键，在弹出的快捷菜单中选择“结束放映”命令即可，如图13-18所示。至此，完成本任务的操作（最终效果参见：光盘\效果文件\项目十三\任务一\新品上市营销策略.pptx）。

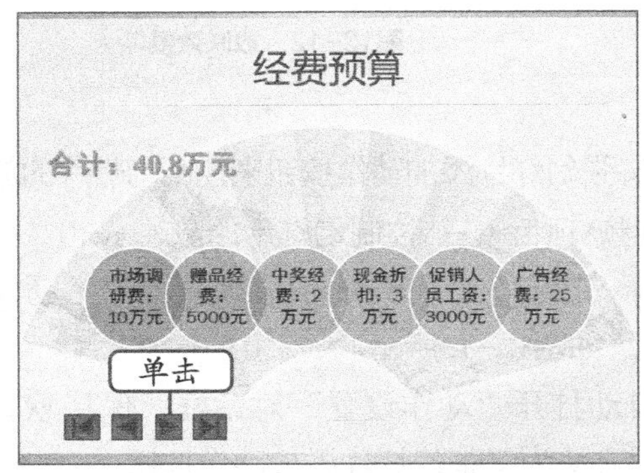

图13-17　单击动作按钮

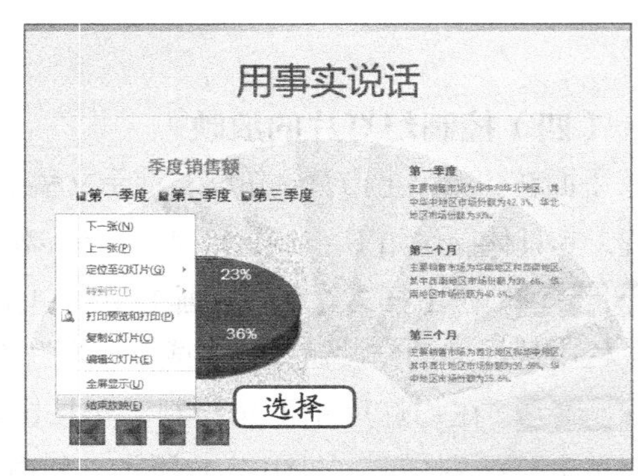

图13-18　结束放映

操作提示

除上面讲到的通过动作按钮控制放映进度外，还有以下3种方法控制放映进度。

①使用超级链接也可控制放映进程，方法与动作按钮类似。

②在放映幻灯片过程中，在键盘上按需要定位的幻灯片编号的数字键，再按【Enter】键即可快速切换到该幻灯片。

③在放映幻灯片时，单击鼠标右键，在打开的快捷菜单中选择“上一张”或“下一张”命令，可以跳转至上一张或下一张幻灯片。

任务二 输出“年终总结”演示文稿

年终总结演示文稿主要用于公司或部门年末会议的总结，属于总结性演示文稿，主要内容根据部门业务决定，需重点突出近几年内容和数据之间的变化，并制订出来年的工作计划。

一、任务目标

本任务将输出“年终总结”演示文稿，主要操作有打包演示文稿、打印预览并设置页面、设置打印参数并打印等操作。本任务制作完成后的最终效果如图13-19所示。

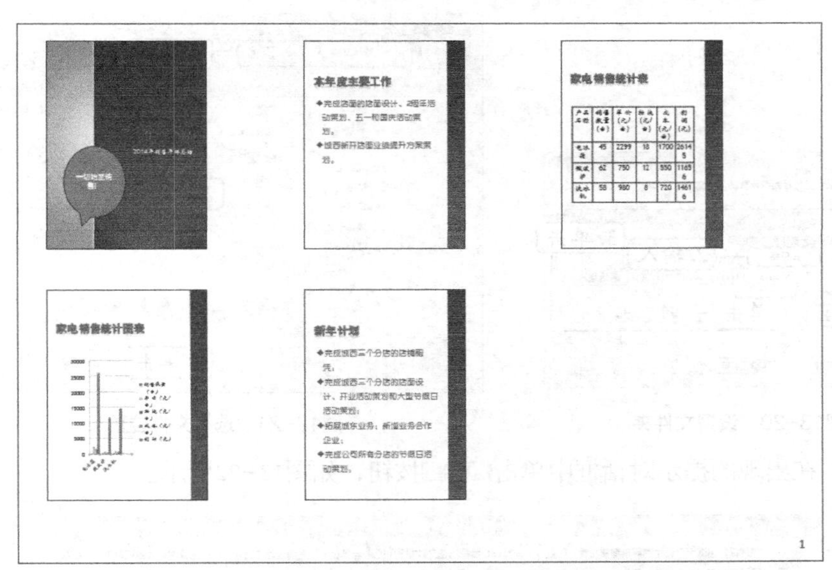

图13-19 “年终总结”演示文稿最终效果

二、相关知识

制作好的演示文稿，可以用彩色、灰度、纯黑白打印，也可以打印特定的幻灯片。大多数演示文稿设计为彩色显示，但是选择打印时，需要设置相应的打印方式。如选择的是黑白打印机，演示文稿将自动设置为灰度打印，幻灯片和讲义通常使用黑白或灰度打印。打印时可以为同一张幻灯片的不同对象应用不同的灰度或黑白设置，此过程不会更改原彩色演示文稿中的颜色或设计。以灰度或黑白模式打印时，如果背景干扰幻灯片对比度，则不会打印背景。

三、任务实施

（一）打包演示文稿

演示文稿制作好以后，如果需要在其他计算机上进行放映，可以将制作的演示文稿打包，这样可以内嵌字体等，避免发生在其他计算机上缺少字体。下面将“年终总结”演示文稿进行打包，其具体操作如下。（微课：光盘\微课视频\项目十三\打包演示文稿.swf）

STEP 1 打开素材演示文稿“年终总结.pptx”（素材参见：光盘\素材文件\项目十二\任务二\年终总结.pptx），选择【文件】/【保存并发送】/【将演示文稿打包成CD】选项，单击右侧“打包成CD”按钮。

STEP 2 打开“打包成CD”对话框，单击复制到文件夹(F)...按钮，打开“复制到文件夹”对话框，如图13-20所示。

STEP 3 在“文件夹名称”文本框中输入文本“年终总结”，单击浏览(B)...按钮，打开“选择位置”对话框，找到保存文件的位置，单击选择(E)按钮，返回“复制到文件夹”对话框，单击确定按钮，如图13-21所示。

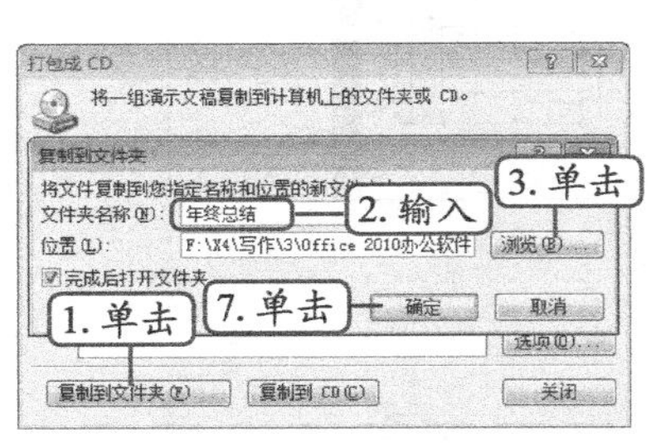

图13-20　设置文件夹

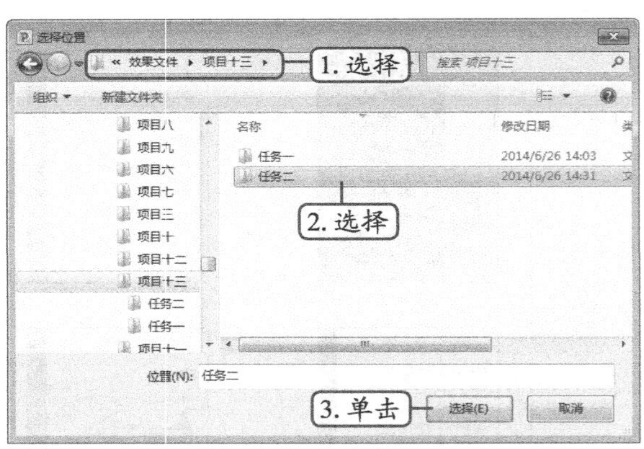

图13-21　选择文件位置

STEP 4 在出现的提示对话框中单击是(Y)按钮，如图13-22所示。

图13-22　提示对话框

STEP 5 返回到“打包成CD”对话框，单击关闭按钮，如图13-23所示，打包后打开“年终总结”文件夹，即可查看打包的内容，如图13-24所示（效果参见：光盘\效果文件\项目十三\任务三\年终总结.pptx）。

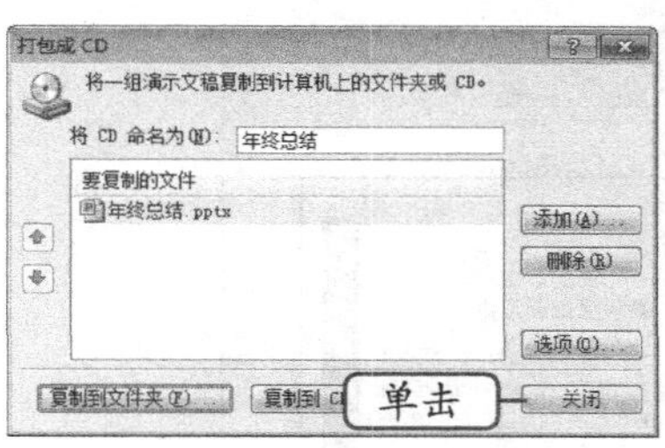

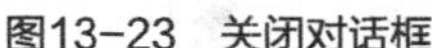

图13-23 关闭对话框

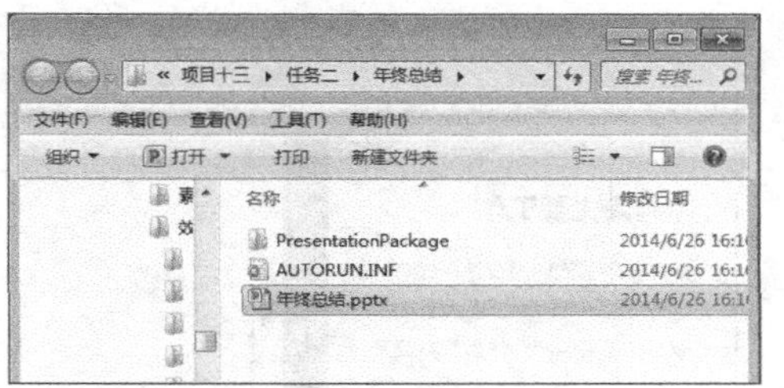

图13-24 查看打包后的文件夹

如果计算机中安装有刻录机，那么单击[复制到文件夹]按钮，可将演示文稿制作成自动播放的CD光盘。将光盘携带到其他放映场合并放入计算机后，演示文稿就会自动放映。

（二）打印预览

在实际打印之前一般应先利用“打印预览”功能预览一下打印的效果，可以避免不必要的浪费。下面将对“年终总结”演示文稿进行打印预览，其具体操作如下。（**微课**：光盘\微课视频\项目十三\打印预览.swf）

STEP 1 打开素材演示文稿“年终总结.pptx”（素材参见：光盘\效果文件\项目十三\任务二\年终总结.pptx），单击“页面设置”按钮。

STEP 2 打开“页面设置”对话框，在幻灯片栏中选中“纵向”单选项，单击[确定]按钮，如图13-25所示。

STEP 3 选中【文件】/【打印】选项，在右侧即可查看页面设置后的效果，在窗口最下方单击“下一页”按钮▸，即可预览第2张幻灯片，如图13-26所示。

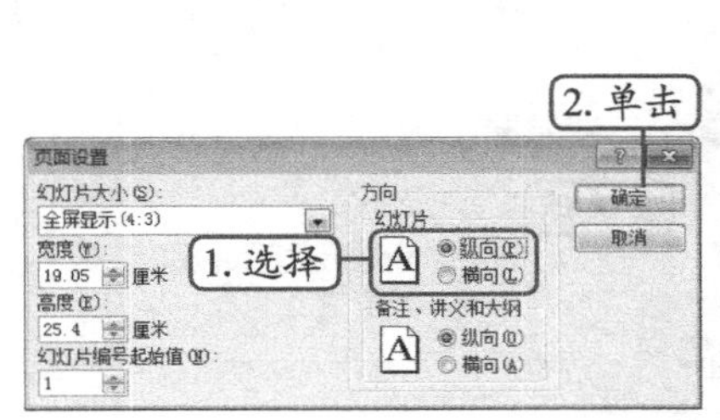

图13-25 设置参数

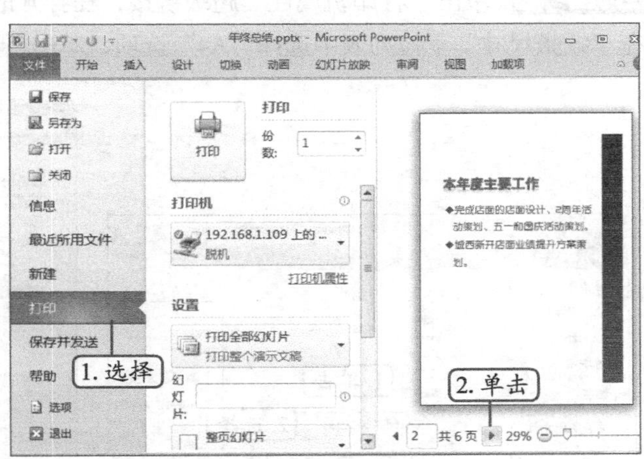

图13-26 预览第2张幻灯片

STEP 4 在窗口最下方拖曳滑块，可放大幻灯片预览其局部，如图13-27所示，在窗口右下角单击“缩放到页面”按钮，将预览效果缩放至页面，如图13-28所示。

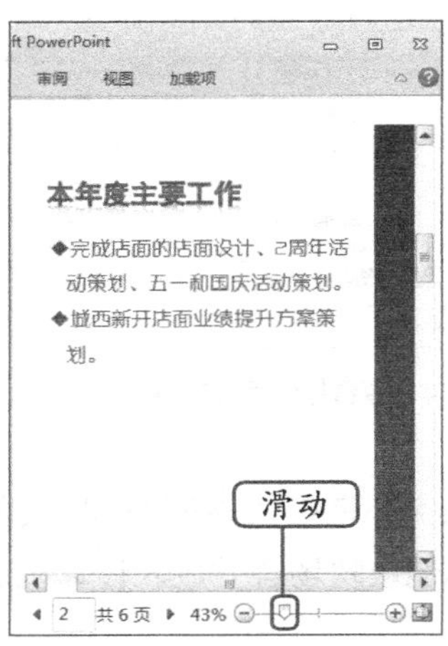

图13-27 预览局部

图13-28 缩放至页面

预览幻灯片后，如果对页面设置不满意，可以返回“设计”选项卡中重新进行设置。

（三）设置打印参数并打印

打印演示文稿还需要设置打印参数，主要包括选择打印机、选择纸张、选择打印内容、设置打印范围和份数等。下面将对“年终总结”演示文稿设置打印参数并打印，其具体操作如下。（微课：光盘\微课视频\项目十三\设置打印参数并打印.swf）

STEP 1 选择【文件】/【打印】选项，在“打印机”栏中单击“打印机状态”按钮，在打开的下拉列表中选择打印机，如图13-29所示。

STEP 2 单击“打印机属性”超级链接，在打开的对话框中单击“纸张/质量”选项卡，在“纸张尺寸”下拉列表中选择“A4”选项，单击确定按钮，如图13-30所示。

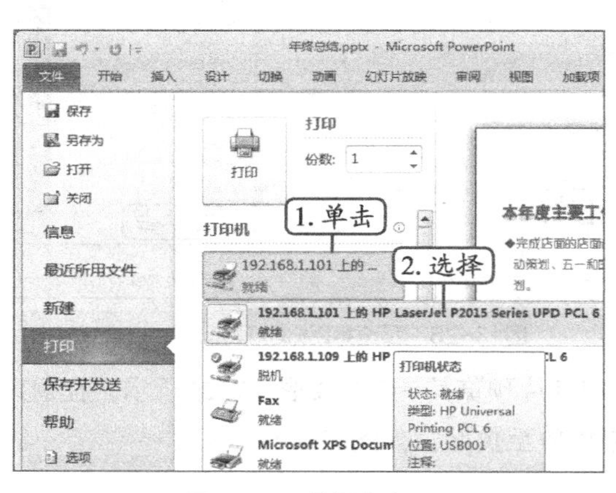

图13-29 选择命令

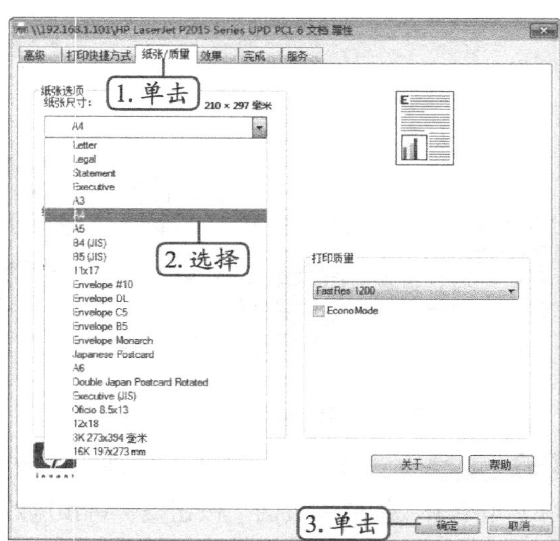

图13-30 设置打印属性

STEP 3 在“份数”数值框中输入“3”，滑动滑块，单击打印全部幻灯片按钮，在打开的下拉列表中选择“自定义范围”选项，在“幻灯片”文本框中输入“1,2,3,4,5”，单击整页幻灯片按钮，在打开的下拉列表中选择“6张水平放置幻灯片”选项，单击纵向按钮，在打开的下拉列表中选择“横向”选项。

STEP 4 在面板右侧区域可预览打印效果，单击“打印”按钮，如图13-31所示（最终效果参见：光盘\效果文件\项目十三\任务二\年终总结.pptx）。

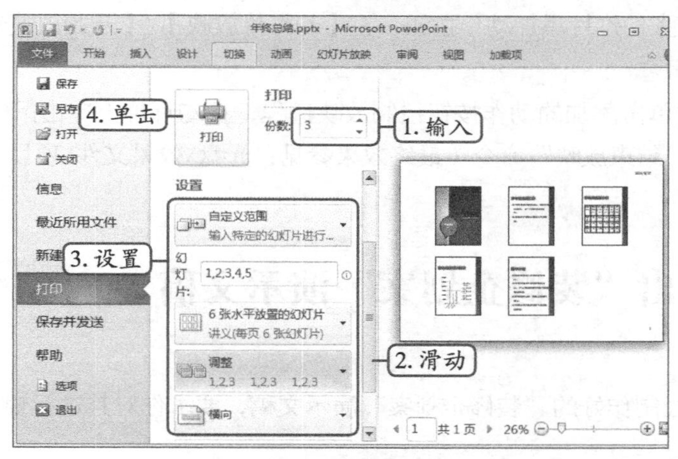

图13-31 设置参数后打印

实训一 放映“景点介绍”演示文稿

【实训要求】

某公司将组织员工出去旅游，现请你为其制作一个景点介绍演示文稿，要求为其设置观众自行浏览（窗口）的放映方式，并排练计时及添加动作按钮来控制放映演示文稿的放映等。

【实训思路】

本实训将放映“景点介绍”演示文稿，首先应设置放映方式和排练时间，然后为每页幻灯片添加动作按钮，最终效果如图13-32所示。

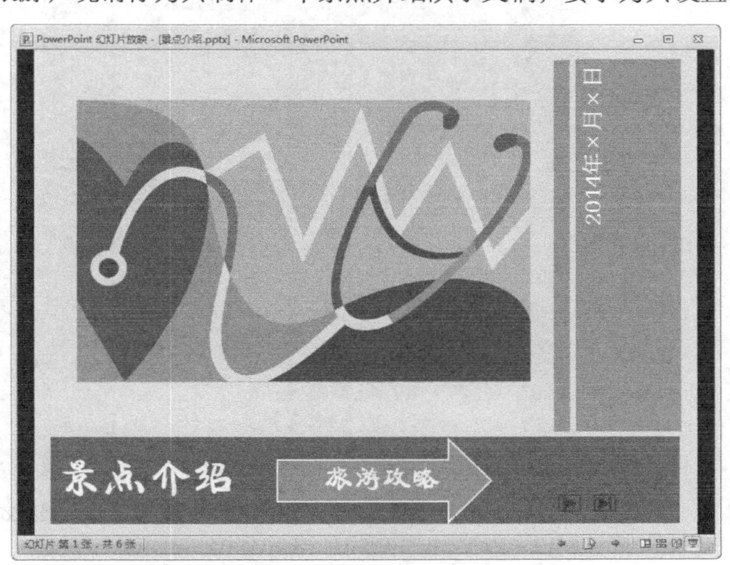

图 13-32 “景点介绍”演示文稿最终效果

【步骤提示】

STEP 1 打开素材演示文稿“景点介绍.pptx”

（素材参见：素材文件\项目十三\实训一\景点介绍.pptx），在【幻灯片放映】/【设置】栏中单击“设置幻灯片放映”按钮。

STEP 2 打开“设置放映方式”对话框，在其中选中“观众自行浏览（窗口）”单选项，选中“放映时不加旁白”复选框，单击确定按钮。

STEP 3 在【幻灯片放映】/【设置】组中单击排练计时按钮，进入放映排练状态，幻灯片将全屏放映，在其中设置排练计时。

STEP 4 为每张幻灯片添加动作按钮，在【幻灯片放映】/【开始放映幻灯片】组中单击“从头开始”按钮。

STEP 5 通过单击添加的动作按钮控制放映进程，在幻灯片上单击鼠标右键，在弹出的快捷菜单中选择“结束放映”命令（最终效果参见：光盘\效果文件\项目十三\实训一\景点介绍.pptx）。

实训二 输出“装修企划案”演示文稿

【实训要求】

现有一个已经制作好的“装修企划案”演示文稿，要求你对其进行输出和打印操作。

【实训思路】

本实训将输出和打印“装修企划案”演示文稿，首先输出演示文稿可采用将演示文稿打包成CD的方式，然后再进行打印的相关操作，如打印预览、设置打印参数等，最终效果如图13-33所示。

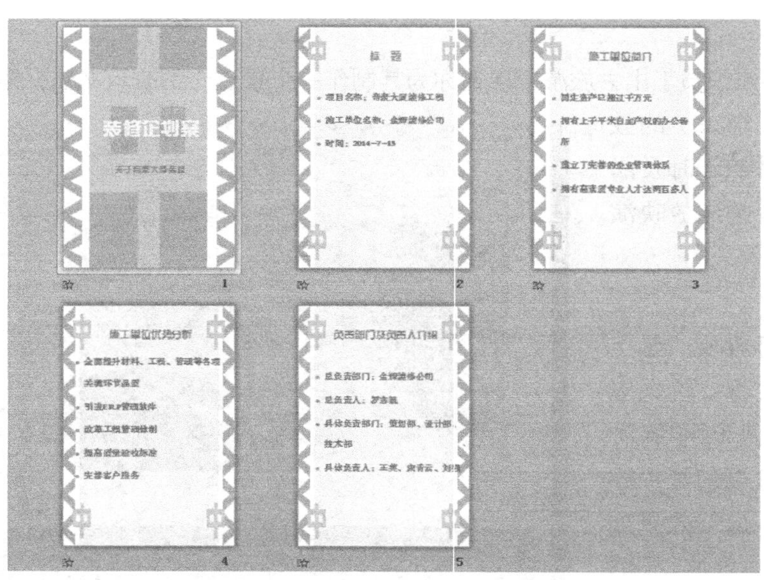

图13-33 “装修投标方案”演示文稿最终效果

【步骤提示】

STEP 1 打开素材演示文稿“装修企划案.pptx”（素材详见：光盘\素材文件\项目十三\实训二\装修投标方案.pptx），在【设计】/【页面设置】组中单击“页面设置”按钮。

STEP 2 打开“页面设置”对话框，在“幻灯片大小”下拉列表中选择“A4纸张（210×297毫米）”选项，在“幻灯片”栏中选中“纵向”单选项。

STEP 3 选择【文件】/【打印】选项，在右侧窗口下方通过单击“下一页”按钮逐个预览。

STEP 4 确认无误便可进行参数的设置后打印，先选择打印机，然后设置打印属性等，在“份数”数值框中输入“3”，并设置为“6张水平放置的幻灯片、横向”（最终效果参见：光盘\效果文件\项目十三\实训二\装修投标方案.pptx）。

常见疑难解析

问：很多时候在幻灯片中播放动画会明显降低播放速度，因此在预演检查幻灯片时不播放幻灯片动画该如何进行设置？

答：在【幻灯片放映】/【设置】组中单击“设置幻灯片放映”按钮，打开“设置放映方式”对话框，选中“放映时不加动画”复选框即可。

问：如果演讲稿中部分幻灯片暂时不需要在本次演讲中放映，播放前应该如何设置？

答：可将其进行临时隐藏，这样在播放演示文稿时就可以直接跳过隐藏的幻灯片，操作方法为，在大纲窗格中用鼠标右键单击要隐藏的幻灯片，在弹出的的快捷菜单中选择“隐藏幻灯片”命令即可。

问：文本和段落格式可以通过“格式刷”来快速复制，动画效果可以快速复制吗？

答：可以通过“动画刷”按钮在不同幻灯片和不同对象之间快速复制。如果幻灯片对象采用的动画效果完全一样，那么设置第一个动画后，后面对象的动画都可以直接通过“动画刷”按钮复制，其操作方法与“格式刷”按钮类似。

拓展知识

放映大型演示文稿时，无论当前正在放映演示文稿的哪一张幻灯片，只要使用定位幻灯片的功能就可以快速定位到指定的幻灯片进行放映。其操作方法为，按【F5】键放映演示文稿，在放映界面中单击鼠标右键，在弹出的快捷菜单中选择“定位至幻灯片”选项后选择需要切换到的那张幻灯片即可定位至该幻灯片并放映幻灯片内容。

课后练习

（1）打开素材演示文稿“产品展示.pptx”（素材参见：光盘\素材文件\项目十三\课后练习\产品展示.pptx），设置放映类型、对其进行排练计时并添加动作按钮、自定义放映等，完成后效果如图13-34所示（效果参见：光盘\效果文件\项目十三\课后练习\产品展示.pptx）。

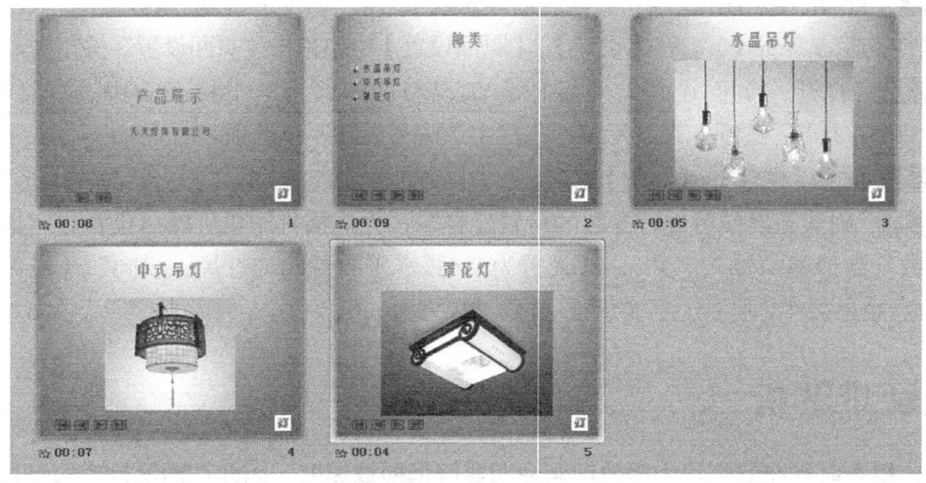

图13-34　“产品展示”最终效果

（2）打开素材演示文稿“成功很简单.pptx”（素材参见：光盘\素材文件\项目十三\课后练习\成功很简单.pptx），打包演示文稿、打印预览演示文稿、设置打印参数并打印5份，完成后的效果如图13-35所示（最终效果参见：光盘\效果文件\项目十三\课后练习\成功很简单.pptx）。

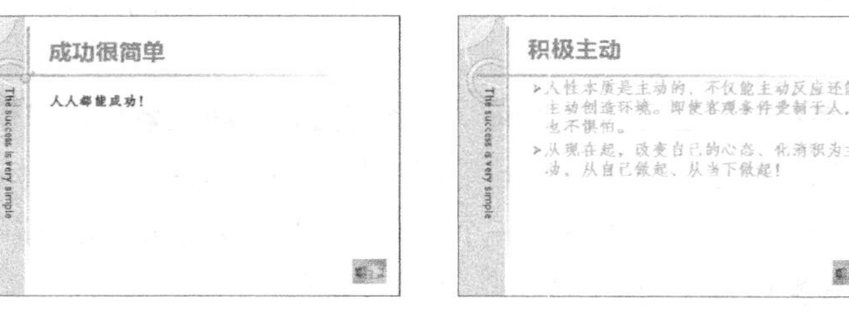

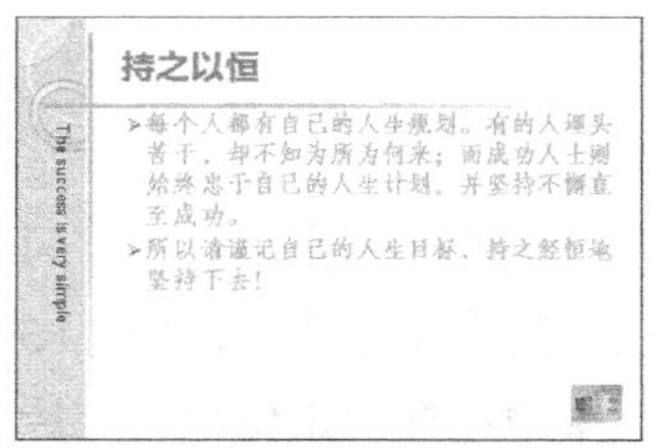

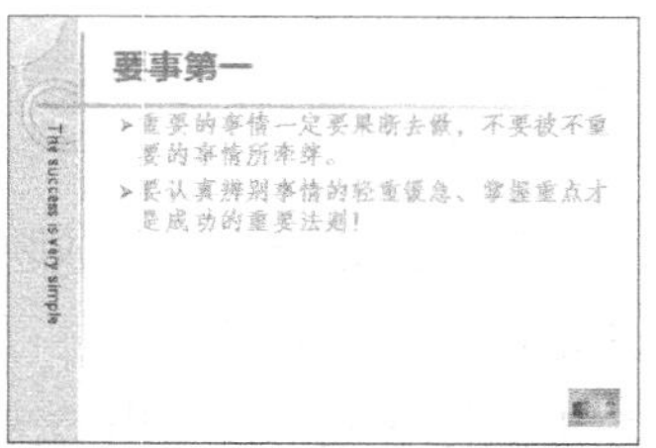

1

图13-35　“成功很简单”演示文稿最终效果

PART 14 项目十四 综合实训——安排年终会议

情景导入

阿秀：马上就要过年了，今年的年终会议要开始准备了。

小白：好的。但是我不太确定具体从哪些方面着手准备，能给我讲讲吗?

阿秀：先让各部门召开总结会议，然后再召开公司总结会议。这次年终会议的安排你也参与其中，你将负责会议通知和文件准备等工作。这次你的责任重大，好好表现。

小白：好的，明白。制作好会议通知打印后再分发到各部门，然后再整理会议要用的资料。

阿秀：很不错，进步挺快，有什么不懂的地方可以问我。

小白：好的，那我去准备了。

学习目标

- 掌握通知文档的制作与打印方法
- 熟悉PowerPoint与Word和Excel的协同操作

技能目标

- 能够独立完成会议相关表格、文档、演示文稿的制作
- 熟悉PowerPoint与Word和Excel的协同操作

任务一　通知会议

在会议召开前需要通知会议，它主要通过口头、纸质会议通知、网络沟通平台等形式传达，本任务讲解制作会议通知、打印、复印通知的方法。

（一）制作会议通知

会议召开前，需制作会议通知，其内容包括会议时间、地点、流程、参会人员、注意事项等，然后再发送到各部门，制作会议通知的具体操作如下。

STEP 1 单击“开始”按钮，选择【所有程序】/【Microsoft Office】/【Microsoft Office Word 2010】菜单命令，启动Word 2010程序。

STEP 2 定位插入点，输入“关于召开年终总结会议的通知”文本，按【Enter】键换行，继续输入通知的称呼和内容，如图14-1所示。

STEP 3 按【Enter】键换行，输入“一、部门总结会”文本，再通过按【Enter】键换行，输入会议时间、主持人、会议地点、会议内容等文本内容。

STEP 4 按【Ctrl+A】组合键全选文档内容，在【开始】/【段落】组中单击“行距”按钮右侧的按钮，在打开的下拉列表中选择“1.5”选项，如图14-2所示。

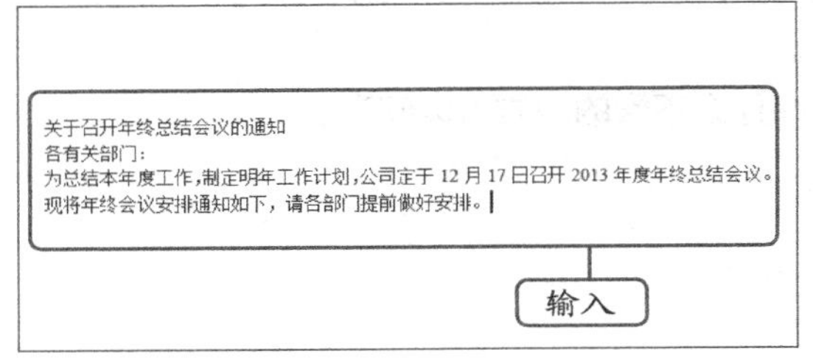

图14-1　输入标题和内容

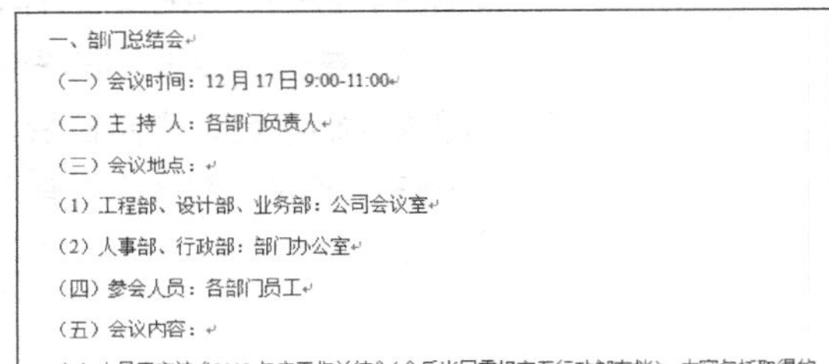

图14-2　完善会议通知内容

STEP 5 选择通知标题文本，设置其字体为“宋体”，字号为“二号”，单击“加粗”按钮和“居中”按钮，如图14-3所示。

STEP 6 选择称呼文本，将其设置为“宋体、四号”，单击“加粗”按钮，如图14-4所示。

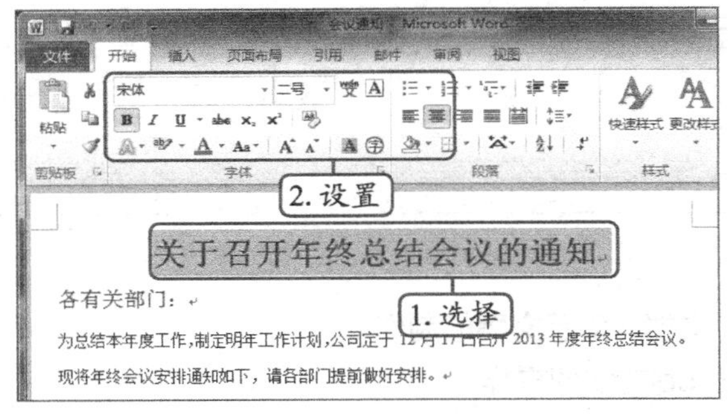

图14-3　设置标题格式

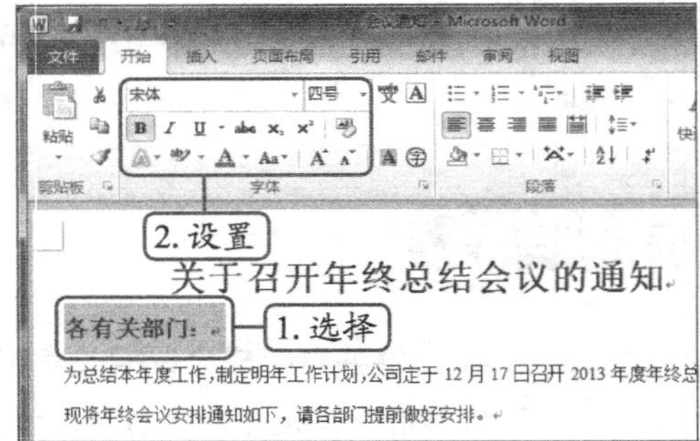

图14-4　设置称呼格式

STEP 7 保持称呼的选中状态，双击“格式刷”按钮，鼠标指针变为形状时，将其移动到“一、部门总结会”段落，单击鼠标为该段落应用格式，继续在“二、公司总结会”单击鼠标应用格式，再次单击格式刷按钮退出格式刷状态，效果如图14-5所示。

STEP 8 选择“一、部门总结会”的“会议地点：”下的全部文本，单击“编号”按钮右侧的按钮，在打开的下拉列表中选择一种格式，如图14-6所示。

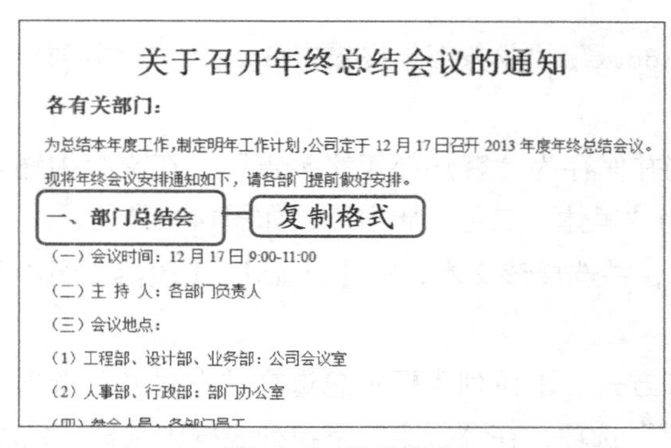

图14-5 使用格式刷

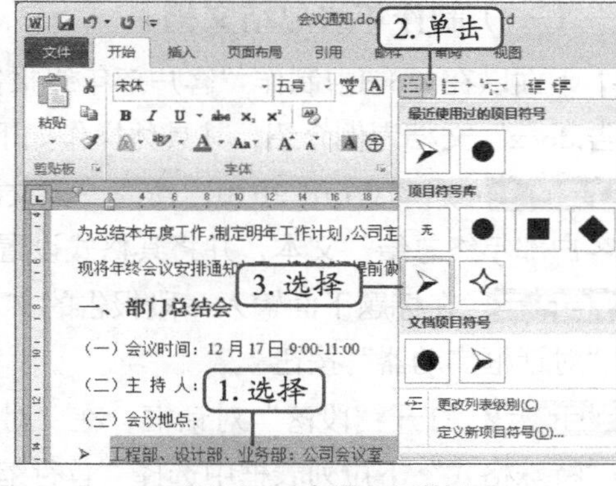

图14-6 插入项目符号

STEP 9 选择“二零一三年十二月十日”文本，单击格式工具栏中“右对齐”按钮，使其居右对齐，将文档以“会议通知”为名保存在本地磁盘中。

（二）打印通知

会议通知制作完成后，便可将其打印多份后送往各部门负责人手中，其具体操作如下。

STEP 1 选择【文件】/【打印】选项，在打开的面板右侧即可预览。

STEP 2 确认文档无误后便可设置打印参数，设置完成后直接单击“打印”按钮，如图14-7所示。

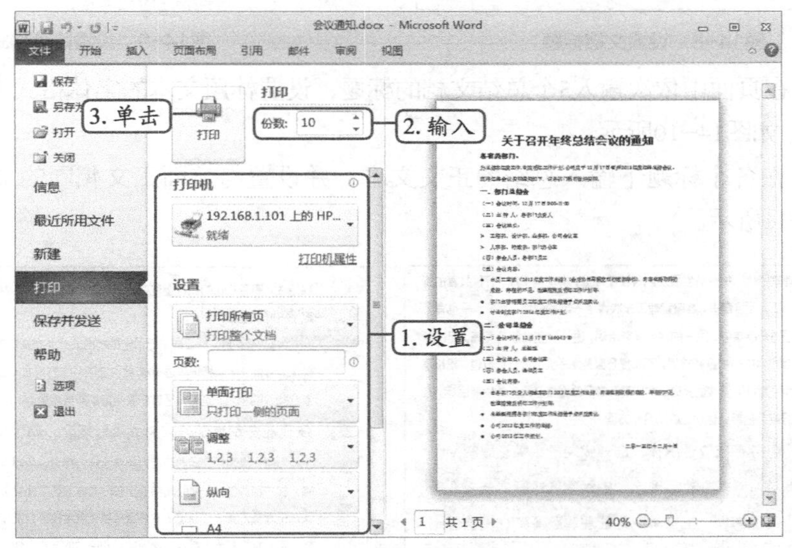

图14-7 打印文档

任务二　制作Word文档和Excel表格

在制作“年终总结”演示文稿前可以先制作其中需要的文档和表格。下面使用Word 2010制作年终总结相关文档。

（一）制作年终总结文档

下面以在Word中制作“客户部年终报告.docx”“业务部年终报告.docx”“财务部年终报告.docx”文档为例介绍，其具体操作如下。

STEP 1 启动Word 2010，新建一篇文档并保存为“客户部年终报告”，在文档中输入“客户部年终总结”文本，并将其格式设置为“黑体、二号、居中”，如图14-8所示。

STEP 2 在标题下面输入一段报告的文本，并选择该文本，在【开始】/【段落】组中单击“对话框启动器”按钮。

STEP 3 打开“段落”对话框，在“对齐方式”下拉列表框汇总选择“左对齐”选项，在“特殊格式”下拉列表框中选择“首行缩进”选项，在“行距”下拉列表框中选择“1.5倍行距”，单击确定按钮，如14-9所示。

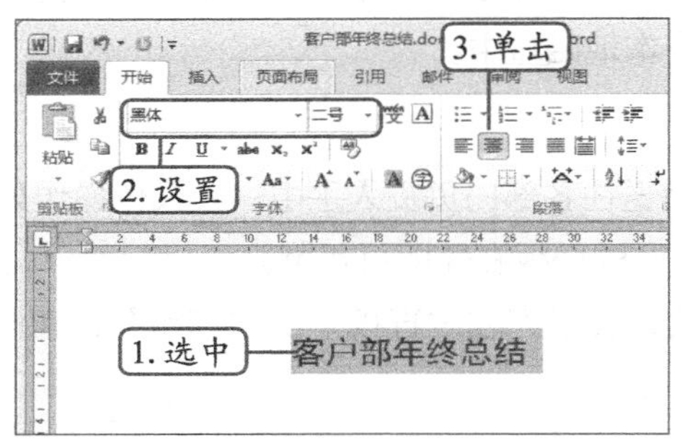

图14-8　设置文档标题

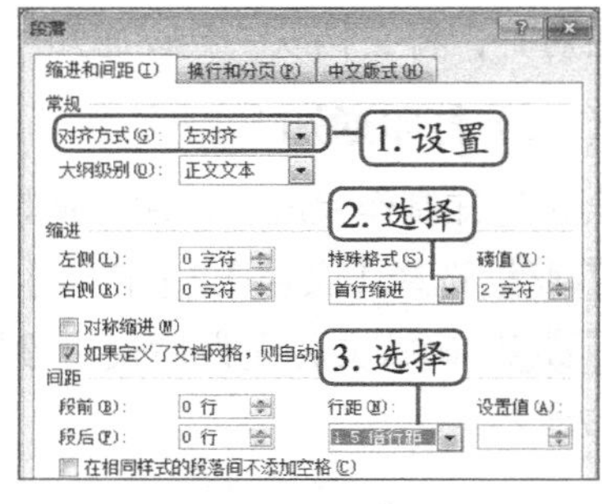

图14-9　设置段落格式

STEP 4 在页面中依次输入5个总结文档的标题，设置标题文本的字体格式为“汉仪中宋简、四号”，如图14-10所示。

STEP 5 在各个标题下输入总结的正文文本，并设置与前面正文相同的文本和段落格式，如图14-11所示。

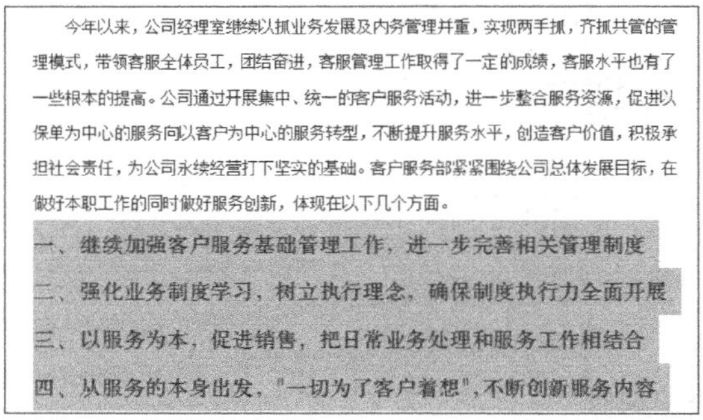

今年以来，公司经理室继续以抓业务发展及内务管理并重，实现两手抓，齐抓共管的管理模式，带领客服全体员工，团结奋进，客服管理工作取得了一定的成绩，客服水平也有了一些根本的提高。公司通过开展集中、统一的客户服务活动，进一步整合服务资源，促进以保单为中心的服务向以客户为中心的服务转型，不断提升服务水平，创造客户价值，积极承担社会责任，为公司永续经营打下坚实的基础。客户服务部紧紧围绕公司总体发展目标，在做好本职工作的同时做好服务创新，体现在以下几个方面。

一、继续加强客户服务基础管理工作，进一步完善相关管理制度

二、强化业务制度学习，树立执行理念，确保制度执行力全面开展

三、以服务为本，促进销售，把日常业务处理和服务工作相结合

四、从服务的本身出发，“一切为了客户着想”，不断创新服务内容

图14-10　输入并设置标题文档

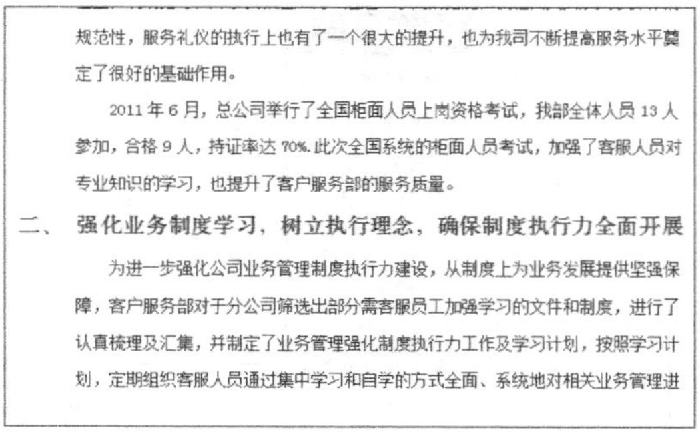

规范性，服务礼仪的执行上也有了一个很大的提升，也为我司不断提高服务水平奠定了很好的基础作用。

2011年6月，总公司举行了全国柜面人员上岗资格考试，我部全体人员13人参加，合格9人，持证率达70%。此次全国系统的柜面人员考试，加强了客服人员对专业知识的学习，也提升了客户服务部的服务质量。

二、　强化业务制度学习，树立执行理念，确保制度执行力全面开展

为进一步强化公司业务管理制度执行力建设，从制度上为业务发展提供坚强保障，客户服务部对于分公司筛选出部分需客服员工加强学习的文件和制度，进行了认真梳理及汇集，并制定了业务管理强化制度执行力工作及学习计划，按照学习计划，定期组织客服人员通过集中学习和自学的方式全面、系统地对相关业务管理进

图14-11　输入标题下的正文文本

STEP 6 用同样的方法创建“业务部年终报告”文档，并设置相同的字体和段落格式，如图14–12所示。

STEP 7 用相同的方法创建“财务部年终报告.docx”文档，并设置相同的字体和段落格式，如图14–13所示（最终效果参见：光盘\效果文件\项目十四\财务部年终总结.docx、客户部年终总结.docx、业务部年终报告.docx）。

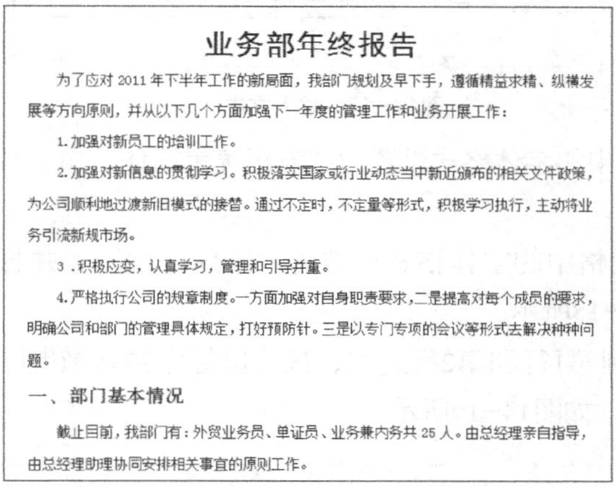

业务部年终报告

为了应对2011年下半年工作的新局面，我部门规划及早下手，遵循精益求精、纵横发展等方向原则，并从以下几个方面加强下一年度的管理工作和业务开展工作：

1.加强对新员工的培训工作。

2.加强对新信息的贯彻学习。积极落实国家或行业动态当中新近颁布的相关文件政策，为公司顺利地过渡新旧模式的接替。通过不定时，不定量等形式，积极学习执行，主动将业务引流新规市场。

3．积极应变，认真学习，管理和引导并重。

4.严格执行公司的规章制度。一方面加强对自身职责要求，二是提高对每个成员的要求，明确公司和部门的管理具体规定，打好预防针。三是以专门专项的会议等形式去解决种种问题。

一、部门基本情况

截止目前，我部门有：外贸业务员、单证员、业务兼内务共25人。由总经理亲自指导，由总经理助理协同安排相关事宜的原则工作。

图14–12　创建“业务部年终报告”文档

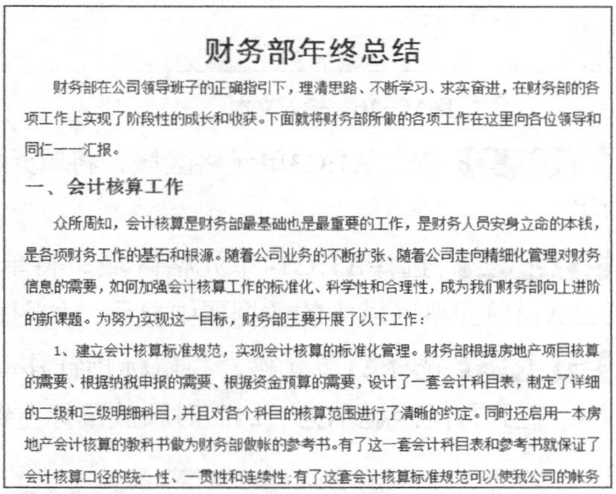

财务部年终总结

财务部在公司领导班子的正确指引下，理清思路、不断学习、求实奋进，在财务部的各项工作上实现了阶段性的成长和收获。下面就将财务部所做的各项工作在这里向各位领导和同仁一一汇报。

一、会计核算工作

众所周知，会计核算是财务部最基础也是最重要的工作，是财务人员安身立命的本钱，是各项财务工作的基石和根源。随着公司业务的不断扩张、随着公司走向精细化管理对财务信息的需要，如何加强会计核算工作的标准化、科学性和合理性，成为我们财务部向上进阶的新课题。为努力实现这一目标，财务部主要开展了以下工作：

1、建立会计核算标准规范，实现会计核算的标准化管理。财务部根据房地产项目核算的需要、根据纳税申报的需要、根据资金预算的需要，设计了一套会计科目表，制定了详细的二级和三级明细科目，并且对各个科目的核算范围进行了清晰的约定。同时还启用一本房地产会计核算的教科书做为财务部做帐的参考书。有了这一套会计科目表和参考书就保证了会计核算口径的统一性、一贯性和连续性；有了这套会计核算标准规范可以使我公司的帐务

图14–13　创建“财务部年终总结”文档

（二）制作Excel表格

下面在Excel中制作“订单明细.xisx”“发货统计.xisx”“库存明细.xisx”3个电子表格，其具体操作如下。

STEP 1 启动Excel 2010，新建一个名为“订单明细.xisx”的工作簿，在A1:C1单元格区域内输入“编　号”“项　目”“主要工作内容”文本，如图14–14所示。

STEP 2 在A2和A3单元格区域中输入分别输入“1”和“2”，选择“A2:A3”单元格区域，将鼠标移动至单元格右下角的控制柄上，按住鼠标左键不放并向下拖曳，到A14单元格后释放鼠标左键填充序号，如图14–15所示。

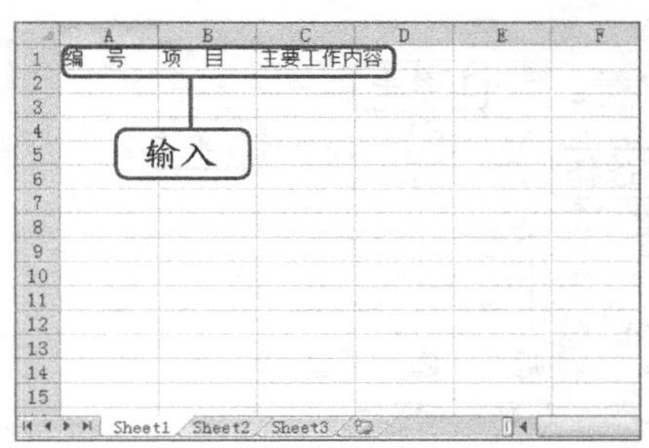

图14–14　输入表头

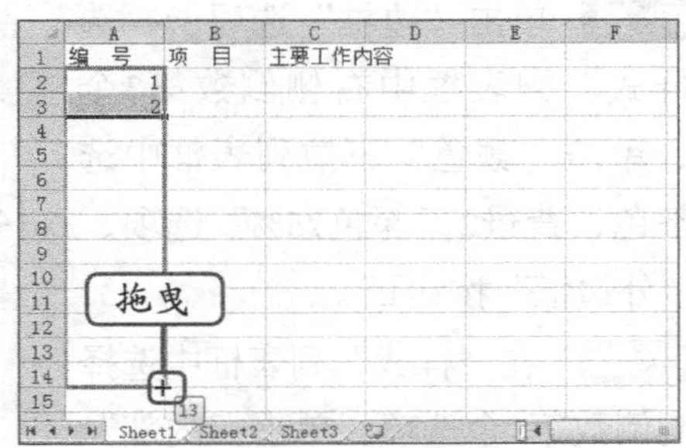

图14–15　输入编号

STEP 3 在B1:B14单元格区域中输入项目的名称，并调整单元格的列宽，如图14–16所示。

STEP 4 在C1:C14单元格区域中输入各个项目主要的工作内容，并调整单元格的列宽，如图14–17所示。

	A	B	C
1	序 号	项 目	主要工作内容
2	1	南京商业银行	
3	2	成都联合中学	
4	3	世纪联华商场	
5	4	长春工商银行	
6	5	华夏担保有限公司	
7	6	安捷信设备有限公司	
8	7	内蒙专卖店	
9	8	大连文化局	
10	9	西岭风景区	
11	10	红旗商场	
12	11	时代商场	
13	12	昆明专卖店	
14	13	宁夏红云公司	

图14–16　输入文本

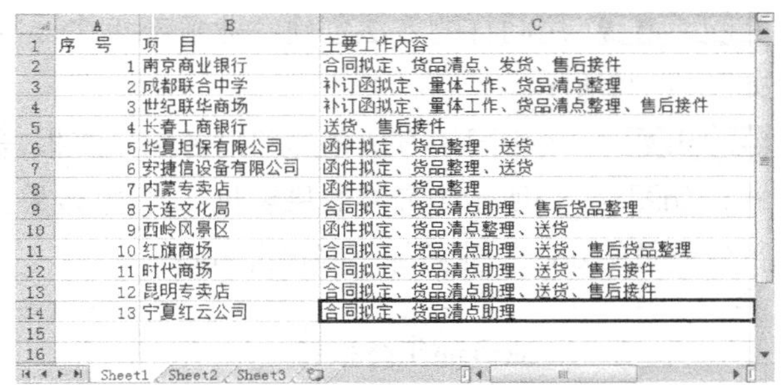

	A	B	C
1	序 号	项 目	主要工作内容
2	1	南京商业银行	合同拟定、货品清点、发货、售后接件
3	2	成都联合中学	补订函拟定、量体工作、货品清点整理
4	3	世纪联华商场	补订函拟定、量体工作、货品清点整理、售后接件
5	4	长春工商银行	送货、售后接件
6	5	华夏担保有限公司	函件拟定、货品整理、送货
7	6	安捷信设备有限公司	函件拟定、货品整理、送货
8	7	内蒙专卖店	函件拟定、货品整理
9	8	大连文化局	合同拟定、货品清点助理、售后货品整理
10	9	西岭风景区	函件拟定、货品清点整理、送货
11	10	红旗商场	合同拟定、货品清点助理、送货、售后货品整理
12	11	时代商场	合同拟定、货品清点助理、送货、售后接件
13	12	昆明专卖店	合同拟定、货品清点助理、送货、售后接件
14	13	宁夏红云公司	合同拟定、货品清点助理

图14–17　输入文本

STEP 5 选择A1:C3单元格区域，将单元格中的字体格式设置为“方正美黑简体、16、居中”。

STEP 6 选择A1:C14单元格区域，将单元格中的字体格式设置为“宋体、12”，并将A2:A14单元格区域中的数据居中显示，如图14–18所示。

STEP 7 选择A1单元格，将鼠标指针移动到第1行和第2行之间，按住鼠标左键并拖曳鼠标，直到行间距显示为“24”时释放鼠标左键，如图14–19所示。

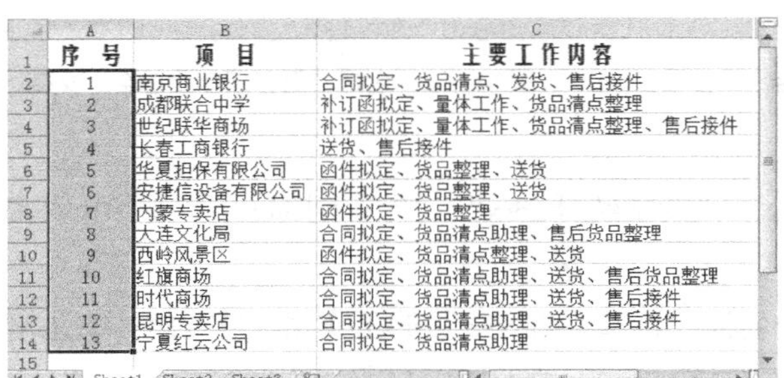

	A	B	C
1	序 号	项 目	主要工作内容
2	1	南京商业银行	合同拟定、货品清点、发货、售后接件
3	2	成都联合中学	补订函拟定、量体工作、货品清点整理
4	3	世纪联华商场	补订函拟定、量体工作、货品清点整理、售后接件
5	4	长春工商银行	送货、售后接件
6	5	华夏担保有限公司	函件拟定、货品整理、送货
7	6	安捷信设备有限公司	函件拟定、货品整理、送货
8	7	内蒙专卖店	函件拟定、货品整理
9	8	大连文化局	合同拟定、货品清点助理、售后货品整理
10	9	西岭风景区	函件拟定、货品清点整理、送货
11	10	红旗商场	合同拟定、货品清点助理、送货、售后货品整理
12	11	时代商场	合同拟定、货品清点助理、送货、售后接件
13	12	昆明专卖店	合同拟定、货品清点助理、送货、售后接件
14	13	宁夏红云公司	合同拟定、货品清点助理

图14–18　设置序号格式

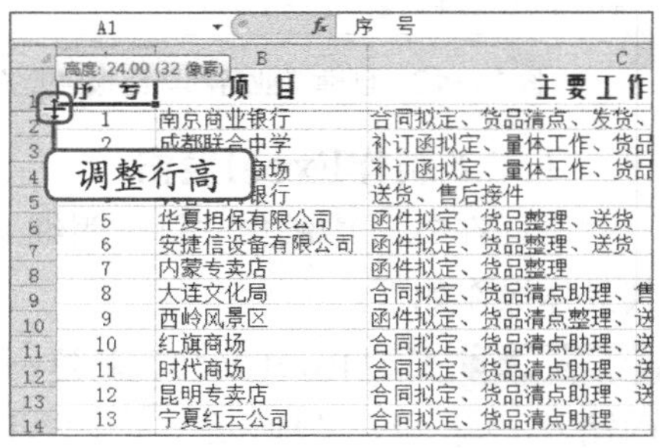

图14–19　调整单元格行高

STEP 8 选择A1:C14单元格区域，在【开始】/【对齐方式】组中单击“对话框启动器”按钮，打开“设置单元格格式”对话框。

STEP 9 单击“边框”选项卡，选择“样式”列表框中右侧倒数第3个选项，单击“颜色”下拉列表框中选择“茶色，背景2，深色75%”选项，单击“外边框”按钮。

STEP 10 在“样式”列表框中选择第左侧倒数第1个选项，单击“内部”按钮，如图14–20所示。

STEP 11 单击“填充”选项卡，在下面的颜色列表中选择“褐色”选项，单击 确定 按钮，如图14–21所示。

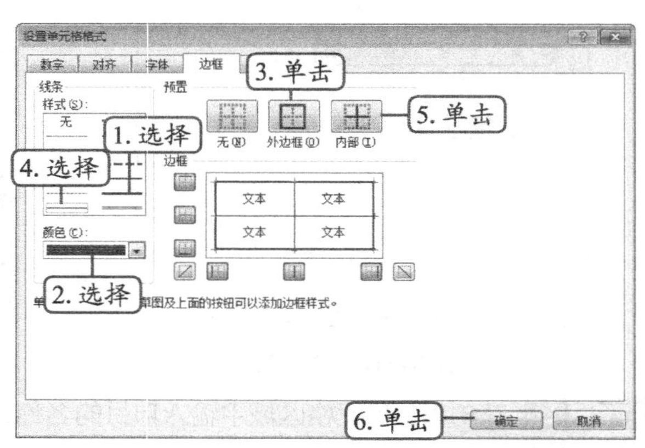

图14–20　设置边框样式

STEP 12 返回工作表中即可看到为表格设置的边框和底纹效果，如图14-22所示。

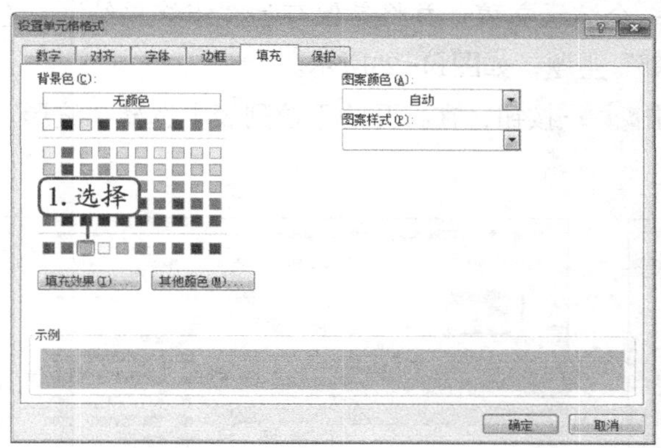

图14-21 选择单元格颜色

序 号	项 目	主要工作内容
1	南京商业银行	合同拟定、货品清点、发货、售后接
2	成都联合中学	补订函拟定、量体工作、货品清点整
3	世纪联华商场	补订函拟定、量体工作、货品清点整
4	长春工商银行	送货、售后接件
5	华夏担保有限公司	函件拟定、货品整理、送货
6	安捷信设备有限公司	函件拟定、货品整理、送货
7	内蒙专卖店	函件拟定、货品整理
8	大连文化局	合同拟定、货品清点助理、售后货品
9	西岭风景区	函件拟定、货品清点整理、送货
10	红旗商场	合同拟定、货品清点助理、送货、售
11	时代商场	合同拟定、货品清点助理、送货、售
12	昆明专卖店	合同拟定、货品清点助理、送货、售
13	宁夏红云公司	合同拟定、货品清点助理

图14-22 查看效果

STEP 13 用同样的方法创建“发货统计.xlsx”工作簿，在其中输入文本，并设置文本的格式、边框、底纹效果，如图14-23所示。

STEP 14 用同样的方法创建“库存明细”工作簿，在其中输入文本，并设置文本的格式、边框、底纹效果，如图14-24所示（最终效果参见：光盘\效果文件\项目十四\订单明细.xlsx、发货统计.xlsx、库存明细.xlsx）。

订单数量				项目性质			
数 量	订单发货	补单发货	售后发货	私企	学校	金融系统	机关单位
项目数量	105	51	91	69	15	17	55
比 例	67%	33%	58%	44%	10%	11%	35%

图14-23 制作“发货统计”工作簿

库房库存服装明细				
类 别	品 名	类 别	单 位	数
男士	男单西	西服上衣	件	
	男士套西	衣+裤	套	
	男士衬衣	衬衣	件	
		保暖衬衣	件	
女式服装	女单西	西服上衣	件	
	女套西	衣+裤	套	
		衣+裙	套	
		衣+裤+裙	套	
	女式衬衣	衬衣	套	
		保暖衬衣	套	
售后报废衬衣	男/女	衬衣	件	
		西裤	条	

图14-24 制作“库房明细”工作簿

任务三 制作PowerPoint演示文稿

Word文档和Excel表格制作完成后，便可开始制作演示文稿。在演示文稿中创建多张幻灯片，并设置切换动画以及对象的动画，最后将创建的Word文档链接到幻灯片中，将制作的Excel表格嵌入幻灯片中。

（一）搭建演示文稿框架

创建演示文稿，首先为其选择需要的主题，然后对每张幻灯片进行创建。下面以“年终总结”演示文稿的创建为例进行讲解，其具体操作如下。

STEP 1 启动PowerPoint 2010，新建一个演示文稿，并将其保存为“年终总结”，在【设计】/【主题】组的列表框中选择“相邻”主题，如图14-25所示。

STEP 2 在【设计】/【主题】组中单击颜色按钮，在打开的下拉列表中选择“波形”选项，如图14-26所示。

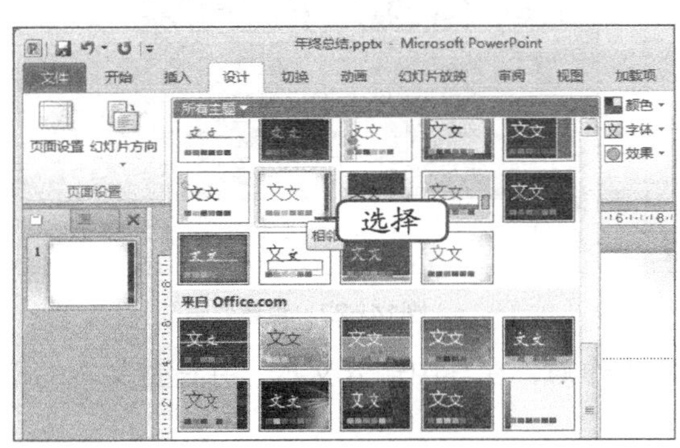

图14-25　选择主题

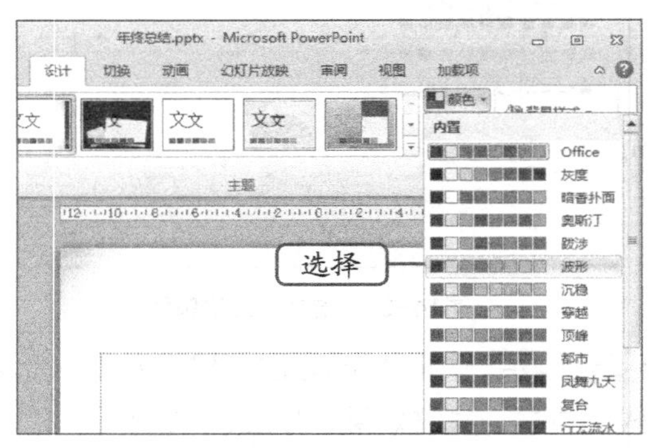

图14-26　选择主题颜色

STEP 3 在幻灯片的标题站位符中输入“2014工作总结”，选择标题站位符中的文本，将其字体格式设置为“方正兰亭大黑_GBK、66、橙色、阴影、居中”。

STEP 4 将副标题站位符移动到幻灯片的右下角，并在其中输入公司名称“×××有限责任公司”，将其字体格式设置为“方正古隶简体、48、蓝色、右对齐”，如图14-27所示。

STEP 5 新建一张幻灯片，删除其中的占位符，在【插入】/【插画】组中单击形状按钮，在打开的下拉列表中选择“对角圆角矩形”选项，如图14-28所示。

图14-27　查看效果

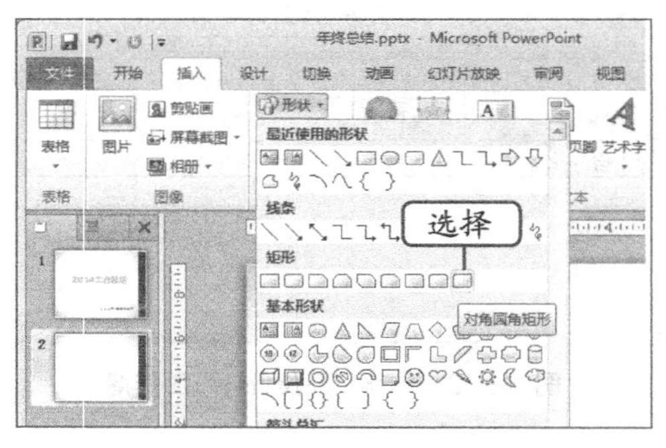

图14-28　选择形状样式

STEP 6 将鼠标移动至幻灯片中指针变为+形状，按住鼠标左键不放并拖曳，达到合适的位置后释放鼠标左键，绘制一个对角圆角矩形，如图14-29所示。

STEP 7 在矩形上单击鼠标右键，在打开的快捷菜单中选择“编辑文字”命令，在其中输入“目　录”，并设置字体格式为“方正兰亭大黑_GBK、24”。

STEP 8 在【绘制工具-格式】/【形状样式】组的列表框中选择“强烈效果-橄榄色，强调颜色3”样式，效果如图14-30所示。

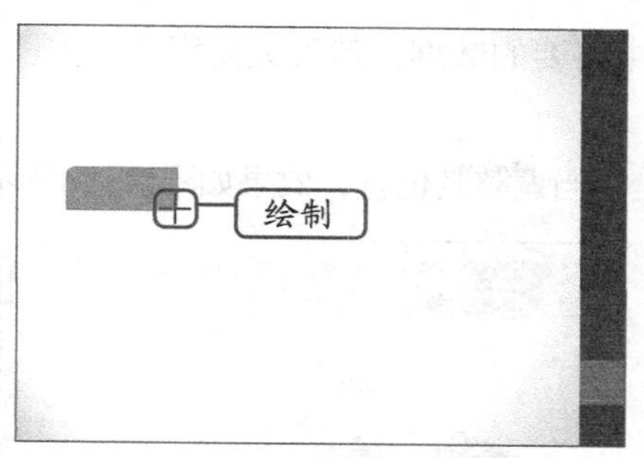

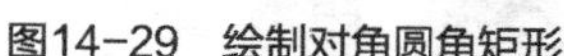
图14-29　绘制对角圆角矩形

图14-30　设置形状样式效果

STEP 9　用同样的方法创建其他几个对角圆角矩形，输入相应的文字，并设置格式，效果如图14-31所示。

STEP 10　新建第3张幻灯片，在其中创建对角圆角矩形，并输入文本和设置格式，效果如图14-32所示。

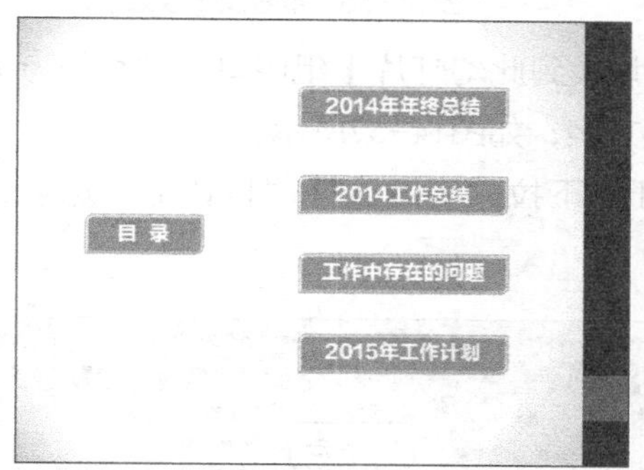

图14-31　输入内容

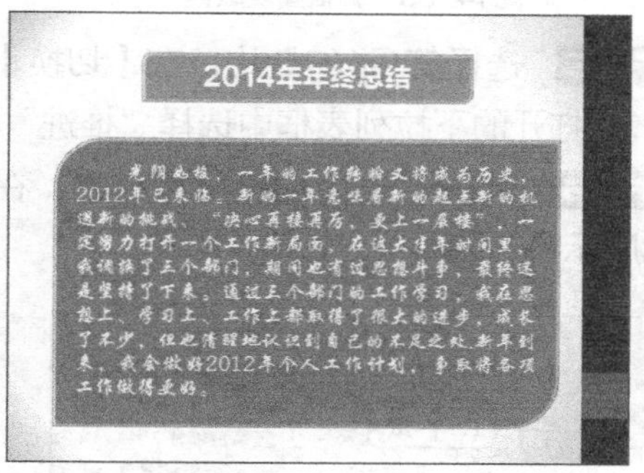

图14-32　第3张幻灯片效果

STEP 11　用同样的方法创建其他幻灯片，创建最后一张幻灯片，在其中创建对角圆角矩形，输入"谢 谢！"，并设置文本格式，如图14-33所示。

STEP 12　选择第10张幻灯片，在【插入】/【插图】组中单击按钮，打开"插入图表"对话框，在左侧列表框中选择"饼图"选项，在中间列表框中选择"分离型饼形"，单击 确定 按钮，如图14-34所示。

图14-33　在浏览状态查看效果

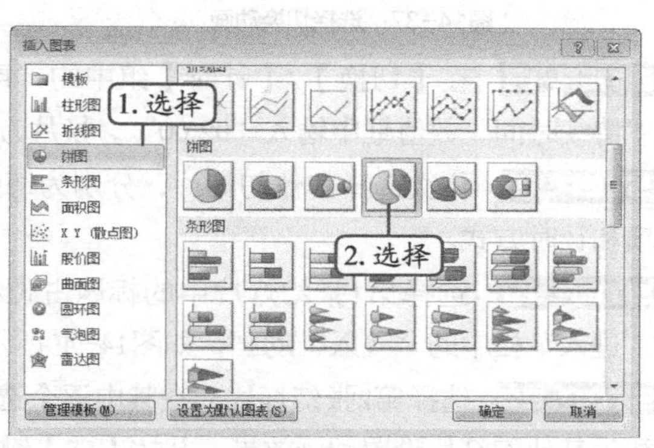

图14-34　"插入图表"对话框

STEP 13 在打开的Excel 2010程序中输入图表中需要的数据，然后关闭程序，如图14-35所示。

STEP 14 返回幻灯片可以看到创建的图表效果，适当调整其位置，效果如图14-36所示。

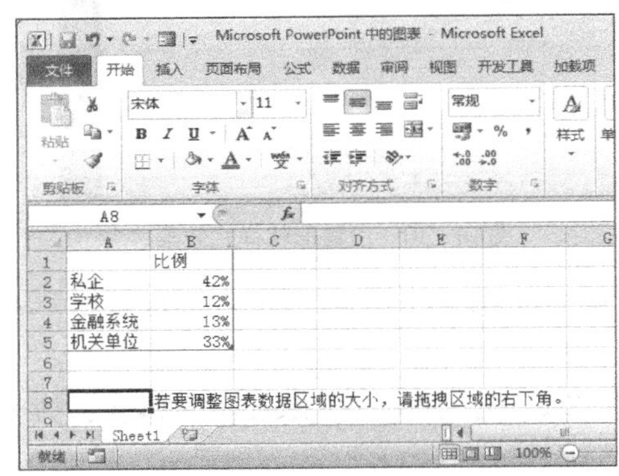

图14-35　编辑图表数据

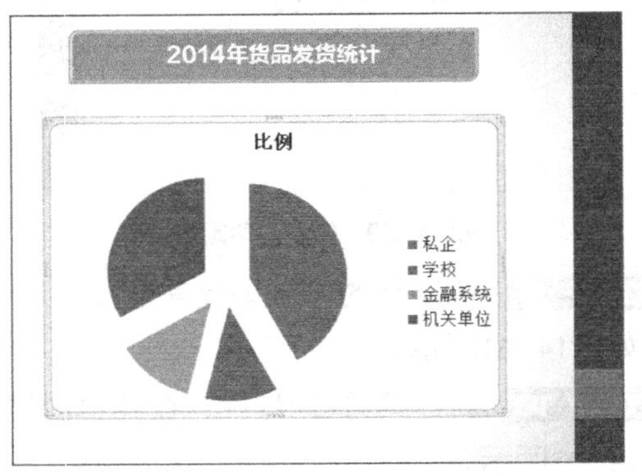

图14-36　查看图表效果

STEP 15 选择第1张幻灯片，在【切换】/【切换到此幻灯片】组中单击“切换方案”按钮，在打开的下拉列表框中选择“推进”切换方案，如图14-37所示。

STEP 16 单击“效果选项”按钮，在打开的下拉列表中选择“自顶部”选项，如图14-38所示。

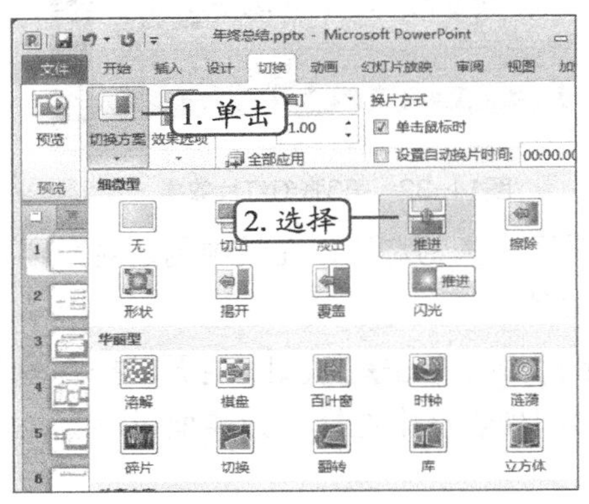

图14-37　选择切换动画

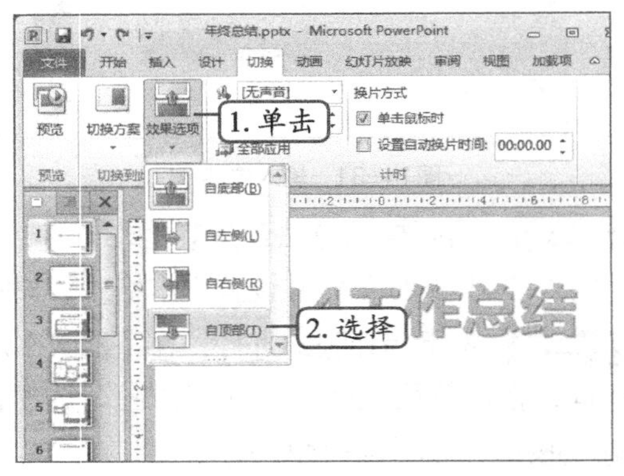

图14-38　单击“效果选项”按钮

STEP 17 在【切换】/【计时】组中的“声音”下拉列表框汇总选择“推动”选项，在“持续时间”数值框中输入“02.00”，换片方式设置为“单击鼠标时”，如图14-39所示。

STEP 18 依次选择其他幻灯片，分别为每张幻灯片设置不同的切换动画，并设置效果选项和计时方式。

STEP 19 选择第1张幻灯片中的标题占位符，在【动画】/【动画样式】列表框中选择“进入”栏中的“飞入”动画，如图14-40所示，为副标题设置“浮入”动画。

STEP 20 选择第2张幻灯片，在其中逐个选择矩形框，并为其设置动画效果。用相同的方法为其他幻灯片设置动画效果，并按【F5】键浏览动画的效果。

图14-39　设置切换参数

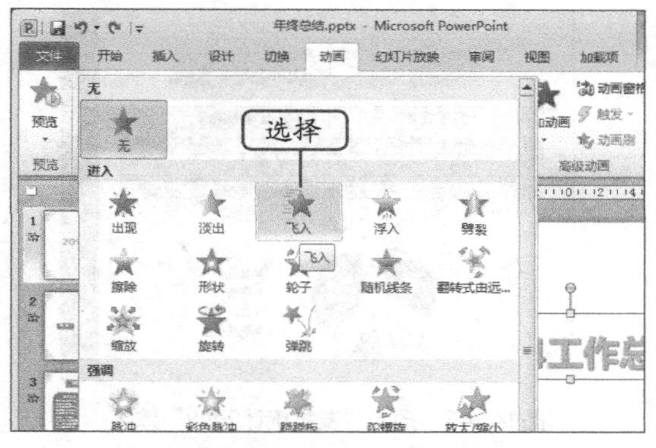

图14-40　选择"飞入"动画

（二）Word、Excel和PowerPoint协同使用

演示文稿中不仅可根据大纲制作幻灯片，而且还可以将制作的Word文档链接到其中，或者将Excel电子表格插入到幻灯片中，以丰富演示文稿的内容。下面在"年终总结"演示文稿中链接Word文档并将Excel电子表格插入到幻灯片中，其具体操作如下。

STEP 1 选择第6张幻灯片，在【插入】/【文本】组中单击对象按钮，打开"插入对象"对话框。

STEP 2 选中"由文件创建"单选项，单击浏览(B)...按钮，在打开的对话框中选择"效果文件夹"中的"订单明细.xlsx"工作簿，单击确定按钮，如图14-41所示。

STEP 3 返回幻灯片中可以看到插入表格后的效果，将鼠标移动至表格边框的右下角，按住鼠标左键不放并拖曳，调整表格至适当大小后释放鼠标左键，然后调整表格位置，效果如图14-42所示。

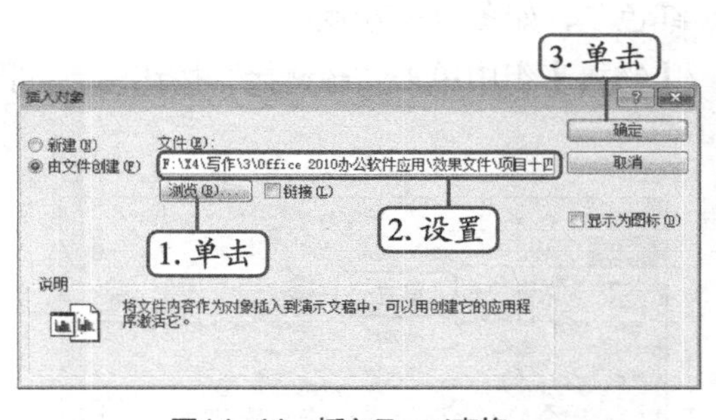

图14-41　插入Excel表格

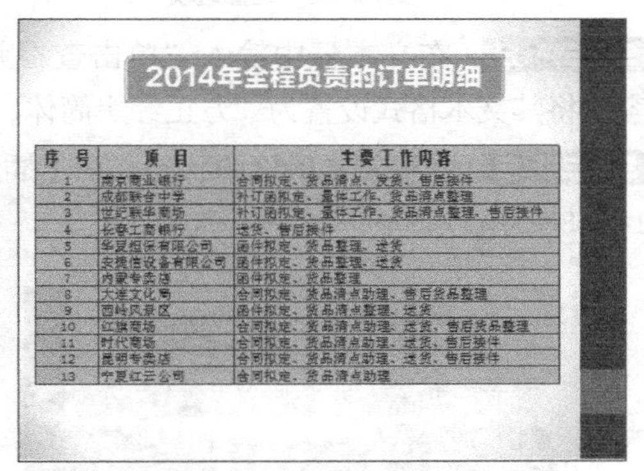
2014年全程负责的订单明细

序　号	项　目	主要工作内容
1	南京商业银行	合同拟定、货品清点、发货、售后操作
2	成都联合中学	补订函拟定、量件工作、货品清点整理
3	世纪联华商场	补订函拟定、量件工作、货品清点整理、售后操作
4	长春工商银行	送货、售后操作
5	华夏担保有限公司	函件拟定、货品整理、送货
6	安捷信设备有限公司	函件拟定、货品整理、送货
7	内蒙专卖店	函件拟定、货品整理
8	大连文化局	合同拟定、货品清点助理、售后货品整理
9	西岭风景区	函件拟定、货品清点整理、送货
10	红旗商场	合同拟定、货品清点助理、送货、售后货品整理
11	时代商场	合同拟定、货品清点助理、送货、售后操作
12	昆明专卖店	合同拟定、货品清点助理、送货、售后操作
13	宁夏红云公司	合同拟定、货品清点助理

图14-42　调整表格

STEP 4 选择第10张幻灯片，用同样的方法在其中插入"效果文件夹"中的"发货统计.xlsx"工作簿，并调整其大小和位置，如图14-43所示。

STEP 5 选择第12张幻灯片，用同样的方法在其中插入效果文件夹中的"库存明细.xlsx"工作簿，并调整其大小和位置，如图14-44所示。

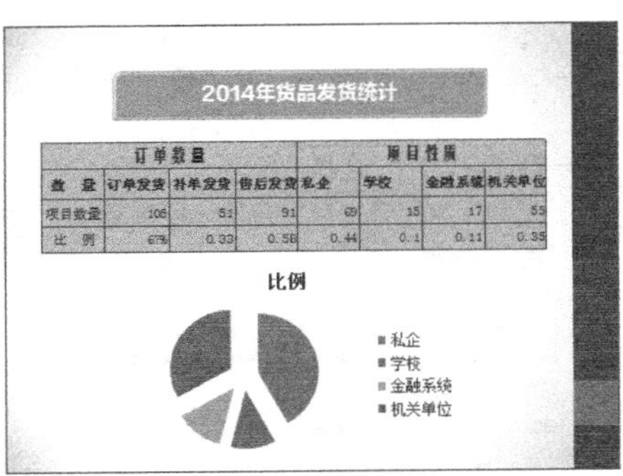

图14-43　插入“发货统计.xlsx”效果

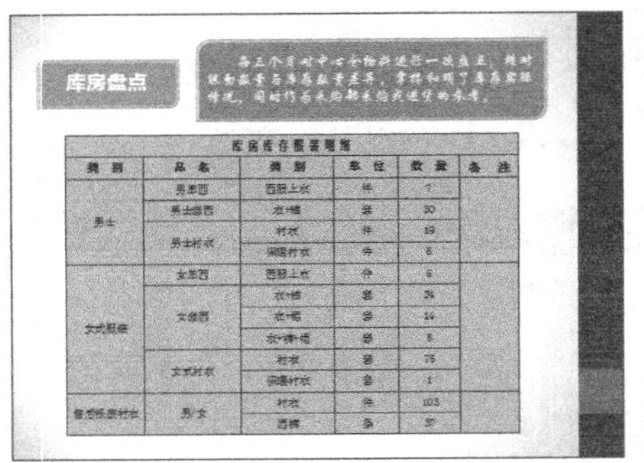

图14-44　插入“库存明细.xlsx”效果

STEP 6 选择第4张幻灯片，在【插入】/【文本】组中单击“文本框”按钮，在打开的下拉列表中选择在“横排文本框”选项，如图14-45所示。

STEP 7 将鼠标指针移动至幻灯片的“业务部”矩形框下方，鼠标指针变为↓形状，按住鼠标左键不放并拖曳，绘制一个文本框至适当大小后释放鼠标左键，如图14-46所示。

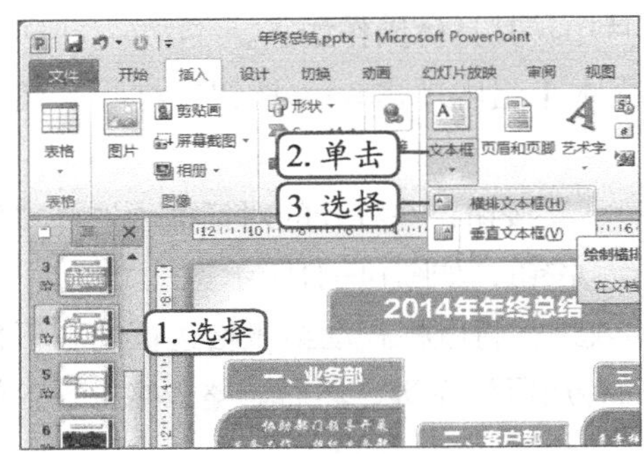

图14-45　选择选项

图14-46　绘制文本框

STEP 8 在文本框中输入“单击查看业务部年终总结”文本，选择文本框中的文本内容，将其文本格式设置为“方正经黑简体、18、红色”，如图14-47所示。

STEP 9 保存文本的选中状态，在【插入】/【链接】组中单击“超链接”按钮，如图14-48所示。

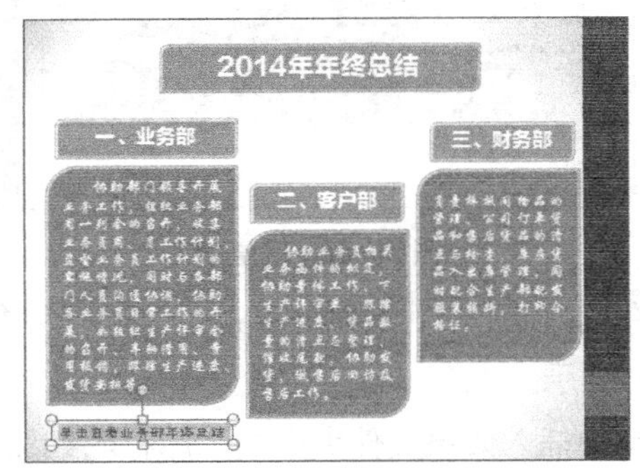

图14-47　输入文本

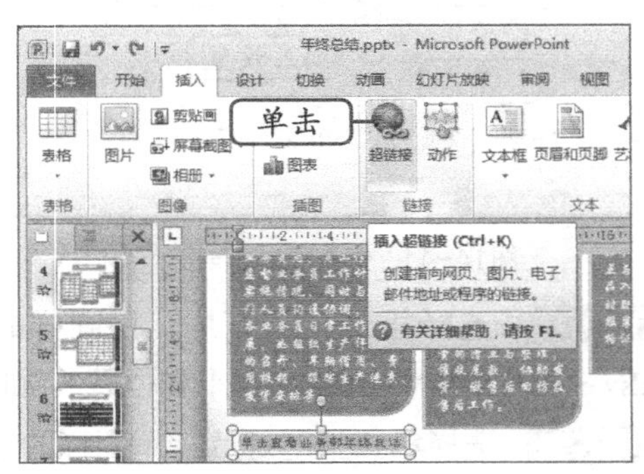

图14-48　单击“超链接”按钮

STEP 10 打开”插入超链接“对话框，在其中单击 屏幕提示(P)... 按钮，打开“设置超链接屏幕提示"对话框，在"屏幕提示文字"文本框中输入"查看业务部年终总结报告"文本，单击 确定 按钮，如图14-49所示。

STEP 11 在"链接到"列表框中选择"现有文件或网页"选项，在"查找范围"下拉列表框中选择"效果文件"夹，找到目标文件"业务部年终总结.docx"，单击 确定 按钮，如图14-50所示。

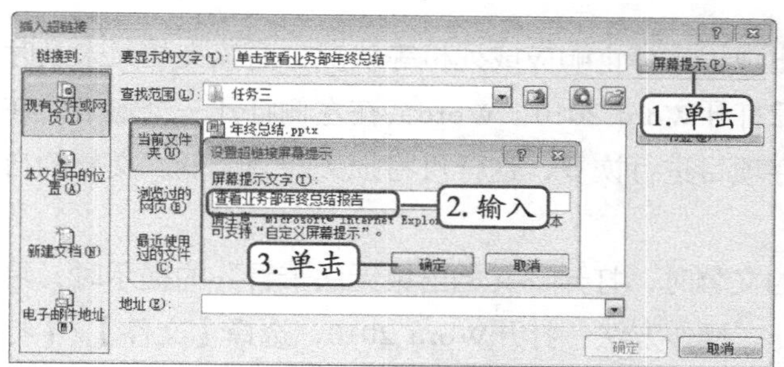

图14-49　设置屏幕提示文本

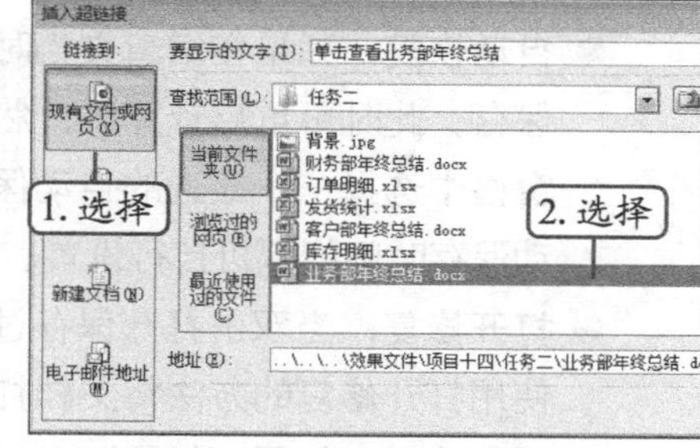

图14-50　选择链接文件

STEP 12 按【F5】键放映幻灯片，将鼠标指针移动至文本上时将显示提示信息，如图14-51所示，单击将打开"业务部年终总结.docx"文档。

STEP 13 用相同的方法输入其他两个文本，并分别链接到"客户部年终总结.docx"和"财务部年终报告.docx"文档，如图14-52所示。至此，演示文稿制作完成（最终效果参见：光盘\效果文件\项目十四\年终总结.pptx）。

图14-51　链接到"客户部年终总结.docx"文档效果　图14-52　链接到"财务部年终报告.docx"文档效果

常见疑难解析

问：将Excel中的表格复制到PowerPoint中时，除了插入表格方式以外，是否可以直接复制、粘贴？

答：可以。方法是在Excel中复制单元格区域、表格、图表，返回PowerPoint演示文稿后执行粘贴操作即可。

问：如何处理Office软件高版本与低版本之间的兼容问题？

答：用较高版本的Office软件制作的文档，使用较低版本的Office软件则无法打开，此时处理方法有两种，一是转换文档格式；二是使用文档格式兼容包。

拓展知识

在使用Word制作文档时，时常会遇到打开文档出错的情况，此时可通过以下几种方法来预防和解决。

- **自动恢复**：如果在编辑文档时出现程序停止响应或死机等状况，而该文档又未及时保存，此时可重启计算机，然后打开Word 2010，Word会在左侧打开一个窗格，在窗格中选择一个最近的自动保存项目进行恢复，这样可将损失降到最低。文档的自动保存时间间隔可自行设置。
- **打开修复**：当双击打开保存过的文档时，打开“文档出错无法查看”的提示时，可使用打开修复的方法将文档打开。操作方法：打开Word 2010，选择【文件】/【打开】选项，打开“打开”对话框，找到打开出错的文档，选中后单击打开(O)右侧的▾按钮，在打开的下拉列表中选择“打开并修复”选项，即可将文档正常打开，同时对其进行修复。

课后练习

公司的新楼盘即将开盘，现需要整理一份关于新楼盘的PowerPoint演示文稿。

- 使用Word 2010制作“楼盘简介.docx”文档（最终效果参见：光盘\效果文件\项目十四\课后练习\楼盘简介.docx）。
- 使用Excel 2010创建“销售业绩表.xisx”工作簿（最终效果参见：光盘\效果文件\项目十四\课后练习\销售业绩表.xlsx）。
- 使用PowerPoint 2010创建“楼盘简介.pptx”演示文稿，将前面创建的“楼盘简介.docx”Word文档内容和“销售业绩表.xisx”工作簿中的表格插入演示文稿中，效果如图14-53所示（最终效果参见：光盘\效果文件\项目十四\课后练习\楼盘简介.pptx）。

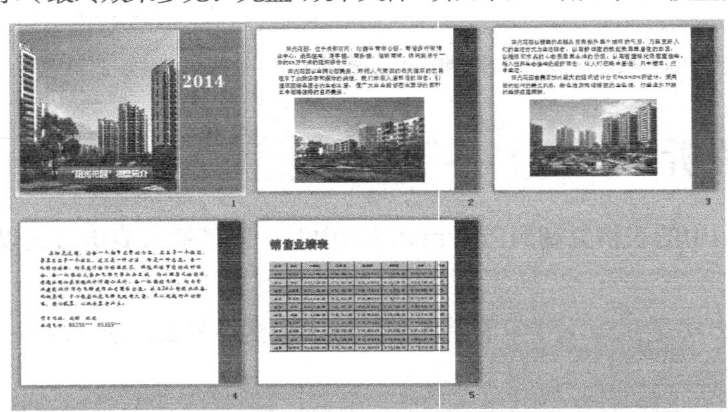

图14-53 “楼盘简介”演示文稿效果